企业专利工作实务手册

杨铁军◎主编

知识产权出版社
全国百佳图书出版单位

图书在版编目（CIP）数据

企业专利工作实务手册/杨铁军主编．—北京：知识产权出版社，2013.1（2013.4 重印）（2013.8 重印）（2014.9 重印）（2016.8 重印）

ISBN 978-7-5130-1638-4

Ⅰ．①企… Ⅱ．①杨… Ⅲ．①企业管理—专利—中国—手册 Ⅳ．①G306-62②F273.1-62

中国版本图书馆 CIP 数据核字（2012）第 249551 号

内容提要

本书在深入阐述新商业环境中企业专利工作基本原则的基础上，系统介绍专利管理基本业务的操作，提供专利纠纷等突发事件的应对策略，全面介绍多种专利运用的方式，旨在为企业提供一整套指导性和操作性较强的模块化专利工作管理实务解决方案。同时，为便于专利工作处于起步阶段的企业参考使用，本书指出了处于不同发展阶段企业在有关专利业务上的管理内容、操作流程以及管理要点。企业可以根据自身的战略定位和所处的发展阶段，有针对性地灵活选用和参考借鉴。

责任编辑：	李 琳 倪江云	责任校对：	董志英
装帧设计：	陈鑫晖	责任出版：	卢运霞

企业专利工作实务手册
Qiye Zhuanli Gongzuo Shiwu Shouce

杨铁军 主编

出版发行：	知识产权出版社有限责任公司	网　　址：	http://www.ipph.cn
社　　址：	北京市海淀区西外太平庄 55 号	邮　　编：	100081
责编电话：	010-82000860 转 8118	责编邮箱：	lilin@cnipr.com
发行电话：	010-82000860 转 8101/8102	发行传真：	010-82000893/82005070/82000270
印　　刷：	北京科信印刷有限公司	经　　销：	各大网上书店、新华书店及相关专业书店
开　　本：	787mm×1092mm 1/16	印　　张：	24
版　　次：	2013 年 1 月第 1 版	印　　次：	2016 年 8 月第 5 次印刷
字　　数：	571 千字	定　　价：	68.00 元
ISBN 978-7-5130-1638-4/G·528(4496)			

出版权专有　侵权必究
如有印装质量问题，本社负责调换。

编 委 会

主　编：

　　杨铁军　国家知识产权局副局长

副主编：

　　葛　树　国家知识产权局专利局审查业务管理部部长

　　冯小兵　国家知识产权局专利局审查业务管理部副部长

编　委：

　　马维野　国家知识产权局专利管理司司长

　　徐　聪　国家知识产权局专利局办公室主任

　　毛金生　国家知识产权局知识产权发展研究中心主任

　　孙全亮　国家知识产权局知识产权发展研究中心研究二处处长

　　潘晓梅　北京知创大为科技有限公司总经理

　　李东亚　北京华智大为科技有限公司副总经理

课题研究组

总体组：
  组　长　孙全亮
  成　员　潘晓梅　李东亚　李　俊　罗秋林　李银锁
     冀　博　梁培峰　李　伟　詹靖康　沈晓东
     李超凡　关　军　梁　雨

第一子课题组：
  组　长　潘晓梅
  副组长　孙全亮
  成　员　李　俊　李　伟　梁培峰　冀　博　杨长河
     黎建中　秦　平　邵　柱　田建涛　吴东勤
     高泽民　涂　欣　颜婷银　甄春杰　詹靖康

第二子课题组：
  组　长　李东亚
  副组长　孙全亮
  成　员　洪小鹏　李银锁　李新淼　高　涛　梁　帆
     黄文静　曹　艺　汪　庆　沈晓东　文香平

企业需求调研组：
  组　长　孙全亮
  副组长　韩爱朋　王连杰　李建荣
  成　员　梁　雨　李超凡　尹海娥　刘晓瑜　郭　文
     李木子　温　寒

撰稿分工

总体框架设计　孙全亮

第 一 章　孙全亮主要执笔，李俊、李伟、梁雨参与执笔；孙全亮负责本章统稿。

第 二 章　孙全亮、李伟、洪小鹏主要执笔，秦平、梁雨参与执笔；孙全亮负责本章统稿。

第 三 章　李伟、梁帆、孙全亮主要执笔，秦平参与执笔；孙全亮负责本章统稿。

第 四 章　李俊、孙全亮、李东亚、杨长河、沈晓东主要执笔，罗秋林、田建涛、邵柱参与执笔；孙全亮、沈晓东负责本章统稿。

第 五 章　李东亚、孙全亮、李银锁、沈晓东主要执笔，罗秋林、杨长河、李俊、田建涛、邵柱参与执笔；孙全亮、李银锁负责本章统稿。

第 六 章　李东亚、李银锁、孙全亮、梁培峰主要执笔；孙全亮、李银锁负责本章统稿。

第 七 章　罗秋林、黎建中、李新淼主要执笔，沈晓东、杨长河、田建涛、邵柱、吴东勤、高涛参与执笔；罗秋林、沈晓东负责本章统稿。

第 八 章　詹靖康、孙全亮主要执笔，颜婷银、关军参与执笔；孙全亮、詹靖康负责本章统稿。

第 九 章　孙全亮、詹靖康主要执笔，李银锁参与执笔；孙全亮、詹靖康负责本章统稿。

第 十 章　詹靖康、孙全亮主要执笔，范胜祥参与执笔；孙全亮、詹靖康负责本章统稿。

第十一章　冀博、涂欣、李银锁、孙全亮、詹靖康主要执笔，沈晓东、洪小鹏参与执笔；李银锁、沈晓东负责本章统稿。

第十二章　潘晓梅、李超凡主要执笔，甄春杰、沈晓东参与执笔；潘晓梅、李超凡负责本章统稿。

图表制作　关　军　沈晓东

审 稿 人　葛　树　冯小兵

咨询专家名单

(以姓氏音序排名)

陈　燕　　国家知识产权局知识产权发展研究中心副主任
程　斌　　北京观道律师事务所主任
窦鑫磊　　新奥特（北京）视频技术有限公司知识产权主管
冯德奎　　北京中清能发动机技术有限公司专利主管
郭伟红　　同方威视技术股份有限公司知识产权部知识产权主管
郭　勇　　北京华智大为科技有限公司副总经理
黄　晶　　爱国者数码科技有限公司法律与知识产权部知识产权主管
黄星烨　　北京兆易创新科技有限公司专利主管
李加林　　比亚迪股份有限公司知识产权四部经理
刘　宁　　北京威世博知识产权咨询有限公司总经理
刘秀娟　　汉王科技股份有限公司知识产权与标准部主任
罗建平　　深圳市中彩联科技有限公司知识产权总监
马　燕　　国家核电技术公司政研法律部特聘专家
宋巧丽　　北方微电子知识产权部部长
苏　京　　京东方科技集团股份有限公司技术中心专利事务部高级经理
邰　哲　　北京天渡律师事务所主任
唐铁军　　北京北翔知识产权代理有限公司合伙人
田卫平　　深圳市中彩联科技有限公司常务副总经理
王国青　　北京博奥生物芯片有限公司知识产权办公室主任
夏海容　　比亚迪股份有限公司专利综合部经理
姚　琦　　中国世界贸易组织研究会竞争政策与法律专业委员会助理秘书长
张德志　　握奇数据系统有限公司知识产权和技术标准管理部经理
张宇峰　　北京新岸线移动多媒体技术有限公司知识产权主管
张雪红　　大唐移动通信设备有限公司总法律顾问
朱业刚　　比亚迪股份有限公司知识产权二部高级专利顾问

研究人员名单

(以姓氏音序排名)

曹　艺	北京华智大为科技有限公司咨询师助理
范胜祥	国家知识产权局专利复审委员会电学申诉一处主任科员
高　涛	广东登丰律师事务所知识产权律师
高泽民	美国理海律师事务所执业专利律师
关　军	国家知识产权局专利局机械发明审查部提升机械处主任科员
郭　文	北京市保护知识产权举报投诉中心办公室主任
韩爱朋	国家知识产权局专利局初审及流程管理部电子数据管理处处长
洪小鹏	北京华智大为科技有限公司顾问
黄文静	北京华智大为科技有限公司咨询师
冀　博	深圳市凯立德计算机系统技术有限公司知识产权部总监
黎建中	TCL集团股份有限公司知识产权中心专利经理
李超凡	国家知识产权局专利局审查业务管理部研究室主任科员
李东亚	北京华智大为科技有限公司副总经理
李建荣	北京市保护知识产权举报投诉中心副主任
李　俊	宇龙计算机通信科技（深圳）有限公司知识产权部总监
李木子	北京市保护知识产权举报投诉中心举报投诉部副部长
李　伟	深圳超多维光电子有限公司专利部总监
李新淼	北京市百瑞律师事务所知识产权律师
李银锁	国家知识产权局专利局材料工程发明审查部无机处主任科员
梁　帆	吉利汽车知识产权部部长
梁培峰	深圳迈瑞生物医疗电子股份有限公司研发管理部总监
梁　雨	国家知识产权局专利局审查业务管理部综合处副处长

刘晓瑜　国家知识产权局专利局审查业务管理部综合处主任科员
罗秋林　TCL集团股份有限公司知识产权中心总监
秦　平　深圳超多维光电子有限公司知识产权经理
潘晓梅　北京知创大为科技有限公司总经理
邵　柱　TCL集团股份有限公司知识产权中心专利主管
沈晓东　国家知识产权局专利局光电技术发明审查部计量二处主任科员
孙全亮　国家知识产权局知识产权发展研究中心研究二处处长
田建涛　TCL集团股份有限公司知识产权中心专利主管
涂　欣　TCL集团股份有限公司知识产权中心法律顾问
汪　庆　北京华智大为科技有限公司咨询师助理
王连杰　北京市保护知识产权举报投诉中心主任
温　寒　北京市保护知识产权举报投诉中心举报投诉部
文香平　国家知识产权局专利复审委员会人事教育处副调研员
吴东勤　TCL集团股份有限公司知识产权中心专利主管
颜婷银　TCL集团股份有限公司知识产权中心专利主管
杨长河　TCL集团股份有限公司知识产权中心专利经理
尹海娥　国家知识产权局专利局光电技术发明审查部综合处副处长
詹靖康　国家知识产权局专利局审查业务管理部指南处副处长
甄春杰　北京知创大为科技有限公司产品总监

序

  当今世界，专利技术日益成为企业参与市场竞争的核心竞争力和发展的战略性资源；基于专利的竞争，越加频繁，日趋激烈。在此形势下，越来越多的中国企业深刻认识到专利对于企业生存和发展的重要性，进而深刻认识到专利工作对于企业生存和发展的特殊重要性。从长远发展的观点来看，企业做好专利工作的实质意义在于，立足当下的技术创新，争取未来发展的技术空间，培育未来基于专利的竞争优势。

  自进入21世纪以来，中国专利申请正在经历一个持续快速增长的过程。2011年，国家知识产权局受理三种专利申请共163.3万件，其中发明专利申请52.6万件，受理PCT国际申请1.75万件；同年，我国有效发明专利拥有量69.7万件，其中国内拥有量35.1万件，所占比例首次超过国外在中国的专利权拥有量。根据世界知识产权组织公布的统计数据，2011年中国的PCT申请增长率居世界第一，在全球PCT申请量前三名的申请人中，中国企业占据两席。

  专利大国是专利强国的基石。专利之强，强在中国企业所拥有专利的质量和价值，强在中国企业所掌握的专利战略和策略，强在中国企业有效管理、运用专利的能力和水平。与这些要求相比，广大中国企业还有一段成长之路要走。

  调查表明，一些先行的中国企业正在从"如何获得有价值的专利"向"如何运用专利制度产生专利价值"发展；一部分后发的中国企业正在从"如何尽快、尽多地获得专利"向"如何获得有价值的专利、如何形成竞争力"转变；更多处于专利起步的中国企业也在从没有专利向"拥有专利"转变。全球化的市场竞争让中国企业深刻认识到掌握专利权的重要性，这种认识有力地推动中国企业朝着提升知识产权创造、运用、保护和管理能力的方向努力。

  对于卓有成效地管理企业专利工作而言，决非简单移植他人经验就能一蹴而就。企业专利工作臻于成熟，需要企业立足自身实际，有目标、有步骤、有重点地逐渐将先进的专利工作管理理念和经验融入企业自身的机体和血液，进而使企业专利工作内化成为企业自然而然的行为。一方面，不同的行业，其发展阶段和竞争环境有所差异，不同的企业，其经营理念和商业模式各具特色，因而对于企业专利工作来说，可能很难找到一种可以适用于各类企业的管理模式和成套解决方案；另一方面，企业专利工作的管理模式与企业自身的商业模式、战略方向以及其所在行业的发展模式息息相关，随着企业的成长、发展和壮大，企业对专利工作的需求、目标和水平都会不断调整和变化，进而也将推动其专利工作管理模式的不断调整。因此，就企业专利工作的发展与完善而言，只有起点，没有终点。

衷心希望，这本《企业专利工作实务手册》的出版，能够助推广大企业的发展壮大，为企业开展专利工作发挥有益的参考借鉴作用。

国家知识产权局副局长

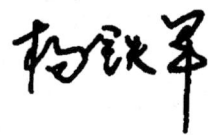

前　言

知识经济时代，创新日益成为企业发展的源泉和动力，以技术创新成果为内核的专利则日益成为企业赖以在市场竞争中占据一席之地并进而形成核心竞争优势的关键性战略资源。随着技术创新广度和频度的不断加大，如何对企业专利工作过程进行卓有成效的管理？如何使企业专利工作深度融入企业的机体和血液、与企业整体发展战略形成有机协同并进而成为其有机组成？如何基于专利促使企业技术创新成果转化为企业的核心竞争力？诸如此类的众多问题，越来越为企业管理者所不可回避。

就基于技术创新的竞争而言，管理专利，就是管理企业的未来。能够有效管理专利的企业，不仅能够为未来的市场竞争提供立于不败之地的战略优势，而且能够为未来可能面临的竞争风险未雨绸缪；反之，则可能在未来的市场竞争中一败涂地，甚至面临生存危机。特别是对于当前面临转型升级挑战的中国企业而言，未来更加高端的商业模式，必然要求企业的专利工作模式更加规范、专业、科学，与企业新的商业模式相适应、相匹配。

鉴于我国企业专利工作开展时间较短、实务经验较少、高端人才匮乏的现状，国家知识产权局对企业专利工作管理能力的提升给予了高度重视。在国家知识产权局2011年5月制定发布的《专利审查工作"十二五"规划（2011—2015年）》中，在主要措施部分明确提出实施企事业单位的专利管理能力促进项目。为此，国家知识产权局专门组织编写了《企业专利工作实务手册》，以总结知识产权优势企业的专利管理经验、并面向社会推送。

本书的研究和编写始终遵循"源于企业实践、依托企业专家、促进企业实践"的编写原则，始终围绕并集中体现企业专利工作的相关管理实践，重点服务于专利工作处于起步阶段的企业。为此，国家知识产权局专门设置专项课题组，一方面，面向数百家国内企业开展企业专利工作管理实务需求的调研和分析；另一方面，广泛收集知识产权优势企业专利工作管理实务的成熟经验，系统梳理企业专利工作中近百个业务点的操作实务和基本流程。一批长期活跃在企业知识产权管理工作一线、实践经验丰富的资深专家满怀热情地深入参与本书的研究和编写，为本书提供了丰富的素材，并承担了大量的撰写工作，无私地与广大处于专利工作起步阶段的企业分享其宝贵的经验和做法，使本书成为集各家企业专利工作管理经验和智慧于一体的成果结晶，显著地提升了本书的实用价值。

本书旨在为企业提供一整套指导性和操作性较强的模块化专利工作管理实务解决方案。本书在深入阐述新商业环境中企业专利工作基本原则的基础上，一是系统介绍了专利挖掘管理、专利布局管理、专利风险管理、综合事务管理四方面基本业务的操作；二是提供了专利诉讼、专利无效、美国337调查三类突发事件的应对策略；三是全面介绍了专利标准化、专利许可和转让、企业上市过程中的专利管理等多种专利运用的方式；四是简要介绍了企业专利工作体系建设、人力资源规划及培训、信息化建设三重保障措施。同时，为便于专利工作处于起步阶段的企业参考使用，本书指出了处于不同发展阶段企业在有关专利业务上的管理内容、操作流程以及管理要点。企业可以根据自身的战略定位和所处的发展阶段，有针对性地灵活选用和参考借鉴。

本书在内容上注重操作性和思想性二者并重。一方面，本书结合近150幅图表，对企业专利工作的各类业务和各个环节中必需的管理流程、制度规范、操作要点、典型示例及管理工具等进行了详细介绍，为企业提供了直观、丰富的实务操作信息。这些内容基本都来自于相关企业的专利工作实践，在编写过程中，尽可能弱化企业的个性特征，并强化其具有一般指导性的内容。另一方面，本书在介绍实务操作的同时，注重融合和穿插对于相关管理理念的阐述。通过这些阐述，希望向企业传达在专利工作过程中关注市场环境变化、关注技术演进趋势、关注行业发展态势、关注企业整体战略和规划等重要思想。

总之，本书希望基于对企业相关专利工作管理实务的基本原则、基本管理理念、共性操作的介绍，能够给国内广大企业探索开展符合自身特点、具有自身特色的专利工作提供一些参考、借鉴或启发。倘能如此，也就达到了编写本书的初衷。

本书是国家知识产权局与业界携手共同推进企业专利工作管理能力提升的一次尝试。希望本书能够对企业有效开展专利工作管理实务，实现保护技术创新成果、管控潜在专利风险、培育核心竞争优势的企业专利工作目标有所帮助。由于时间和水平有限，本书未能遍及企业专利工作的方方面面，并且现有内容难免有疏漏、偏颇、错误之处，希望广大读者不吝批评指正。

本书编委会
2012年6月

目 录

序 ·· i
前 言 ··· i
第一章　新商业环境中的企业专利工作 ··· 1
　一、新商业环境的变化对企业的深刻影响 ·· 1
　　（一）技术创新更加有力地促使企业迸发竞争活力 ································· 2
　　（二）专利成为市场竞争的战略性要素 ·· 3
　　（三）专利工作成为企业战略实施的重要支撑 ·· 4
　二、新商业环境中企业专利工作的内涵 ··· 5
　　（一）企业专利工作目的 ··· 5
　　（二）企业专利工作的对象 ·· 6
　　（三）企业专利工作的内容 ·· 7
　　（四）企业专利工作的地位和作用 ·· 9
　三、新商业环境中企业专利工作的基本原则 ·· 12
　　（一）注重战略协同配合的原则 ·· 12
　　（二）注重构建专利组合的原则 ·· 12
　　（三）注重优化专利结构的原则 ·· 13
　　（四）注重长期维护演进的原则 ·· 14
　　（五）注重管控专利风险的原则 ·· 15
　　（六）注重例行规范运作的原则 ·· 15
　四、新商业环境呼唤致力于专利数量、质量和结构均衡发展的企业专利工作 ··· 16
第二章　企业专利工作体系建设 ·· 17
　一、企业专利工作战略的规划和实施 ··· 17
　　（一）企业专利工作战略规划的关键推动者：高层管理者 ······················ 17
　　（二）企业专利工作战略规划的基本依据：企业整体的竞争战略和规划 ···· 19
　　（三）企业专利工作战略规划的基本内容 ··· 20
　　（四）企业专利工作战略规划的推进与实施 ··· 23

二、企业专利管理机构的组织设计 ··· 24
    （一）企业专利管理架构的顶层设计 ··································· 24
    （二）企业专利工作的组织结构模式 ··································· 24
    （三）企业专利工作的内部管理架构 ··································· 26
    （四）企业专利部门的内设机构配置及职能 ····························· 28
    （五）企业专利工作岗位职责及人员配置要求 ··························· 32

三、企业专利管理制度建设 ··· 34
    （一）企业专利管理制度的基本建设要求 ······························· 34
    （二）企业专利管理制度的基本框架 ··································· 35
    （三）企业专利管理的若干专项制度 ··································· 36

第三章　企业专利人力资源规划及培训 ······································· 42

一、企业专利人力资源规划 ··· 42
    （一）企业专利人才体系 ··· 42
    （二）企业专利工作各发展阶段的人才配置 ····························· 44

二、企业专利培训的方式 ··· 46
    （一）分级培训 ··· 47
    （二）分类培训 ··· 48
    （三）分段培训 ··· 48

三、基础性专项培训的组织 ··· 49
    （一）专利基础知识培训 ··· 49
    （二）专利挖掘实务培训 ··· 50
    （三）技术交底书撰写培训 ··· 51
    （四）专利申请文件撰写培训 ··· 51

第四章　专利挖掘 ··· 53

一、专利挖掘概述 ··· 53
    （一）专利挖掘的意义和作用 ··· 53
    （二）专利挖掘的分类 ··· 54
    （三）专利挖掘的实施主体 ··· 55

二、专利挖掘的基本操作实务 ··· 56
    （一）专利挖掘的基本操作思想 ······································· 56
    （二）专利挖掘的基本操作流程及要点 ································· 59

三、专利挖掘工作的规划和管理 ··· 72
    （一）前瞻部署专利挖掘规划 ··· 72
    （二）科学实施专利挖掘管理 ··· 75
    （三）积极培育专利挖掘文化 ··· 77

四、专利挖掘的重要成果——技术交底书的撰写 ··························· 78
    （一）技术交底书的类型 ··· 79
    （二）技术交底书的基本撰写要求 ····································· 81

（三）技术交底书的内容及撰写要点 ……………………………… 83
　　（四）技术交底书的规范格式 …………………………………… 85
　　（五）技术交底书撰写中常见的问题 ……………………………… 88

第五章　专利布局 …………………………………………………… 90
一、专利布局的总体规划 ……………………………………………… 90
　　（一）专利布局的指导思想 ……………………………………… 91
　　（二）专利布局方案的制订 ……………………………………… 93
　　（三）影响专利布局的因素 ……………………………………… 97
二、专利地域布局 ……………………………………………………… 98
　　（一）专利布局地域的确定 ……………………………………… 98
　　（二）各地域的专利布局重点 …………………………………… 99
　　（三）专利地域布局的流程 ……………………………………… 100
三、基于产品和技术的专利布局 ……………………………………… 101
　　（一）产品的专利布局 …………………………………………… 101
　　（二）嵌入研发项目的技术专利布局 …………………………… 103
四、专利组合 …………………………………………………………… 105
　　（一）专利组合的作用 …………………………………………… 105
　　（二）专利组合的基本结构 ……………………………………… 108
　　（三）企业专利组合的构建 ……………………………………… 113
　　（四）专利组合的维护 …………………………………………… 115
　　（五）专利组合的构建示例 ……………………………………… 116
　　（六）专利组合的价值评估 ……………………………………… 118
五、专利申请前的决策 ………………………………………………… 119
　　（一）专利申请前决策的内容及操作要点 ……………………… 120
　　（二）专利申请前决策的准备工作 ……………………………… 128
六、优秀专利的管理 …………………………………………………… 130
　　（一）识别优秀专利的重要因素 ………………………………… 131
　　（二）优秀专利的筛选方法和流程 ……………………………… 134

第六章　专利风险管理 ……………………………………………… 138
一、专利风险管理概述 ………………………………………………… 138
　　（一）专利风险管理的基本流程 ………………………………… 139
　　（二）专利侵权风险管理的工作要点 …………………………… 141
二、专利风险的排查 …………………………………………………… 143
　　（一）专利风险的排查流程 ……………………………………… 144
　　（二）专利检索 …………………………………………………… 145
　　（三）专利筛选 …………………………………………………… 148
　　（四）技术比对分析 ……………………………………………… 149
三、专利风险的评估 …………………………………………………… 149

（一）专利风险的评估方法 ··· 149
　　（二）风险可能性的评估 ·· 151
　　（三）风险损失度的评估 ·· 157
四、专利风险的应对 ··· 158
　　（一）风险应对的流程 ··· 158
　　（二）风险应对的策略 ··· 159
　　（三）风险应对的措施 ··· 162
五、专利风险管理体系建设 ··· 171
　　（一）组织建设 ··· 172
　　（二）制度和流程建设 ··· 173
　　（三）企业内部预警项目流程示例 ·· 174

第七章　企业专利综合事务管理 ·· 178
一、专利申请质量管理 ··· 178
　　（一）专利申请文件的作用和文件质量的影响 ························ 179
　　（二）专利申请文件质量管理的要点 ····································· 180
　　（三）专利申请文件质量管理的流程及注意事项 ···················· 181
二、专利费用管理 ··· 185
　　（一）专利费用构成 ·· 185
　　（二）专利费用的管理 ··· 188
　　（三）专利申请预算 ·· 189
三、专利文档管理 ··· 192
　　（一）纸件文档的管理 ··· 193
　　（二）电子文档的管理 ··· 195
　　（三）著录信息的表格管理 ·· 196
四、专利期限管理 ··· 200
　　（一）专利期限管理的含义 ·· 200
　　（二）专利期限管理的内容 ·· 201
　　（三）专利期限管理的基本方法 ·· 203
五、专利代理管理 ··· 204
　　（一）专利代理机构的选择 ·· 204
　　（二）专利代理业务管理 ··· 207
　　（三）专利代理成本管理 ··· 208
　　（四）专利代理考核 ·· 210
六、专利维持管理 ··· 211
　　（一）专利维持管理的内容 ·· 212
　　（二）专利维持管理的基本方法 ·· 213

第八章　专利侵权诉讼及应对 ·· 216
一、专利侵权救济 ··· 216

二、警告函的运用 ... 217
（一）警告函的概念及作用 ... 217
（二）警告函的优势 ... 218
（三）警告函的不足之处 ... 219
（四）警告函的发送者与发送对象 ... 219
（五）确定是否发送警告函 ... 220
（六）警告函的内容 ... 220
（七）警告函的发出形式 ... 220
三、提起专利侵权之诉 ... 220
（一）确定自身专利权的有效性 ... 220
（二）查明行为人及被告的选择 ... 221
（三）估算损失 ... 221
（四）收集证据 ... 222
（五）与涉嫌侵权者协商和谈判 ... 222
（六）选择管辖法院 ... 222
（七）诉前临时措施 ... 223
（八）起诉时机的选择 ... 223
四、专利侵权诉讼对策 ... 224
（一）总体决策 ... 224
（二）应诉对策 ... 225
（三）专利侵权抗辩 ... 227
五、确认不侵权之诉 ... 232
（一）适用的情形 ... 233
（二）受理 ... 233
（三）诉讼实体内容 ... 234

第九章 专利无效宣告程序的基本运用 ... 235
一、专利无效宣告概述 ... 235
（一）概念及法律后果 ... 235
（二）法律性质 ... 236
（三）专利无效宣告程序的作用 ... 236
二、专利无效宣告程序及相关流程事务 ... 237
（一）无效宣告请求文件的形式要求 ... 237
（二）无效宣告请求范围、理由和证据 ... 238
（三）无效宣告请求费用 ... 238
（四）委托手续 ... 238
（五）举证期限 ... 238
（六）回避 ... 239
（七）口头审理 ... 239

（八）当事人的权利 ·· 239
三、专利无效理由的运用与应对要点 ··· 239
　　（一）缺乏新颖性 ·· 240
　　（二）缺乏创造性 ·· 242
　　（三）外观设计与他人在先权冲突 ··· 244
　　（四）说明书不清楚、不完整 ··· 245
　　（五）权利要求得不到支持 ·· 246
　　（六）修改超范围 ·· 247
　　（七）缺少必要技术特征 ·· 248
四、专利无效宣告程序的救济 ··· 249
　　（一）救济途径 ·· 249
　　（二）关于第三人 ·· 249
　　（三）关于证据 ·· 249
　　（四）关于司法审查的重点 ·· 250

第十章　美国337专利侵权调查及应对 ·· 251
一、337条款概述 ··· 251
　　（一）背景概述 ·· 251
　　（二）作用范围 ·· 251
　　（三）救济措施的类型 ·· 252
　　（四）救济措施的执行 ·· 253
　　（五）337调查的特点分析 ·· 254
　　（六）涉及我国企业的337调查统计分析 ·· 255
二、应对策略 ·· 257
　　（一）判断是否应该应诉 ·· 257
　　（二）判断是否应该主动参与调查 ··· 257
　　（三）抗辩总体方向 ·· 257
三、主要程序及应对 ·· 262
　　（一）起诉及应对 ·· 263
　　（二）披露程序及应对 ·· 264
　　（三）预备听证会 ·· 265
　　（四）听证及应对 ·· 265
　　（五）初裁 ·· 265
　　（六）复审及终裁 ·· 266
　　（七）总统审查 ·· 266
　　（八）司法审查 ·· 266
四、操作实务的技巧性建议 ··· 266
　　（一）团队的组建与律师的选择 ··· 266
　　（二）降低费用的合理措施 ·· 267

五、337调查的规避和预防 ·· 268
　　　　（一）进入美国市场前的侵权风险分析 ······························ 269
　　　　（二）通过合同避免风险 ··· 269
　　　　（三）预测及预案制订 ·· 269
　　　　（四）专利布局 ··· 270
　　　　（五）市场多元化 ·· 270

第十一章　专利运用管理 ·· 271
　　一、专利尽职调查 ·· 272
　　　　（一）专利尽职调查的类型 ·· 273
　　　　（二）专利尽职调查的内容 ·· 273
　　二、专利许可的管理 ··· 275
　　　　（一）专利许可概述 ··· 275
　　　　（二）企业专利许可的模式和策略 ································· 276
　　　　（三）专利许可前的准备工作 ······································· 278
　　　　（四）签订专利实施许可合同的要点 ······························ 279
　　　　（五）发放专利许可的管理要点 ···································· 281
　　　　（六）获取专利许可的管理要点 ···································· 282
　　三、专利转让的管理 ··· 284
　　　　（一）专利转让概述 ··· 284
　　　　（二）专利转让的类型及特点 ······································· 284
　　　　（三）专利转让中的常见情形及应对 ······························ 285
　　　　（四）签订专利转让合同的要点 ···································· 286
　　　　（五）专利买入的管理要点 ·· 287
　　　　（六）专利卖出的管理要点 ·· 289
　　四、专利标准化 ··· 291
　　　　（一）专利与标准的关系 ··· 291
　　　　（二）专利标准化对企业的意义 ···································· 292
　　　　（三）标准对专利和专利权人的要求 ······························ 293
　　　　（四）企业的专利标准化工作流程 ································· 294
　　　　（五）企业在标准中的专利运用 ···································· 298
　　五、专利质押融资 ·· 304
　　　　（一）专利质押融资概述 ··· 304
　　　　（二）专利质押融资的操作流程 ···································· 306
　　　　（三）企业中的专利质押融资管理工作 ··························· 310
　　六、专利资本化 ··· 313
　　　　（一）专利资本化的含义 ··· 313
　　　　（二）专利资本化的方式和意义 ···································· 314
　　　　（三）如何实现专利资本化 ·· 315

七、专利联盟 321
  （一）专利联盟概述 321
  （二）专利联盟的运作与管理 322
  （三）国内专利联盟的主要薄弱环节 324
  （四）对国内专利联盟运作的几点思考 324

八、企业上市过程中的专利管理 326
  （一）专利在企业上市过程中的意义和作用 326
  （二）企业上市过程中专利管理工作的要点 327
  （三）与企业上市相关的专利信息披露 329
  （四）现有法规下企业上市的专利风险控制 331
  （五）企业上市案例中暴露的专利问题 334

第十二章　企业专利管理信息化系统建设 336

一、企业专利管理信息化概述 336
  （一）专利信息的概念与作用 336
  （二）专利管理信息化的作用和意义 337
  （三）专利管理信息化的建设内容 338
  （四）专利管理信息化的组织实施 343

二、企业专利管理信息化系统简介 345
  （一）专利数据库 345
  （二）专利检索分析系统 347
  （三）专利事务管理系统 351
  （四）专利提案评价流程系统 355

三、企业专利管理信息化发展趋势 357

图表索引 360

后　记 364

第一章　新商业环境中的企业专利工作

导　言

在 21 世纪首个十年启动的新一轮全球经济竞争中，在后起的新兴国家历经千辛万苦在传统竞争领域形成相对优势的背景下，发达国家及其跨国企业为维护并扩大其竞争优势，采取"胜于易胜"的策略，集中精力利用以专利为代表的知识产权布局谋势，引导全球经济竞争格局逐渐向以技术创新能力和知识产权控制能力为重心的方向转变，以发挥其强大的技术创新优势和知识产权优势，谋求"先胜而后求战"，确保在未来竞争中立于不败之地。2011 年以来，在世界经济复苏步履蹒跚的形势下，全球研发投资复苏迹象显著，各国更加关注企业创新，更加关注通过技术创新提高竞争力，以带动本国经济尽快走出危机，并在竞争日趋激烈的知识经济时代抢占下一轮竞争的先机。

可以说，知识产权，尤其是专利，越来越成为影响竞争成败的关键；专利工作，越来越成为企业需要高度重视的关键性战略活动。

一、新商业环境的变化对企业的深刻影响

当今时代，商业环境的最大特点，就是急剧的变化。

对于众多中国企业而言，商业环境的变化，从技术发展角度看主要体现在三个方面：

一是知识经济环境下市场竞争的资源要素发生改变，知识产权尤其是专利在全球市场竞争中扮演着越来越重要的角色。对于很多高科技产业而言，企业构建竞争优势的战略性关键要素正逐渐由传统竞争格局下的有形资产转向新竞争格局下的专利等无形资产。基于专利的竞争，已经成为当代诸多产业尤其是新兴产业市场竞争的关键方式。

二是发达国家及其跨国公司加强了对新兴产业培育、传统产业升级的引领。美国致力于推动清洁能源等新兴产业的发展，奥巴马总统在 2011 年国情咨文中重申，美国要抢

占清洁能源技术制高点；德国通过《2030年国家生物经济研究战略》，大力推动生物经济的发展；韩国发布《云计算扩散和加强竞争力的战略计划》，培育和推动韩国云计算产业的发展，等等。在各个新兴产业领域和有望通过转型升级迎来新一轮发展的传统产业领域，发达国家及其跨国公司已经在技术发展方面占据先机。

三是后经济危机时代中国企业有待建立新的竞争优势。由于全球经济一体化步伐加快以及商业模式创新、新技术广泛应用的共同驱动，全球市场竞争模式也发生了深刻的变化。传统的资源型和低成本竞争型模式在新的商业环境和竞争格局中难以独领风骚、左右竞争格局走向。加之近年来人民币不断升值，这使得中国企业在早期的全球化竞争中凭借高资源耗费和低人力成本在产业链低端建立的传统竞争优势面临越来越大的挑战，亟待通过产业升级转型建立适应新商业环境的新竞争优势。

面对商业环境的巨变，企业如何转型升级，如何在全球化经济格局下找到自己的定位和发展空间，正在成为诸多中国企业思考的主要问题。就此而言，技术创新、技术融合与开放，是中国企业在当前形势下参与国际市场竞争唯一的可行选择；而围绕技术创新和商业战略培育强大的专利组合，则是在残酷的市场竞争中制胜的利刃。这已经或正在被苹果、谷歌等公司所取得的巨大成功所证实。

（一）技术创新更加有力地促使企业迸发竞争活力

总体上看，与过去的任何时代相比，当代技术创新对于企业竞争优势的意义和作用，更加直接，更具推动力，更富影响力。

从当前世界范围内技术发展的趋势和影响来看，最为引人注目的特点表现为如下方面：

- ◇ 新的前沿技术领域不断涌现；
- ◇ 现有技术趋于交叉融合；
- ◇ 技术间的相互依赖度不断提高；
- ◇ 技术创新在竞争加剧的同时，合作得到前所未有的强化；
- ◇ 技术颠覆和取代对企业的威胁前所未有地加大；
- ……

尽管商业模式创新日渐成为当前企业创新的重要潮流，但作为其基础和重要组成部分的技术创新，依然是企业竞争活力和竞争优势的重要源泉。企业商业模式创新成功与否，往往取决于作为其底层关键支撑的相关技术是否吸纳了最新、最先进的技术创新成果，是否顺应了技术发展的潮流，是否充分利用了新技术对商业运行和应用的积极影响。

凭借iPod、MacBook以及iPhone三款产品，苹果公司取得市场上前所未有的成功，市值一举超越微软公司，在短短7年之内，市值增加近40倍，成为全球最具价值的高科技公司。而这一切，归功于苹果公司在乔布斯领导下所进行的革命性创新。

苹果公司的过人之处，不仅仅在于它创造了卓越的商业模式，更为重要的是，它把商业模式和技术创新已经结合起来。苹果公司真正的创新不只是停留在硬件层面，而是将硬件技术、软件技术、移动互联网服务融为一体，并汇集全世界的应用软件开发者为其开发优秀的移动互联网应用，通过应用商店App Store进行融合，实现向用户传递持续增值的客户价值。

通过卓越的商业模式和革命性的技术创新,并对产业链资源的高效整合和有机融合,最终实现客户价值和公司价值的创造和传递。这是苹果公司短时间内便取得令世人瞩目的成功的不二法则。

商业模式的创新与技术创新唇齿相依。任何商业模式的创新,最终都要通过技术创新落地实现。脱离了技术创新支撑的纯粹的商业模式极少,尤其在高科技领域,基本上是不存在的。

这样的案例数不胜数。亚马逊书店电子商务在线销售模式上的创新,离不开在线购物 One-Click 技术的支撑。阿里巴巴商业模式上的创新,也离不开在线支付技术的支撑和保障。Twitter 和 Facebook 的成功创新,离不开社交网络技术和信息实时发布和共享技术的支撑。苹果公司商业模式上的创新,同样离不开其在手机触控技术、iTunes 技术、无线互联网应用管理技术等的支撑。

究其本质,任何成功的商业模式创新,均始于对客户价值主张的精准定位,始于对用户体验和潜在需求的准确把握,并以此作为技术创新的依据和出发点,将客户潜在的需求激发出来。

一言以蔽之,技术创新,是企业成就百年基业的根本活力源泉。

(二) 专利成为市场竞争的战略性要素

在新商业环境中,基于专利的竞争逐渐从幕后走向前台,成为企业间相互角力的重要竞争形式。

这一变化的动因,在于贸易活动对象和内容的发展演变以及专利在贸易活动中角色、地位的发展演变。与企业其他业务相似,企业专利活动也是由外部环境尤其是由外部市场需求的变化及应对市场竞争的需要所引起并受其驱动。它大抵遵循这样的逻辑:

首先,在当代商业贸易中,贸易对象逐渐从工业产品扩展到服务与技术,以"智力成果"为对象的技术贸易逐渐成为主要的贸易类型之一。由于技术贸易的客体具有可复制性,遵循信息不守恒原理,迥异于实体产品贸易所遵循的物质守恒原理。因此,技术贸易不得不依托以法律为代表的公权力,保障交易的顺利进行。

同时,在国际贸易中,由于劳动力、原材料等价格的国际间差异,使得国际贸易从诞生的那天起,就存在贸易壁垒。贸易壁垒从最初是关税壁垒,随着国际贸易的发达与多边谈判的深入,关税壁垒逐渐削弱,与技术贸易息息相关的知识产权壁垒则取而代之。在研发、设计、生产、营销、物流、品牌六大贸易环节中,发达国家牢牢占据了研发和设计环节,而这两个环节的产出以智力成果为主要内容。这就决定了发达国家是技术贸易的主要供应商,其必然建立强有力的知识产权保护体系。在这个技术领先的发达国家主导下建立的商业竞争环境中,知识产权尤其是专利成为竞争的关键要素和重要资源。发达国家的跨国公司正是凭借对知识产权的控制,确保其在新商业环境中继续延续其既有优势并牢牢掌握定价权。

毋庸置疑,所有参与国际竞争的企业都不得不面临一个无可争议的事实。那就是,专利已经成为影响和决定市场竞争成败的战略性要素,商业竞争已经完全演变成为赤裸裸的专利竞争。在面临行业洗牌,新的产业格局和新的平衡尚未形成之前,更是如此。

在 2010 年短短一年内，苹果公司面临的专利诉讼达到 46 件，摩托罗拉公司 44 件，三星公司 32 件，诺基亚公司 27 件。

2009 年 10 月，面对不断被苹果公司掠取的市场份额，位居手机行业霸主地位的诺基亚公司，不甘坐以待毙，果断出手，在美国特拉华州法院起诉苹果公司侵犯其 10 件涉及无线通信、语音编码等技术专利，就此拉开了移动通信行业的专利大战。

2010 年 3 月，苹果公司在美国、欧洲、澳大利亚等国家和地区先后向 HTC、三星品牌发起了最为猛烈的专利进攻，运用其专利强势打压 Android 系统手机厂商，以维持其市场份额。

2010 年 8 月，甲骨文公司在美国加州北部地区法院起诉谷歌公司的 Android 系统及设备侵犯其 Java 技术专利。

2010 年 10 月，摩托罗拉公司向美国国际贸易委员会（ITC）、美国伊利诺斯北部地区法院、佛罗里达南部地区法院同时起诉苹果公司，侵犯其在无线通信技术、智能手机技术等 18 件专利。

2010 年 10 月，微软公司向 ITC、华盛顿州西部联邦地区法院起诉摩托罗拉公司的 Android 系统智能手机侵犯其涉及邮件同步、联系人和日程管理等技术的 9 件专利。

2011 年 4 月，爱立信公司在欧洲起诉中兴通讯公司的手机产品侵犯其涉及 GSM 和 CDMA 技术的专利，要求英国、意大利和德国法院禁止销售其手机产品。

曾经引领全球通信行业的翘楚，加拿大北电网络公司（以下简称"北电公司"）宣告破产，其所拥有的包括 LTE 无线通信和数据技术的 6 000 余件专利的处理和去向，成为全球高科技公司关注的焦点。2011 年 7 月，围绕这 6 000 件专利，谷歌、苹果、微软、爱立信等国际巨头，展开了一场近乎于残酷的、你死我活的争夺战。经过数次激烈的竞购较量，最终由苹果、EMC、爱立信、微软、RIM 和索尼等公司联合组成的财团以前所未有的 45 亿美元高价购得，而此前最热门的买家谷歌公司则黯然失利。

……

统观以上案例，恰似全球移动通信行业所爆发的世界专利大战，其背后反映的是惨烈的市场竞争和三大阵营之间的博弈（第一阵营是苹果公司的 iOS 系统；第二阵营是以谷歌公司 + 摩托罗拉、三星等公司为代表的 Android 系统；第三阵营则是微软公司 + 诺基亚公司的 Windows 系统）。

（三）专利工作成为企业战略实施的重要支撑

专利已经成为影响和决定市场竞争成败的战略性要素，这是一个不争的事实。专利作为战略性竞争要素，其管理的有效性，在很大程度上取决于是否与企业的技术发展战略、市场运营战略等保持协同一致，是否能够为企业相关战略的实施和推进提供有效的支撑和服务。

谷歌公司作为一家全球领先的互联网企业，2007 年下半年进入智能手机领域，扛起开放性操作系统大旗，成功开发出源代码开放并免费的 Android 系统。在短短 2 年时间，Android 操作系统手机阵营迅猛发展，Android 系统手机市场份额突飞猛进，一举超越苹果公司 iOS 系统和微软公司 Windows 系统，成为全球市场占有率最高的智能手机操作系统。

然而，谷歌公司仅凭其所拥有的仅数百件专利，尤其是在移动领域的专利极度匮乏，根本无法支撑其在技术研发和市场上所取得的骄人成绩。谷歌公司的 Android 系统发展战略和规划遭受到致命的冲击和干扰。

在苹果公司和微软公司两大竞争对手的专利夹击之下，谷歌公司显得束手无策。面对苹果公司、微软公司凌厉的专利攻势，作为 Android 阵营领头羊的三星、HTC 品牌在欧美国家的专利诉讼中不断失利，最终向微软公司屈服，缴纳专利许可费，并重新投入开发支持 Windows 系统的智能手机。一时间，Android 阵营的成员对 Android 系统未来的发展充满了迷茫。

竞购北电公司专利的失利，使得谷歌公司更加坚定要在移动领域拥有强大的专利组合的决心，以支撑其在移动领域的发展战略。2011 年 7 月，谷歌公司从 IBM 公司购买了超过 1 000 项的专利。8 月，谷歌公司再次斥巨资以 125 亿美元收购摩托罗拉移动及其拥有的约 2.45 万项专利。

然而，由于谷歌公司在开发 Android 系统之初，就缺乏系统性的专利管理。其在专利问题上的困扰，能否随着巨资购买充实专利库而最终彻底解决，尚不得而知。但是，至少有一点是显然的，谷歌公司的专利问题并非一朝一夕所能解决。

而苹果公司和微软公司，其 iOS 操作系统和 Windows 操作系统采取的则是典型的封闭式战略，尤以苹果公司为甚。微软公司积极开展 Windows 系统的许可授权，获取许可费收入，但是基本上不提供 Windows 系统的源代码，采取极其严格的控制措施。苹果公司将 iOS 系统视为其核心竞争力，不仅不对外许可任何厂商使用该系统，而且积极运用其专利和商标的组合，打击遏制抄袭其 iOS 系统中关键要素和特征的侵权行为。

因此，无论企业的商业模式是开放还是封闭，无论企业的规模是大还是小，也无论企业的行业地位是领导还是跟随，专利对于企业战略目标的实现，都起着不容忽视的作用，甚至是决定事业发展成败、影响企业生死存亡的关键作用。

可见，要实现企业的战略发展，需要与之相匹配的专利管理模式和策略为其服务。

二、新商业环境中企业专利工作的内涵

新商业环境的变化，在极大地提升专利对企业参与市场竞争的重要性的同时，也极大地提升了企业专利工作在企业管理体系中的地位和重要性。企业管理者有必要重新审视企业专利工作，以适应新商业环境的变化。

（一）企业专利工作目的

新商业环境中，企业专利工作不再仅仅局限于对其技术创新成果的保护，而需服务于多重目的。具体而言，其直接目的是保护技术创新成果；间接目的是管控潜在专利风险；根本目的是培育核心竞争优势。

其中，有效保护技术创新成果作为企业开展专利工作的最基本的功能和最直接的目的，早已为人们所熟知。需要加以特别注意的是后两个目的对当前企业专利工作的重要意义。

有效管控潜在专利风险，这一目的在企业专利工作中的重要性近年来与日俱增。随着全球范围内专利申请持续迅猛增长，尤其是在产业蓬勃发展的新兴市场和新兴国家，专利在受技术创新影响较大的产业的分布越来越密集。这种密集的专利分布状态使得相

关产业的企业在参与市场竞争时面临危机四伏的"专利地雷阵",比比皆是的潜在专利风险令企业举步维艰,稍有不慎就有可能面临诉讼纠纷,甚至可能导致企业濒临绝境。因此,无论是研发立项,还是选择技术路线,或是制定市场拓展战略,在企业运作的全过程中,都需要通过提前梳理识别其中可能隐藏的专利风险,提前规避防范专利风险,提前制订专利风险应对化解预案,尽量使各种现实的、潜在的专利风险被纳入企业的管控范围,最大限度地减小专利风险发生的可能性,最大限度地降低专利风险带来的危害和损失。

有效培育核心竞争优势,这已成为企业专利工作理所当然的根本目的。在新商业环境中,企业专利工作的方向、内容和重点,无一例外都要服从和服务于企业核心竞争优势的建立、巩固和扩大。就竞争优势而言,企业专利工作首先要着力于当前实际的竞争优势的培育,同时还必须以开阔的视野和深刻的产业发展洞见致力于未来竞争优势的培育。无前者,无以谈生存;无后者,无以谈发展。

关于适应当前竞争需要的竞争优势,比较理想的状况是:有效提升市场进入的门槛,保护企业的主营业务不被侵蚀,建立细分市场内的竞争规则,决定价值链的利润分配机制;通过专利许可收益改善企业的营收和利润,同时利用专利许可收费加大竞争对手的市场成本,压缩其利润空间,削弱其成长发展潜力。

关于适应未来竞争需要的竞争优势,比较理想的状况是:引领、控制技术和产业发展的方向,占据技术和产业升级换代的战略控制点;引导未来市场竞争重心的转移和竞争格局的调整,在新的市场竞争格局中赢得主导权,成为新竞争格局中竞争规则的制定者。

(二)企业专利工作的对象

就传统的观念和认识而言,企业专利工作的对象主要是专利本身;而在新商业环境中,虽然专利本身仍然是企业专利工作的基本对象,但更为重要的是,企业还应当把专利组合作为专利工作的重要对象。

所谓专利组合,主要是指在技术、保护等方面具有内在紧密联系的系列专利的集合。专利组合在企业专利工作中的重要性之所以大幅提升,其原因在于,在近年来的产业竞争中,有明确战略目标的专利组合大量涌现,单项专利权的竞争力、控制力明显降低,企业间基于专利的竞争演变为具有一定专利数量规模且专利间存在相互补充、相互支持等内在联系的专利组合的对抗。这种现象尤以电子通信、新能源汽车等技术高度集成的产业领域突出。企业如果仅凭零散的单项专利权,将难以与拥有庞大专利组合的竞争对手相抗衡。因此,从相对宏观的层次审视专利,并进而构建设计精巧的专利组合,已为企业专利工作所不容忽视。

作为企业专利工作的对象,专利和专利组合包括两个维度的内容:第一个维度是企业自身的专利和专利组合,这是企业专利工作的直接对象;第二个维度是竞争对手的专利和专利组合,这是企业专利工作的基本参照系,是企业安排专利申请、构建专利组合的基本对照对象。对于自己的专利和专利组合,企业考虑的重点在于权利的保护、维护和专利组合结构的优化;对于他人的专利和专利组合,企业考虑的重点在于防御与攻击、控制与反控制、竞争与合作。

（三）企业专利工作的内容

总体而言，企业专利工作内容丰富、涉及面广，涉及不同层次、不同维度的工作内容。如图 1-1 所示，既包括企业专利工作的战略规划，又包括企业专利工作的基本业务及流程，还包括企业专利工作的保障体系；既包括专利申请、维护等前端专利业务，又包括专利纠纷应对、专利运用等后端专利业务，还包括专利风险管控等贯穿企业专利工作全过程的业务。

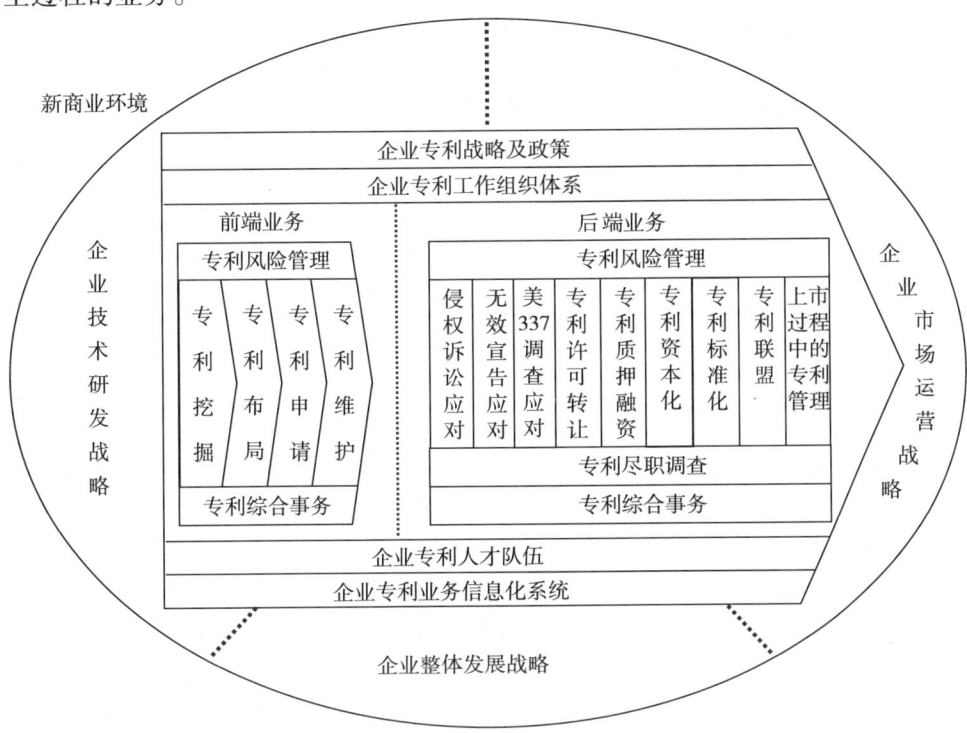

图 1-1　企业专利管理工作内容

1. 企业专利工作的战略规划

宏观层面的企业专利工作内容集中体现为企业专利战略规划的制定和实施，重点在于明确企业在不同背景、不同时期、不同条件下自身专利工作的定位、方向、重点，实现长期、中期、短期企业专利工作方针的有机协调以及企业专利工作战略政策与企业整体发展战略、技术发展战略、市场运营战略的有机协同。

具体而言，企业专利战略主要是明确在相对较长时期内专利工作在企业整体战略和经营中的定位、目标、政策、策略和规划，以及组织和制度等关键性问题，为专利业务提供纲领性和方向性的指导，是企业开展各项具体专利工作的基本依据。如前所述，企业专利战略应当服务于并服从于企业的发展战略，因此，要做好企业专利战略的管理，必须基于企业的整体经营发展战略，密切结合企业技术发展战略和市场运营战略，寻找战略主攻方向和最佳战略支撑点。在制定企业专利战略时，一是要着力提炼企业整体战略中所包含的核心要素，这些核心要素应当是与维持和增强企业核心竞争力、支撑企业商业模式取得成功密切相关的关键要素；二是要找出其中与企业专利工作存在直接联系的相关要素，如企业发展规划、市场拓展计划、基本商业模式、主要利润来源、基本产品定位、技术发展路线等。其中，企业发展规划决定了企业不同发展阶段的专利战略目标、定位和策略，比如，是防御，还是进攻，或者二者兼顾，等等；企业的市场规划直接影响专利布局的重点区域是中国本土还是欧美发达国家，还会进一步影响专利申请和专利风险管理的策略；企业的商业模式和利润来源，则决定了企业专利挖掘和布局的重点方向和策略。

企业专利工作规划集中规定和体现了企业当前及未来一段时期专利工作的定位、目标、方针、重点、策略和主要任务措施。如果说企业专利战略是企业开展专利工作的宏观指导，那么企业专利工作规划则是企业贯彻专利战略并对各方面专利工作作出的整体部署和安排。科学制订和有效实施企业专利工作规划，需要企业扎扎实实做好规划的研究制订、实施推进、督促检查、调整优化等各个环节的细致工作。特别需要注意的是，企业专利工作的年度规划不仅要体现企业专利战略的基本精神，而且要与企业本年度的技术研发规划、市场运营规划保持协调一致，全面、准确地抓住企业技术研发和市场运营的规划重点，并在年度专利工作规划中给予重视并恰如其分地体现在相关专利工作安排中。

2. 企业专利工作的基本业务

微观层面的企业专利工作内容主要体现为各项具体的专利业务。根据所处流程阶段不同，可将企业专利工作的基本业务划分为前端业务和后端业务。

（1）前端业务。

企业专利工作的前端业务主要涉及专利挖掘、专利布局、专利申请、专利维护等。这些业务的共同特点是，以企业内部的技术创新成果的挖掘和保护为重心，主要体现的是专利的创造。其中，专利挖掘业务旨在找出企业技术创新中可申请专利的发明点；专利布局业务旨在构建能够形成有效专利保护、具有较强专利控制力的企业专利组合，培育建立企业基于专利的竞争优势；专利申请业务旨在确保相关发明创造的技术方案能够形成优秀的专利申请文件，并通过专利审查获得专利授权；专利维护业务旨在对企业拥有的有效专利以及专利组合进行科学有效的维护管理。可见，这些业务是企业开展专利工作需要做好的最基础的基本业务。可以说，对于一个希望拥有具有强大竞争力的专利组合的企业而言，上述前端业务不可或缺。

（2）后端业务。

企业专利工作的后端业务主要涉及专利纠纷应对、专利许可转让、专利资本化、专利质押融资、专利标准化、专利联盟、企业上市过程中的专利管理等。这些业务的共同特点是，以企业拥有的专利在企业外部发挥的影响和作用为重心，主要体现的是专利的运用。对于专利工作处于起步和发展阶段的企业而言，后端专利业务并非每一个企业都必须开展的例行性业务，往往由于某些特定事件的发生而启动；对于专利工作处于成熟阶段的企业而言，则可能基于所处行业特点以及企业自身战略定位等因素，将其中的某些业务纳入其例行性业务。比如，在专利纠纷频发的产业中，专利纠纷的防范和应对可能成为企业的例行业务；在技术标准深度影响产业发展格局的产业中，专利标准化往往会成为先进企业的重要工作；对于专利许可收入构成企业重要利润来源的企业，专利许可业务则是其举足轻重的关键业务。

值得特别一提的是，无论在前端业务中还是在后端业务中，都必然会涉及专利综合事务管理和专利风险管理。前者是各项专利业务顺利开展的基础；后者则作为全面提升企业专利工作层次和价值、实现有效管控专利风险等目标的有效举措，自始至终贯穿企业专利工作的各个方面。

3. 企业专利工作的基本保障

对于企业专利工作来说，经费保障可谓基础中的基础；但仅就企业专利工作的内容而言，其基本保障主要涉及企业专利工作组织体系、专利人力资源、专利业务信息化系统几个方面。

企业专利工作组织体系是企业开展专利工作的前提，为专利业务运行提供组织层面的环境保障。作为企业内部开展专利工作的顶层组织架构，企业专利工作组织体系决定了专利工作在企业日常业务运作中的实际地位和可能实际发挥的作用。通常，能够有效保障专利业务运行的企业专利工作组织体系具有如下特点：一是在企业组织体系中具有较高地位；二是能够与企业技术研发体系和市场运营体系高效、顺畅地进行对接；三是内部专利业务流程设置和职责分工科学合理，有利于内部专利业务的优质高效运行。

企业专利人力资源是企业开展专利工作的基础，为专利业务的运行提供人才队伍的智力保障。一方面，需要有不同层次的专利人力资源，既要有统筹引领企业专利工作的领军型高端人才，又要有能够在某一方面业务上独当一面的骨干人才，还要有能够具体执行实施特定业务的专利工程师；另一方面，需要有不同领域和专长的专利人力资源，比如，善于专利挖掘和布局的专门人才、善于专利流程管理的专门人才、善于专利诉讼和应对的专门人才、善于专利许可交易的专门人才、善于专利标准化的专门人才等。上述专利人力资源的积蓄和培育，既来自于企业对其已有人才的培育，也来自于对企业外部人才的吸纳。

企业专利业务信息化系统是企业开展专利工作的重要工具，为专利业务的高效运行提供强有力的信息化条件保障。专利业务信息化系统的保障功能主要体现在三个方面：一是企业专利信息数据库的建设和保障，以实现企业专利信息的有效管理；二是专利业务流程信息化系统的建设和保障，以支撑企业专利业务和流程管理的高效运行；三是专利信息检索分析系统的建设和保障，以支持企业对专利信息的深度挖掘和综合利用。

（四）企业专利工作的地位和作用

在技术和经济竞争的双重驱动下，作为直接参与市场竞争的主体，越来越多的企业，尤其是已经开拓国际市场的领先企业，积极调整专利工作以有效发挥专利对于企业参与市场竞争的作用和影响。在专利工作的地位上，不再将其视为简单的企业内部活动，而是将其视为一个支撑企业整体经营的系统工程，并将其置于整个产业结构的大背景中去开展和实施。

在企业战略层面，专利战略与企业的技术研发战略、市场经营战略，相互影响、相互渗透、相互支撑，形成稳固的"三位一体"关系，成为保障企业商业战略目标顺利达成的"铁三角"。这种关系如图1-2所示。

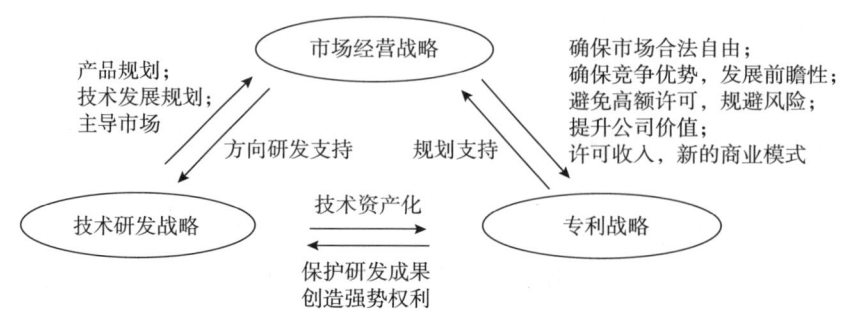

图1-2 专利战略与企业经营/研发战略"三位一体"关系

如前所述，企业在经营过程中，应当充分运用专利以促使专利价值得到最大化的利用，为企业的经营发展提供支撑和保障。

从企业运用专利在市场竞争中发挥的作用和影响来看，较为显著的作用和影响主要表现为如下方面：

◇ 保护技术创新成果；
◇ 获取直接经济收益；
◇ 保护企业行动自由；
◇ 建立和扩大核心竞争优势；
◇ 影响甚至决定产业链各环节的利益分配，并进而影响整个产业的发展和格局

……

具体而言，企业通过运用专利可以发挥以下各项作用：

（1）企业宣传。企业的专利实力，已经成为创新能力及技术实力最直观的体现方式。企业拥有相当规模的专利，通过适当的宣传引导，可以赢得公众和媒体舆论对其科研实力的认可，树立良好的创新型企业形象，获得政府或者其他机构更多的优惠政策，还可以增强股东对企业的信心，增加用户对于企业产品的认同感。

（2）市场开拓。强大的专利实力有助于企业开拓市场，尤其进入欧美发达国家/地区的市场。在这些区域进行市场开拓的过程中，若能体现出企业自身的专利实力，将获得客户更多的信任和同行竞争对手的忌惮甚至尊敬。

（3）许可收益。此处的"许可收益"为狭义概念，仅指企业将自身拥有的专利进行对外许可、或许可费收益的行为。在此种活动中，企业应充分了解自身所拥有专利的优势、产品分布、地域、权利期限、许可对象、市场优势等情况，以确定对本企业最为有利的对外许可方案。

（4）竞争遏制。即通过运用专利来打击遏制竞争对手、制造障碍、争夺市场份额。通过专利遏制竞争对手的方式有多种，比如"先礼后兵"，先发律师函给对方，要求其缴纳许可费；或者直接在当地司法机关起诉对方专利侵权，同时分析是否存在海关、行政执法等途径可予利用，并申请临时禁令追求最有利结果。

（5）专利防御。是指由于激烈的市场竞争，竞争对手首先专利发难时，例如索要专利许可费或者起诉专利侵权，可以利用专利进行反诉，回击对方，或者达成交叉许可，

获得共赢，控制企业在经营发展过程中的专利风险。

（6）专利合作。即通过评估、组合本企业的专利资产，与产业链上下游厂商达成商业合作、实现共赢。

（7）专利投资、入股、融资等。目前，以专利作价投资入股、融资、证券化等活动的法律规范和实践日益成熟，势必也将成为企业实现商业利益的途径之一，甚至进行货币化运作。

然而，以上对于专利可能发挥的作用的阐述，只是割裂的、单独的列举，各项作用相互之间的地位并非并列，在时序上也非同时并发。在企业专利工作中，专利对于企业的价值体现、运用的策略、运用的方式和侧重，因企业的战略定位、行业地位、发展阶段以及业务单元的不同而有所不同。

企业需要根据所处发展阶段和经营实际，综合分析企业的专利风险、专利优势所在、利弊权衡以及业务必要性等因素，整体考虑确定相应的专利运用策略。例如，企业在经营规模和市场份额快速提升的发展阶段，一般而言，专利防御的作用应当处于首位，并可以辅助运用企业宣传和市场拓展。又如，对于专利许可收入与产品收入并重的企业，尤其是专注于技术许可而并不涉足产品市场的企业，许可收益则是最为重要的专利价值和作用，专利合作、专利投资、入股和融资等资本化运作也可能是重要的搭配选择。再如，对于经营业务横跨通信系统设备和通信终端的综合企业，如果其通信系统设备市场份额很高，专利实力也很强，但是在通信终端的市场份额和专利实力都远不如前者，则需要根据具体的业务单元，区别性地运用专利：在通信系统设备业务方面，应当运用专利进行许可收益和竞争遏制；但在通信终端业务方面，则应更多地考虑运用专利进行企业宣传和专利防御。

企业专利工作除了具有上述相对独立的作用外，对于企业的相关业务还具有辅助性的支撑支持作用。这种辅助作用主要体现为，在企业专利工作实施过程中，可以将基于专利形成或掌握的有关信息或成果及时反馈到市场运营过程中，有助于企业管理层及时掌握市场最新动态以及业界竞争态势的变化，及时调整企业整体运营策略。典型的辅助性作用包括：

- ◇ 专利部门可以联合销售部门向企划人员提供市场信息，以便企划部门准确掌握企业的整体优势，策划出成功的企划案，使专利工作成果体现在公司的整体品牌价值中；
- ◇ 专利部门可以协助采购部门进行供应商的调查、审核等工作，在整体采购框架下制定最有利和最安全的采购方案；
- ◇ 专利部门可以根据公司市场地域特点以及市场竞争力情况，与销售部门协同制定市场拓展策略，分析公司产品、技术在专利上的优势与不足，制订针对特定客户或市场的销售方案，赢取市场份额；
- ◇ 专利部门可以向财务管理人员提供与专利有关的税费征免规定，提供公司产品专利成本核算的数据支持；
- ◇ 专利部门可以联合研发、市场等部门提供企业专利资产的相关资料，协助财务部门对企业专利资产的价值进行评估，提升企业无形资产价值的比重。

三、新商业环境中企业专利工作的基本原则

企业专利工作的核心原则,全在于依托专利建立、维护、巩固和扩大企业的核心竞争优势。围绕企业核心竞争优势的培育,企业在专利工作中需要注重六大基本原则,即:战略协同配合、构建专利组合、优化专利结构、管控专利风险、长期维护演进、例行规范运作。

(一) 注重战略协同配合的原则

注重战略协同配合,主要强调企业专利工作在战略层面上应当与其技术研发战略、市场运营战略保持协同一致,相互配合、相互支持,有机融为一体化的企业整体战略。

究其实质,企业专利工作就是以现实或潜在的市场为目标,利用专利制度提供的法律保护及相关便利条件,对于有关技术、产品发明权衡利弊,在国内及国外主要市场目的国/地区申请专利,有效行使和维护专利权,以对抗其他企业的市场渗透和竞争。企业专利工作若要充分发挥此战略性作用,必须在专利工作与企业其他相关工作之间实现紧密衔接配合。缺乏其中任何一环或者某一环节衔接不畅,都可能影响企业各项相关业务的顺畅运行和企业整体战略目标的顺利达成。因此,理顺专利工作与企业其他战略之间的关系,实现相关战略之间的协同运作,才能既有利于发挥专利工作本身的作用,又能对其他工作起到支持帮助的作用。

进行战略协同配合,首先要求企业明确专利战略在其战略体系中的定位和作用,比如,是处于主导地位还是处于从属地位。对于围绕专利建立其商业模式的企业而言,专利战略无疑处于主导地位;而对于其他企业而言,专利战略相对从属于其他战略,重点在于基于专利为相关战略提供及时有效的业务支持。

进行战略协同配合,必然要求企业专利工作与其技术研发战略、市场运营战略保持协同一致。无论是企业专利工作业务重点的确定,还是人力、物力资源的配置,或是拓展业务的方向、评量业务绩效的标准,都需要以企业技术研发战略、市场运营战略的方向、重点和要求作为依据,做到随需而动、因重而重。

实现战略协同配合,还要求企业专利工作人员在业务操作层面上与企业技术研发部门、市场运营部门、法务部门紧密协同配合运作。一方面,在专利工作全过程中,尤其是在专利挖掘、布局等关键环节,企业专利工作人员需要主动加强与相关业务部门的协同配合,必要时应联合开展工作;另一方面,在相关业务需要专利部门提供支持的关键环节,比如研发方向选择、技术路线选择、专利纠纷应对等,也需要加强相互之间的协同配合。

总之,专利工作是否有效,并不在于专利工作本身,而在于其对技术研发、市场运营等相关工作是否有所贡献;同样,专利工作能否做好,并不取决于企业专利部门一个部门的努力,而决定于相关部门之间能否在战略上形成协同、在操作上密切协作。

(二) 注重构建专利组合的原则

注重构建专利组合,主要强调企业应当通过专利工作的开展,逐步建立专利之间在

技术内容、保护效果上具有相互补充、相互支持、相互呼应等内在有机联系的专利组合，以促使对相关技术创新的专利保护强度大幅增强，强化企业固有的技术优势、弱化薄弱技术环节可能带来的不利影响，显著提升企业与领域内主要竞争对手的博弈对抗能力。

构建专利组合，其依据和指引主要是企业自身的相关战略规划和竞争对手的战略动态。就前者而言，关键在于依据企业的战略规划建立与企业技术研发战略、市场运营战略协调一致的专利组合，以其重点为构建专利组合的重点，以其调整方向为构建专利组合的调整方向。就后者而言，关键在于准确判明主要竞争对手的技术和市场战略动向的基础上，有针对性地补充、强化企业相关专利组合，未雨绸缪，提前做好应对新一轮竞争的准备。归结起来，前者是基本依据，后者是主要参照系。

构建专利组合，需要坚持开放性构建专利组合的原则。在技术创新爆炸式涌现的新科技革命时代，任何技术进步都建立在此前长期、大量的技术积累基础上。当前，企业已经几乎不可能自行研发并拥有企业发展所需的一切专利，因此，必须以开放的视野、开放的方式来指导和推进专利组合的构建。首先，企业仍然必须坚持"以我为主"，重点立足企业自身专利建立专利组合。这种方式虽然耗时较长、短期难见成效，但主动性强、控制力大，是企业构建专利组合的基础基石，是治本之策。同时，企业还必须特别重视"拿来主义"，通过购买、获取授权许可、企业并购、企业联盟等多种途径和方式，有效利用外部专利资源为我所用。这种方式耗时短、见效快，但是相对被动、控制力较弱，往往需要大量的资金支持，是企业构建专利组合必要而有效的补充，属治标之计。

构建专利组合还需要注意的是，首先要基于技术创新点构建基本的专利组合单元，同时要以专利组合为单位来形成专利组合体系。理想的一种状态是，企业的专利都处于组合之中，每个专利组合都能发挥明显大于个体作用以及这些个体简单叠加的作用。

（三）注重优化专利结构的原则

注重优化专利结构，主要强调企业在专利工作中要从相对宏观的高度，审视企业拥有的专利在技术分布结构、地域分布结构、时间分布结构等方面是否结构合理、配置均衡、重点突出、保护有效，并针对存在的问题和不足有重点地进行专利结构的优化。

优化专利结构的着眼点在于"知天、知地、知己、知彼"，着重把握技术、产业、市场当前的发展重点、未来的发展方向以及竞争对手的动向。"知天"的关键，是要全面深刻理解国家相关产业和技术的培育发展政策，准确把握现有产业和技术的发展方向和重点，以及新兴产业、前沿技术的发展方向和重点，并据此前瞻性地优化专利组合结构。"知地"的关键，是要全面准确把握企业所处产业领域的市场竞争格局、竞争焦点和发展走向，以及相关技术领域的技术竞争格局、研发重点和发展走向。"知己"的关键，是要全面准确把握企业自身的技术研发战略、市场运营战略等相关战略规划，找准企业在技术研发、市场运营等方面的重点、调整拓展方向、优劣势等，以强化自身优势的有效保护，并有效减小或消除薄弱环节的不利影响。"知彼"的关键，是要全面准确把握企业可能面临的竞争对手有哪些，尤其是可能直接竞争的竞争对手，以及相关竞争对手的优势及劣势，以有效进行封堵和反制。

进行专利结构优化，需要根据不同分布结构的特点有针对性地进行。在专利的技术分布结构方面,一是要体现对重点产业领域、新兴产业方向的倾斜;二是要结合企业技术创新能力,体现在共性技术、关键支撑技术、替代技术、改进技术、互补性技术、竞争性技术上专利分布的综合平衡;三是要体现对相关技术标准的专利安排;四是要体现从材料、工艺、结构、组装等角度对相关重大技术进行综合保护。在专利的地域分布结构方面,对于重点市场,要体现重点保护;对于目标市场,要体现前瞻布局;对于衰退市场或企业准备退出的市场,要重新审视企业的专利布局策略以及相关专利的转让、许可、放弃等事宜。在专利的时间分布结构方面,主要考虑哪些专利将届满,需要提前申请相关专利延续保护;哪些技术的生命周期较短,需要提前针对其升级换代的技术方向安排专利。

(四) 注重长期维护演进的原则

之所以强调注重企业对其专利及专利组合的长期维护演进,是因为客观看来,技术始终处于升级演进过程中,市场始终处于发展变化过程中。这决定了企业专利组合的构建也始终处于构建、补充、优化、完善的动态发展过程中。甚至可以说,这种构建过程,只有起点,没有终点。停滞不前的专利组合,或许在过去的某一时段具有强大控制力,但终将被技术和市场的发展所抛弃、淘汰。专利组合的生命力,在且仅在于随技术和市场的发展而发展,而不断需要包含新技术、新需求的新专利的加入。

由于与技术和市场的发展相比,企业资源终归有限,能够用于专利工作的资源更为有限。因此,要使企业用于专利工作的投入产出最大化并可持续,必然要求企业形成具有新陈代谢功能的专利工作机制,一方面及时补充符合产业和技术发展方向和发展重点的新专利和新专利组合,另一方面及时放弃或让渡企业当前及未来均已经不再需要的非战略性专利,以实现对其专利及专利组合的长期维护演进。

再者,在当前的市场竞争中,一些重要竞争对手往往在此前的"专利军备竞赛"中积累了大量的专利,形成了强有力的专利组合。在此背景下,企业要想在竞争中有效对抗强大的竞争对手,必然要求企业也拥有相当规模的具有一定竞争力的专利组合。而这种能够在竞争中有效发挥作用的专利组合,需要企业长期的积累培育,不可能一蹴而就。

企业在进行专利及专利组合的维护演进时,需要特别注意的一点是,有效维护演进的关键在于,企业应当尽可能先于社会需求和技术发展趋势的明晰而进行,至少应当顺应技术和产业发展的趋势;需要特别注意的另一点是,进行维护演进的目的是为谋求和建立足以适应企业未来发展需要的专利优势。这主要是因为,技术的发展相对于产品投放市场而言,具有或多或少的提前期,而专利对技术、产品和市场的保护,客观存在完成专利审查程序所必需的一个滞后期。这就决定了企业当前申请的专利的真实用途,不在于对企业现时参与的市场竞争有所作用,而在于对企业未来可能参与的市场竞争有所贡献。因此,从这个意义上说,企业专利工作的根本目的,在于建立、维护和巩固企业未来的竞争优势;企业进行专利及专利组合的长期维护演进的意义以及工作的出发点及落脚点,亦在于此。

（五）注重管控专利风险的原则

注重管控专利风险，主要强调企业在专利工作过程中要高度关注专利风险，采取有效举措将专利风险纳入管理范围，尽可能防范专利风险的发生，并尽可能减小或消除其可能带来的不利影响。专利活动作为企业参与市场竞争的一种重要活动，无论是定位于防守，还是定位于进攻，其首要前提都是要在确保企业行为在潜在风险最小化、安全性最大化的基础上进行。因此，在企业专利工作中，应当高度重视专利风险的有效管控。

有效管控专利风险，需要重视"三全四早五环节"：

"三全"，是指对专利风险的管控要做到全方位、全流程、全时段。所谓"全方位"，是指在企业的技术研发、产品投放、市场拓展、商业合作、人才引进和流失等的工作中，都可能潜藏专利风险，因而在管控专利风险时，需要从这些方面全面梳理排查其中可能存在的专利风险。所谓"全流程"，是指在专利工作过程中，对于专利风险的排查、识别、应对等管理活动应当贯穿从研发立项、专利挖掘、专利布局到专利维护、专利运用等全过程，每个环节，都有因其业务重点不同而在专利风险管控的具体内容上有所侧重。所谓"全时段"，是指企业对专利风险的管控，应当是一个持续不断进行的动态过程，惟其持续，方可提前预警、提早应对。

"四早"，是指对专利风险的管控要做到早预防、早发现、早处置、早解决。实现"早预防"，需要提前全面排查梳理专利风险源，针对主要的专利风险制定风险应对预案，同时早期采取风险规避举措。做到"早发现"，要求企业必须建立专利动态、技术动态、市场动态的监视追踪机制和竞争情报分析机制，及早发现在企业的相关活动中潜藏的专利风险。做到"早处置"，要求企业对于发现的风险隐患尽早采取应急应对举措，能消除的消除，不能消除的，要提早做好应诉等风险应对准备。做到"早解决"，对于已经发生的专利纠纷，企业要根据自身的总体商业战略及早制定解决专利纠纷的总体指导思想和应对策略，在与企业总体战略不发生原则性冲突的前提下，尽可能及早解决；如果久拖不决在某些情况下对企业有利，则另当别论。

"五环节"，是指专利风险管控过程的五个基本环节，即监视识别、预警管理、规避防范、应对化解、总结反思。在每个管控环节中，都要根据本环节的特点和重点，结合前述要求做好专利风险的管控。

（六）注重例行规范运作的原则

强调例行规范运作，意在强调企业专利工作的理想运行状态，在于以制度化、流程化的规范运作为基础，优质高效地处理好企业的常规专利事务，仅对于特殊的突发性例外事件进行特别的个案专门处理；同时也提示，运动式的专利工作开展模式，或者依靠个人魅力和能力的专利工作开展模式，可在专利工作导入企业的起步阶段作一时之用，但绝非长效的长久之计。

进行例行规范运作，也是有效提升企业专利工作整体质量和效率的可靠依托。无论是专利挖掘，还是专利申请事务，或是专利风险管理、专利维护运用，其间各项业务的特点各异、要求不同，均需要建立规范的操作流程和操作规则，将相关各项业务纳入规范运行的管理轨道。同时，企业专利工作与技术研发、市场运营存在千丝万缕的联系，要实现其相互之间的紧密结合与有机融合，需要相关部门和人员之间长期的紧密协作和细致的具体工作，除认真做好日常的常规例行规范运作外，无捷径可循。

需要特别强调的是，专利源于创新，创新生长于研发，因此企业专利工作的例行规范运行首先要实现与技术研发的深度结合。无论何种企业，其专利工作必须结合研发，建立与研发模型相匹配的专利业务模型，形成专利业务规范和流程，确保各项专利业务活动深度嵌入研发流程之中，植根于研发各个环节，并成为研发活动的输出成果，真正实现专利活动与研发活动融为一体。在实践中，专利活动与研发活动相结合已有为数不少的成功案例。国内外众多领先的高科技企业，将专利管理嵌入到集成产品开发（Integrated Product Development，IPD）等优秀的产品开发模式和流程之中，通过流程的保障和控制，实现在产品开发过程中，不同的阶段、不同的环节，有不同的专利输入和输出，要求有专利工程师的介入，履行不同的工作职责和作用。

四、新商业环境呼唤致力于专利数量、质量和结构均衡发展的企业专利工作

如前所述，在新的时代和社会环境中，与过去相比，专利质量与结构对企业的重要性早已极大提升，不可同日而语。对于今天的中国企业而言，需要实现从单纯注重专利数量到兼顾专利质量和结构的重心转移。

从中国企业多年来的专利工作实践来看，对于技术后发的企业而言，由于技术起步晚、初期投入不够、企业创新无法与欧、美、日等国际领先的企业相匹敌，重视专利数量积累是可行的手段，也是必经的阶段。相当规模的专利数量，有可能为企业市场行动自由带来一定程度的安全保障，但单凭数量本身，并不能决定企业是否足以在专利对抗中胜出；仅凭一件高质量的优秀专利，虽有可能帮助企业在专利对抗中取胜，但过少的专利往往可能被竞争对手集中精力和资源找出缺陷和漏洞进行突破；即便有了具有一定数量规模和较高质量的专利，如果专利组合结构不合理，仍然有可能被竞争对手抓住薄弱环节而陷入战略被动的局面。可见，长远看来，唯有实现专利数量、质量和结构的均衡协调发展，企业所拥有的专利才真正有可能成为企业在市场竞争中制胜的关键竞争优势。

要实现专利数量、质量和结构的均衡协调发展，要求处于专利工作起步阶段的中国企业高度重视专利工作理念、重点和方式的必要调整，并在发展过程中关注并逐渐实现如下方面的转变：

- ◇ 从单纯重视专利数量规模到注重专利质量和结构的转变；
- ◇ 从单纯重视单件专利申请到注重专利组合体系建设的转变；
- ◇ 从单纯重视当前产品保护到注重未来竞争优势培育的转变；
- ◇ 从单纯重视专利纠纷应对到注重全程管控专利风险的转变；
- ◇ 从专利部门封闭运行到多个部门协同推进的转变。

第二章 企业专利工作体系建设

导　言

　　专利工作要在企业真正落地、扎根并蓬勃发展，建立符合企业自身特点、与企业组织架构及管理文化相适应的组织体系和政策制度，是关键中的关键。

　　本章以当前业内先进的专利管理思想为基础，对企业的专利工作架构进行了深入剖析，并详细阐述了企业专利工作战略的规划和具体实施，企业专利部门的组织结构、职能和人员配置，以及企业专利工作制度的设置和各侧重点的作用。在此基础上，提供了构建体系较为完整、运行较为合理的企业专利工作体系的基本指引。

一、企业专利工作战略的规划和实施

　　对于处于专利工作起步阶段的企业而言，宏观管理层面的首要要务是明确企业开展专利工作的基本战略。

　　处于专利工作起步阶段的企业在规划和实施专利工作战略时，需要特别关注四个方面关键问题：谁对战略的合理规划和有效实施起决定性作用？以什么为依据来进行专利工作战略的规划和实施？企业专利工作战略的基本内容是什么？如何有效推进和实施企业专利工作战略？

（一）企业专利工作战略规划的关键推动者：高层管理者

　　无论何时，高层管理者参与战略规划的制定，是确保战略规划定位合理、执行有效的关键。企业专利工作战略规划的制定也同样如此，尤其是对专利工作处于起步阶段的企业而言，企业高层管理者的深度参与和强力推动，更是至关重要。

　　实践表明，企业高层管理者是企业专利工作战略规划的关键参与者。如果企业的一把手能够对专利工作给予足够的关注，则对企业专利工作战略规划的制定实施乃至日常专利工作的顺畅运行，将会起到强有力的推动和促进作用。

1. 企业高层的参与和推动，有利于站在企业整体战略的高度来谋划和制订企业专利工作战略规划

在新商业环境中，企业专利工作绝非一种单纯的内部业务活动，而是与企业技术研发战略、市场运营战略方方面面的重大战略息息相关。企业如何全面认识和准确定位专利工作在其商业模式中扮演的角色、所处的地位和应发挥的作用，小则影响企业能否占据有利的竞争地位，大则影响企业所经营事业的成败。

如前所述，对于企业经营来说，专利工作，实际上是技术贸易，特别是国际技术贸易，尤其是欧美技术贸易工作的一个组成部分。专利工作是技术贸易的有机组成部分，决定了企业专利工作的最终定位和目标如下：

◇ 辅助企业主营业务，尽量降低知识产权成本、确保企业市场行动自由和安全；
◇ 成为企业主营业务，依靠技术创新和专利建立竞争优势、通过技术贸易获取收益。

专利工作的上述目标及定位，决定了企业的专利工作战略规划需站在企业整体经营发展战略的高度来进行整体决策。这种重大决策的作出，事关企业基本商业模式和核心竞争优势的根基和依托，需要对企业技术研发战略、市场运营战略等重大战略具有全面、深刻认识和理解的企业高层管理者直接而深入地参与和推动。

2. 企业高层的参与和推动，有利于增强企业相关部门实施专利工作战略规划的积极性和执行力

一方面，企业专利工作并非企业专利部门一个部门的工作，与企业的技术研发部门、市场运营部门等相关部门有着千丝万缕的密切联系。实践表明，企业专利工作的有效性，在于企业专利部门与技术研发部门、市场运营部门等相关部门的紧密协同配合。因此，企业专利工作能否有效开展，既取决于企业专利部门本身能否专业、规范、有效开展专利业务，更重要的是，主要取决于相关部门尤其是技术研发部门能否有效支持和配合专利部门，协同开展专利业务，尤其是关键项目关键节点的专利业务。

另一方面，在一定程度上，可以说，专利保护的产品是未来的产品，依托专利建立的竞争优势，是适应未来市场竞争需要的竞争优势。专利工作的价值，全在于企业未来的发展。谁拥有符合未来技术、产业、市场发展趋势的专利，谁就有可能在未来技术、产业、市场的激烈竞争抢先占据有利的先发优势。影响未来发展、在未来而不是当前体现价值，这既是企业专利工作的意义和价值所在，同时也是导致专利工作起步阶段企业容易忽视专利工作的原因所在。实践中，很多企业尤其是专利工作起步阶段的企业，往往由于专利工作收效滞后，专利工作的作用和可能产生的效益尚不能有效体现，对待专利工作的态度往往表现为"谈起来重要，做起来次要，忙起来不要"。

因此，无论是从企业专利部门与其他部门之间的关系来看，还是从专利工作见效于未来的隐性价值和滞后性特点来看，企业高层对专利工作的重视和强力推动，势必将有助于推动和提升企业相关部门配合开展专利工作的积极性和执行力。

（二）企业专利工作战略规划的基本依据：企业整体的竞争战略和规划

总的来讲，专利发端于研发，获权于法律，应用于商业。因此，企业专利工作的目标及战略应根据企业整体战略规划尤其是市场运营战略和技术研发战略来制定，并与市场运营战略、技术研发战略等相关战略有效嵌接和融合，如图2-1所示。由于企业的战略归根结底是服务于竞争，决定了企业专利工作战略规划归根结底亦是服务于竞争。制定实施企业专利工作战略规划，应当基于企业整体的竞争战略和规划。舍此，企业专利工作将无生存之本和存在的意义。

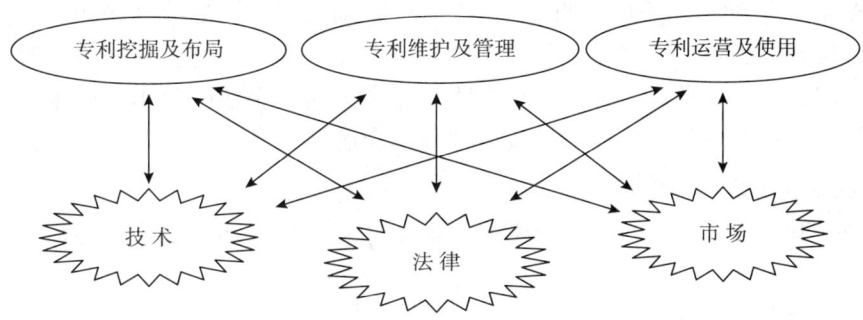

专利：发端于研发，获权于法律，应用于商业

图2-1 企业专利工作战略和规划

企业专利工作首先应当顺应企业市场运营的整体战略，与企业市场运营战略有机融合并紧密衔接。以此为基础，准确定位企业的专利战略并据以执行实施。在专利战略的关注重点上，应重点考虑企业的市场分布和与企业相关的其他厂商；在专利的地域布局策略上，应当充分参考并与企业的市场分布地域相契合，重点考虑企业成熟市场、未来战略市场的分布并进行针对性布局；在专利分析策略上，应当综合企业目标市场、重点产品以及主要竞争对手，制订专利分析策略，并在此基础上形成目标市场的专利风险评估及应对方案；在专利运营策略上，应根据企业的市场运营目标，结合专利分析结果，有效评估企业已有的专利筹码，并有计划、有步骤地推动自身专利的许可或威慑等战略性运用，降低企业市场运营的专利风险及专利成本，以有效支撑企业市场运营战略。

同时，企业专利工作战略还应与企业的技术研发战略相融合和衔接。专利源于创新，创新源于研发。从这个意义来说，技术研发部门既是专利部门开展专利工作的业务来源，又是专利部门直接提供支持和服务的"客户"，还是对专利部门提供配合协作的重要"合作伙伴"。无论技术研发部门制定实施何种技术研发战略，都会在根本上影响专利部门专利业务的开展，比如，专利业务的方向、重点、涉及的技术领域等。在专利挖掘和布局的规划上，企业专利部门需要根据企业选取的战略产品/技术方向以及研发投入重点及规划来安排专利挖掘计划和设计专利布局规划，既要权衡和考虑企业在战略产品/技术上与在成熟产品/技术上的研发投入情况，还要权衡和考虑产品/技术的市场生命周期。

此外，需要特别注意的是，在企业实践中，企业专利部门和技术研发部门往往有可能处于不同的管理层次，不同的管理位阶有可能会造成两个部门在有关业务开展上的冲突和矛盾。企业在制订专利工作战略规划时，既要注意协调好两个部门之间领导与被领导的关系，更要注意建立和维护彼此间良好的协调和协助关系。专利部门无论位于何种管理位阶，都必须给予研发部门战略上的指导作用，并在必要时集中其可以调动的一切资源，对技术研发部门的重点技术研发项目予以全力支持和协助。同时，研发部门由于专注于技术，对技术上的发展趋势有较高的敏感度，应当将其发现和觉察的可能具有战略意义的技术发展方向和动向提供给专利部门，以提高专利工作的针对性和及时性。

（三）企业专利工作战略规划的基本内容

企业在制定专利工作战略规划时，至少需要明确三个方面的关键问题：一是企业专利工作的定位；二是企业专利工作的目标；三是企业专利工作的主要任务。对这三个问题的解答，有助于企业各部门各级管理者明确专利工作在企业中处于什么地位、应当发挥什么作用、需要实现何种目标、通过何种方式和途径实现。

1. 企业专利工作的定位

从企业专利工作在企业商业运营中所处地位和发挥的作用来看，一般而言，其基本定位主要有两类：

- 辅助性业务；
- 主导性业务。

就辅助性业务而言，可以根据专利工作辅助的主要对象进一步细分为主要支撑技术研发的辅助性业务和主要支撑市场运营的辅助性业务。前者属于企业专利工作应当发挥的最基本的功能，在企业启动专利工作的最初阶段，往往以此作为其基本功能定位。后者是指在支持企业技术研发工作的基础上，企业专利工作需要更多地从有效参与市场竞争的角度，从管理专利风险、建立强化竞争优势等方面为企业的市场运营、市场竞争提供支持和协助。当前，在空前激烈的市场竞争的驱动下，具有一定专利实力的企业往往会将后者作为其专利工作的基本功能定位。

就主导性业务而言，专利主要是作为企业籍以生存发展的商业模式的关键战略资源和核心竞争优势。比如以美国高智公司为代表的专门运营专利或将专利运营作为主营业务的企业，即采取此定位。

对于专利工作处于起步阶段的企业来说，无论是开展专利工作的经验，还是运用专利的能力，或是拥有的专利实力，都不足以令企业将专利作为其主营业务。符合其发展阶段特点的定位选择是将专利工作明确作为辅助性业务，且往往是主要作为技术研发工作的辅助支撑性业务。

2. 企业专利工作的目标

如前所述，企业专利工作的直接目的是保护技术创新成果，间接目的是管控潜在专利风险，根本目的是培育核心竞争优势。由此也就决定了企业专利工作的基本目标由如下方面构成：

- 保护技术创新成果；
- 管控潜在专利风险；

◇ 培育核心竞争优势。

其中，保护技术创新成果是企业专利工作要实现的最基本的目标；管控潜在专利风险则是企业专利工作在实现基本目标基础上需要进一步实现的高阶目标；而培育核心竞争优势则是企业专利工作的根本目标。

总的来讲，企业专利工作的目标应配合企业整体战略来具体确定，并随着企业整体战略的发展和调整而发展和调整。

具体而言，在企业专利工作最初起步的阶段，可以将保护企业的技术创新成果作为专利工作需要实现的最主要的目标。在此基础上，可以将管控专利风险作为提升专利工作效率和价值的辅助性增值目标。

在企业专利工作具备一定基础的情况下，可以将保护技术创新成果和管控专利风险作为需要兼顾和并重的基本目标。在此基础上，可以适当加大对培育核心竞争优势的关注。

当企业专利工作具备一定能力时，企业应当将灵活运用专利培育核心竞争优势作为其主要目标。在此基础上，统筹安排对技术创新成果的保护和对专利风险的管控。

3. 企业专利工作的任务

归根结底，企业专利工作目标的实现，最终还是要落实到具体工作业务的开展和实施上。

如前所述，根据企业专利工作实践，企业专利工作的具体内容一般包括专利信息管理、专利业务管理、专利流程制度建设、专利风险管理、专利资产管理、专利人才培养等方面。在企业专利工作的不同时期，依据企业专利工作的基础、能力和目标的不同，企业专利工作的任务构成和任务重点均有所不同。

（1）企业专利工作的起步阶段。

这个阶段企业专利工作的主要目标是有效保护企业的技术创新成果，需要解决的问题主要是：缺乏专利专业人才、缺乏专利工作经验、缺乏专利积累。因此，这个阶段企业专利工作的主要任务是：

◇ 专利专业人才的引进和培养：一方面，要加大专利人才的引进力度，帮助企业专利工作快速起步；另一方面，要注重企业自身人才的培养，逐步建立高度认同企业文化、谙熟企业内部运行机理的基础人才团队。

◇ 专利业务操作的规范化和流程化：首先，在于规范专利业务自身运行的基本操作，以其专业性赢取相关业务部门的信任和配合；其次，在于逐步建立与相关业务部门尤其是技术研发部门之间的业务协作接口，通过机制将这种业务协作纳入常规工作运行轨道。

◇ 专利申请的快速积累：通过专利部门和技术研发部门的紧密协作，加强专利挖掘力度，全面收集和发掘具有专利申请价值的技术创新，实现专利的快速积累。

（2）企业专利工作具备一定基础的阶段。

有效管控专利风险在这个阶段上升为企业专利工作的主要目标之一。这个阶段需要解决的问题主要是：专利业务流程和机制有待建立健全；专利业务与技术研发、市场运营等相关业务的融合衔接有待深化；所积累的专利有待形成能够协同发挥作用的有机组合；专利信息系统有待建设。因此，这个阶段企业专利工作的主要任务是：

- ◇ 建立健全专利业务流程和机制：一是要建立健全专利业务及相关事务处理的规范流程；二是要建立健全专利业务及相关事务管理的配套制度机制；三是要促使专利相关流程机制与技术研发等相关流程机制紧密衔接、深度融合。
- ◇ 有效控制专利风险：一方面，以专利分析为基础，通过专利布局和规划，基于企业专利组合建设构建企业产品/技术的防御体系；另一方面，加强专利信息情报的综合利用，降低企业在技术研发、市场拓展及法律事务方面可能面临的风险。
- ◇ 初步建立初具规模的企业专利库：在专利数量积累具有相当规模的基础上，关注专利质量的稳定提升，促使企业专利申请整体具有较高的质量，同时注重在重要技术点上初步建立基本的专利组合。
- ◇ 初步建立企业专利业务信息系统：启动并加强企业专利业务信息化系统的建设，初期可以针对基本功能模块进行重点建设，在此基础上不断扩展完善。一般而言，可以将专利数据库、专利申请事务管理系统作为初建的基本功能模块。

（3）企业专利工作具备较高能力的阶段。

灵活运用专利培育核心竞争优势越来越成为企业专利工作的主要目标。在这个阶段，需要解决的主要问题是：缺乏专利管理和运用的高端人才；专利业务运行的流程、制度和机制有待健全；企业积累形成的专利组合有待优化；专利业务信息系统有待完善。因此，这个阶段企业专利工作的主要任务是：

- ◇ 培养专利管理和运用的高端人才：为实现企业专利工作综合能力的进一步提升，一方面，需要着力培养能够将专利工作与技术研发、市场运营等相关工作融合衔接并有效服务于企业整体战略的专利管理高端人才；另一方面，需要着力培养能够将企业拥有的专利作为一种资源或资产灵活高效利用、实现专利利用价值最大化的专利运用高端人才。
- ◇ 健全专利相关流程、制度和机制：既要高度重视根据环境的变化、经验的积累及时健全完善既有专利业务流程，又要高度重视根据新的业务需求，尤其是高效运用专利的需求，适时建立健全关于专利运用等方面的流程、机制。
- ◇ 优化专利组合的结构：在企业已经积累相当数量的专利和专利组合的基础上，需要适时审视已有专利组合的构成和配置是否合理，在做好专利组合的维护更新的同时，着重优化完善专利的技术分布结构、地域分布结构、时间分布结构。
- ◇ 完善专利业务信息系统：基于前期建立的企业专利业务信息系统，首先着重做好系统整合，将分散建立、实现不同功能的系统模块整合成为一个大系统，同时根据业务需要启动建设实现新的业务功能的子系统。以此为基础，着力做好系统架构优化，确保专利业务系统运行优质高效、可靠安全、方便友好。

（四）企业专利工作战略规划的推进与实施

对于专利工作起步阶段的企业来说，企业专利工作战略规划的推进和实施至少需要重点做好三个方面的基本工作：一是将专利工作有效引入企业的内部工作体系；二是将专利工作的管理和执行职责分解落实到底；三是将专利工作的运行操作尽可能实现常规化。

1. 结合重点项目或重大事件，快速在企业内部导入专利工作

专利工作处于起步阶段的企业，尤其是实现专利工作从无到有转变的企业，开展专利工作面临的挑战是：如何让相关部门及人员认同专利工作，如何将专利工作有效导入企业的现有实践，以及如何使专利工作真正在企业中扎根并成长发展。

实践表明，有效应对这一挑战的对策，并非通过成功企业现成的制度机制的直接移植和强制推行，而选取企业的重点项目或专利诉讼纠纷等重大事件作为导入专利工作的契机和依托，往往更见成效。

结合重点项目或重大事件开展专利工作，之所以有利于实现快速将专利工作导入企业并成为企业内部业务体系的有机组成部分的目的，其原因之一在于，企业相关业务部门或者容易将专利工作作为推进重点项目的特别举措而予以支持，或者因应对专利诉讼纠纷等重大事件而对专利工作产生内在需求；原因之二在于，企业高层管理者对重点项目或重大事件的关注和重视客观上有利于帮助专利业务主管有效推进和开展专利业务；原因之三在于，专利工作在重点项目或重大事件上一旦取得成功，将形成巨大的示范效应，有利于将专利工作在其他项目上推广开展。

2. 逐步建立健全内部工作机构，明确职责分工和管理责任

推进和实施企业专利工作战略规划，最终还是要依靠相关岗位的工作人员、依靠管理这些岗位的业务部门。因此，明确并具体落实与专利工作相关的职责分工和管理责任，是有效推进和实施企业专利工作战略规划不可或缺的基本举措之一。具体如下：

一是要建立专职负责基本专利业务运行操作的专利部门。起初的专利部门，可以是常设机构，也可以是临时性机构；可以单独设立，也可设在技术研发部门，还可设在法务部门等相关部门。

二是要理顺并建立专利工作与其他相关工作之间的协作配合关系。尤其是专利部门与其他相关部门之间领导与被领导的关系、指导与被指导的关系以及涉及协调配合的相关工作关系。

三是要将职责分工到岗，责任具体落实到人。

在做好上述三方面基本工作的基础上，可以视企业专利工作开展和运行的具体情况适时建立健全专利工作的内部工作机构。

3. 适时建立健全相关制度机制，逐步纳入规范运行轨道

检验一个企业的专利工作战略规划是否能够得到有效的推进和实施，一个最简单的标准就是，看这个企业推进专利工作的驱动方式是主要靠热火朝天的专项运动来推进，还是主要靠平静无波的惯常流程机制来推进。前者往往主要见效于一时，而后者能够发挥的作用和成效更见于长久。

作为一种宣传和推广的手段,企业可以通过开展专利月、颁发专利奖等活动宣传专利工作战略。但更接近现实业务运行实施的方式,仍然还是平淡无奇的常规例行运作。因此,企业需要高度重视与专利工作相关的制度机制的建立健全,依托规范化的制度机制,将专利工作逐渐纳入规范化、标准化运行的例行工作轨道,并在常规的例行规范运行中促使企业专利工作战略规划得以真正落地生根,成为企业专利工作的灵魂。

二、企业专利管理机构的组织设计

能否建立架构科学、分工合理、职责明确的专利管理机构,是企业专利工作是否能够得以有效开展的关键。为此,企业首先需要根据自身管理架构及工作需要做好专利管理架构的顶层设计,并据此选择确定与企业组织机构体系相匹配的企业专利工作的组织结构模式及内部管理架构、企业专利部门的内设机构设置、企业专利工作岗位的设置等。

(一)企业专利管理架构的顶层设计

从组织结构来说,企业内部可设立与专利工作相关的最高管理机构,如专利委员会等,作为企业专利工作的战略规划部门。专利委员会负责制定企业的专利战略、战略、规划及每一阶段的工作目标,并将相关目标分解到企业的各个部门,纳入各个部门的日常考核或日常工作中。专利委员会一般由研发部门、市场部门以及专利部门的负责人组成。

在战略规划部门之下,企业应当设立具体负责专利战略实施和专利业务开展的专职业务部门,如专利部。专利部向战略制定部门汇报和负责,并根据企业专利战略规划及短期目标划分业务内容、拆分考核指标,通过上下层级相关部门的配合,从业务线上纵向贯彻实施企业专利战略规划。

同时,专利业务线还应与其平行设立的研发业务线、市场业务线进行横向的业务交融。例如,专利挖掘和布局业务与技术研发业务的交融和匹配、专利风险控制及资产运营业务与市场业务的同步等。在三条业务线的同级部门之间,通过企业内流程建立联系,形成横向的业务融合与监督。

基于前述纵向、横向的业务管理和交织,在企业内形成专利业务的"矩阵式"管理模式,使企业的专利工作战略及战略规划能够更有效、更科学地落到实处。

(二)企业专利工作的组织结构模式

一般情况下,较为重视专利工作的企业或者知识产权工作较为成熟的企业都会设置专门的知识产权/专利管理部门(以下统称"专利部门")[1]。专利部门作为企业管理实施专利工作的主要业务机构,与技术部门、市场部门、财务部门、法务部门共同组成企

---

[1] 商标、版权、域名等业务可能与专利部并列同属知识产权部门,也可能归属到一般法务部。

业的核心管理组织。

实践中，企业专利部门在企业内部组织体系中通常采用的组织结构模式主要有三种：一是隶属于技术研发部门的组织结构模式；二是隶属于法务部门的组织结构模式；三是独立平行设置的组织结构模式。

1. 专利部门隶属于技术研发部门的组织结构模式

该模式将专利部门定位于产品技术研发部门之下，脱离于综合法务部门，适用于以技术为主导的高科技企业，如图2-2所示。在这种模式下，企业专利工作主要着眼于为企业的技术研发工作服务，专利管理的重点侧重于技术。

该模式的优点在于，专利部门的工作人员可以清楚了解技术创新和产品研发的重点及动向，及时制定和调整准确适用的专利策略。在日常工作中，专利部门工作人员能够紧密跟踪研发动向，与研发人员能够及时沟通，保证企业专利策略能够实时与研发结合，做到专利事务决策、专利布局、专利风险分析与技术研发同步进行。这种模式不仅可节约开发成本、缩短专利布局、评估、分析的周期，争取更多市场竞争优势，同时也因其与研发无缝衔接，能够更有效地避免不必要的侵权风险。

在这种模式下，由于专利部门设置于研发部门之下，其较低的管理位阶决定了专利部门可能无法直接参与企业决策，难以直接影响和把握企业整体目标并对专利进行综合管理。针对这个问题，某些重视专利及其他知识产权工作的企业往往会采取一些变通的处理方式，比如，赋予专利部门列席企业重要经营会议的权利，促使专利工作能够真正融入企业经营战略。

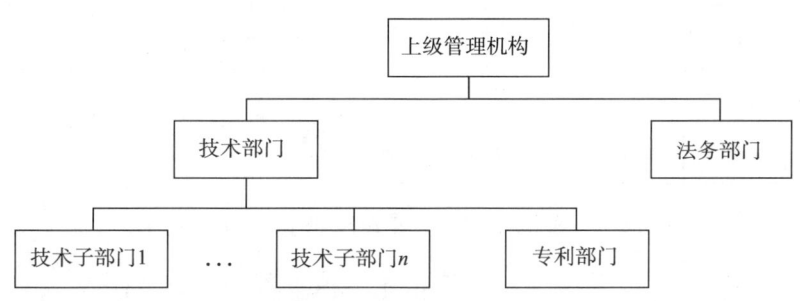

图2-2 专利部门隶属于研发部门的组织结构

2. 专利部门隶属于法务部门的组织结构模式

这种模式将专利部门设置于法务部门之下，专利工作人员与其他法务人员同属于法务部门，有时还兼任法务人员，如图2-3所示。该模式适用于对法律要求较高、专利法律纠纷较多的新兴技术企业。

这种模式的优点在于，由于专利部门隶属于法务部门，有利于专利相关法律事务的处理，如专利转让、许可谈判、侵权纠纷及诉讼处理等。

在这种模式下，由于专利部门设置在法务部门之下，同研发、经营等部门相隔较远，较难直接、及时掌握技术研发部门和市场经营部门的动态信息，在专利跟踪、专利布局甚至专利费用预算上可能存在滞后延迟的问题，工作投入重点的匹配度可能存在一定偏差。针对这个问题，企业可考虑在专利部门工作人员的职责上设定"与研发沟通"的

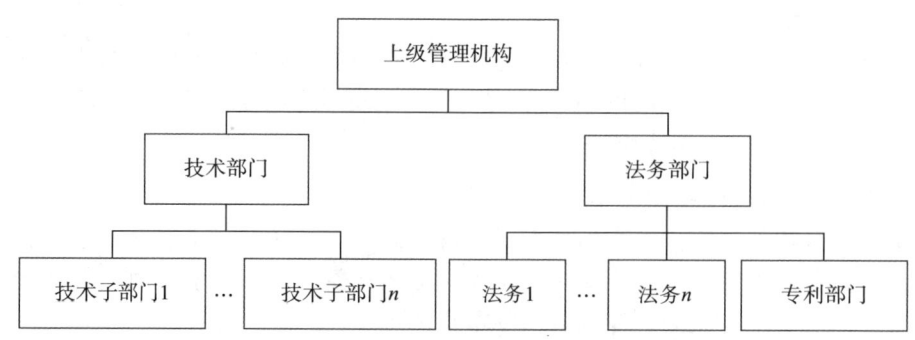

图2-3　专利部门隶属于法务部门的组织结构

内容，并建立专利工作人员与技术研发人员的沟通机制，确保专利工作人员能够定期参加研发项目会议、跟踪重大或者战略技术项目，弥补不同部门设置所可能产生的隔膜。

3. 独立平行设置专利部门的组织结构模式

这种模式将专利部门设置于公司核心管理机构之下，与技术研发部门、市场运营部门以及法务部门平级平行设置，如图2-4所示。该模式适用于规模较大、专利管理工作复杂的大型企业或者跨国企业。

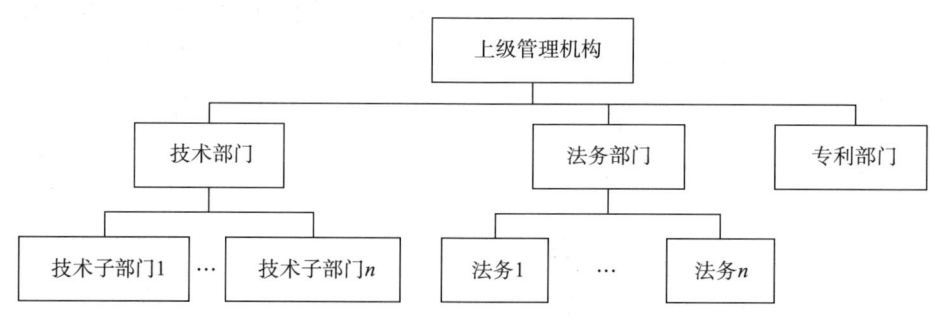

图2-4　平行独立设置专利部门的组织结构

这种模式的优点在于，专利部门直接隶属于企业的CEO或者CEO办公室、专利委员会，管理位阶高，可以直接参与企业高层决策，能够直接影响企业的发展方向和整体战略。

在这种模式下，同样存在"与法务部门同属管理"模式的问题。例如，不能及时掌握技术研发动向，与其他相关部门信息同步存在延迟等。针对这个问题，可考虑专利部门的规模以及专利部门内部职责划分的细度，尽量延长专利部门的"触角"，使其深入到技术研发、市场运营中去，为正确作出决策广泛收集可靠而及时的更多信息。

（三）企业专利工作的内部管理架构

企业专利工作的内部管理架构的科学设置，是专利工作能够在企业经营中真正发挥作用的保障。科学设置企业专利工作内部管理架构的关键，在于该管理架构须与企业所处产业特点、企业规模以及企业的整体管理架构相适应、相协调。

根据IBM、东芝、佳能等国际领先企业以及国内先行企业管理专利工作的实践和成功经验，企业专利工作的内部管理架构可以主要归结如下几种典型的基本管理架构。

1. 集权型管理架构

所谓集权型管理架构，是指企业内部涉及专利管理的所有权力，统一集中在一个部门内部行使。

集权型管理架构主要适用于以下条件：企业的各个产品发展领域具有较多的技术关联，对专利实施集权管理有助于整合这些相互关联的技术和人才资源，有利于实现一加一大于二的专利管理效果；或者，企业长期的发展历程使得企业内部的专利管理凌乱，缺乏对内对外的统一管理和调度，专利资源浪费严重。在这种情况下，对专利进行集权管理，显得十分必要。

集权型管理架构的基本特点是：专利相关事宜全部由总公司专利部门统筹负责；子公司技术研发产生的专利由总公司专利部门统筹管理；企业所有专利权归总公司所有，总公司通过技术许可协议等方式授权许可子公司使用相关专利权。

集权型管理架构的优点是：可以保证企业的专利战略和战略规划得到有力的贯彻和执行，减少分权制下专利管理战略信息传达的障碍；可以促使专利管理部门的职能得到更加精细的划分，增加专利管理的专业分工，避免分权制下各个分散管理单元"小而全"的粗放式业务格局和知识技能结构可能带来的弊端，从而提升专利管理的效果；可以促使企业内部的专利资源得到有效的整合利用，增加企业内部专利信息和技术信息的交流共享；可以促使企业的专利风险控制能力得到加强，避免分权制下各自为政、无法系统性地防范和控制专利风险的弱点。正是由于这些明显的优势，集权型管理架构在企业实践中尤其是在专利管理相对成熟的企业中得到较多的应用。

集权型管理架构也存在一定的缺陷，有可能对企业其他业务单元从事专利管理的积极性造成制约。因为集权制使得其他业务单元在专利事务上主要"听命于"专利部门，因而其角色主要是配合专利部门的工作，可能会降低其他业务单元主动参与专利管理事务的积极性。

2. 分权型管理架构

所谓分权型管理架构，即企业内部的专利管理职权分散在企业内各个部门、各个业务单元之中分别行使。

与集权型管理架构恰好相反，分权型管理架构主要适用于以下条件：企业的多个产品领域彼此之间不存在技术上的关联。在这种情况下，让各个产品领域发挥自己在本技术领域的知识技能优势，对本领域的专利进行自主管理，可以提高专利管理工作的针对性和有效性，因为，如果硬要将彼此没有技术关联的部门拧在一起进行专利管理，不仅难以发挥出一加一大于二的效果，反而可能适得其反。在企业的各个业务单元缺乏专利管理积极性的情况下，也可以通过适当的分权或者授权，来提高其专利工作的积极性和主动性。

分权型管理架构的优势在于，可以充分调动企业其他业务单元参与专利管理的积极性，而这正是集权型管理架构最大的不足；企业其他业务单元能够自主根据其产品及技术的特性确定专利申请的方向、重点和数量，自主安排专利事务的计划和预算，实施专利管理的积极性、针对性较强；与专利技术情报的阅读和利用有关的专利工作，也比较适合由各个技术和产品团队来从事，这也是分权制的专利管理模式的另一优势。

分权型管理架构的缺陷也比较明显：其一，分散了企业的专利管理资源，不能促进专利管理资源的共享，无法满足企业对专利制度的综合性、全方位运用；其二，比较难以形成统一的专利管理战略和执行标准，不利于在企业内部协同推行实施并形成整体合力；其三，分权制必然导致每个行使专利管理职能的业务单元在专利管理上都要自成一体，难以做到精细化的分工。

3. 复合型管理架构

在企业实践中，企业内部专利管理权限的分配有时难以一概地以集权或者分权简单定性，甚至，在多数情况下，往往是既有集权又有分权，即所谓的复合型管理架构。

在复合型管理架构中，集权和分权在不同时期、不同地点、不同的企业中可能会有不同的侧重点，并随着企业所处环境、形势以及企业自身的发展，不断地发生侧重点的偏移调整。有时候集权的因素多一点，有时分权的因素多一点，但其结果都是要维持复合型专利管理权限的动态平衡，最大限度地满足企业对专利管理工作的需要。

复合型管理架构的基本特点是：在企业总部统一管理下，充分授权各独立的研发单位自主管理专利申请事务，但有关运用专利、处理纠纷、对外许可、提出异议等事务可以由企业总部统一管理。

从企业的具体实践来看，东芝公司的专利管理架构属于复合型：企业设立统一的知识产权管理部门，知识产权管理部门由知识产权本部和4个研究所、11个事业本部，以及在各研究所和各事业部下属分别设置的专利部、科、组共同构成。

另外，对于其他一些规模较小，当前条件下尚不具备条件设立专门专利部门的企业来说，也可参照复合型管理架构考虑采取简化的复合型管理模式。在企业核心管理部门设立专职人员集中管理企业专利事务，而涉及专利申请、维护、诉讼等事务时，考虑业务外包或者引进外部专利代理机构及律师事务所协同处理。

4. 矩阵型管理架构

除集权型、分权型、复合型这三种较为常见的企业专利管理架构外，矩阵式管理架构也是目前企业较常采用的一种管理架构。

矩阵式管理架构的特点是：按照技术类别、产品类别管理专利权，这可以避免重复开发技术，并配合各事业部的产品策略对专利进行管理；企业主管专利的部门通过派本部门人员参加企业各事业部组织的产品立项会或根据各项问题组成的项目会议，了解并跟进各事业部技术、产品的相关开发情况，使专利工作机制贯穿于产品开发至产品销售各个阶段，充分利用专利提高解决技术问题的效率、化解技术及产品发展面临的专利风险。此外，专利授权后的所有事宜由企业主管专利的部门集中管理，包括权利的运用、谈判、诉讼等。

（四）企业专利部门的内设机构配置及职能

在确定企业专利部门的组织结构模式以及专利部门的内部管理架构后，应进一步考虑并明确专利部门内设机构的具体配置及其职能。通常情况下，企业可以结合自身实际情况及对专利管理工作的具体需要和定位来确定需要在专利部门内设哪些机构以及设立模式。从企业实践看,企业设置专利部门内设机构的依据主要有三种:其一,依据专利管理业务属性;其二,依据企业自身产品所属的技术领域;其三,依据专利申请管理流程。

其中,依据专利申请管理流程来设置企业专利内设机构的,往往是未将专利申请事务外包给专利代理机构的企业,这些企业的专利申请工作任务繁重,有必要按照专利申请管理流程来设置专利部门的内设机构。对于中国的企业尤其是中小企业来讲,由于专利申请工作大多外包给专利代理机构处理,根据专利申请管理流程设置企业专利内设机构的情况相对较为少见。

1. 按专利管理业务属性设置专利部门的内设机构

按照专利管理业务属性来切分,通常可以将企业专利部门分为专利流程管理组、专利检索与分析组、专利申请组、专利许可组、专利诉讼组、专利综合事务组等,如图2-5所示。

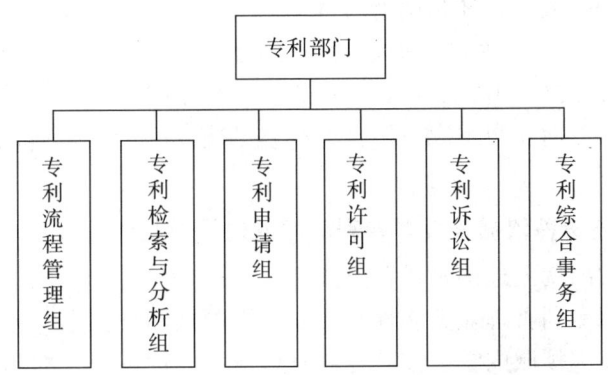

图2-5 按专利管理业务属性设置的专利部门内设机构

由于这种切分方式所划分的专利事务分工较细,因此,主要适用于集权型专利管理模式的企业、技术关联度较高的企业以及对专利工作实施较为精细的管理的企业。

上述各个内设专利工作组之间应当紧密配合,相互协助与支持。比如,专利检索与分析组应当为专利申请组、专利诉讼组提供专利检索服务,以供其判断是否需要对某件技术申请专利保护或者发现是否存在无效证据;专利申请组应当与专利流程管理组密切配合,及时将专利文档交给专利流程管理组管理;专利流程管理组应当向专利综合事务组提供更新及时的公司内部专利数据服务,以便其根据公司的专利数据申请相应的优惠措施;专利综合事务组则应当为专利流程管理组、专利检索与分析组、专利许可组、专利诉讼组等创造比较好的专利数据库条件。

2. 按企业产品所属的技术领域设置专利部门的内设机构

按照企业产品所属的技术领域来切分,可以将企业专利部门分为A产品专利管理组、B产品专利管理组、C产品专利管理组、专利流程管理组、专利综合事务组等,如图2-6所示。

这种切分方式主要按照产品所属的技术领域,专利本身功能细分不明显,但是产品技术细分色彩明显,因此,这种切分方式主要适合于产品多元化并且不同产品领域的技术关联度较低的企业。例如，生产洗衣机、电冰箱、电磁炉、微波炉、电饭煲等生活电器的厂家，就可以考虑按照这样的方式来细分其专利管理机构。因为，总体来讲，这几类电器彼此之间的技术关联度并不高。

如果不同产品领域的技术关联度较高，例如，电冰箱和冰柜两者具有较高的技术关联度，那么采用这种切分方式就可能不利于专利信息的分享。例如，电冰箱压缩机领域的专利技术可能也适用于冰柜。

上述各个细分的工作组同样应当紧密配合。其中，无论专利流程管理组、专利综合

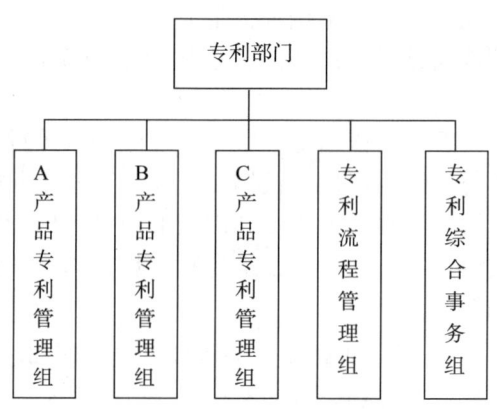

图 2-6　按产品所属技术领域设置的专利部门内设机构

事务组两者之间的配合关系，还是两者与 A、B、C 产品专利管理组之间的配合关系，均可以参照按专利管理业务属性切分的专利部门内设机构之间的配合协作关系。至于 A、B、C 产品专利管理组之间的配合关系，由于各个产品线之间技术关联度较低，三者在专利信息的彼此分享方面多数情况下不会有旺盛的需求，因此三者间的配合关系可能会较弱。

3. 交叉适用上述两种依据来设置专利部门的内设机构

实践中，也经常出现上述两种设置方式交叉适用的情况，在设立企业专利部门的内设机构时，交叉适用专利管理业务属性和产品技术领域两种依据。

例如，在产品技术领域内继续按照专利管理业务属性细分，如图 2-7 所示：

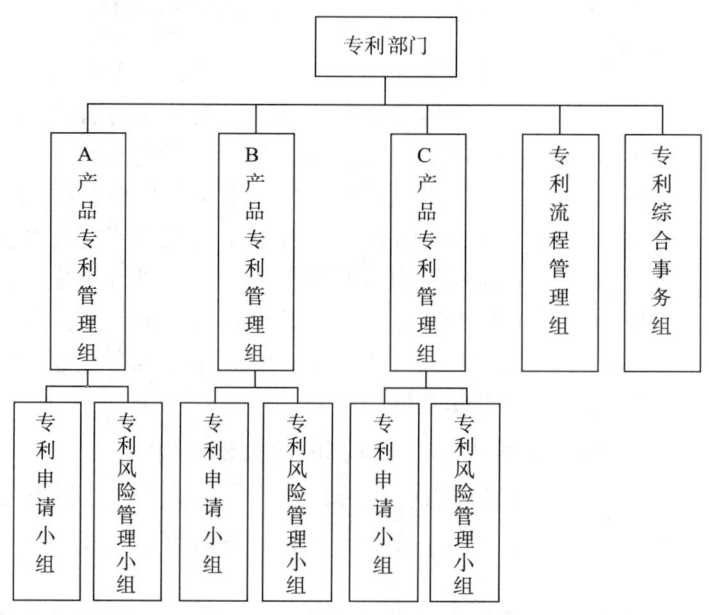

图 2-7　按产品技术领域 + 专利管理业务单元细分设置的专利部门内设机构

或者,在专利管理业务属性内,继续按照产品技术领域细分,如图2-8所示:

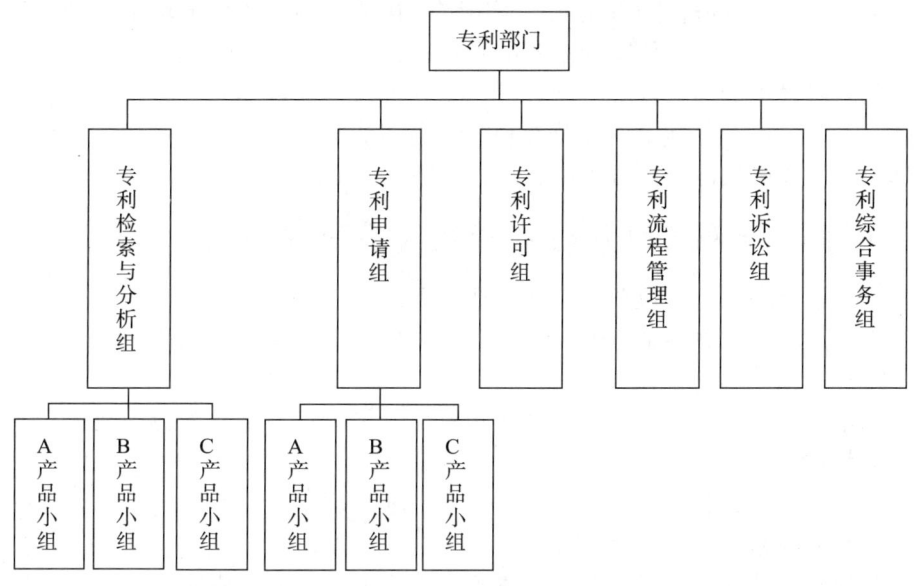

图2-8 按专利管理业务单元+产品技术领域细分设置的专利部门内设机构

如前所述,企业在设置专利部门的内设机构时,可以结合企业实际情况灵活有效地设置。上述设置方式仅仅只是为专利工作处于起步阶段的企业合理设置专利部门的内设机构提供一些可供借鉴的有益参考。实际操作中,企业应当结合自己的实际情况,例如产品的多样性、技术关联性、专利管理人才配备情况、企业对专利管理部门提出的职责要求等,根据开展专利工作的需要对专利部门的内设机构进行合理设置。

需要进一步指出的是,在企业的不同发展阶段,专利部门内设机构的设立情况也会发生变化。变化的规律通常是由兼职到专职、由简单到复杂、由粗放到精细。

对于我国广大企业而言,从专利管理业务单元来看,专利部门往往最早是从专利申

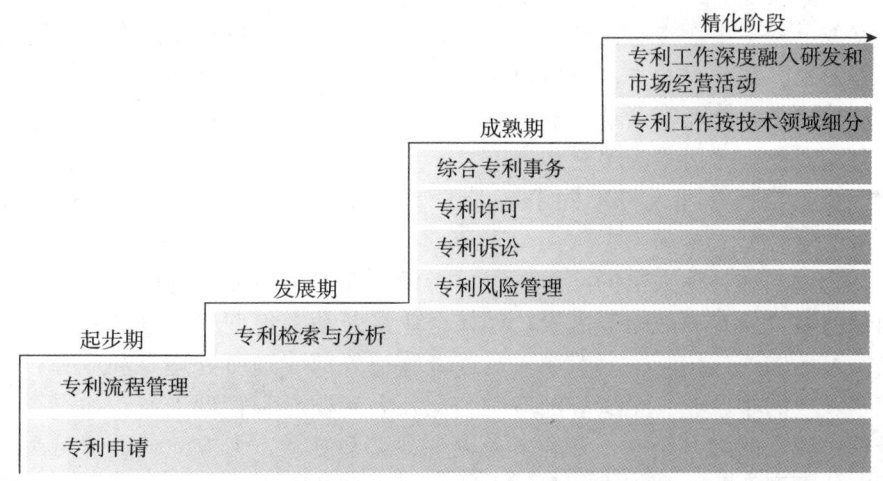

图2-9 专利部门职能随企业发展阶段的变化

请这一功能开始起步，甚至可以说，在企业专利的原始积累阶段，其专利部门几乎就是一个专利申请部门；其后，随着企业专利申请工作的加强，才渐渐增加专利检索与分析的功能；之后，专利申请流程得到系统的管理；再之后，随着专利对企业的重要性与日提升，专利风险管理的功能以及专利许可、专利诉讼、综合专利管理事务等其他功能才逐渐配备起来；最后，专利申请以及专利检索等功能又逐渐按照技术领域予以细化，使得专利部门的职能更加健全、分工和管理日益精细，如图2-9所示。

（五）企业专利工作岗位职责及人员配置要求

通常，企业专利工作岗位职责主要包括如下几个方面：
- 协调管理企业和各部门的专利工作，编制长期、中期、短期专利规划，组织制定和实施专利战略；
- 收集分析专利信息，提供专利信息服务，组织发明创造挖掘，负责专利申请和维持；
- 管理专利实施和许可转让事务，处理专利纠纷事务，负责专利风险控制；
- 组织专利教育培训，负责专利考核奖惩的管理；
- 管理专利档案，办理各种专利事务，筛选和联络企业外部专利中介服务机构。

针对上述岗位职责，企业可就专利部门的人员配置进行业务等级和职位等级的划分。专利管理人员是企业专利工作的载体，负责专利工作规划、组织、协调和控制的全部过程。建立专业素质优良、人员数量充足、岗位职责明确的专利工作队伍是企业专利工作的重要环节。

企业专利工作具有较强的综合性，管理人员既要直接与企业研发人员沟通，将研发成果转化为法定的权利，又要通过合法手段维护和经营专利，应对专利诉讼和纠纷的解决。这要求企业专利管理工作人员具有以下多方面的素质：
- 有相关领域的技术背景，能够理解并分析相关产品和技术的特征；
- 有能力在申请过程中进行申请文件质量管理和申请程序监控管理；
- 有能力在专利纠纷处理中运用各种相关规则；
- 有能力站在企业经营战略高度管理企业专利权，将经营战略与专利管理工作结合起来，有能力在专利经营中进行合同管理；
- 能够建立与企业高层管理者、企业内部和外部的良好协调关系，有能力制订和实施高效公平的专利奖惩制度。

因此，企业专利管理人员不同于一般的管理人员，应当是懂技术、懂法律、懂管理、懂外语的复合型人才。

另外，企业专利管理人员的配置还需要考虑企业所处行业、规模大小、专利事务多少、专利部门设置及专利战略等因素。如果企业是劳动密集型或者以来料加工为主的中小型企业，可考虑通过招聘一名兼职人员或者聘请外部代理所处理专利业务；如果企业是高新技术领域的小企业，至少应配备一名至几名专职专利管理人员；如果企业是所处行业竞争相对激烈的大型企业，专利事务较多、类型复杂，则应配备数量可观的专利管理人员。国外大型企业专利工作部门的人数往往达到几百人，以国内通信企业翘楚的华为公司、中兴公司为例，企业内的专职专利工作人员也已超过百名。

目前,国际上研发和专利人员的常规配置比例为4%,即每一百名研发人员应配置4名专利人员。实践经验表明,企业在对其专利部门进行人力规划时,除可参考前述常规配置比例外,还可根据企业实际情况,根据每一条产品线或者研发单元的专利产出量,配置相应数量的专利人员。例如,若一产品线或研发单元每年平均专利提案量为100件左右,则可考虑为此配置一名专利人员。但在此种情况下,该专利人员的主要工作职责是对所负责的技术研发单位进行日常专利培训、对专利提案进行评审、指示专利代理机构撰写申请文件、就专利代理机构撰写文件进行复核等。如果企业出于成本控制、质量控制等原因要求其专利人员自行撰写部分专利,则应当根据自撰数量调整人员配置。前述判断因素并非一成不变的,企业应当根据其所处技术领域的复杂程度、企业自身发展阶段以及管理特点具体考虑和安排,做好符合企业需求的人力资源规划。

企业专利人员的配置,除应慎重考虑前文所述的人员数量问题外,还应同时考虑业务覆盖问题。既要使企业的专利人力规划能够满足业务量的要求,还应使其能够同时满足企业专利工作业务类型的要求。根据企业专利工作所处的发展阶段,对企业专利工作岗位职责范围的配置要求做进一步说明,如表2-1所示。

表2-1 各阶段企业专利工作特点及岗位职责配置

阶段	特 点	岗位职责配置
起步期	专利工作以专利资产的累积为主,重视专利布局	专利工作岗位以专利工程师为主,同时配置内部专利流程管理人员;专利工程师与外部专利代理所合作,完成企业专利布局与申请工作
发展期	专利工作以控制和防范企业专利风险为主,同时兼具部分专利许可等业务	专利工作岗位中应培养和引入具备专利侵权分析技能的人员;同时,还应培养熟悉专利许可、专利拍卖等法律相关业务的专职人员;在培养过程中,此类业务也可与企业外的律师事务所合作
成熟期	专利工作较为完善,专利累积、专利维护、专利评价与运用工作有序	企业专利部门的岗位应涉及专利申请、专利流程管理、专利许可及转让、专利诉讼等业务,以满足企业专利工作的需求。同时,针对特定业务,仍应保持与外部代理所、律师事务所的合作

通过对国内多数配备专利管理机构和人员的企业的调查,并参照国外先进企业的专利管理经验,可以就专利工作人员与技术研发人员之间的数量配比大致提供一个配比范围供企业参考,如表2-2所示。

表2-2 企业专利工作人员数量配比范围

技术研发人员数量	需配备的专利工作人员数量	技术研发人员数量	需配备的专利工作人员数量
1~20人	1~2(可为兼职人员)	201~1 000人	10~25人
21~100人	2~5人	1 001~2 000人	25~50人
101~200人	5~10人	2 000人以上	50~100人以上

需要特别指出的是,表2-2所示的人员数量配比关系仅仅只是一个相当粗略的配置关系。企业的专利工作人员具体如何配置,还需要考虑企业技术创新的实际能力、专利对保护企业技术创新成果及服务企业整体战略的作用和定位等等多方面的因素。

三、企业专利管理制度建设

所谓企业专利管理制度，就是企业自行制定并实施的用以规范企业内部各项专利事务的各种管理办法和制度。企业专利管理制度通常表现为成文化的规范性文件，对企业内部的相关专利管理事务具有约束力。

通过制度建设的形式将企业内部的专利管理工作制度化、机制化、规范化，是企业专利工作日臻成熟和完善的重要表现，也是企业改进完善内部专利事务的有效工具和途径。

（一）企业专利管理制度的基本建设要求

企业在制定专利管理制度时，要在遵守国家法律法规，从实际出发进行合理设计，兼顾制度的稳定性、前瞻性和可操作性的前提下，坚持"渐进发展、目标合理、方案适配、促进创新"的基本要求，结合企业专利工作的实际需要逐步建立健全专利管理制度。

1. 渐进发展

企业制定专利管理制度时，不必贪大求全，不需要一次性就把相关制度机制建设到位，可以根据实际开展的专利工作，首先制订最基本、最急需的制度办法，其他的制度办法随着企业专利工作的开展逐渐建立健全。

2. 目标合理

第一，企业在专利管理制度中提出的相关要求和目标首先应当符合企业当前的发展阶段和能力水平，处于经过努力能够实现和达到的水平范围；第二，对相关要求和目标的表述应当尽可能明确、无歧义，能够在企业各部门各管理层级就目标本身形成基本一致的理解；第三，企业涉及专利管理的不同制度办法对相似、相同问题的要求和目标应当基本保持一致，不发生原则性冲突，以便企业各部门各管理层级贯彻执行。

3. 方案适配

企业在制定专利管理制度时，第一，应当以企业自身技术创新和商业运营的总体需求为出发点，密切结合企业内部实际和企业外部环境，量身定制配套管理办法和机制。第二，要站在企业管理者的角度来看待专利的管理工作，要针对企业对专利工作的实际需求进行调查，掌握企业高级管理层以及各个部门对专利管理工作的要求。在此基础上，明确专利管理工作需要涉及的各个方面以及管理重点，体现企业投资者和管理者的意志。第三，相关专利管理制度的方案应当完整、可操作性强、实施步骤具体、可考核、可调整；同时，相关的专利管理制度还应与企业专利工作所处阶段相适应、相匹配。尤其是在初期，由于企业专利工作以专利积累和专利布局为主，需要专利部门与技术研发部门紧密配合与协调，因此，应当重点建立健全关于专利申请相关事务的制度，关于规范专利部门与技术研发部门之间职责分工和配合协作的制度，以及关于专利申请数量和质量的考核制度等。

4. 促进创新

企业所制定的专利管理制度，应当有利于激励和保护技术创新、增强员工发明创造的积极性，有利于规范专利从挖掘、申请、维护到运用的全过程管理，有利于企业基于专利工作为技术研发提供支持和引导，有利于帮助企业有效管理和控制市场运营中可能面临的专利风险。

总之，企业专利管理制度建设是一项需要长期进行的系统工程，应当与企业专利工作发展阶段相适应，制订的制度办法应有一定的预见性，并适时修订、调整、补充、完善，以契合企业发展的新变化、新要求。

（二）企业专利管理制度的基本框架

企业专利管理制度涉及企业专利管理机构、专利申请、专利维持、专利维权、专利风险控制、专利实施、专利经营、专利信息利用、专利考核奖惩、专利培训等等多方面的管理制度和机制。

按照企业相关专利管理制度需要实现的功能，企业专利管理制度的基本框架大致包含如下方面，如图2-10所示。

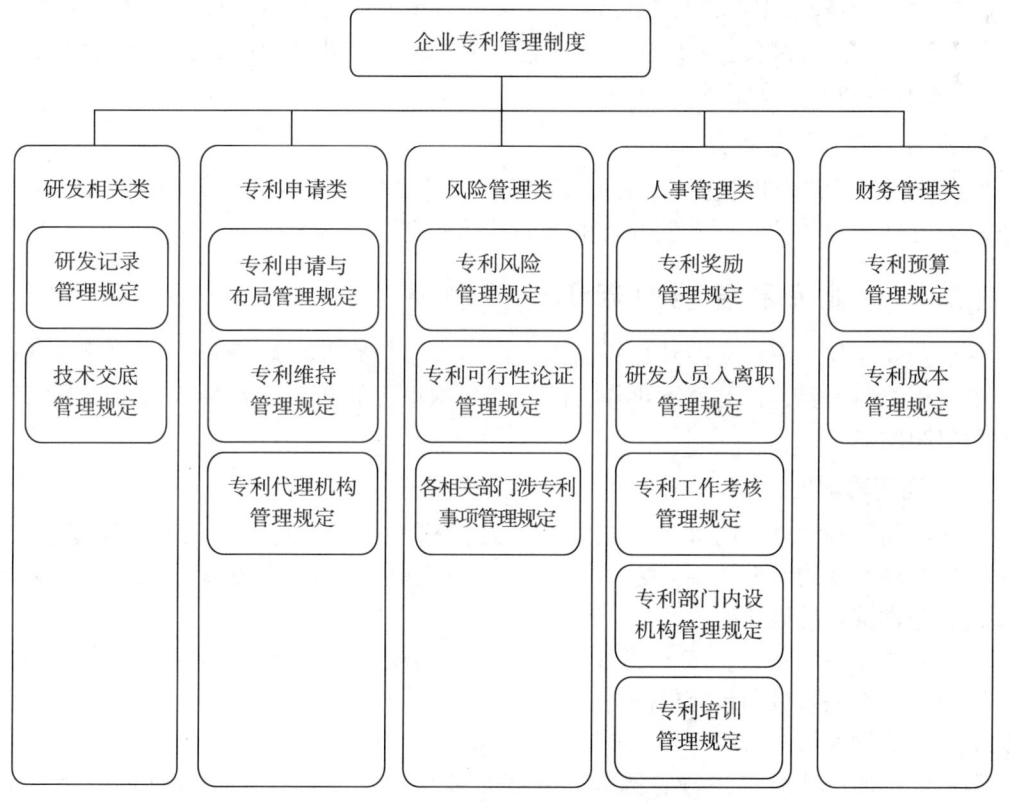

图2-10 企业专利管理制度基本框架

1. 研发相关类专利管理制度

研发相关类专利管理制度包括研发记录管理管理规定（主要关注研发记录的使用规

范）、技术交底工作管理规定（主要关注技术交底书的格式以及评估技术交底内容的专利保护形式）等。

2. 专利申请类专利管理制度

专利申请类专利管理制度包括专利申请与布局管理规定（主要关注专利申请内部管理和监督流程、国内外的专利布局）、专利维持管理规定（主要关注专利维持与放弃的评估与决策）、专利代理机构管理规定（主要关注专利代理机构的选择和监督）等。

3. 风险类专利管理制度

风险类专利管理制度包括专利风险管理规定（主要关注专利风险的识别、预警及防范）、专利可行性论证管理规定（本身也是专利风险管理的一部分，但更关注各个重要的经营管理环节的专利可行性论证）、各相关部门涉及专利事项的管理规定（主要关注企业其他各个部门与专利相关的各项工作的管理）等。

4. 人事类专利管理制度

人事类专利管理制度包括专利奖励管理规定（主要关注专利奖励的方法环节、奖励金额）、研发人员入离职管理规定（主要关注在入职和离职时对研发人员的调查及相关协议的安排）、专利工作考核管理规定（主要关注企业的专利考核体系、专利指标制定及考核流程）、专利部门内设机构管理规定（主要关注专利部门内设机构的设立及人员配置）、专利培训管理规定等。

5. 财务类专利管理制度

财务类专利管理制度包括专利预算管理规定（主要关注专利预算的制定）、专利成本管理规定（主要关注各项专利开支的节约使用）等。

（三）企业专利管理的若干专项制度

由于企业专利管理制度涉及方方面面，内容繁多，因此，对于与企业常规专利业务流程紧密相关的内容，在此就不再作专门介绍。这里仅简要介绍几种较为重要且相对独立的专项制度。

1. 专利奖励制度

专利奖励是刺激企业内部技术创新并且鼓舞相关技术研发人员积极参与专利工作、自觉落实专利制度的最有效手段之一。因此，在企业的专利管理制度体系中，专利奖励制度占有非常重要的地位。

根据激励方式的不同，专利奖励可以分为物质奖励和精神奖励两大基本类型。其中，物质奖励是最直接和最有效率的奖励形式，但精神奖励同样重要，往往也是最能留住优秀技术研发人员的有力手段。

精神奖励的形式有很多种。例如，有些企业会根据发明人申请专利的数量来评定"发明大王"之类的荣誉称号，或者根据发明人发明创造的质量评选"专利质量奖"或者"专利金奖"、"专利银奖"等，还有些企业通过设立"专利墙"的方式将企业的专利及其发明人进行展示。

物质奖励可以覆盖企业多个与专利有关的环节，其中主要有：

（1）技术交底阶段的专利奖励：即研发人员在将其技术创新成果进行技术交底时，企业即对其予以奖励，以鼓励研发人员积极进行技术交底，促进技术创新成果的挖掘。

（2）专利申请阶段的奖励：即企业在将专利提交给专利局并被受理后，对该专利的发明人进行奖励。

（3）专利授权阶段的奖励：企业在其专利申请获得专利局的授权后，对该专利的发明人予以奖励。

（4）专利产业化以后的奖励：企业在将相关专利技术产业化并获得市场效益后，对该专利的发明人进行奖励。

在上述各个阶段的专利奖励中，技术交底阶段的奖励和专利申请阶段的奖励侧重于对专利数量的鼓励，而专利授权阶段的奖励和产业化以后的奖励则侧重于专利质量的鼓励。企业专利管理人员可以根据企业对专利数量和专利质量的发展要求，通过调节不同阶段的奖励金额，引导技术研发人员关注重点的转移，以达到企业的专利管理目标。

一般情况下，物质奖励和精神奖励往往是相互结合、并行采用的。例如，企业对于评选出来的"发明大王"，还可以对其进行额外的奖励；对于获得"专利质量奖"的发明人，企业也可以对其进行额外的奖励。奖励形式可以是现金，也可以其他的福利形式来体现，如出国旅游、高级培训等。

2. 专利考核制度

专利考核制度是考核各项专利工作执行效果的制度。企业专利工作执行得好不好，关系到企业专利工作的战略规划能否得到有效执行和实施；而如何评价专利工作执行得好不好，则有赖于对相关部门及岗位与专利相关业务执行情况的考核。

一般而言，专利考核制度应包括如下内容：

（1）企业的专利考核体系：即企业内部的专利考核层级管理。一般来讲，专利考核体系都是自上而下的管理模式，考核指标自上而下逐级分解、细化，并且自上而下逐级考核、逐级监督落实；反之，完成专利工作指标的责任则是自下而上逐级汇报、逐级负责。

（2）专利工作目标的设定：即专利工作指标和工作任务的设定。主要包括两方面内容：

其一，设定哪些指标和任务？不同企业、不同发展阶段，专利工作的指标和任务必然会有所不同。通常来说，不同企业、不同发展阶段的专利工作指标都会包括"专利申请量（发明专利申请量、实用新型专利申请量、外观设计专利申请量）"这个指标。在企业专利工作中，专利申请量是最易量化、也最易客观考核的一个基础性的重要指标，甚至还是其他质量型指标的基础。从专利申请量这个指标出发，还可以派生出其他的相关指标，例如技术交底数量的指标、发明专利的比重、授权专利的比重、各个产品的专利组合数量等。

其二，由谁来设定？一般来说，专利工作指标和任务主要由专利工作部门来承担，相应的指标和任务也需要由专利工作部门自己来设定。例如，专利申请量、发明专利的比重等指标往往就要由专利部门来设定。当然，这只是总体上的情况，但不排除有些专利工作指标和任务需要由其他部门和管理者来设定。例如，技术交底数量的指标往往可能由技术研发部门来设定。

在专利工作指标和任务的设定过程中，专利管理部门起着中枢神经的作用。首先，它要分解高级管理层制定的工作指标和任务；其次，它要给自己设定本部门的工作指标和任务；最后，它还要指导、协调各部门对专利工作指标和任务的设定，例如，它要根据专利申请量的工作指标，指导并协调技术研发部门设定技术交底数量的工作指标。

（3）专利工作目标的检查和督促。其目的一方面是要确保专利工作指标和任务得到及时的完成，同时，也是为了及早发现执行过程中出现的问题，以便及时纠正。执行过程中的检查和督促通常由指标和任务的设定者来进行，即便专利部门不是指标和任务的设定者，但它也可以进行必要的检查和督促。因为所有与专利工作相关的指标和任务，即便不是由专利部门来执行，但是其完成结果、完成质量却或多或少会与专利部门的工作相关。例如，技术交底数量通常不由专利部门设定，但技术交底数量对专利申请量有直接影响。

（4）专利工作目标的考核。专利工作指标和任务完成时限届满，就要进行考核，以确认专利工作指标和任务是否及时完成及其完成质量。考核工作通常是由专利工作指标和任务的设定者来进行，考核的依据便是专利工作指标和任务本身。

（5）专利考核结果的奖惩措施。考核工作完成后，自然就会有合格与不合格之分，考核合格的专利工作指标和任务完成结果，还会有质量高低之分。为了让专利工作指标和任务得到更为有效和自觉地执行，专利考核结果应当与被考核员工的工作绩效挂钩，以加深专利工作指标和任务与员工切身利益之间的关系，促使专利工作指标和任务得到更有效地执行。

需要指出的是，专利考核制度应当与企业专利工作的发展阶段相适应，通过考核制度来引导企业现阶段专利工作目标的达成。在企业专利工作的初期阶段，考核应当重点关注专利数量的增加和专利布局，针对专利累积和布局有关的技术研发人员以及专利工程师的考核指标的设立，应当侧重于此；在企业专利工作发展过程中，因业务范围的拓展，专利业务将越来越多涉及研发、市场、销售及法务等部门，此时应当针对业务特点和企业专利工作目标细化考核指标，针对相关部门调整考核对象的范围，通过有效的考核手段推动达成企业专利工作的各方面具体目标。

3. 研发记录簿制度

研发记录簿，又称研发记录本，或称实验记录本，是指企业研发人员记录研发过程中涉及的各项与研发相关的数据、文字、材料、图表、过程等信息的格式统一的记录本。研发记录簿不仅在研发工作中具有记录、备忘的功能，而且，在法律上还具有证明某项技术创新思想的形成时间的功能，对于判断某项专利申请的新颖性、创造性方面具有重要的作用。研发记录簿制度在英美的专利法律制度背景下发挥着非常重要的作用，在我国其地位也日渐提升，并且随着外资企业在中国推广其研发经验，该制度在我国也越来越得到中国企业和中国企业专利管理者的重视。研发记录簿作为记录研发过程的重要载体，不仅可以提高法律上的证明力，而且是企业专利权利的最好证明，能够有效保护企业及研发人员的合法权益。

（1）记录内容。研发记录簿的记录内容应当包括与研发相关的讨论、会议、培训以及研发、设计时的笔记。企业应当要求研发记录中明确相关的人、事、时、地、物，包括研发时间、研发人员、研发地点、项目名称、项目经理、研发过程、研发所用材料、研发时间、研发结果、证明人签字等。记录详细程度应足以使所属技术领域的技术人员不必经由完成此发明的相关人员协助，即可了解完成的发明内容。

（2）记载方式。研发记录簿记载的方式将直接影响其证据的有效性和证明力，因此在企业专利管理制度中应列明研发记录簿的书写要求。例如，在研发记录簿首页应列明"使用说明"，明确标示注意事项、使用范围、密级、日期等。在利用研发记录簿记录研发数据、研发过程时，应当遵循严格的使用规范。例如，记录时要用不可擦拭的笔，书写错误时要用笔划掉，不得使用涂改液或任意涂改，使用时要逐页记录，不得跳页或空页，隔日记录要换页填写。由于研发记录簿的使用存在严格的要求，因此专利管理人员或者研发记录簿的管理人员应当安排对使用研发记录簿的员工进行使用和管理的培训。

（3）管理和检查。研发记录簿有严格的管理体系，通常需要科学健全的编号机制、领用机制、归还机制以及相应的流转记录，必须由专人管理，由其负责发放和回收，并对研发记录簿进行编号、登记。技术研发人员入职时领用，用完一本回收一本，离职时全部回收。在使用过程中，无论是研发记录簿的管理人员还是使用人员，都应当进行严格的保密和保管，不得泄露、丢失或者损毁。

为确保研发记录簿得到正确的使用，提高研发记录的记录质量，专利管理人员或者研发记录簿管理人员，以及使用者的上级管理人员，应当对使用者的研发记录簿进行定期或不定期的监督检查，主要检查其中的使用行为是否符合记录规范，同时也可以从中发现是否存在可以申请专利保护的创新点。必要时，研发记录簿的检查结果可以与使用者的工作绩效挂钩，以提高技术研发人员使用研发记录簿的积极性和自觉遵守的程度。

4. 技术人员入职、离职调查制度

技术人员在入职以及离职的过程中，企业应当对其进行与专利有关的调查，调查的内容主要是该技术人员在入职时是否将前任企业的专利技术或者商业秘密信息带到本企业，或者是该技术人员在离职时是否将本企业的相关未公开的专利技术或者商业秘密带出本企业。这项制度的目的在于确保技术人员在为本企业工作期间所产生的技术创新成果不存在权利瑕疵，并确保这些成果为本企业合法享有。

这项制度的内容主要包括：

（1）入职时，与员工签订劳动协议或者其他相关的协议时，要求员工作出不侵犯他人知识产权、不使用其他企业商业秘密或者未披露的专利信息的承诺，同时要求员工在职期间及离职后一定时间内（通常是两年）不得泄露公司的商业秘密。

（2）离职之前，对员工使用的公司电脑设备、外部连接设备、电子邮件等进行检查，确保该员工不带走属于本企业的商业秘密或者未经披露的专利技术。在员工提出离职后、办理离职手续期间，应对员工所掌握的企业资料进行梳理，根据员工岗位内容设定合理的脱密期。

（3）在员工离职后可以禁止员工一定期限内从事同本企业相竞争的业务。但是，需要注意的是，我国有关法律法规和司法实践对竞业禁止协议的限制是比较严格的，因为不合理的竞业禁止协议将损害员工的自由择业权。一般来讲，竞业禁止协议只针对高级管理人员、研发人员、营销人员、财会人员、秘书人员等特定员工，期限不能超过3年，同时要给予员工一定的补偿。

5. 专利可行性论证管理制度

所谓专利可行性论证管理制度，是指在企业作出各种经营决策尤其是重大的经营决策之前，要求首先进行专利层面的可行性调查、研究和论证，确保所作出的经营决策不存在专利上的相关风险，或提前克服或控制这些风险的企业内部专利管理制度。所述专利相关风险，泛指与专利相关的各种风险，如侵犯他人专利的风险，或专利无效的风险，或由于未发现他人已申请专利而导致重复研发的风险。

专利可行性论证管理制度的目的在于让企业的专利可行性研究、论证的工作在企业的日常经营管理中得到制度化的实施，避免由于专利的缺位而导致与专利相关的风险潜藏在企业的经营决策中，确保企业各项与专利相关的风险得到妥善的防范和控制。

进行专利可行性论证的基础有赖于专利检索。即根据企业经营决策的特性，进行针对性的专利检索；对检索出来的专利进行研究、分析，论证这些专利是否会对企业的经营决策造成威胁或者其他影响。

至于需要进行专利可行性论证的对象，应该说，由于经营业务的重点不同，对专利的认知水平不同，对专利管理的重视程度不同，不同的企业会有不同的答案。通常来讲，在企业的以下经营决策中，都有必要进行如下几方面的专利可行性论证。

（1）技术立项前的专利可行性论证。在技术立项之前进行专利可行性论证是非常有必要的。一方面，技术立项意味着未来研发推出的产品的大致技术格局已经基本确定，而产品技术格局的确定，意味着产品侵犯他人专利的风险范围也会大致圈定。如果技术立项之前没有做比较有效的专利可行性论证，一旦专利侵权成立，届时企业将很可能要面临进退两难的艰难抉择困境：如果继续生产、销售这样的侵权产品，将可能不得不支付高昂的专利许可成本或者侵权赔偿成本；而如果不生产、销售这样的侵权产品，企业前期投入的研发费用以及市场调研费用等等就将化为泡影。另一方面，技术立项也意味着企业即将投入一定的费用进行技术研发。在以技术创新为驱动力的当今商业环境中，前期的研发费用很可能是天文数字。如果没有在技术立项之前先进行专利可行性论证，万一企业投入巨资获得的技术创新成果已经被他人在先申请的专利文献中被披露，那么这样的技术研发工作无疑就是一种重复研究的浪费，其后果不仅仅是耗费大量的资金，更重要的是贻误了及时推出有竞争力的产品抢占市场的宝贵商机。需注意的是，在进行技术立项之前的专利可行性论证工作时，专利检索的范围应当是全球性的。

（2）产品销售之前的专利可行性论证。产品经过研发、制造以后，最终要走向市场。然而，产品走向市场意味着该产品的专利侵权风险将在市场中接受更全面、更深刻和更直接的检验。尽管如前所述，企业在技术立项之前已经进行专利可行性的论证，但由于从技术研发到生产再到上市销售这段期间完全可能会有大量相关的专利被申请，因此，在产品上市销售之前，也非常有必要再进行一次全面的专利可行性论证。这一阶段的专利可行性论证，专利检索的范围主要限于该产品拟上市销售的国家或地区的专利。当然，对于中国的企业来讲，不管其产品是否在中国销售，其专利可行性论证的专利检索的范围至少都要包括中国的专利。如果产品尤其是一些高附加值的产品要到美国或者欧洲等发达国家或地区销售，进行专利可行性论证的重要性和必要性就更加突出。

（3）专利申请之前的专利可行性论证。在申请专利之前，也应当进行专利可行性论证，其目的在于查清拟申请专利保护的技术是否存在新颖性或创造性的缺陷。如果存在此类重大缺陷，继续申请专利除了可以让企业的专利申请数量提高以外，并无任何意义，并且会造成企业有限的专利申请费用的浪费。在进行专利申请之前的专利可行性论证时，其专利检索的范围为全球范围。

（4）购买他人专利或接受他人专利许可之前的专利可行性论证。购买他人的专利或者接受他人专利许可，都必须面对的两个问题：其一，对于所买专利或所接受许可的专利，其权利是否稳定？其二，受让方或被许可方在使用所获得的专利时，生产出来的产品是否会侵犯他人的专利？

对于第一个问题，虽然可以通过付款条件来解决，例如对受让方或被许可方最有利的付款条件如下："当专利最终被宣告无效时，专利权利人应当将已经收取的专利转让费或专利许可费全额返还受让方或被许可方"；但实际上，专利权利人是否真的能够自觉地按照约定全额返还已收取的转让费或许可费，存在相当程度的不确定性，受让方或被许可方应当对此多加防备。因此，最务实的做法莫过于在购买他人专利或者接受他人专利许可之前，就提前进行专利可行性论证，让自己先对拟交易的专利的权利稳定性有较为明晰的了解。如果通过论证发现拟交易的专利实际上存在专利性缺陷，或存在其他可能被宣告无效的缺陷，那么在是否受让专利、是否接受专利许可方面就应当慎之又慎；如果确实需要受让该专利或接受该专利许可，则应在相关合同中对付款条件及付款进度作出非常谨慎的约定。

对于第二个问题，按照受让而来或许可而来的专利生产、销售相关的产品，该产品本身也可能侵犯他人的专利。因此，在进行专利的转让或许可交易时，受让方或被许可方也应当提前进行专利可行性论证，分析未来使用该等专利生产、销售的相关产品是否会侵犯他人的专利。如果答案是肯定的，那么进行这样的专利交易对于专利受让方或被许可方来讲，显然存在较大的甚至可能是巨大的商业风险。

（5）收购他人企业之前的专利可行性论证。在收购他人企业之前，也有必要提前进行专利可行性的论证。论证的重点包括两方面：其一，对拟收购的目标企业正在经营以及将要经营的产品进行专利侵权风险分析；其二，对拟收购的目标企业现有已经申请的专利进行专利有效性的分析。如果论证发现拟收购的目标企业正在经营的产品存在较大的专利侵权风险，那么是否要收购该企业就应当持比较谨慎的态度，确实要收购，应当将这种专利侵权风险考虑到对收购价格和收购条件的安排之中；如果拟收购的目标企业现有的专利资产质量并不高，多数都是容易被驳回或者被宣告无效的专利，那么这种情况也应当反映到收购价格之中，收购方可以适当地调低其收购价格。

（6）对外投资设立新企业之前的专利可行性论证。对外投资设立新企业，既包括自己独资设立，也包括与他人合资设立。无论哪种情况，都应当对拟设立的新企业将要经营的新产品进行专利可行性论证，论证的重点是新企业将要经营的新产品是否存在专利侵权风险。

第三章 企业专利人力资源规划及培训

导　言

专利工作的基础是专利人才。企业的专利人才素质和能力的高低，决定了企业专利工作水平的高低。进行企业专利人力资源规划与培训的最主要目的，就是要培养、锻炼适合企业相关岗位工作需要的专利工作专业人才。

一、企业专利人力资源规划

企业专利人力资源规划，是企业关于专利专业人才引进、培养、配置和使用的顶层设计，事关企业专利工作的长期发展。其重点一方面在于企业专利人才体系的基础架构搭建和专利人才的引进和培养，另一方面在于帮助企业明确在专利工作的各个发展阶段如何有针对性地做好重点急需人才的规划和配置。通过企业专利人力资源的规划，基本要求是为企业相关专利工作的开展提供"可用"的专业人员，更高一些的要求是能够及时提供"管用"的高端人才。

（一）企业专利人才体系

建立并维护符合企业经营需要的专利人才体系，是企业专利人力资源规划的核心目的。

1. 企业专利人才体系的结构

企业专利人才体系的结构，由横向和纵向两个维度的人才结构共同组成。

从横向维度来看，企业专利人才体系包括专利专业领域的人才和非专利专业领域的人才，更直接一点说，它包括专利管理部门中的专利人才以及其他管理部门（例如技术部门、人事部门、法务部门、销售部门、财务部门、生产部门等）中的专利人才。

从纵向维度来看，企业专利人才体系则包括高级管理层中的专利人才、中级管理层中的专利人才以及执行层中的专利人才，如图3-1所示。

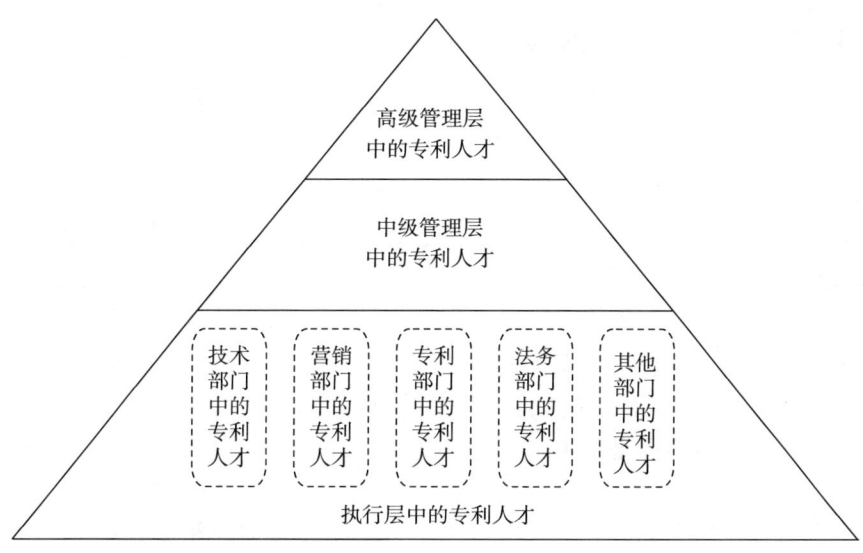

图 3-1 企业专利人才体系架构

通过横向和纵向的交叉来建立覆盖全面的企业专利人才体系，可以确保企业各个层面、各个业务部门都有专利专、兼职工作人员来承担相关的专利工作，使企业的专利工作战略和专利管理工作可以在更广范围、更深层次的企业经营管理领域得到发挥，提高企业的专利工作质量。

2. 企业专利人才的引进和培养机制

为建立并维护上述的专利人才体系，企业在规划专利人力资源工作时，需要建立一套专利人才的引进和培养机制：一是通过外部招聘的方式，从企业外部聘请符合本企业业务发展需要的专利工作人才；二是通过内部培训的方式，在企业内部现有的职工中，按照本企业专利工作的需要，培训合乎企业要求的专利工作人才。

外部招聘和内部培训两种方式各有利弊。外部招聘的优势在于，可以在短时间内找到较高素质、熟悉专利管理事务的专利人才；但劣势在于，外部进来的专利管理人才需要一段时间来与企业融合，而且通常还需要花费一定的时间来学习、理解企业所从事的技术。内部培训的方式则可以较好地解决外部招聘存在的劣势，不存在重新融合的问题，而且对企业的技术相对较为了解，有利于快速地掌握企业的专利工作；但内部培训的方式可能无法达到企业对专业和资深的专利管理人员的需求，因此比较适合于长期的专利人才培养计划。

鉴于此，企业的专利人力资源规划通常都需要将这两种方式兼而用之。一般来讲，企业的高级专利管理人才可以从外部招聘的方式吸收进来，而与企业技术研发工作相关的专利工作，例如专利检索、技术交底书的管理等工作，以及其他部门（例如市场销售部门、生产部门、法务部门等）中的专利人才则可以通过内部培训的方式从技术研发部门及其他部门中抽调、培训相应人员担任专利工程师或其他与专利工作相关的岗位（专、兼职均可），以完成与其所在部门结合密切的专利工作。

（二）企业专利工作各发展阶段的人才配置

作为企业发展规划的一部分，企业专利人力资源规划需要根据企业各发展阶段的财务状况、专利工作目标及业务内容来规划及落实。

1. 起步阶段

在企业专利工作起步阶段，企业开始建立相关专利业务，这个时期的主要工作是专利挖掘和专利申请。因此，起步阶段的专利人力资源规划主要围绕专利挖掘和专利申请展开。

起步阶段需要的专利专业人员主要分为两部分：

（1）专利申请工程师（一般称为专利工程师）。

职责：负责研发或产品部门专利案源的挖掘、技术交底书撰写、专利评审、专利复核、专利递交等工作。

要求：具有理工科背景，熟悉相关技术，具备专利申请的相关经验。

数量：一般是根据专利申请数量进行配置，初期1~2人，一般企业的配置是一年20~40件专利/人。当然，实际操作可能会根据企业专利工作精细度、技术难度、企业财务要求而有较大不同。

（2）专利流程工程师。

职责：负责企业专利工作流程、文档、费用管理。

要求：熟悉专利申请流程、费用及文档管理。

数量：起步阶段，一般1~2名即可，甚至很多企业由专利申请人员兼职。但随着企业知识产权的发展，如果专利数量巨大，一般企业均会配置3~5名甚至更多专利流程工程师。

2. 发展阶段

在企业专利发展阶段，企业的专利挖掘和专利申请业务已经相对成熟稳定，并开始延展部分专利分析或风险控制业务。这个阶段企业所需的专利人力资源除专利申请工程师和专利流程工程师外，还需要增加专利分析工程师及专利资产管理工程师。

（1）专利分析工程师。

职责：负责企业专利分析或风险控制业务。主要分析方向包括：一是企业主要产品技术的专利风险分析及应对方案；二是企业主要竞争对手或重要厂商的整体专利评估及应对方案。

要求：具有理工科背景，熟悉技术，并具有专利分析、侵权判定、规避设计等专业工作经验。

数量：在专利分析工作开展初期，一般设置1~2名专职的专利分析工程师专职负责专利分析的策划、执行及管理。专利分析工程师的主要任务是根据公司形势，制订分析工作目标及推进计划，将相关专利分析任务分解至各技术领域，并指导各技术领域的专利申请工程师或技术人员按照计划完成分析工作。随着企业的发展，尤其是随着专利竞争的加剧，企业遭遇大量专利诉讼、许可或纠纷，则需要成立专门的专利分析小组，以提供对于专利诉讼、许可或纠纷处理的研究支撑。这个时期可以组建5人以上的专利分析团队,如果需要进行专利分析的任务量大,专利分析团队的规模甚至可以达到数十人。

当然,很多企业从整体业务的完善性考虑,会根据技术领域形成一个个完整的业务单元。每个业务单元包括一定数量的专利申请工程师和专利分析工程师,甚至由专利申请工程师一直兼任专利分析的工作;专利申请和布局的工作建立在充分的专利分析工作上,从而能够形成业务的良好循环,但这对相关人员的专业素质会提出较高要求。

(2) 专利资产管理工程师。

职责:负责企业专利资产的系统分类和管理。

要求:具有理工科背景,非常熟悉企业技术,具有较深厚的专利管理经验。

数量:初期设置1名专利资产管理工程师专职或兼职管理即可,可随着业务的深入,专利资产管理工程师人员可适当增加。实践中,很多企业的专利资产管理工程师会由专利申请工程师或专利流程管理工程师兼任。

3. 成熟阶段

在企业专利成熟阶段,由于企业专利战略已经全面融入企业的整体战略中,专利各项业务已经融入企业的各个运营环节,因而企业专利的各项常规业务一般都会涉及,尤其是专利风险控制业务和专利运营业务会得到全面展开。这个阶段企业所需的专利人力资源除前述的各类人才外,可能还增设专利风险控制工程师、专利运营工程师、标准专利工程师等。

(1) 专利风险控制工程师。

职责:负责企业采购、运营、销售、宣传各环节的专利风险控制。

要求:具有法律及专利背景,熟悉企业各个运营环节,并根据企业专利风险控制的要求制订相关风险控制的机制或制度并推动实施。

数量:相关业务开展初期,可专门设置1人负责相关业务的策划、管理及落实。随着业务量的增加,可适当增加1~2人甚至更多。

(2) 专利运营工程师。

职责:负责企业的专利许可及运营、专利诉讼及谈判、专利纠纷处理等业务的策划及落实。

要求:具有法律及专利背景,熟悉企业所处产业环境及竞争态势,并具有丰富的诉讼、许可及谈判经验。

数量:初期可专门设置1人负责相关业务的管理及策划,随着业务的增加,可增加人员。对于有些许可业务占主导的公司,相关工程师数量甚至可达到数十人之多。

(3) 标准专利工程师。

职责:负责企业参与标准组织所涉及的专利事务,如标准制订过程中的专利与标准的融合、标准知识产权政策分析及研究等。

要求:具有法律及专利背景,熟悉标准、专利知识,了解所处产业竞争环境、竞争态势。

数量:初期可专门设置1人负责相关业务的管理及策划,随着业务的增加,可适当增加1~2人。

以上仅是根据企业专利业务发展的不同阶段,简单归纳的各个阶段所需的各类专业人才,如表3-1所示。当然,每个企业所处产业不同,专利业务需求也不尽相同,实际情况可能有一些差别,需要根据企业自身实际情况来规划符合企业发展需要的专利专业人才资源。

表3-1 各类型专利工作人员职责及配置要求

类别	岗位职责	能力要求	所需人数	配置阶段
专利申请工程师	负责专利挖掘、技术交底书撰写、专利评审、专利复核、专利递交等工作	具有理工科背景,熟悉相关技术,具备专利申请的相关经验	起步阶段1~2人,后续可按一年20~40件专利/人配置	起步阶段 发展阶段 成熟阶段
专利流程工程师	负责企业专利工作流程、文档、费用管理	熟悉专利申请流程、费用及文档管理	起步阶段一般1~2名即可,可由专利申请工程师兼职。成熟阶段一般3~5名	起步阶段 发展阶段 成熟阶段
专利分析工程师	负责企业专利分析或风险控制业务	具有理工科背景,熟悉技术,并具有专利分析、侵权判定、规避设计等专业工作经验	初期设置1~2名专职人员,后续根据情况适当增加	发展阶段 成熟阶段
专利资产管理工程师	负责企业专利资产的系统分类和管理	具有理工科背景,熟悉企业技术,具有较深厚的专利管理经验	初期设置1名专职处理即可,后续根据情况适当增加	发展阶段 成熟阶段
专利风险控制工程师	负责企业采购、运营、销售、宣传各环节的专利风险控制	具有法律及专利背景,熟悉企业各个运营环节,根据企业专利风险控制的要求制订相关风险控制的机制或制度并推动实施	初期设置1名即可,后续视业务内容增加1~2名	成熟阶段
专利运营工程师	负责企业的专利许可及运营、专利诉讼及谈判、专利纠纷处理等业务的策划及落实	具有法律及专利背景,熟悉企业所处产业环境及竞争态势,并具有丰富的诉讼、许可及谈判经验	初期设置1名即可,后续视业务内容增加;以许可业务为主体的公司,相关人员可达数十人	成熟阶段
标准专利工程师	负责企业参与标准组织所涉及的专利事务	具有法律及专利背景,熟悉标准、专利知识,了解所处产业竞争环境、竞争态势	初期可专门设置1人负责相关业务的管理及策划,后续随着业务的增加,可适当增加1~2人	成熟阶段

二、企业专利培训的方式

企业开展内部专利培训的目的在于培养、增强企业各级管理者的专利管理意识,培养、提升企业专利工作人才的业务素质和能力。由于企业专利工作战略规划在企业内部的全面推进，需要得到企业各个层面、各个部门的支持和配合。因此，通过对相关人员、相关部门的培训，在达成企业内部共识的基础上形成协调一致的专利意识和专利工作思路，有利于显著增强企业推进专利工作的成效。

在实施层面上，企业的内部专利培训可以采取分级培训、分类培训、分段培训相结合的方式进行。

（一）分级培训

从培训对象的角度来看，可以按照培训对象所处管理层级的不同，设计并实施符合不同管理层级特点的培训规划和培训课程。一般而言，企业可以将内部培训对象按照企业高层管理者、中层管理者、一线工作人员、新入职员工进行群体划分，针对不同群体特点开展不同内容的培训。其中，对于专利工作处于起步阶段的企业来说，对企业高层管理者的培训是其培训工作的重中之重，直接决定了企业启动和推进专利工作的力度和成效。

1. 企业高层管理者

在面向企业高层管理者进行培训时，应当以企业目前所处的专利竞争环境、面临的专利风险、挑战与机遇为培训重点。培训形式可以案例为主、理论为辅，最好能够选用正、反两方面典型的实际案例作为培训素材。通过培训，重点使企业高层认识到开展专利工作的重要性和必要性，就企业目前所处的专利竞争环境和面临的挑战与机遇达成共识，在此基础上，对企业专利工作给予重视，并安排落实开展企业专利工作所需资金、人员等资源保障。

2. 企业中层管理者

在面向企业中层管理者进行培训时，建议以企业目前所处的专利竞争环境、面临的专利风险与机遇以及企业专利制度、专利战略与目标、实施策略及方案为培训重点。通过培训，重点使企业中层管理者就专利战略目标及策略达成共识，并基于企业专利制度及专利战略的整体框架，明确各自所负责的部门在企业专利工作体系中的角色与定位，以及细化和实施所承担的专利任务。

3. 企业一线员工

企业一线员工是企业专利业务开展实施的真正执行者，与其密切相关的是有关岗位所涉及的专利业务的具体操作实务，以及相关的专利管理制度。因此，面向一线工作人员进行培训时，应当以有关专利法律规定、企业有关专利管理规定、岗位相关专利操作实务等内容为培训重点。在实施培训时，要注意提高培训的针对性，提前了解受训对象的岗位及特点，针对相关岗位可能需要掌握的专利实务知识、操作要点、考核要求进行培训。例如，对于一线的技术研发人员，应当着重对专利奖励、技术交底、研发记录等问题进行重点培训。通过培训，重点使企业一线员工全面了解日常工作中可能涉及的专利工作、有关法律规定以及企业内部关于相关专利业务的操作要求、工作目标和考核标准。

4. 新入职员工

在面向新入职员工培训时，应当侧重于专利基础知识以及企业专利管理制度的培训。由于新员工的学习能力和学习的积极性、主动性往往比较强，在工作思维方式上的可塑性也比较强，一方面，可以适当加强相关专利理论知识的系统培训；另一方面，可以着重针对其岗位可能涉及的专利实务操作技能、企业专利制度进行培训。通过培训，重点使新入职员工尽早树立专利意识、具备专利基础知识、培养专利工作思维，为日后立足岗位做好相关专利业务奠定基础。

（二）分类培训

从培训对象来看，还可根据不同岗位承担的不同职责，设计并实施符合不同岗位职责及特点的培训规划和培训课程。按照岗位职责，最重要的培训对象群体主要包括专利工作人员、技术研发人员、市场营销人员、法务工作人员等。

针对专利工作人员，其培训内容主要涉及专利挖掘与专利布局、专利文件撰写与质量评价、审查意见答复、专利代理管理等专业事项。

针对技术研发人员，其培训内容主要涉及专利点挖掘与专利布局、技术交底书撰写、专利检索、专利授权标准、专利数据库、专利奖励、研发项目立项及实施过程中的专利风险管理等。

针对市场营销人员，其培训内容主要在于使其了解企业专利资产及运用、企业市场拓展中的专利风险意识等，重点提升其对专利侵权事件的敏感度以及面对稍纵即逝的侵权信息时相应的对策，例如取证、证据保全等。

针对法务工作人员，对其进行专利培训的重点在于专利诉讼知识和技能、专利侵权比对和判定技能、专利宣告无效的知识和技能等方面的培训。

针对人力资源管理部门的工作人员，对其进行专利培训的重点在于有关入职离职调查制度、专利奖励制度、专利考核制度等与人力资源关系较大的专利管理制度及操作。

（三）分段培训

由于专利实务层面的内容十分丰富，每一部分都包含专业性非常强、理解把握较为困难的复杂内容，因此，可以按照不同的专利管理流程及管理内容，将专利培训分解后分段实施，即分段培训。

按照专利管理流程的不同，专利分段培训可以分为专利奖励制度培训、研发记录知识培训、技术交底培训、专利文献检索培训、专利申请文件撰写培训、专利申请知识培训、专利授权知识培训、专利复审知识培训、专利侵权知识培训、专利无效知识培训、专利战略知识培训等培训专题。

各培训专题的重点如下：

（1）专利奖励制度培训：重点在于对公司的专利奖励政策以及专利奖励的阶段、专利奖励的相关要求进行宣传，促使技术研发人员了解企业的专利奖励政策，提高技术创新的积极性。

（2）研发记录知识培训：重点在于让技术研发人员学习掌握研发记录的格式以及研发记录的使用规范。

（3）技术交底培训：重点在于让受训人员学习掌握如何客观、全面地撰写形成技术交底材料，同时让受训人员了解技术交底内容与专利保护形式评估之间的关系。

（4）专利文献检索培训：重点在于让受训人员掌握国际专利分类（IPC）体系、专利检索关键策略的制订、专利数据库的特点及其使用、实现各类检索目的的操作要点等。

（5）专利申请文件撰写培训：重点在于让受训人员学习掌握"专利的思维方式和表达方式"，即如何优质高效地将一份散乱的技术交底文件转变成为一份优秀的专利申请文件，其中尤其要着重培训权利要求、背景技术、实施例等方面的撰写技巧。同时，反过来向受训人员培训如何进行高质量的技术交底，以便可以据之撰写更高质量的专利申请文件。

（6）专利申请知识培训：重点在于培训不同形式专利申请的流程、审查标准、期限、费用，发明人和申请人之间的关系，专利布局的技巧，国外专利申请体系，专利申请中专利代理机构的作用等。

（7）专利授权知识培训：重点在于培训专利授权的标准，即新颖性、创造性、实用性的含义和适用。在培训中，可以用本公司经过专利局多次审查的发明专利申请案例作为培训素材，帮助受训人员深入理解和领会专利授权标准。

（8）专利复审知识培训：重点在于培训专利复审的意义、流程、期限、费用等知识。

（9）专利侵权知识培训：重点在于培训专利侵权的判断标准，以及全面覆盖、字面等同的定义。为增强培训的针对性，可以用企业自身的实际授权专利作案例来撰写设计培训课程，以让受训人员更能理解领会专利侵权的判断标准。

（10）专利无效知识培训：重点在于培训专利无效的意义，专利无效的理由，以及专利无效程序的流程、期限等。

（11）企业专利战略培训：重点在于培训企业专利战略的定位、目标、原则、内容和任务，专利战略的制定依据及其调整变化，以及专利战略与公司其他战略之间的关系。

（12）其他专利知识点培训：可安排包括专利的转让、许可、标准化、质押等专利运用知识的培训，以及专利竞争手段在企业经营管理中的综合运用等相关知识的培训。

三、基础性专项培训的组织

如前所述，企业专利培训可能涉及的主题和内容多种多样，但对于处于专利工作起步阶段的企业来说，要尽早将专利工作推向规范化和专业化，不可能面面俱到逐一开展，必须选取最关键、最基础的内容重点做好培训。根据实践，企业需要首先重点开展的基础性专项培训主要包括：专利基础知识培训、专利挖掘培训、技术交底书撰写培训、专利申请文件撰写技巧培训。这些内容即便对于专利工作较为成熟的企业而言，也是其培训工作中不可或缺的基本内容。

（一）专利基础知识培训

专利基础知识培训主要包括专利概念和内涵、专利形式和类型、专利申请流程、专利授权标准、专利侵权判断标准等方面知识的培训，这是所有专利知识的基础。

专利基础知识培训通常由企业内部的资深专利管理人员进行，一般安排在新员工入职培训中，作为新员工入职培训的基本课程。

专利基础知识培训课程内容可以参考如下培训提纲：

（1）专利的概念、内涵、类型；

（2）专利对企业的意义和作用；

（3）企业面临的专利竞争形势；

（4）企业专利制度、战略、规划及政策；

（5）专利申请的基本条件和申请流程；

（6）专利怎样才能获得授权；

（7）专利侵权如何判断；

（8）通过案例看企业如何处理专利侵权纠纷。

在组织专利基础知识培训时，需要注意以下要点：

（1）专利基础知识培训的对象是公司所有岗位的员工，在培训内容安排上主要以普及专利常识为主，引导受训员工了解本公司本岗位可能面临的专利问题，并知道如何与专利部门联系解决相关问题。

（2）培训讲师应当尽量结合企业的专利工作，避免教科书式的授课方式，使抽象的专利知识尽量地形象化、具体化，更加贴近受训员工。比如，可以事先了解受训员工的岗位及背景，并准备一些与受训员工岗位相关的案例，以增强培训效果。

（3）培训讲师可引导受训员工思考其岗位可能涉及的专利问题，并进行讨论互动，以加深受训员工对本岗位的专利认知。

（二）专利挖掘实务培训

专利挖掘实务培训主要面向企业的技术研发人员进行，其目的在于让受训人员理解自己的技术研发成果的创新价值和专利价值，使其积极主动地将自己的技术创新成果提交给专利部门，并配合专利部门的专利申请工作。

专利挖掘实务培训可以由企业内部的资深专利管理人员培训。实践中，由于专利挖掘工作可能会涉及增加技术研发人员的工作义务，在倡导并推行专利挖掘的阶段，企业可以聘请外部的专利管理专家进行培训，以避免引起技术研发人员对专利部门的误解（即认为专利管理部门不断地增加研发人员的工作量）而抵触专利挖掘工作。

专利挖掘实务培训课程内容可以参考如下培训提纲：

（1）专利申请的基本要求：保护客体、"三性"要求等；

（2）什么是专利挖掘；

（3）专利挖掘对企业及研发人员的意义；

（4）专利挖掘的思路、方法和流程；

（5）研发人员在专利挖掘中的作用；

（6）专利挖掘的典型案例。

在进行专利挖掘培训时，需要特别指出的是，为达到培训效果，培训讲师需要尽量少使用法言法语和专利方面的专业术语，而更多地从技术研发人员的角度，用技术研发人员的语言和思路，指导技术研发人员挖掘专利点；尽可能通过技术研发人员身边和实际工作中的案例，与技术研发人员展开互动讨论，从而使专利思维和研发思维能够通过培训得到真正融合。

（三）技术交底书撰写培训

技术交底书撰写培训主要面向技术研发人员进行，其目的在于帮助受训的技术研发人员了解企业的技术交底书格式以及撰写技术交底书的要求和技巧。

由于技术交底书的培训不涉及特别专业的内容，通常可由企业内部的专利管理人员进行培训。培训内容的重点应放在背景技术如何撰写、技术创新成果如何描述、发明创新点如何总结、发明人如何确认等实质内容上。

技术交底书撰写培训课程内容可以参考如下培训提纲：
（1）专利基础知识；
（2）通过技术交底书来看什么是技术交底；
（3）技术交底对企业以及企业专利工作的意义；
（4）技术交底要"交代"哪些内容；
（5）技术交底的基本要求；
（6）技术交底是否转化成为专利申请文件的评估；
（7）分享：本公司的优秀技术交底书。

在进行技术交底书撰写培训时，需要注意以下要点：

（1）注意引导研发人员由技术思维转向专利思维。技术研发人员出于本身工作习惯，很容易按照撰写技术文档的要求来撰写技术交底书，而技术交底书除了要起到披露技术细节的作用外，更需要注重专利的创新性和权利性。因此，从专利的角度来看，技术交底书需要着重体现两点：一是以创新性为主考虑未来申请专利的方向；二是需要特别注意技术思想、技术方案、技术手段、技术词汇的上位概括和提炼。

（2）注意通过具体案例来引导和指导技术研发人员。有关专利的很多理论和规定对于技术研发人员来说比较晦涩，因此有必要利用生动形象的具体案例来帮助技术研发人员理解相关规定和要求。一般建议采用两类案例：第一类是日常工作中技术内容比较简单的案例，这种案例的技术内容比较简单，但却能很好地说明专利的各种特性和撰写的各项要求；第二类是企业实际工作中的具体案例，通过典型的实际案例能够加深技术研发人员的认识和理解。

（四）专利申请文件撰写培训

专利申请文件撰写培训主要面向企业负责撰写专利申请文件或者审查专利申请文件（特指外聘专利代理人起草的专利申请文件）的专利工作人员进行，也可以面向技术研发人员进行。培训目的在于帮助受训人员了解专利申请文件的撰写规范和撰写技巧，让受训人员尤其是技术研发人员理解和掌握专利申请文件的语言逻辑，提高技术研发人员对专利保护范围的理解。技术研发人员参加此项培训有助于其自觉配合专利挖掘、技术交底以及未来的专利申请文件审核修改等各项工作。

专利申请文件的撰写是一项极富技巧性的专业工作，专利申请文件撰写培训通常由企业聘请外部的专利代理机构的资深专利代理人来培训。

专利申请文件撰写培训课程内容可以参考如下培训提纲：

（1）不同专利类型的专利申请文件的内容组成；

（2）权利要求、说明书、实施例、附图的撰写规范要求；

（3）独立权利要求和从属权利要求的撰写技巧；

（4）说明书的撰写技巧；

（5）实施例、附图的撰写技巧；

（6）发明人在撰写工作中的作用；

（7）专利申请文件撰写后的质量审核；

（8）分享：本公司和竞争对手的优秀专利申请文件。

在进行专利申请文件撰写培训时，需要注意以下几点：

（1）专利申请文件撰写的实际操作性比较强，培训中应结合企业技术研发实践以及专利申请文件撰写中需要特别注意的问题和经常出现的撰写缺陷，配以大量的实际案例。

（2）在安排培训时间分配时，关于专利申请文件撰写操作练习的培训课时在可能的情况下应为相关基础理论培训课时的 2 倍以上，至少不应少于后者。同时，培训讲师应对每位学员的作业进行点评。

（3）在培训结束后，为强化培训效果，最好为每位新学员指定一位辅导老师，一对一进行后续实际撰写操作指导。此外，亦可考虑组织开展定期的专利申请文件撰写研讨，必要时可邀请外部的权威专家作专题讲座。

第四章 专利挖掘

导 言

专利挖掘，是开展专利管理工作的基础，也是进行专利布局、构建专利组合的前提。通过规范化的专利挖掘机制和流程，能够帮助企业为其创新技术成果提供更为全面、有效的保护。

本章将从专利挖掘的基本操作、规划和管理以及技术交底书的撰写等方面对专利挖掘工作进行全面介绍。

一、专利挖掘概述

专利挖掘，是指在技术研发或产品开发中，对所取得的技术成果从技术和法律层面进行剖析、整理、拆分和筛选，从而确定用以申请专利的技术创新点和技术方案。简言之，专利挖掘就是从创新成果中提炼出具有专利申请和保护价值的技术创新点和方案。

（一）专利挖掘的意义和作用

专利挖掘处于企业专利工作流程的前端，对后期的专利管理、运用和保护有着深远的影响，是企业专利工作的基础。因此，做好专利挖掘，具有非常重要的作用和意义。主要表现在以下几个方面：

（1）通过专利挖掘，结合企业技术研发重点和相关技术发展趋势，可以更加准确地抓住企业技术创新成果的主要发明点。对专利申请文件中的权利要求及其组合进行精巧的设计，既确保相关专利的权利要求保护范围尽可能大，又确保相关专利在严谨绵密的权利要求组合设计中获得尽可能稳固的法律稳定性，从而避免专利申请的随机性和随意性，从根本上提升专利申请的综合质量。

（2）通过专利挖掘，企业可以对研发产生的技术创新成果进行全面、充分、有效的保护，全面梳理并掌握可能具有专利申请价值的各主要技术点及其外围的关联技术，避免出现专利保护的漏洞。

（3）通过专利挖掘，可以站在专利整体布局的高度，全方位考虑利用核心专利和外围专利相互结合进行组合、卡位，形成严密的专利网，一方面培育巩固企业自身的核心竞争力，另一方面与竞争对手形成有效对抗甚至在相关技术要点上构成反制。

（4）通过专利挖掘，可以尽早发现竞争对手有威胁的重要专利，便于企业及早在技术研发中进行规避设计以规避专利风险，或采取专利包围等措施以减小专利风险，最大限度地降低企业未来可能在市场竞争中遭遇的风险。

简言之，对于企业来说，做好专利挖掘，有利于实现法律权利和商业收益最大化、专利侵权风险最小化的目标。

（二）专利挖掘的分类

实践中，专利挖掘可以根据专利挖掘目的或者驱动事件进行分类。

1. 根据挖掘目的分类

按照挖掘目的不同，可以将专利挖掘分为成果保护型、包围拦截型两种类型。

（1）成果保护型：是指将技术创新成果申请专利以进行法律化、权利化，有效保护企业的技术研发成果不被他人抄袭复制。成果保护型的专利挖掘可根据挖掘的技术对象进一步分为产品和技术保护型、技术储备型。前者侧重于增强产品和技术的竞争力、排斥竞争对手，以享受独占市场所带来的可观利润，关注的是近期现实产品和技术的保护；后者侧重于抢先申请并占有未来产业和技术可能发展的方向或趋势上的专利，关注的是未来长期的技术竞争优势。

（2）包围拦截型：是指针对竞争对手的技术或产品路线进行研究，进而制订相应的专利挖掘规划和技术研发策略，提前设置外围专利，干扰和遏制竞争对手的专利策略，形成"你中有我、我中有你"的专利态势，从而在该领域获得与竞争对手进行交叉许可的专利筹码。❶

2. 根据驱动事件分类

按照专利挖掘驱动事件的不同，可以将专利挖掘分成研发项目型、专利改进型、技术改进型、标准制定型等几种类型，如图4-1所示。

（1）研发项目型：是指基于具体的技术攻关项目或者产品开发项目所进行的专利挖掘。此类专利挖掘是企业专利工作中最基本也是最主要的类型。

（2）专利改进型：是指针对特定的专利或专利申请，从专利角度、竞争策略或者技术改进、升级等方面所进行的专利挖掘。此类专利挖掘既可以是针对自己的专利，也可以是针对他人的专利。无论是企业自身的专利，还是他人的专利，需要再度对其改进、升级、延伸进行专

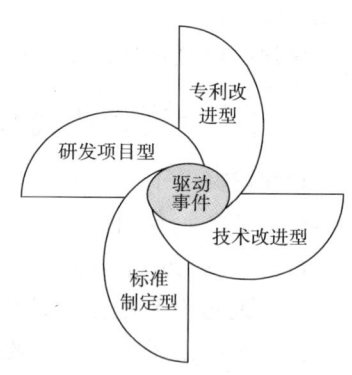

图4-1 根据驱动事件对专利挖掘进行分类

---

❶ 实践中，企业依托足以和竞争对手抗衡的专利组合，并不一定会形成事实上的专利交叉许可，很多情况下更可能是作为一种相互共同面临的潜在威慑，从而确保相关企业之间在一定时期内互不侵犯。

利挖掘的,都必然是对企业技术或产品具有较大影响的重要专利。

(3) 技术改进型:是指为了解决产品存在的技术问题、缺陷或者不足所进行的专利挖掘,亦称技术问题主导型。在这种类型的专利挖掘过程中,应当紧扣相关技术问题和缺陷开拓思维,围绕要素关系改变、要素替代、要素省略等方面充分进行横向发散思考和研究。

(4) 标准制定型:是指在制定技术标准过程中,围绕标准中所包含的技术方案、技术功能或需求所进行的专利挖掘。技术标准可以是企业标准、行业标准、国家标准或者国际标准。

(三) 专利挖掘的实施主体

专利挖掘的具体实施,一般应当有企业的专利工程师、技术研发人员以及提供专业服务的外部专利代理人三类人员参与其中,各司其职,协同工作,组成一个基本完整的团队。其中,企业专利工程师和技术研发人员是专利挖掘最基本的实施主体。

1. 企业专利工程师

企业内部的专利工程师是专利挖掘工作的灵魂人物,尤其是在后两类参与人员之间起着不可或缺的桥梁和纽带作用。

在某种意义上,专利工程师是专利挖掘工作的项目经理,需要站在全局性的高度,负责统筹规划整个专利挖掘工作。具体而言,专利工程师要负责完成至少以下三个方面的工作:首先,制订并推进专利挖掘的实施计划,确保整个项目的进度和效果;其次,要能够有效地引导内部技术研发人员和外部专利代理人紧紧围绕挖掘项目进行思考和创新,例如提炼核心关键点、引导发散性思维和聚焦、指导技术方案及技术问题的分解等;第三,对专利挖掘输出文档的质量进行把关和控制,包括对企业内部技术研发人员撰写技术交底书进行指导,也包括对外部专利代理人撰写专利申请文件的质量进行审核把关。

正因为专利工程师要完成以上各项直接影响专利挖掘工作质量的重要工作,所以对专利工程师的综合素质要求很高。专利工程师不仅应当具备专利相关专业技能,能够理解企业商业经营模式以及企业的产品和技术,同时还要具备一定的项目管理和协调能力,具有系统性思维能力和思考能力。

对于高科技企业尤其是创新能力较强的业内领先的企业而言,专利工程师整体质量的高低,直接决定了这个企业通过专利保护其技术创新成果的能力,并进而影响其核心竞争力的培育;对于商业模式受专利影响大的企业,甚至可以说关乎企业的生死存亡。因此,企业应当对专利工程师的配备和培育给予高度重视。

2. 企业技术研发人员

在专利挖掘工作中,企业内部的技术研发人员主要是从事专利挖掘过程前端的工作,即在专利工程师的引导下,梳理提出具有创新意义和商业价值的技术方案,并撰写相应的技术交底书,同时,协助专利工程师进行技术分解。

参与专利挖掘的技术研发人员应当具备一定的专利基本知识和技能,能够较好地理解专利法所要求的"专利三性"(新颖性、创造性、实用性)的基本涵义,能够把握技术交底书"三个基本要素"（技术问题、技术方案、技术效果）之间的关系和表达技巧。

由于技术研发人员承担着提出创新性技术方案和撰写技术交底书两大重任，在参与专利挖掘工作之前，应当对相关技术研发人员进行针对性较强的专门培训，加强对专利的理解和把握，提高文档撰写水平，以便在源头上提高专利挖掘过程的效率和输出成果的质量。

3. 外部专利代理人

在专利挖掘工作中，对于企业外部的专利代理人，则是利用其在专利申请文件撰写、专利无效、专利诉讼等方面丰富的专业经验，从如何构建强大而稳固的专利权利保护范围的角度，将技术研发人员提出的技术创新方案转化成具有法律效力的专利申请文件，最终实现技术创新成果法律化、权利化的转变，获得法律赋予的垄断性专利保护。

在传统的专利挖掘实践中，外部专利代理人更多是负责专利挖掘过程后端的工作，基本上不参与前端的工作。这种模式在很大程度上直接影响了外部专利代理人对于专利挖掘项目尤其是技术和产品的创新发明点的深度理解，使得专利挖掘质量乃至专利申请文件撰写质量大打折扣。

现在，越来越多的企业专利工作者已经意识到这一点。外部专利代理人逐渐深度参与企业的专利挖掘全过程，尤其是深入专利挖掘过程前端工作，直接与技术研发人员讨论和提炼技术创新点。实践中，甚至有一些企业直接将整个专利挖掘项目整体外包给外部的专利代理机构，以确保重大研发项目的专利布局保护力度和效果，但这种模式的实施前提是企业专利工程师引导进行专利挖掘的专业水准低于外部专利代理机构。

二、专利挖掘的基本操作实务

专利挖掘看似一项非常具体的操作性实务，但其实并非其外在呈现的表象那样简单，有着非常丰富的专业内涵。

一方面，要做好专利挖掘，需要从全局宏观的视野来进行观察并准确选取切入点和重点。要从产业链的整体结构上寻找并发现具有较高重要度的技术节点；要从对技术发明点本身的有效保护出发，梳理并准确把握需要进行专利保护的关键重点并获得尽可能大的保护范围；要从有效构建和完善强化专利组合的角度有针对性地进行专利挖掘；还要具有高度敏感的专利风险意识，对专利挖掘过程中发现的相关专利予以足够重视，及早识别发现专利风险并予规避应对。

另一方面，要做好专利挖掘，需要将分散进行的具体操作规范化、专业化、流程化。为此，需要结合企业实践，将行之有效的做法逐步予以固化，不断完善并形成规范专业的标准操作流程。依靠专利挖掘的标准操作流程，促使每一项具体的专利挖掘操作都具有大致稳定的较高质量和效率。

（一）专利挖掘的基本操作思想

根据企业专利挖掘实践，一般而言，在实施专利挖掘的过程中，需要注意遵循并体现如下基本操作思想。

1. 从产业链和技术链的高度指导专利挖掘

专利挖掘的技术性、专业性很强，这一特点往往导致进行专利挖掘的人员可能会过多地关注技术细节甚至仅仅关注技术细节。应当说，技术细节对于专利挖掘十分重要，是有效进行专利挖掘的基础，但技术细节本身容易令人"见树不见林"。只有从技术创新项目所属产业、所属技术领域进行相对宏观的整体观察，才有可能明显提升专利挖掘的整体层次，既考虑到技术创新点本身，又考虑到技术创新点在产业链、技术链上的地位、作用和价值，真正做到"见树又见林"。

因此，在实施推进专利挖掘时，不要受限于企业在行业中的地位，而要跳出"只缘身在此山中"的困惑，要突破"身在大山一隅"的局限，站在整个产业链、技术链的高度，俯瞰产业和技术的上下游，方能真正"识得庐山真面目"，准确把握住专利挖掘的关键和重点。

对于革命性的产品或者重大技术创新突破，更应该如此。不仅要保护产品构造，还要延及其关键零部件、制备方法或制造工艺，乃至其使用方法、用途等。

美国高通公司对于CDMA技术的1 400余件专利保护，以及苹果公司对于iPhone手机完美的专利和商标保护，都是经典的成功案例。苹果公司在推出iPhone之前，对于其在触控技术、UI界面、手机操控、移动应用商店、应用图标、产品外观等方面的创新，针对零部件生产商、手机生产商、移动互联网服务商等上下游厂商，从商标、专利、版权、工业设计等各个方面，进行了严整绵密的知识产权保护设计，堪称完美运用知识产权保护市场获得巨大成功的典范。

2. 从现有技术对比出发，聚焦差异和贡献进行专利挖掘

大凡专利技术，往往离不开现有技术；大凡技术进步，总是站在前人建立的现有技术基础之上。即便是开拓性的重大发明，也不例外。因此，进行专利挖掘不能脱离现有技术。

对于某一特定技术点的具体技术方案，需要对相关问题进行分析并作出判断。比如，是否符合专利的新颖性、创造性要求？其真正的发明点在何处？可专利保护的范围有多大？这些问题的解决，根本在于该技术创新相对于现有技术所取得的技术进步和技术贡献。

可见，在专利挖掘过程中，一定要立足于现有技术，找出创新的技术方案与现有技术的差异，并聚焦此差异，确定技术创新方案对于现有技术的真正贡献。唯有如此，才能使未来所申请的专利不仅具有坚实牢固的较强的法律稳定性，并且因其通过专利挖掘使非必要技术特征从独立权利要求中剥离，有可能获得与其技术贡献相匹配的最优权利要求保护范围。

其中，值得注意的是，在确定创新技术方案相对于现有技术的差异和贡献时，要建立在充分检索、尽量收集和获取相关现有技术资料的基础上进行，而不能仅凭技术人员的感觉得出结论。

3. 从培育完善专利组合的角度进行专利挖掘

专利挖掘并不仅是对散落整体技术解决方案之中、具有实质性技术贡献的孤立技术

点的挖掘,更重要的是通过全面充分的挖掘,培育建立起相互支持、相互补充的专利组合。

在专利挖掘过程中,对于挖掘确定应申请专利的技术创新点,应当区分主次层级。要分清楚哪些技术创新点是核心技术、哪些技术创新点是基础性技术、哪些技术创新点是外围技术,进而确定每一件专利的作用及其重要性,分清核心专利、基础专利和外围专利,以便在后续的专利维护和管理中制订不同策略进行有效管理,甚至作为重要的专利资产进行管理。

上述区分必须建立明确的区分标准和原则,条件允许时应尽可能形成管理流程。对于基础专利,要求必须是确定的核心技术点,必须是框架性的或者是最佳的方案。其中,何为"核心",标准因不同的企业而不同;何为"最佳",亦随评判的价值取向不同而不同,可以是技术效果最好,也可是生产成本最低。对于这些标准和原则,都应当一一明确并定义。对于外围专利,要求根据基础专利从纵向和横向两个维度全面综合梳理关联技术点,以进行全方位的保护。外围专利的主题,可以是紧扣技术问题的解决,也可以是可替代技术方案的扩展,还可以是核心专利中相关技术特征的改进。归纳起来,外围专利的作用在于避免因公开核心专利而为竞争对手提供启发并寻找出其他技术替代方案或改进方案,不仅没有有效保护企业的技术创新成果,反而受制于人,得不偿失。

需要特别指出的是,上述区分工作必须始于专利的挖掘创造过程(尤其是对于专利数量庞大的企业,更应当如此),才能够为后续的专利运用、管理和保护等环节提供基础依据。

4. 从尽早识别专利风险的角度进行专利挖掘

如前所述,在专利挖掘的过程中,需要对与企业技术创新成果相关的现有技术尤其是专利进行大量阅读和对比分析。在阅读相关专利文献时,势必会发现与企业技术创新项目中有关技术点技术构思相似甚至相同的专利。如果这些专利仍然处于授权有效状态或在审未结状态,企业相关技术创新项目未来推向市场的产品就极有可能面临专利风险;如果可能构成专利侵权的专利为企业的竞争对手所拥有,则这一专利风险发生的可能性就将进一步加剧。

因此,从识别排查专利风险的角度来看,在专利挖掘的过程中进行专利风险的识别排查仅仅只是实施时机略晚于技术研发项目立项时的专利检索,但其全面性、深入性、准确性却远远高于后者。就特定技术点而言,因其技术方案内容的具体性,此时对专利风险的识别排查甚至可能是最早的,也是更为有效的。

在专利挖掘过程中注重专利风险的早期识别,非常重要的好处是,企业可以及早调整技术方案、改变技术方向或者采取替代技术手段,既能减少技术研发的沉没成本,又能节省技术研发的宝贵时间,还能对企业无法规避的专利风险能够及早采取措施,抓住一切可能的机遇窗口适时进行妥善应对。

除上述基本操作思想外,由于企业能够投入的资源总是相对有限的,因此,专利挖掘还要注意突出重点,首先重点保证重点研发项目和主要技术方向的专利挖掘,并基于经济性和现实操作性适可而止。

（二）专利挖掘的基本操作流程及要点

从专利挖掘的全过程看，专利挖掘实质上是一个大浪淘沙、去芜存菁的优选过程。

这一过程的实施和展开，首要前提是能够充分获取可供筛选过滤的大量基础原材料——各种各样的技术创意和发明构思。有了数量可观的技术创意和发明构思，才有可能在此基础上遴选出具有较高技术价值和商业价值的技术发明点作为未来申请专利的备选对象。

为此，专利挖掘需要完成的一个重要任务，就是对收集到的大量技术创意和发明构思进行初步甄别。藉此，筛除过滤明显不具有技术可行性、技术价值或商业价值过低的"创意构思"，仅将技术上可实现、具有较高技术价值和商业价值的技术创意和发明构思保留作为进一步进行深入挖掘、提炼梳理技术发明点的对象，以提升专利挖掘工作的整体效率。

针对通过初步甄别遴选出来的技术创意和发明构思，还需要在专利工程师或外部专利代理人的引导下，以相关技术研发人员为主体，围绕其技术发明点撰写技术交底书，作为进入企业内部专利申请程序的初步提案材料。由于在此之后的业务操作将转由企业专利部门主要负责，因此有必要对技术交底书等专利提案材料进行评审。评审的目的既在于对前期的专利挖掘工作进行一次评估确认，同时也通过对相关发明构思在技术和商业层面的重要性、最有效的保护形式等重要内容的研究和确认，为即将展开的专利申请工作奠定坚实的基础。

基于此，可以将专利挖掘的基本操作流程整体上分为发明构思的收集和筛选、发明创新点梳理与挖掘以及技术交底书撰写及评审三个阶段，如图4-2所示。

针对上述专利挖掘的基本过程，下面择要具体说明相关环节的操作要点。

1. 发明构思的收集

做好发明构思收集工作的前提，一方面要求参与专利挖掘的人员全面了解和把握企业技术研发、商业运营等方面的战略、现状、组织模式等基本状况，另一方面要求企业专利部门结合企业组织运行架构设计并建立符合企业内部运行机制的发明构思提交和收集机制。在此基础上，开放而无偏见地广泛收集发明构思。

（1）全面准确掌握企业基本状况。

如同战争准备过程中对作战地形特点的查勘，对企业技术研发、商业运营等方面基本状况的全面了解和掌握，意义在于提前熟悉并明晰即将展开的专利挖掘工作所处的基本"地形"。一般而言，需要提前掌握的基本情况主要包括如下几个方面：

- ◇ 企业的整体战略定位和未来发展方向，包括当前阶段任务和远期规划目标等；
- ◇ 企业自身产品和技术的特点、优势、劣势以及企业在行业中的位置；
- ◇ 相关技术研发部门/项目组的技术研发内容、进展情况，特别是重点研发项目的内容和进展；
- ◇ 相关技术研发部门/项目组中研究人员的工作内容、职责、专业、特长、产出专利的可能、产出专利的类型、在技术研发中的地位和作用、对发明构思挖掘能否发挥催化作用等；
- ◇ 企业内部包括市场销售部门、售后服务部门等其他部门的人员及业务情况，了解是否存在提供发明构思的可能。

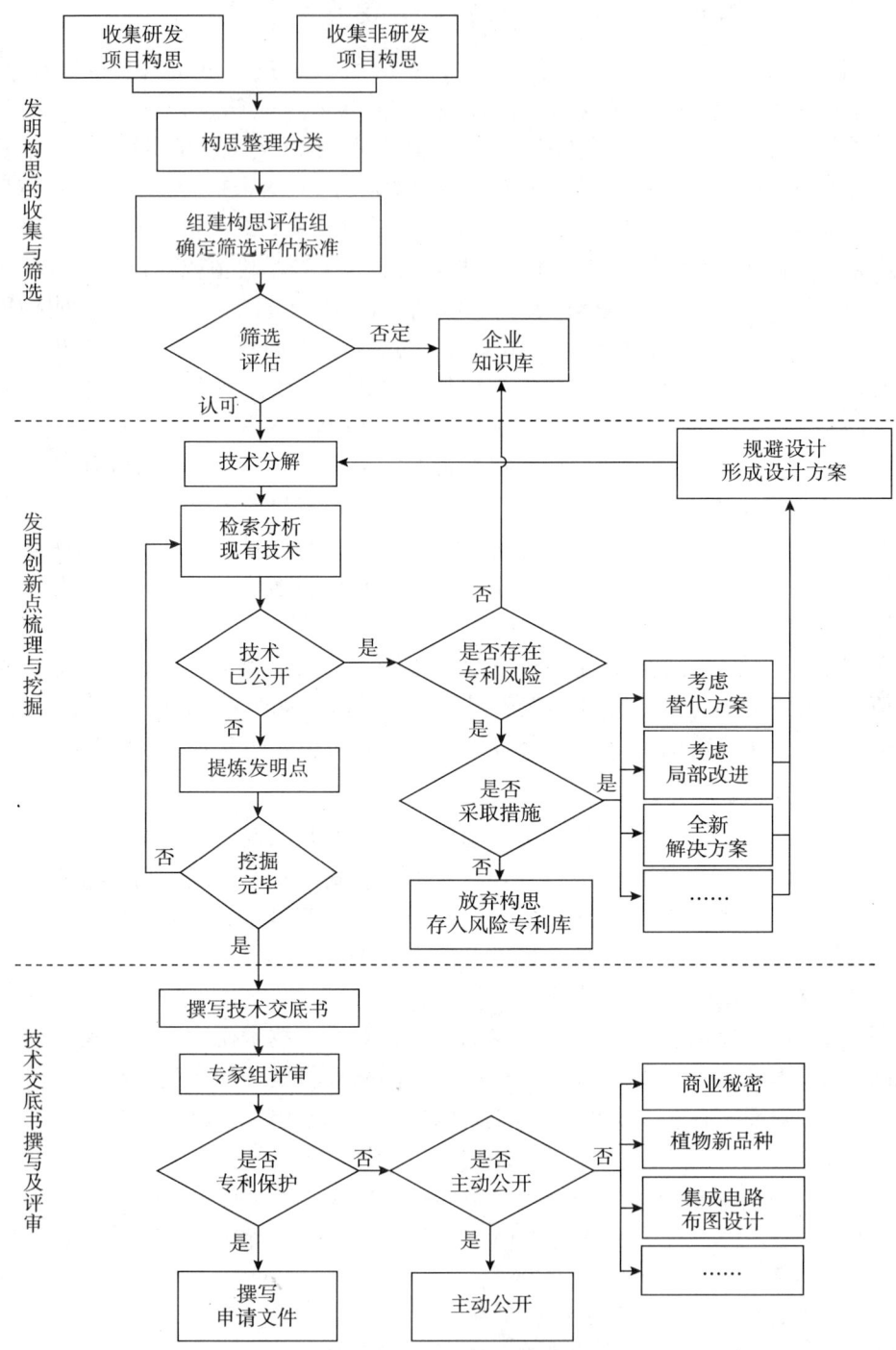

图 4-2 专利挖掘流程

(2) 合理设计发明构思提交收集机制。

为有效收集发明构思，企业专利部门需要理顺并合理设计发明构思提交收集的机制，以提高发明构思提交或收集的效率。通常情况下，设计发明构思提交收集机制需要关注如下要点。

◇ 提供接收发明构思的专门渠道和专门接口。

为方便技术研发人员提交发明构思和企业专利部门收集汇总发明构思，需要安排统一收集、汇总发明构思的接收渠道和接收端口。最优的方式是通过企业专利管理信息化业务系统进行。如果企业尚未建立与技术研发等相关部门互联互通的专利管理信息化业务系统，企业专利部门可指定专人、专门邮箱、专线电话专职负责接收发明构思，相关接收联络方式应在企业内公布并周知。

◇ 设计供研发人员提交发明构思使用的规范表格。

企业专利部门可参照技术交底书的形式设计发明构思提交表，如表4-1所示。之所以将技术交底书作为发明构思提交表的基础模板，是因为提交发明构思需要提供的各项信息与技术交底书大体一致。二者之间差别仅在于：一是发明构思提交表中需要填写提供与该发明构思密切相关的商业竞争的有关信息，例如可能的竞争对手、发明的实际应用情况等；二是技术交底书中提供的技术内容是在相关发明构思技术内容的基础上进一步充实、提炼、优化而成，相对于后者，技术交底书在技术发明点的提炼、专利保护形式的设计等方面考量更全面、工作更深入。而且，在经过遴选需要填写技术交底书时，也可节省相当的重复工作量。

填写发明构思提交表，一是可以规范发明构思的提交内容和撰写形式；二是可以采集管理发明构思的必要信息，便于进行后期的分析和统计；三是可用于发现关联发明构思以整合内部研发资源，防止重复研发和重复申请专利。

基于发明构思提交表中包含的数据项目，可以将其纳入企业的专利信息管理数据库，至少也要制作Excel格式的管理表格，以实现对发明构思的有效管理。

表4-1 发明构思提交样表

提交日期： 年 月 日

1. 发明构思名称：（可简单初拟，或者空着不填写）					
2. 发明人或联系人名单：					
姓名		姓名		姓名	
工作电话		工作电话		工作电话	
手机		手机		手机	
Email		Email		Email	
3. 发明构思信息					
该发明可运用在现在或未来的哪些产品或领域上：	（简单描述罗列）				
可能进行同样项目或提交类似专利的其他公司：	（如知道则填）				

续表

本发明涉及的技术关键词： （很重要，请尽可能多地罗列，包括同义词、近义词、缩略语、简称等。）	中文：	
	英文：	
国际申请： （请在括号内打√，或在括号内作其他标记。）	是否建议对该专利进行国际申请：建议（　）不建议（　）	
	建议进行国际申请的国家/地区，可多选： 　美国（　） 　日本（　） 　欧洲（　） 　韩国（　） 　台湾地区（　） 　其他国家/地区（　）	建议进行国际申请的理由： 1. 与该专利相关的企业产品将在该国家/地区进行推广或销售（　） 2. 该国家/地区有本企业的竞争对手（　） 3. 本专利技术含量高，比较基础，值得进行多个国家/地区申请（　） 4. 其他原因，请说明（　）
本发明所属技术领域：	尽可能多地列举相关技术链或有关技术领域 （例如：硬件加速－运动估计－图像处理）	
本发明是否已经被运用或正考虑运用在公司正设计的产品中：	是（　）：使用日期（　　　　）；哪个产品（　　　　　　） 否（　）	
本发明技术方案若被他人使用于其产品/服务中，是否可以通过对该产品或服务进行检测后获知：	是（　） 否（　）	
本发明是否需尽快申请：	是（　）：哪个日期前申请最佳（　　　　　　　　） 否（　） （备注：专利必须在产品公开或销售前提交申请。）	
与本发明有关的竞争对手：		

4. 发明内容描述

本部分内容应包括下述基本要点：

（1）本发明的核心思想

（2）本发明的主要内容

[备注：该部分主要是为实现发明目的而要采取的具体技术手段，它要结合附图（包括电路图、流程图）的具体结构进行详细说明。如果是产品发明，应该表明产品的构成及各部分之间的关系，各部分都起什么作用，其中属于您发明的部分是什么；如果是方法发明，应该表明该方法由几个步骤构成，每个步骤要求什么条件，各步骤之间是什么关系，各起什么作用等。比如：电学类申请中的电路方框图，电路图的连接配置关系、工作原理说明，集成块型号及脚码接线关系。一般应达到同行看到该部分材料后能够清楚，并能实施为准，但可以保留技术诀窍。]

（3）现有技术中同类方案的缺陷/不能达到的功能、本发明与现有方案之间在功能和结构上的不同之处

（4）你认为本发明最应该保护的技术点（按重要次序罗列）

其他需要说明的事宜：	

◇ 强化发明构思提交流程中的激励并弱化审核。

发明构思的形成和提交过程，实质上是一个将企业技术研发人员头脑中隐性的创新思想显性化的固化过程，同时也是一个将零散、杂乱的创新知识格式化的规范过程。通过发明构思的梳理和提交，可以在一定程度上实现企业隐性知识成果的固化规范管理。

因此，在设计发明构思的提交流程时，一是要注重对技术研发人员主动撰写提交发明构思的激励，尤其是要激励最终形成专利申请并获得专利授权的发明构思的撰写提交行为，让技术研发人员愿意并乐于撰写提交发明构思；二是要弱化对发明构思提交的行政审核，主要是要弱化来自于技术研发人员所在部门的层层审核，要注重为发明构思的提交创造宽松的工作氛围和环境，避免设置不必要的人为障碍，尽可能不让技术研发人员背负承担报告审批责任的包袱。

（3）开放收集发明构思。

有效收集发明构思的关键，一是要突出重点，以企业开展的技术研发项目作为获取发明构思的基础性来源进行重点收集；二是要开放大门，对源自企业技术研发项目之外的各种发明构思予以关注，克服企业实践中常常出现的"非我发明症"。❶

◇ 依托研发项目收集发明构思。

根据企业技术研发战略整体部署安排的技术研发项目，是专利挖掘中发明构思最主要、最重要的来源。企业专利部门在安排实施专利挖掘工作时，应当紧紧围绕企业技术研发的整体战略进行。也就是说，企业专利挖掘工作的基本立足点，在于紧贴技术研发并为技术研发提供支持和服务。要做好技术研发项目的专利挖掘，需要注意如下要点：

一是要优化专利挖掘资源的配置，要着重把优势的专利挖掘资源配置到对企业具有重要意义的重点技术研发项目上。

二是要强化针对技术研发项目尤其是重点研发项目的专利挖掘管理。比如，可以对一线研发人员进行必要的专利挖掘专题培训，帮助一线研发人员正确认识发明并树立专利挖掘意识；可以建立发明构思提交管理平台，为研发人员提供随时可以提交自己的想法或构思的方便快捷的渠道；可以实时跟踪技术研发项目并深入到子项目的具体研发中，以子项目为单位在每一技术环节尽量收集足够多的发明构思等。

三是要激发一线研发人员踊跃参加专利挖掘的积极性和主动性。比如，可以鼓励研发人员在学习和掌握专利挖掘基本知识的基础上，以自身所负责的子项目研发内容为主，深入到从每一个技术细节中寻找技术创新点；同时，还可以鼓励研发人员在与其他子项目的技术衔接配合和交流研讨中，发现子项目间相关技术组合产生的技术创新点。

◇ 面向全员开放收集发明构思。

好的发明构思不仅来自于研发项目和技术人员，还可能来自于企业的其他部门和工作人员。因此，企业还需要注重对非研发项目的发明构思的收集，并作为技术研发项目发明构思收集之外的有益补充。

实践表明，真正具有高商业价值或技术价值的发明创造，很多并非来自于技术人员。这一点已经得到广泛的认可，也正在被越来越多的事实所证明。例如，为人们所熟

---

❶ 所谓"非我发明症"，在此特指企业技术研发部门不关注不属于其实施的技术研发项目所取得的技术创新成果，对相关技术创意和发明构思视而不见。

悉的卡拉OK打分系统、手机防盗功能等。究其原因在于，创新的本质是对未来需求的趋势预测、挖掘和掌握，谁率先准确掌握了用户的潜在需求，并通过专利对相关发明创新进行保护，谁就可能在激烈的市场竞争占据先机并最终赢得市场。而真正有价值的需求，往往是源于产品的最终消费者。因此，企业需要关注和重视技术研发项目之外的技术创意和发明构思，无论其来自于技术人员还是非技术人员。必要时，可以通过加强培训和开展专项活动来激励广大员工产生、收集并提交此类发明创意。如此，企业收获的不仅是可能具有高商业价值的专利资产，更为重要的是，还会收获企业员工专利意识和专利素质的整体提升，而后者直接关系到企业专利工作的深度和有效性。

值得特别说明的是，来自于非研发项目的发明创意固然不可轻视，但其绝非企业最主要的发明创意的源泉，而仅仅只是作为研发项目专利创意的有效补充。一般情况下，企业应当将80%以上的专利挖掘资源投入到来自于研发项目的发明创意保护之上，对于非研发项目的发明创意的专利挖掘投入不宜超过20%。

2. 发明构思的筛选

（1）分类整理。

由于企业内部收集的发明构思往往源于不同的研发项目、涉及不同的技术领域、解决不同的技术问题，并且提交发明构思的技术人员的技术水平和专利素养也不尽一致，因此有必要对收集到的发明构思进行分类整理，以便于后期的筛选过滤。

在企业实践中，为便于加强对技术和专利的协同管理，必要时可结合企业自身技术体系特点建立企业专属的专利技术分类体系。借助这一专利技术分类体系，可以促使企业的专利与其技术研发形成更加紧密的结合，能够帮助企业针对有关技术主题更加快捷、准确地找出与之相关的专利，既包括企业自己的专利，也包括竞争对手的专利。为提高企业专利管理的整体效率，在发明构思进入企业专利工作体系之初，就应当将其归入相关的专利技术分类之中。这无论是从专利管理的角度看，还是从知识管理的角度看，都有其必要性。

在企业尚未建立起符合其技术体系特点的专属性专利技术分类体系的阶段，可以采取相对变通的方式进行分类处理。比如，可以简单借用国际专利分类体系进行大致分类，也可按照产品类和方法类对发明构思进行初步分类。分类的主题、级数和原则取决于企业管理专利及相关技术信息的实际需要。

由于提交发明构思的技术人员的技术水平和专利素养参差不齐，因而还需要对发明构思的表述进行初步整理，基本达到文字表述准确、专业用语规范、关键技术点齐全、技术要素完整、图表清楚规范等要求。

（2）过滤粗筛。

发明构思筛选的目的是初步过滤剔除价值不大、可行性不足的"杂质"，筛选出具有一定价值的发明构思，以提高后续流程的整体效率。进行发明构思筛选时，应注意如下要点：

① 对发明构思的筛选要联合进行，至少应包括企业专利部门及技术研发部门的人员，可能的情况下，还可吸纳市场营销部门的人员参与。

② 此阶段参与筛选的人员为各相关部门业务骨干即可，不必要求管理层参与，以便

筛选工作能够长期持续坚持进行。

③ 确定发明构思筛选标准时，既要考虑技术因素，也要考虑市场因素，如表4-2所示。技术方面主要考虑发明构思的技术创新内容是否为现行主流技术的进一步发展所必需、是否为现行主流技术的替代性技术、是否是引领未来技术发展的下一代技术等；市场方面主要考虑其商业化应用的价值以及是否容易发现侵权、是否需要尽早获得保护等。

表4-2　发明构思评估标准

评估\发明类型	关于现有产品或技术的发明	关于新产品或技术的发明	利用已有思路的发明	注解
A（杰出）	1. 其他公司不得不用的关于现有产品或技术的发明； 2. 与尖端技术相比仍然优秀的发明，并且该技术的可行性已被证明； 3. 发明可以被大规模采用	1. 其他公司不得不用的关于未来主导产品或技术的发明； 2. 与尖端技术相比仍然优秀的发明，并且该技术的可行性已被证明； 3. 大规模采用该发明已提上日程	1. 发明主题是最重要的，并且能够用现有的技术来实施； 2. 融合已有技术可以成为基础专利的发明； 3. 发明主题被作为重要的研发课题提上日程； 4. 可以服务于企业未来主导产品的发明	1. 相当于战略专利； 2. 有希望成为卖点的发明； 3. 领导用户需求的发明； 4. 有资格申请国外专利的发明
B（优秀）	1. 发明的技术优势非常大，并且其他公司很难避开； 2. 发明非常符合企业技术研发规划，并且基本可以保证可行性	1. 发明的技术优势非常大，并且其他公司很难避开； 2. 发明符合企业技术研发规划，并且其技术可行性可以预期	1. 发明主题是被列为"基本想法类型"的典型发明； 2. 发明内容亦属被列为"基本想法类型"的典型发明	
C（良好）	具有技术优势的发明，并且很难避开			
D（主动公开）	具有较小的技术优势，企业不必为此获得专利，但是有必要防止其他企业获得这种专利			
E1（未定）	1. 与传统技术相比，没有太大差别的发明； 2. 被采用的可能性不大的发明； 3. 具有专利性，但对企业价值不大而不值得申请专利； 4. 具有专利性，但需要保守技术秘密而不能申请专利			需要提供报酬
E2（未定）	1. 不具有专利性的发明： （1）没有新颖性，（2）发明不完全，（3）错误描述等； 2. 将被融合到其他发明中的发明			不需提供报酬

④ 发明构思是否被过滤剔除，最终应由技术研发部门确定。因此，在过滤剔除相关发明构思前，必须经过该发明构思所属研发项目的技术研发部门复核。如果技术研发部门认为应当申请专利的，应尊重其意见，准许相关发明构思进入下一阶段的专利申请管理流程。

⑤ 被过滤剔除的发明构思仍应得到良好的管理和共享。即便一项发明构思被确定剔

除,也并不意味着该发明构思就一无是处。可以将其纳入企业尤其是相关技术研发部门的知识管理库进行管理和共享,以供未来相关的技术研发工作借鉴参考。

在某一技术研发项目的发明构思筛选评估完成后,应对整个发明构思的相关工作进行总结回顾,视情形采取相关措施:一是要总结项目发明构思相关工作整体执行情况,分析与初期专利规划之间的差异、原因、优缺点;二是要根据总结分析发现的不足,结合实际研发需求开展专利补充检索;三是要总结项目发明构思产出及分布,确认发明构思重要性及应用前景。

同时,结合专利检索结果和发明构思筛选情况,制订专利布局策略。对发明构思产出在相关技术点的分布情况进行规划、评估,区分发明构思的重要性,提前对相关研发项目可能产出的核心专利、关键专利、标准相关专利等进行规划安排。

3. 发明点的梳理挖掘

发明点的梳理提炼是一项非常细致深入的工作,需要依据特定的工作要求有条不紊地实施推进。通常需要经过技术分解、检索查新、现有技术比对分析、必要技术特征提炼等环节。由于专利挖掘过程中的专利风险识别排查和规避往往容易被忽视,而技术比对操作较为直观,因此,下文主要介绍前者。

(1) 抽丝剥茧,多维度技术分解。

在进行一个较大研发项目的专利挖掘时,由于没有将庞杂的技术进行有效分解的缘故,很多技术人员甚至专利工程师和专利代理人都感觉无所适从,不知道如何下手。

技术分解包含两层含义:一是从技术研发项目任务出发,按照研发项目需要达到的技术效果或技术架构进行逐级拆分,直至每个技术点;二是从特定的技术创新点出发,寻找关联的技术因素,寻找其他可能的技术创新点,比如从产品结构关联到方法、应用领域、制造设备、测试设备等。

① 从技术研发项目任务出发的技术分解。发明构思主要来源于企业的项目研发,因此,从技术研发项目出发的技术分解也是专利挖掘中最主要的技术分解方式。对于研发项目,可以选择以技术功能组成或者技术架构组成作为出发点,找出实现技术功能和任务的技术组成部分;分析各技术组成部分并将其进一步逐一向下分解成各技术要素;针对各技术要素梳理企业技术研发可能取得的具体技术创新点,最终以技术创新点为基础单元提炼总结技术方案。这一过程层次分明、系统直观,构成一个金字塔式结构,如图4-3所示。

技术功能组成实际上与技术问题和技术效果相对应,就是实现何种功能或者达成何种效果或者解决何种技术问题。例如,从技术功能组成角度,可以将手机往下分解为降低电量消耗、提高通信质量、减少辐射强度等。

技术架构组成就是技术框架或结构性组成如何。例如,从技术架构组成角度,可以将手机往下分解为硬件部分和软件部分,硬件部分又可往下分解为通信模块、显示模块、处理器、听筒、麦克等,软件部分又可往下分解为操作系统、任务处理、UI界面、图形图像处理等。

选择合适的技术分解方式,有助于理清思路,透过繁杂的表象,直入事物本质,快速找到突破点。

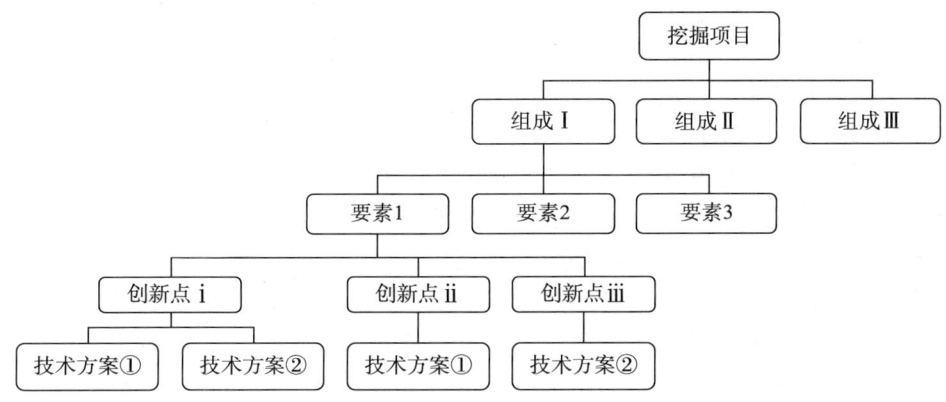

图 4 – 3　从技术研发项目任务出发的技术分解

需要特别说明的是，图 4 – 3 中对于技术创新点、技术方案的罗列，并非仅仅经过技术分解罗列步骤就可以直接得出，而是需要与后文介绍的其他几个步骤结合起来逐渐形成。在此予以罗列，仅仅是为了进行完整的示意说明，并非代表先后次序。

② 从技术创新点出发的技术分解。这种技术分解主要作为技术分解的一种补充方式。在实施过程中，主要针对具有实质性技术改进的技术创新点，找出与该技术创新点相关的关联技术因素；针对相关关联技术因素，适当对其进行多技术维度的扩展延伸，找出可能存在的外围发明构思，并据此形成可能申请外围专利的技术方案，如图 4 – 4 所示。

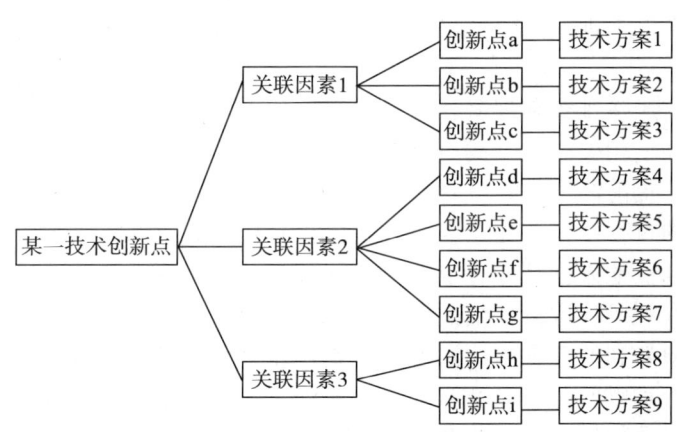

图 4 – 4　从技术创新点出发的技术分解

比如，对于触摸屏技术的创新，可以针对与触摸屏的耐磨性、亮度、透光性等技术特性相关的技术创新点包括触摸屏材料的成分、制造工艺等进行专利挖掘。

在实际操作中，以上两种方法可以相互结合应用。一般来说，首先可以从项目任务出发进行技术分解和专利挖掘；对于有价值的特定技术创新点，可以进一步延伸关联到其他的相关技术创新点上。籍此，为进一步检索查新聚焦目标、提高效率打下基础。

（2）知己知彼，全方位检索查新。

与其他检索相比，专利挖掘过程中对于发明构思的检索具有以下特点：在检索性质上，这是一种查新检索，目的在于评估检索对象是否是新技术、是否未被公开或被申请专利；在检索意图上，不仅通过检索比对初步判断本项目研发的技术是否具备新颖性、创造性，同时还注重借鉴相关专利文献提供的技术解决方案，为技术人员进一步研发创新提供技术启示；在检索结果的利用上，一方面相关检索结果将作为提炼发明点、设计权利要求的对照依据，另一方面也是识别排查相关风险专利的重要根据。

具体而言，针对发明构思的检索包括多个层面：一是对技术分解后得到的每个技术创新点进行检索，以确认该技术创新点是否可以成为发明中的发明点；二是对技术创新点的上一级技术组成进行检索，确认整体技术方案是否可申请专利；三是对技术创新点的相关联技术进行检索，确认相关联技术是否存在可申请专利的可能性。

在实际进行发明构思检索时，需要注意以下要点：
- 以节点作为检索中心对象，通过功能替代、上下位概念、应用领域扩展等因素适当扩展检索范围，全方位进行检索；
- 检索到相关的现有技术之后，要组织专利挖掘成员尤其是技术人员对现有技术文献进行解读和分析，全面、深入地掌握现有技术对于特定技术问题的整体解决思路和方案，进而分析确定专利挖掘和布局的机会和方向；
- 在未检索到相关结果时，要兼顾全面和效率，适时中止检索。

（3）未雨绸缪，风险排查和规避。

在检索查新的过程中，可能会发现部分发明构思中的创新点已经被公开。对于这些创新点不能简单弃之不理，需要分情况进行评估，提前部署和安排对于潜在专利风险的规避和应对。

专利挖掘中的风险排查和规避，主要是对照检索查新后发现的相关专利对发明构思进行比对分析，预估相关技术方案可能面临的潜在专利风险，并着重从技术上寻找规避替代的解决方案，提前制定风险应对预案，为企业最大限度避免和减小损失做好准备。

在具体实施的过程中，首先，要综合考虑多种因素进行风险评估。经过检索后，如果发现该技术已经被他人公开或者申请专利或者获得专利授权，要对本发明构思所体现的产品是否存在专利风险进行评估。评估考虑的因素包括：风险专利的专利权人是否属于竞争对手，风险专利的专利申请国是否也是本企业相关产品的主要市场所在国，风险专利在技术上是否难以回避，以及风险专利所涉及产品的市场规模和市场份额等。

其次，要及早寻找技术规避方案。规避方案有多种渠道和途径，在专利挖掘过程中，对于专利风险的规避主要从技术角度入手。典型的方法包括：
- 围绕原技术方案，寻找替代技术方案，以避免侵权；
- 围绕原技术路线，针对有关技术点，进行延续性的技术研发和改进，以形成对竞争对手的反制；
- 进行破坏性技术创新，形成全新的技术路线。

可能形成替代技术方案的技术解决途径包括：

要素改变——采取其他技术要素解决同样技术问题，比如其他方法、其他部件、其他材料或其他工艺等；

要素减少——减少某些要素解决相同技术问题,达到相同的技术效果,实现改进。

由于专利保护以权利要求的保护范围为准,因此,可以针对竞争对手的相关专利分析其权利要求书和说明书,并选择某个可能取得突破的技术问题进行深入研发,寻求纵向范围的针对性解决方案,形成新的发明构思,或是避开已公开专利的保护范围,或是形成外围的专利封堵,或是形成全新的技术解决方案。

(4)精益求精,千锤百炼发明点。

发明点的提炼,不是简单确认技术点是否"新",而是从专利运用、技术占位、市场控制、侵权诉讼举证等方面综合进行考量,涵盖了技术、市场和法律等多重因素。提炼的基本要求是直至用于描述主要发明点的技术特征是且仅是关于该发明的最基本的必要技术特征。

在根据发明构思提炼发明点时,一般需要考虑以下要点:

① 发明点首先是未公开的新技术。根据检索查新结果,应当尽可能找出发明点真正区别于现有技术的创新所在,理清构成其基本技术方案的必要技术特征,明确足以构成严密保护的从属权利要求和外围专利。

② 发明点不仅仅是技术创新点,还需要具有一定创新高度,最好在技术上占据较为关键的位置。比如,解决了产业技术上的难题,或是属于产业发展上的共性技术,或是对未来技术发展起到引领作用。总之,发明点最好能够占据相关产业技术的重要技术节点。

③ 发明点的寻找和确定可以适当扩展范围。以特定的技术创新点作为基点,根据保护目的沿着研发项目的技术线路适当扩展范围,结合多个技术创新点形成多个发明点或者发明点组合,实现由基于个别专利的点状保护到基于专利组合的面状保护的升华。

④ 在寻找发明点的过程中,应当注意关注位于竞争对手薄弱技术环节并具有战略意义的可专利的发明点。必要时,甚至可以有意识地针对竞争对手的薄弱技术环节进行有针对性的技术研发,以扩展自己的竞争优势,为将来在商业竞争中占据主动地位提前布局。

⑤ 在寻找发明点的过程中还应注意的是,拟申请专利的发明点在未来的商业化应用中应易于发现被使用并且易于举证。这将有利于未来实际的商业化应用中侵权证据的收集和举证,以及预估相关技术的市场和经济价值等。

在做好发明点提炼的基础上,可以比较并注明各发明点的重要程度,以便在后续的专利申请文件撰写及审查意见答复中对重要发明予以重点关注。

4. 专利提案的撰写和评审

技术交底书作为专利提案的基本形式,是专利挖掘过程中最为重要的输出成果,同时也是专利挖掘过程最终评审的主要对象。由于涉及技术交底书撰写要求的内容篇幅较大,将在本章最后一节集中展开,这里不再具体阐述。下面主要介绍关于专利挖掘成果的评审。

为做好专利挖掘成果的评审,企业应当建立专门的专利评审组织(例如专利评审委员会),对专利挖掘所产生的专利提案成果进行评审。评审组织成员应当至少包括专利工程师、技术专家及专利部门负责人。其中,技术专家应当由企业各个技术部门选派资深技术人员组成,并且,在技术专家的人选和人数方面,应当综合考虑在各技术领域的分布和配置。

同时，企业内部还应当建立专利提案的评审流程，明确评审组织各成员在流程中的活动及相应的职责，并且将该流程及职责通过信息化系统实现。图4-5给出了一个专利提案评审的示例。

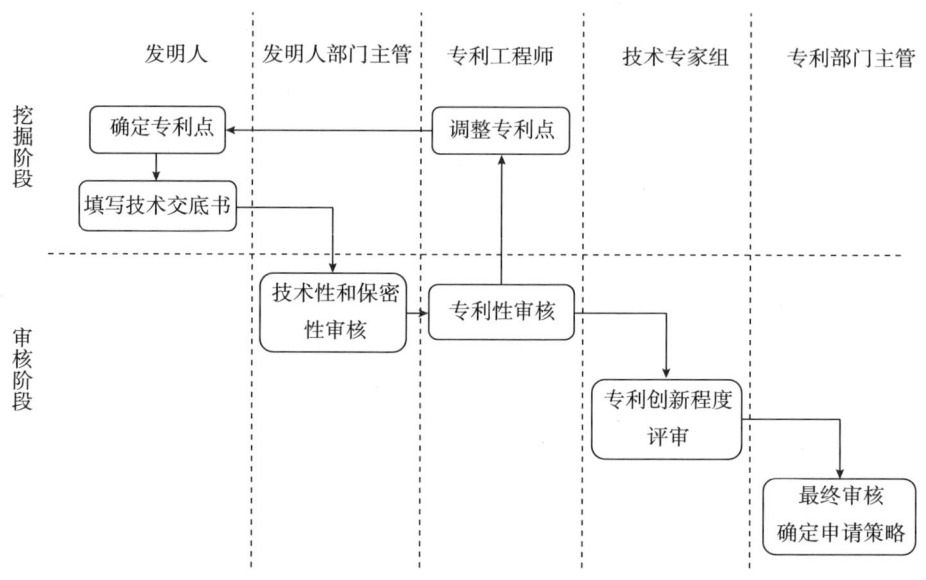

图4-5 专利挖掘评审流程

与专利评审相关的各主体的主要职责分别是：

（1）作为发明人的技术研发人员，主要是负责将专利挖掘的技术创新点转化成技术交底书，并作为专利提案提交评审。

（2）技术研发部门主管，应当对技术方案的技术性、保密性需求进行审核确认。

（3）专利工程师主要从以下方面对专利提案提出初审意见：①是否符合专利法规对于"专利三性"的要求，但不应过分强调；②技术方案是否披露清楚、完整、可实施；③是否违背专利法其他规定；④申请专利后，发现侵权以及取证的难度如何。

（4）技术专家主要从以下方面对专利提案提出评审意见：①是否属于目前就已经普遍使用的现有的技术；②技术方案理论上是否可行，是否存在无法逾越的技术障碍；③技术方案是否能够解决所提出的技术问题，并能取得相应的技术效果；④该技术对于产品实现的重要性，以及在行业/产业链中的作用；⑤该技术是否需要保密，防止专利性公开后技术被他人剽窃和利用。

（5）专利部门主管，则需在综合专利工程师初审意见、技术专家评审意见的基础上作出评审结论，如专利申请类型和方式、申请策略等。

需注意的是，发明构思是否申请最好由技术研发部门主要决定，专利部门则主要决定专利申请的类型、方式和策略。

在经过专利挖掘的评审之后，相关专利提案的可能走向有如下几种情况：

（1）某技术处于领先地位，同时，该技术或是在一定时期内可以确定不会被竞争对手突破，或是不会因为产品的公开而被模仿。在这种情况下，对于该技术可以考虑作为商业保密进行保护。

（2）某技术尚未被竞争对手开发成功，但是相关产品一旦公开面市，该技术容易通过反向工程进行拆解分析后被模仿。在这种情况下，对于该技术就需要通过申请专利进行保护。同时，还应当根据产品上市的时间安排及竞争对手的大致研发进度来确定申请专利的时间和公开的时间。

（3）某技术已经被确认有多个竞争对手在竞相组织技术研发，该技术需要尽快进入专利申请阶段，及时占领先机，以防止他人申请后陷入被动。

（4）相关技术价值不高，不必要申请专利，可以考虑予以主动公开。

对于需要申请专利的专利提案，需要对相关专利提案按照技术重要性及商业重要性的高低进行排序，以确保重要的专利提案在后续的企业内部专利申请流程中得到相应的关注和重视。表4-3是可供参考的一个专利提案梯队排序表示例。

表4-3 专利提案梯队排序样表

分类	序号	专利点	内容	重要性	新颖性	申请失败风险	授权可能性	申请必要性	申请形式	与标准的结合度
第一梯队专利提案							50%	必须申请	新申请	与标准相关，超出标准范围之外，即使没有标准存在，该专利若授权的话，对市场也会产生很大的控制效果
							50%	必须申请	考虑在××时点提交的方法专利上提优先权进行修改	与标准相关，超出标准范围之外，即使没有标准存在，该专利若授权的话，对市场也会产生很大的控制效果
							10%	优先申请	提交新方案	与标准结合度将最紧密
第二梯队专利提案							70%	优先申请	提交新方案	与标准结合度低
							70%	优先申请	提交新方案	与标准结合度低
第三梯队专利提案							90%	优先申请	考虑在××时点提交的装置专利上提优先权进行分拆	与标准结合度低
							90%	优先申请	提交新方案	与标准结合度低
							90%	优先申请	考虑在××时点提交的装置专利上提优先权进行分拆	与标准结合度低
							90%	建议后期再考虑申请	提交新方案	与标准结合度极低

三、专利挖掘工作的规划和管理

客观来看,对于当前绝大多数的中国企业特别是专利工作处于起步阶段的中国企业而言,专利工作在企业工作体系中的地位远远比不上技术研发、市场营销等传统的常规业务。专利工作,尤其是专利挖掘工作,往往处于一种零散、被动、从属、配合的地位,专利工作成效的高低,常常取决于企业相关领导的重视程度以及技术研发等部门的配合程度。在这种情况下,要做好专利挖掘工作,首先,尤其需要在企业内部对专利挖掘工作的开展形成一致共识,并提出和规定相关专利挖掘工作的目标和要求,而专项组织制订专利挖掘等工作规划即是其中一种主要形式;其次,再好再完美的规划或设想也需要通过具体的执行实施来实现,因此,对于企业精心谋划制订的专利挖掘规划,要依托科学有效的管理来为其顺利实施并实现规划目标提供保障。此外,如果能够培育形成深入人心的专利挖掘文化,将会为有效实施推进专利挖掘规划提供源自相关人员意识层面的强大助力。

(一)前瞻部署专利挖掘规划

不同企业因行业不同、领域不同、所处发展阶段不同,其专利挖掘工作在组织和实施推进方式、挖掘重点、所起的作用及其侧重点等方面均会有所不同。同时,其专利挖掘工作并不是孤立运行的,而是决定于企业的专利战略和政策以及企业的专利工作体系。

因此,专利挖掘作为专利工作最为基础、最为常规化、最需要部门间协作配合的一项基本业务,针对其制订工作规划尤其必要。从形式上看,这种规划可以有两种基本形式,或为企业专利工作整体规划的组成部分之一,或为专项制订的专门规划;从内容上看,企业应当根据企业所处的专利工作发展阶段,结合企业的行业特点、技术特点、企业整体战略,制订相应的专利挖掘工作规划,促使专利挖掘工作在与企业技术研发战略、市场运营战略等整体战略协同一致的前提下有策略、有计划地部署和开展。

通常情况下,处于专利工作不同发展阶段的企业,其专利挖掘的特点和重点均有所不同,如图4-6所示。

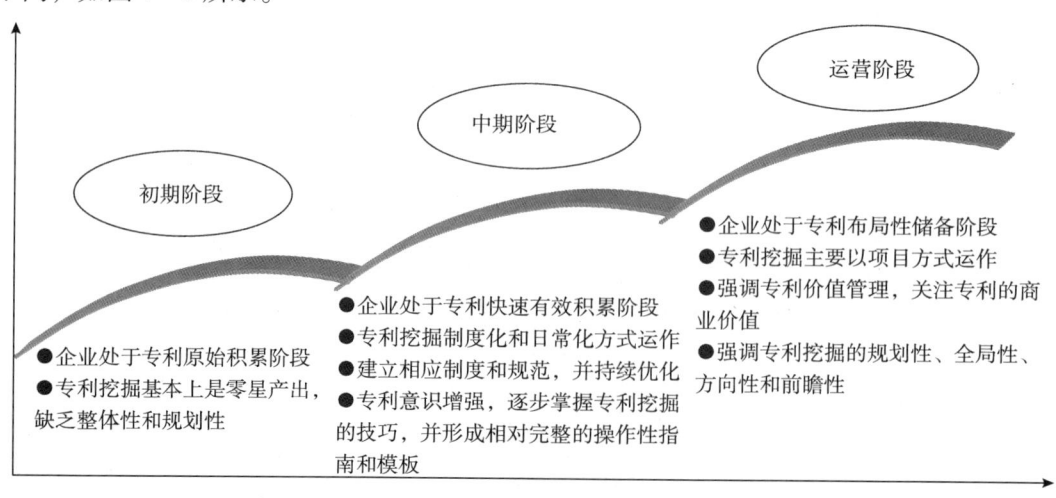

图4-6 专利挖掘在企业专利战略和业务不同发展阶段的特征和侧重点

1. 专利挖掘规划的制订依据

归根结底，企业专利挖掘工作是企业业务构成体系的有机组成；同样，企业专利挖掘规划是企业战略规划体系的有机组成。这一定位决定了企业专利挖掘规划的制订必须基于企业的整体战略规划而不能与之相悖，必须符合企业的业务体系及流程架构而非各行其是。尤其是专利工作处于起步阶段的企业，必须充分考虑到专利挖掘等业务的新生性、从属性，实事求是地紧密结合企业专利工作开展的实际情况谋划、制定其具体规划。

具体而言，企业在立足其整体战略制定专利挖掘规划时，应当以企业的市场经营战略规划、技术研究开发战略规划、产品开发计划等作为基本依据，并结合所在行业的技术发展趋势和热点等因素，综合加以考虑来制定。在此过程中，应注重专利挖掘规划与企业相关战略规划、行业技术发展趋势的深度融合和协调一致，如图 4-7 所示。

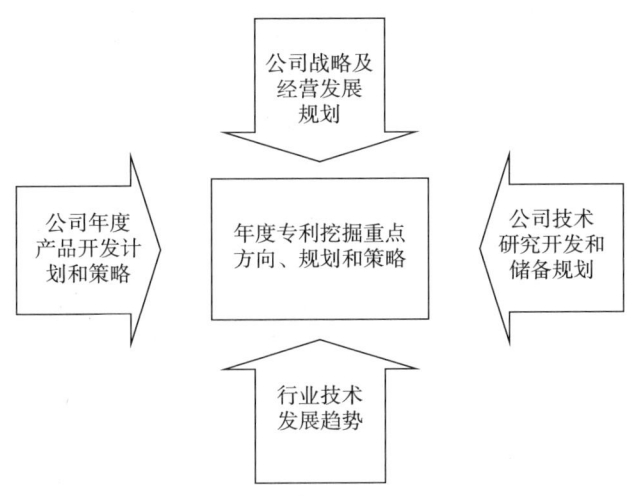

图 4-7 制定专利挖掘年度规划的考虑依据

企业在制定专利挖掘规划时，需要紧扣上述几个方面体现和增强规划的针对性、指导性。

例如，如果根据企业的市场发展战略，未来 3~5 年内产品将要进入欧美市场，那么在制定专利挖掘规划的时候，就必须要把欧美地区的专利部署这个因素考虑进去。

又如，如果根据企业的年度产品开发计划，提升产品的用户体验将作为企业产品开发最核心的策略，那么在制定专利挖掘规划的时候，就应当将提升用户体验方面的专利，如人机交互界面（UI 界面）等，作为最重要的挖掘方向，进而在数量和推进策略、方式等方面提出更具体要求。

再如，如果根据企业的技术研发战略和规划，企业关于未来前沿技术的布局和储备是规划的重要内容，企业竭力谋求未来长远的竞争优势，那么在制定专利挖掘规划的时候，就必须立足长远，确保在培育积累前沿技术方面的同时提前周密部署专利，为企业的技术创新成果提供严整绵密的专利保护，有效培育企业未来经营和发展的核心竞争优势。

2. 专利挖掘规划的基本内容

专利挖掘规划制定后，应当形成一份正式的书面文档，作为指导企业在未来的规划期内组织开展专利挖掘工作的规范和指南。当然，在具体推进专利挖掘的过程中，如果发现专利挖掘规划有不恰当的地方，可以进行修正、补充和完善。但是，需要特别指出的是，必须要经过企业专利团队的充分讨论后方能调整修改专利挖掘规划。

如图4-8所示，从内容上看，一份完整、翔实的专利挖掘规划，通常至少应当包括挖掘的技术领域、重点方向、挖掘目标、策略、成员、责任人和里程碑等基本要素。缺少对上述任一要素的部署和安排，都有可能导致在后续的专利挖掘推进实施中出现诸多不确定的执行障碍。

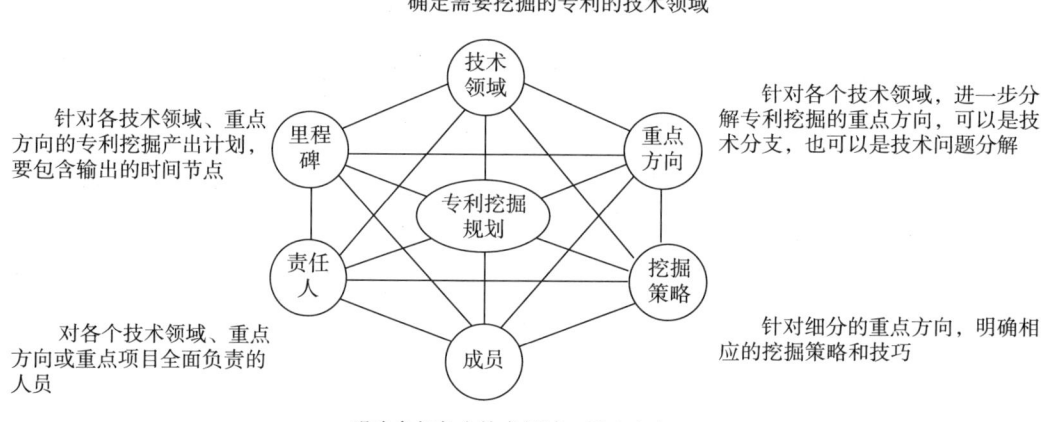

图4-8 专利挖掘规划内容的关键要素

为了更好地突出专利挖掘规划的重点并保证规划的可执行性，在制订专利挖掘规划时，可以强化对专利挖掘重点项目的规划。重点项目是专利挖掘规划的重中之重，需要通过明确重点技术领域、重点技术研发项目甚至重点技术方向，进一步明确专利挖掘的重点，并在资源投入上予以重点保障，确保对于企业最重要、最关键的技术研发项目的技术创新成果得到充分、全面、深入的专利挖掘。可以说，重点挖掘项目的实施成败，往往是影响专利挖掘规划执行实施成功与否的关键。为此，在制定专利挖掘规划时，需要遵循"二八原则"，以确保企业专利挖掘的主要资源投入到少数的重要领域。第一，"少数的重要领域"主要是支撑和保障企业的主要商业模式、主要利润来源以及核心竞争力的领域，要对"企业现在和将来靠什么赚钱"、"企业产品靠什么保持竞争力"提供支撑和保障；第二，要确保至少有过半的专利申请源自于对"少数的重要领域"的专利挖掘。这样才能真正发挥专利作为市场竞争手段的作用，集中力量在重要技术创新上形成强有力甚至是压倒性的集群优势，以有效保持并不断增强企业竞争力，从而体现企业专利部门对企业经营发展不可或缺的独有价值和贡献。

此外，为加强专利挖掘规划对执行实施过程的引导和要求，有必要根据企业具体情况规划制订相关的专利挖掘指标，如发明构思指标和专利申请指标。这就需要企业根据其各个部门研发能力、承担项目多少、不同的产品或技术的特点等情况，由上而下规划安排各技术研发部门或项目的发明构思指标和专利申请指标。通过将发明构思挖掘和专利申请纳入企业各技术部门的工作范围和考核范围，可以为企业专利管理部门更好地组织挖掘专利打下较好的基础；可以使企业在总体上规划专利产生的规模、不同技术领域专利的申请量；可以促使零散、自发、个案、滞后、被动的发明构思产出向有计划、有侧重、及时、主动的发明构思产出转变。同时，还可增强专利产出与技术研发项目进展之间联系的紧密性，使得技术研发方向更加可控，有利于进行有效的专利部署和风险规避。但需要特别注意的是，要严格把控专利质量，防止任务专利和垃圾专利的产生。

（二）科学实施专利挖掘管理

很多企业在组织实施专利挖掘时，一开始计划做得很好，但到最后专利挖掘工作取得的效果却一般，甚至可能没有能够为技术创新成果提供良好的专利保护，白白错失建立巩固企业市场竞争优势的良机。归纳起来，这种状况的出现，往往是由于在整个专利挖掘过程中缺乏有效的项目管理，整个专利挖掘项目团队处于松散、放任的状态所致。

因此，为了保证专利挖掘的进度和质量，必须引入科学有效的项目管理。主要做好三个方面的管理：其一是对专利挖掘项目计划实施进度的跟进管理；其二是对专利挖掘项目产出专利的组合管理；其三是对专利挖掘过程中相关部门之间协作配合的沟通管理。

1. 专利挖掘项目计划的进度管理

为保证专利挖掘的顺利进行，必须按时完成每个工作阶段的任务。具体负责专利挖掘项目的专利工程师，应当作为整个专利挖掘项目的统筹管理者担负起项目进度安排和检查敦促责任。要按照不同的阶段制订任务进度计划表，明确各阶段任务的人员、具体工作以及各团队成员的具体职责，确定具体进度日程和输出节点，并建立每周、每月的进度定期汇报机制，保证有效推进专利挖掘。

表4-4提供了关于专利挖掘项目计划进度跟进管理表的一个示例。一般而言，专利挖掘项目计划进度跟进管理表必须具备三个关键要素：专利创新点时间点、责任人。其中，专利创新点应当是对各具体技术方案发明点的核心提示，以便在后续跟进管理中管理重点清晰、明了；时间点既包括技术人员完成技术交底书的时间节点要求，也包括专利申请递交到国家知识产权局的时间节点要求，这是控制整个专利挖掘项目进度、确保挖掘计划落地执行的关键；责任人可以是技术人员，也可以是专利工程师，实践中，以具体负责经办专利申请的专利工程师为最佳。

表4-4 专利挖掘项目计划进度跟进管理样表

序号	技术组成	技术要素	专利创新点方案概述	技术交底书预计完成时间	预计提交申请时间	责任人

在专利挖掘实施过程中,这个进度管理表应当每周更新并向项目团队成员通报。

2. 专利挖掘产出专利的组合管理

专利挖掘管理的第二个重要方面,是对专利挖掘过程中发掘产出的专利进行专利组合层面的有效管理。为此,企业专利部门需要对专利挖掘成果进行初步的价值评估,作为后期专利资产管理和运用的基础。

表4-5是专利挖掘项目产出成果的专利组合管理表的一个示例。该表是为了专利资产组合和评估管理的需要,将企业的专利按照一定的标准划分成若干专利组合(patent portfolio)来加以管理。相应地,为提高专利组合管理效率,企业应当建立与之相对应的数据库,并在专利管理信息化系统中设计配置相应功能。该管理表必须具备三个关键要素:价值层级、价值依据、法律状态。在专利挖掘项目完成后,这个管理表应当定期更新,例如每年或每3年,并且其评估流程和标准应当是明确而固定的。

表4-5 专利挖掘项目专利组合管理样表

序号	专利名称	专利申请号	申请日	价值层级	价值依据	法律状态

其中,价值层级就是依据技术、市场、法律等方面因素综合权衡专利价值高低而区分的不同层级类别,例如基本专利、核心专利、重要专利、普通专利等。一般而言,在技术上占据制高点和关键点,在市场上具备广泛的应用前景,在法律上能够及时方便地举证,具备这些特征的专利的价值层级最高。当然,大部分情况下,一件专利难以同时具备以上特征,在具体评估权衡时可根据实际情况灵活掌握。

价值依据就是价值层级划分和评估的依据和理由。无论是何种层级分类或者是分成几个层级类别,都必须要有明确标准和理由,并应当经过企业专利管理团队讨论后确定并且将之标准化,之后不能随意增删或修改,增删或修改应当严格遵循程序。

法律状态也就是专利权利有效性所处的状态,主要包括:申请、公开、实审、授权、视为撤回、视为放弃、失效等。专利处于何种法律状态,与其所在的具体国家密切相关。对于法律状态这一要素的管理,主要价值在于对于特定技术研发项目直接相关的专利资产的有效维护和管理。技术研发项目涉及的所有专利的法律状态整体如何,很大程度上影响整个项目专利资产的价值高低。

3. 专利挖掘协作配合的沟通管理

专利挖掘不仅涉及企业内部的专利工程师、技术人员,还有外部的专利代理人的参与,每一类参与角色都可能是多个人员。整个项目涉及的人员少则五六人,多则数十人,甚至近百人,需要企业相关部门之间以及企业专利部门与外部专利代理机构之间就有关协作事宜进行密切配合。为此,对于专利挖掘工作跨部门事宜的协作管理,需要对协作工作模式和流程设计给予重视,通过建立健全顺畅、有效的协作沟通机制和平台,在各部门、各成员之间搭建起有效沟通的桥梁,才能保证整个项目有条不紊地推进。

图4-9给出了专利挖掘项目中各部门、各成员之间沟通模式的示例。为了减少因项目成员众多而导致的沟通上的混乱，可以在技术人员、专利代理人中各确定一名接口人，作为专利挖掘项目进展控制和具体专利案件管理的统一接口。但是，具体涉及技术的每个案件细节等沟通，仍然可以由技术人员与专利代理人直接沟通，也可以经由专利工程师转达。在专利挖掘主要由企业内部专利工程师与技术研发人员协作进行的情况下，图4-9所示的对接结构可以简化为在技术研发人员和专利工程师中各确定一名接口人的形式，由其作为控制专利挖掘项目进展和管理具体专利案件的同一接口。

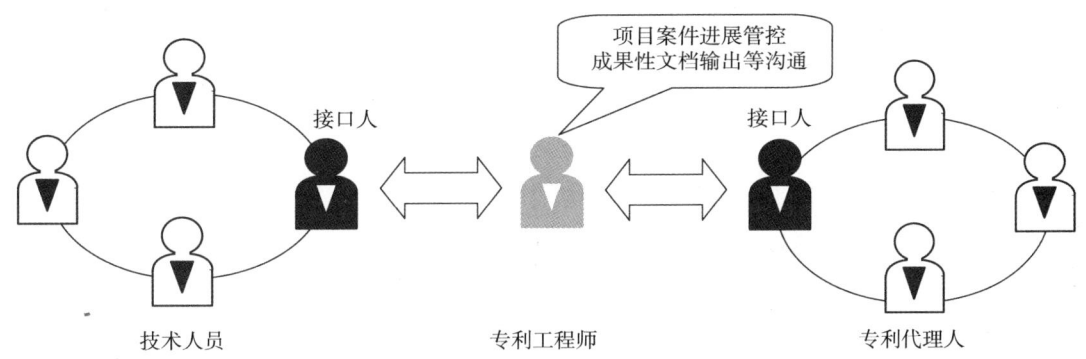

图4-9 专利挖掘项目团队沟通模式示例

需要特别说明的是，无论采取哪一种沟通对接模式，每一个案件的文档成果输出都必须经由专利工程师进行审核，以便控制质量。

（三）积极培育专利挖掘文化

同样的专利管理制度机制，在不同的企业取得的收效可能迥然各异。导致这种巨大差异的重要原因之一，就在于企业文化中是否融入了专利的元素，并进而在企业文化中生发出枝繁叶茂的企业专利文化。

就专利工作处于起步阶段的中国企业而言，培育企业专利文化，首要在于培育企业的专利挖掘文化。这是因为，专利挖掘工作基本涉及企业可能与专利工作相关的主要业务部门，专利挖掘意识的增强有助于相关企业部门更容易理解和认同其他专利工作；同时，专利挖掘工作处于企业专利工作的前端，产出的成果是后续程序的基础原材料，因而其质量在很大程度上决定了后端专利工作可能取得的成效的高低。

然而，如何将专利挖掘文化深刻融入企业文化的血液？如何鼓励企业员工尤其是技术研发部门员工的广泛参与？如何建立这种激励的机制或平台？如何及时有效收集来源于非研发项目的、高价值的专利创意？这是许多企业所面临的难题。破解这一难题，行之有效的一个方法是建立一套合理可行的系统机制，以其为依托在活动组织、宣传、培训、创意收集、激励政策等方面扎实推进。根据企业实践经验，可以采取以下措施：

（1）在全公司范围举行类似于"专利周"或"专利月"的活动。通过漫画、板报、讲座、趣味抢答、优秀专利和优秀发明人展示等多种方式，利用一周/一个月的时间，对企业全体员工集中进行高强度的专利意识宣贯，培育强化企业专利文化氛围。

（2）每年面向全公司举办年度创意大赛。例如，"手机创意大赛"、"金点子创意大赛"等，诱发全体员工进行脑力激荡，会产生为数不少的优秀专利创意。

（3）制定系统的企业专利奖励制度，并加大宣传力度。例如，根据企业专利政策导向，设置包括专利申请奖、专利授权奖、专利效益奖、核心专利奖、优秀发明人奖、优秀发明部门、优秀专利布局奖等奖项，从各个方面激发员工的创新激情和参与、配合专利工作的热情，促进企业专利工作的全面提升。

（4）建立专利创意收集系统，并实现流程机制的信息化，有机融入到企业的信息化办公系统中，使企业员工可以轻松找到入口并方便快捷地使用。这样，企业员工一旦有好的专利创意，可以随时上线填写提交给专利部门进行处理。

（5）组织开展有针对性的系统培训。一是开展技术研发人员和专利工程师之间的双向培训。通过对技术研发人员的培训，提高技术研发人员对发明构思点的识别能力；同时，通过对专利工程师进行专业技术的基本培训，提高专利工程师对技术研发项目的理解力，便于其协助技术研发人员进行发明构思的挖掘。二是开展针对市场营销人员的培训，侧重培育提升市场营销人员的专利意识及专利敏感度，使其能够从诸如市场发展趋势、客户提出的或潜在的需求、竞争对手产品技术的动向等途径发现有价值的技术创新点。

四、专利挖掘的重要成果——技术交底书的撰写

技术交底书是专利挖掘工作形成的重要成果，是发明人将需要申请专利的发明创造清楚、完整地呈现给专利代理机构或企业专利部门的文件。技术交底书记载了具体的发明创造内容，是企业专利部门评判发明创造是否合适进行专利申请的基础，也是撰写专利申请文件的基础。

梳理撰写技术交底书，对于发明人按照专利工作的相关要求重新审视其技术创新成果来说十分重要。发明人的业务专长在于相关技术的研发，即便其对申请专利十分熟悉，也很难准确把握好专利申请乃至专利布局这样一些专业性很强的工作的度。因此，有必要根据撰写技术交底书的规范要求引导发明人对其发明创新进行系统化、结构化的梳理和归纳提炼。

技术交底书的阅读者主要有两类：一类是专利代理机构的专利代理人，另一类是公司内部进行提案材料审核的专利工程师。技术交底书可以看作发明人与专利代理人或专利工程师之间的桥梁。对于专利代理人来说，一份清楚、完整反映发明内容的技术交底书，可以加快对技术创新内容及发明贡献的理解和把握，减少与发明人之间的沟通次数，在较短的时间内即可根据专利提案材料撰写形成技术内容完整、权利要求保护范围恰当的专利申请文件，从而使企业技术创新的成果有可能得到最大限度的保护。对于企业的专利工程师来说，技术交底书清楚完整地反映发明内容，可以帮助专利工程师理解发明内容及其贡献，进而从专利布局、申请策略等方面快速作出是否进行专利申请、如何通过专利组合有效保护、申请的时机、申请的地域等方面的判断，同时也为专利工程师把好专利申请文件的质量关提供一个正确的审核基础。

由此可见，一份能够准确完整记载发明创造内容的技术交底书，一方面有利于发明人对自己的发明内容形成更加清晰、更加系统的认识，另一方面也有利于专利工程师或

专利代理人准确理解发明构思，合理规划设计发明保护方案，大幅缩短申请专利的准备时间。因此，做好技术交底书撰写，有助于为企业后续的专利工作打下良好的基础。

（一）技术交底书的类型

根据不同的考虑维度和标准，技术交底书可以划分为不同的种类，每种技术交底书都有其侧重点。例如，技术交底书种类可以根据技术交底书在项目中的地位或具体技术内容进行分类。下面分别针对两种分类标准进行说明。在企业的专利部门接到研发部门提供的技术交底书之后，可以按照下面两个维度的分类进行专利提案的筛选，以便于针对不同类型的专利提案，采取不同的专利申请策略。

1. 按照相关技术方案的用途分类

根据所记载的技术方案在项目中的地位和作用，可以将技术交底书分为核心技术型、外围应用型、规避设计型和预研型四种类型。每种类型的技术交底书对企业的重要程度和侧重方向不同，各有侧重。

（1）核心技术型。

核心技术型技术交底书记载的技术是整个研发项目中产生的最具有价值的技术，其往往是企业投入众多人力和财力进行重点研发的重要结晶，此类技术带给企业的回报也相当可观。在实际处理过程中，从企业技术研发部门提出专利提案到专利部门进行相关处理，都要采取严格的保密措施。在撰写技术交底书阶段，企业专利部门应尽可能为此类技术研发项目配备经验丰富、专业能力较强的资深专利工程师，与研发部门的主要技术研发骨干就相关技术发明点进行多角度深入挖掘，针对拟申请专利的技术方案的技术特征逐个进行讨论，对技术特征的多种情况均需仔细探讨，力求对技术手段进行最大限度的概括，并尽可能包含多种实施方式，力争形成保护范围既大又稳固的权利要求组合。

（2）外围应用型。

外围应用型技术交底书主要应用于产品外围技术的发明创新，是围绕核心技术型技术交底书所记载技术方案的外围技术创新点进行的外围扩展和应用。在外围应用型技术交底书中，首先记载了将核心技术应用在当前项目中的技术方案，并将核心技术方案广泛与其他项目结合，产生多种广泛的应用方案。这种技术交底书能够帮助企业形成以核心技术为主导，以实际应用为扩充的专利布局，可以为竞争对手进入相关技术领域设置多重屏障。在研究撰写外围应用型技术交底书时，专利工程师可与相关产品的直接研发人员就实际产品技术创新点及其可能的应用进行全面、深入的探讨，并对技术交底书进行详细描述，力求能够全面描述技术方案及其可能的应用。

（3）规避设计型。

规避设计型技术交底书记载的对象主要是技术研发人员在项目研发过程中为规避竞争对手的某些专利而产生的技术方案。通常，需规避的目标专利是企业的专利部门根据研发部门的技术研发项目进行深入检索和筛选后发现的专利，其对行业内类似项目影响重大；研发部门规避设计产生的技术思路极有可能被同行业企业借鉴而开发出类似的技术，对此种类型的技术交底书，除考虑所规避的专利技术外，还应当尽可能地扩大其多种变形实施方式。实际撰写规避设计型技术交底书时，需要以所规避的专利作为参照，对区别技术特征做重点描述，其余部分可参阅规避的专利。

（4）预研型。

预研型技术交底书记载的内容是在应用型项目研发之前进行基础性技术开发而产生的技术创新成果。其具有很好的技术前瞻性，但其可实施性较差。在撰写预研型技术交底书时，需要发挥一定的想象力，主要侧重于基本原理方面的技术内容，无需过多考虑具体实施的技术细节。只要在技术原理上可以实施，即可形成符合专利法要求的技术方案。

2. 按照技术内容分类

根据所记载的技术内容和主题的不同，可以将技术交底书划分为电子类、机械结构类、制造工艺类、软件方法类、生物化学类等几种类型。根据技术内容划分的技术交底书，每一类技术交底书都对应有相应的研发机构，在企业专利部门处理专利提案的过程中，可由专人负责与相应的技术研发部门进行对接。

（1）电子类。

电子类技术交底书主要涉及电子产品（如消费类电子整机厂商或芯片设计厂商等）的电路原理框图、具体电路图等技术方案。这种类型的技术交底书通常会应用在实际的电子产品中，一般由企业中专门从事电路设计的部门提出专利提案。在撰写电子类技术交底书时，需要提供电路框图或具体电路图，并根据图示描述各元件或部分之间的电性连接，最后综述其运作原理。

（2）机械结构类。

机械结构类技术交底书主要涉及具体产品的整体结构或局部结构或局部结构之间的连接关系等技术方案。机械结构类技术交底书通常由企业中专门从事结构设计的部门提出专利提案。与电子类技术交底书类似，在撰写机械结构类交底书时，也需要提供附图，根据附图说明整体机械结构、必要零部件的相互配置关系；如有必要，还需描述机械结构的运动过程，以便于使读者能够准确把握技术方案。

（3）制造工艺类。

制造工艺类技术交底书主要涉及产品生产制造的工艺或方法。由于产品工艺方面的技术创新方案主要产生于从事实际生产制造的工厂中，相关工艺都比较保密，因此，在进行此类技术交底书的审核时，需要特别注意权衡利用专利保护或将此类工艺作为技术秘密之间的利弊，综合考量选择更合适的保护方法。撰写制造工艺类技术交底书时，最好配以工艺流程图，根据流程图详细描述流程中的改进部分，并提供改进部分所涉及的具体参数，如温度、气压、湿度、洁净度等。

（4）软件方法类。

软件方法类技术交底书主要涉及应用于计算机控制、网络等方面的技术方案。在撰写软件方法类技术交底书时，一是应尽量提供流程图，以辅助读者理解具体技术内容；二是要将软件流程与具体实施软件的物理过程进行结合，反映出实现功能的软件流程图，但无需提供具体代码；三是需特别注意专利法律法规关于专利授权客体的要求，确保技术交底书提供的技术内容能够作为可授予专利权的客体提出专利申请。

(5) 生物化学类。

生物化学类技术交底书主要涉及包括化学物质发明、组合物发明、药品发明、饮用品发明、农药发明、微生物及生物制品发明等在内的技术方案。在生物化学类技术交底书中，需要提供技术方案中必要的参数、数值范围等信息；同时，为了完善实施例的需要，最好提供相应的试验数据和结果。需要特别注意的是，其中，生物类技术交底书会涉及 DNA、载体或重组载体、多肽以及微生物等，需要根据专利法相关规定提供 DNA 序列或生物保藏证明等；化学类技术交底书则尽可能多地列举实施例，全面描述发明要点。

企业在进行技术交底书管理时，可以按照上述两个维度的分类建立矩阵，由具备相关背景或经验的专利工程师专门跟进特定技术领域中的技术交底书；由经验丰富的专利主管对各个具体技术领域中的核心技术型交底书进行重点审核把关。根据上述两个纬度进行技术交底书的管理，可以清晰地反映出企业当前的专利申请状况以及企业的发展优势所在，据此可以重新规划企业的专利申请和布局。

最后，补充说明一种常用的技术交底书：外观设计交底书。外观设计交底书记载的内容是企业的工业设计部门根据时尚潮流和产品发展趋势设计提出的有关产品外观设计的方案。在产品同质化的时代，好的外观设计能够提升产品的竞争力。对于外观设计交底书的管理和审核，企业专利部门可以指派前述专门跟进机械结构类交底书的专利工程师兼任。在具体撰写外观设计交底书时，主要提供清楚显示外观设计产品的图片和外观设计方案的简要说明。对于图示，以清楚反映外观设计要点为宗旨，除特殊情况外，一般需要提供立体视图和六面视图；对于简要说明，则需要说明产品的名称、产品用途以及设计要点，同时，一般不要使用商业性的宣传用语，也不要说明产品的性能和内部结构。

（二）技术交底书的基本撰写要求

技术交底书主要用于发明人与专利工程师或专利代理人之间的沟通需要，以便于专利工程师或专利代理人真正理解发明内容，撰写合格的专利申请文件。

技术交底书虽然不是最后的申请文件，不需要达到专利申请的标准，但技术交底书与专利申请文件在很多方面有着共同的特点。对于技术交底书的撰写要求，实际上与专利法中对于发明和实用新型说明书的要求是一致的，即"说明书应当对发明或者实用新型作出清楚、完整的说明，以所属技术领域的技术人员能够实现为准"。同时，技术交底书又与专利申请文件有着本质区别，技术交底书主要用于为专利工程师提炼形成专利申请文件提供基础素材和依据。

1. 技术交底书的最低撰写要求

技术交底书的最低撰写要求包括三个方面：一是清楚描述现有技术及其缺点；二是清楚描述发明采用的技术方案；三是清楚描述发明技术方案的有益效果。

（1）清楚描述现有技术及其缺点。

清楚描述现有技术及其缺点，主要目的在于为专利工程师了解与发明有关的现有技术的现状及关于有关技术问题可能的技术解决方案，同时，通过对现有技术的缺点的描述分析，帮助专利工程师准确把握本发明作出的技术贡献及其价值。在此基础上，专利工程师能够以技术交底书提供的现有技术为参照确定本发明区别于现有技术的技术内容。

（2）清楚描述发明采用的技术方案。

对于发明技术方案的清楚描述，主要是要求主题明确、表述准确、技术方案完整、技术方案可实现。所谓主题明确，是指发明技术方案的技术主题清晰，所解决的技术问题明确，并能产生积极有益的技术效果。所谓表述准确，是指对于发明技术方案技术内容的表述清楚、准确、无歧义。比如，针对非中文的技术词汇，发明人在撰写技术交底书时，应提供英文全文以及中文翻译；在语言组织方面，以描述无歧义为准则。所谓技术方案完整，是指技术交底书所记载的技术方案应当包括有关发明创造的全部内容。凡是所属技术领域技术人员不能直接根据现有技术直接唯一获得的技术内容，均应在技术方案中描述。所谓技术方案可实现，是指所属技术领域的技术人员按照技术交底书描述的技术方案，能够实现该技术方案，解决其技术问题，并产生预期效果。

（3）清楚描述发明技术方案的有益效果。

对于发明技术方案有益效果的清楚描述，主要是针对所要解决的技术问题，本发明技术方案相对于现有技术取得的技术进步和技术效果。比如，有关技术性能的改善和提升、生产制造效率的提升等。清楚地描述发明技术方案的有益效果有助于企业专利管理人员准确判断有关发明创新的价值，也有助于未来专利审查过程中审查员对发明创造性的判断。

2. 技术交底书的一般撰写要求

技术交底书在满足前述最低撰写要求的前提下，一般还需要进一步满足以下三方面的撰写要求。

（1）全面提供相关实施例。

在撰写技术交底书时，需要进一步提供能实现发明目的的多个不同的、变通的、替代的实施例。这些实施例的提供，一是有助于专利工程师对相关技术特征进行归纳提炼，形成尽可能上位的技术特征，从而获取更大范围的专利保护；二是有助于对发明技术方案的外围技术改进点、外围技术应用进行全面保护，形成核心与外围相互配合、层级严整、保护严密的专利保护体系。

（2）提供产生有益效果的原因。

在技术交底书中，对采用的技术方案要分析产生有益效果的原因。这一分析有助于专利工程师能够准确发现实质性发明点之所在，并进而围绕核心发明点设计专利保护的具体方案。

（3）提供附图并详细描述附图。

附图是专利申请文件的重要组成部分，同时也有助于专利工程师快速、准确地理解发明的技术方案。因此，需要在撰写技术交底书时提供相关附图并结合技术方案对附图进行详细描述。

（三）技术交底书的内容及撰写要点

一份好的技术交底书应当清楚、完整地记载发明创造的内容，如有必要，应该提供相应的图示。特别是对于涉及机械和单纯电路结构方面的发明创造，图示往往比单纯的文字描述更能清楚反映发明创造的要点。一份完整的技术交底书一般包括八个部分。

1. 发明或实用新型的名称

发明或实用新型的名称主要反映发明人发明了什么内容。在专利提案材料中，需要发明人明确写明发明或实用新型的名称，该名称一般是根据现有技术来确定的，不是根据已经作出的发明创造来确定。在撰写技术方案时，需要采用所属技术领域的技术术语，清楚、简要地写明发明创造的主题和类型。并且，在发明或实用新型名称中，不能使用宣传用语。

2. 所属技术领域

在技术交底书中，应当明确该发明创造直接所属或直接应用的技术领域。如果对应用领域不熟悉，可以写上本发明用于什么地方、起什么作用，便于专利工程师或专利代理人理解。

3. 背景技术及其缺陷

该部分是对申请日前的现有技术进行重点描述和评价。即记载发明人所知晓的且对理解、检索、审查该申请有参考作用的背景技术。一般至少要引证一篇与本申请最接近的现有技术文件，必要时可再引用几篇较接近的对比文件，它们可以是专利文件，也可以是非专利文件。

对现有技术的简介应包括三方面内容：一是注明其出处，通常可采用给出对比文件或指出公知公用情况两种方式；二是说明该现有技术的主要相关内容，例如主要的结构和原理，或者所采用的技术手段和方法步骤；三是针对现有技术和本发明，客观地总结并指出现有技术存在的问题和缺点，从技术上分析说明存在这些问题和缺点的原因，为本发明提供铺垫。当然，对于开拓性的发明，现有技术不能实现某种需要，而本发明提供了一种技术方案能够满足这种需要，技术背景就可以只做简单介绍。比如，蒸汽机、灯泡等开创性的发明。

在撰写背景技术时，首先需要描述与发明创造最相关的现有技术状况。最相关的现有技术可以是发明人通过专利检索得到的，也可以是发明人通过阅读行业内的公开资料了解得到的。如果是专利检索到的专利文件，发明人可以提供相关的专利号或申请号；如果是行业内的公开资料，发明人可以提供相关资料的标题、详细出处。

此外，发明人需要对上述提到的最相关的现有技术进行客观评价，找出现有技术存在的技术问题，但该技术问题应当是本技术方案能够解决的技术问题。切忌指出现有技术中存在的诸多问题，但唯独没有指出本技术方案能解决的问题。在这个意义上，背景技术的技术问题可以看作引出发明创造具体技术方案的引子。

有的发明人不会写技术问题部分，虽然在技术问题部分对行业状况进行了描述，但描述得不够详细，没有引出技术问题。虽然这种背景技术看起来发明人的发明创造像是没有借鉴前人的研发成果,是自己独创的。但在实际的专利申请中,这种情况很容易导致专利申请在实质审查过程中,很难就无新颖性和创造性的审查意见进行补救,导致授权几率降低。

4. 发明目的

一般只要简单列举即可,也可以尽可能多地列出,以供专利工程师或专利代理人参考。发明目的要针对解决现有技术中存在的问题和缺点,也就是要结合本发明或实用新型取得的效果提出所要解决的任务。

5. 发明内容

根据《专利法》及其实施细则的要求,发明内容是指实现发明目的所利用的具体技术方案和手段,要求清楚、完整、准确地对技术手段加以描述以使本领域内的普通技术人员能实施为准。如果有技术秘密需要保留,也要保证所公开的内容可以实现发明目的。

在发明内容中要列明区别于现有技术的技术点,并且在描述每项区别技术手段时,相应地说明其在本发明中所起的作用。对产品来说,应该交代包括哪些部件、各部件之间的位置关系、连接关系、作用原理,以及各部分都起什么作用。对于工艺方法来说应该叙述包括哪些步骤、每步骤的操作工序如何、各步骤的作用是什么等。

在描述时,可以结合一个或多个具体实现过程描述,并说明在描述的技术方案中哪些结构或步骤是必不可少的,哪些结构或步骤是可选的。也就是说,在给出最优选的实现方式的同时,还可以给出非优选的多种可能的实现方案。发明人应该尽可能将所想到的各种实现情况都写上。比如说,技术交底书提供了一种方案,通过步骤1、2、3、4、5来实现。然后,可进一步说明,在此基础上,在步骤2、3之间还可以包括步骤6;步骤4还可以省去;步骤1、2还可以用步骤7、8来代替等。这样可以便于专利工程师或专利代理人理解技术实质,也利于对技术特征进行上位概括。

6. 有益效果

有益效果是技术内容与现有技术相比,能实际解决技术问题而带来的效果。要清楚、有根据地分析说明本申请技术与现有技术相比具有的有益效果。技术效果的描述不能是凭空臆断出来的,最好能结合技术内容中提出的具体方案,详细分析技术方案是如何解决"技术问题"部分中客观存在的问题,并实际达到的效果。当然,有益效果不仅限于解决"技术问题"部分的问题带来的效果,也可以强调对于"技术内容"中的某些具体技术手段带来的技术效果,这种做法有利于实际的专利实质审查。

通常,有益效果可以由产率、质量、精度和效率的提高,能耗、原材料、工序的节省,加工、操作、控制、使用的简便,环境污染的治理或根治,以及有用性能的出现等方面反映出来。可以用对发明或实用新型结构特点或作用关系进行分析方式、理论说明方式或用实验数据证明的方式或者其结合来描述,不得断言其有益效果,而是应该与现有技术进行比较而得出;现有技术已经实现了的效果就无须赘言。此外,引用实验数据说明有益效果时,应给出必要的实验条件和方法、试验例。

7. 最佳实施方式

如果技术方案本身比较简单,最佳实施方式可以与发明内容部分合在一起写。

实施例应当详细、具体地描述本专业普通技术人员实施和再现本发明所需的一切必要条件，如参数、材料、设备、工具等，以及必要的规格、型号、如果其中使用新物质或者自己制备的材料，还应当说明其制造方法。在描述时，应该与附图对应一致。这种描述的具体化程度应当达到使本领域普通技术人员按照所描述的内容能够重现其发明或实用新型。至少应该提供一种最优的实施例，如果有多种实施方式可以实现发明的目的，就应该描述多种实施例。

对于具体实施例的描述应当避免使用功能性描述，即只描述有什么功能而不对实现功能的方式方法进行描述。

8. 附图及附图说明

附图是为了更直观表述技术方案的内容，可采取多种绘图方式，以充分体现发明点之所在。附图有零件图、组件装配图、组件爆炸图、电路图、线路图、流程图、方框图、模块图、曲线示意图、形状示意图等，可酌情选用。有时描述背景技术时也需要用到附图，这样可以更清楚直观地进行对比。

该部分需要注意三点：一是要提供附图说明，指出相关附图是一幅什么图，特别是结构上的剖面图，要指出是什么部件在什么位置、什么方向的剖视图；二是在说明书中对附图要求详细说明，避免图是图，文字是文字，甚至图与文字互相矛盾；三是使用绘图软件制作并提供线条图，以便于专利工程师或专利代理人进行编辑修改。

在撰写技术交底书的相关部分时，除上述要求之外，还应注意表述和用语的一致。发明人在整理技术交底书过程中，往往出现对同一部件的命名前后不一致，语句不通顺，逻辑性不强。这些问题虽然看起来小，但实际处理过程中会花费专利代理人或工程师大量时间，影响专利申请的效率。因此，在准备提案材料时，这些用语方面的小问题也需要注意。

（四）技术交底书的规范格式

在企业中，通过专利挖掘产生了涉及多个技术领域、重要程度各不相同的技术交底书。为了便于企业专利部门对技术交底书的管理，有必要制订一系列的交底书规范格式。

对技术交底书的规范主要从两个方面进行考虑：技术交底书包括的文件以及对文件的具体要求。在文件方面，技术交底书需要包括申请表和技术揭露表这两个文件；在内容方面，需要参照专利法律法规对技术方案的要求，对技术揭露表所包含的实质技术内容进行规范。下面分别对申请表和技术揭露表所包含的内容以及起到的作用进行阐述。

1. 申请表

在专利申请表中，需记载除技术方案之外的信息：专利申请信息以及技术方案的重要程度及所属领域信息等。具体来说，记载信息内容包括：提案日期、发明人、发明人所在部门、发明名称、发明所属的技术领域、发明应用的项目名称、发明的重要程度以及研发部门的相关责任人。

发明人和发明人所在部门这两个信息主要是为了便于确定专利申请中的发明人和申

请人；项目名称和重要程度便于确定发明的技术方案所属的类型；技术领域则是为了协助专利部门确定处理交底书的具体承办工程师。通过申请表对进行专利申请的非技术信息进行收集，以便于减少专利部门与发明人的沟通次数，提高专利申请效率。专利申请表可采用表4-6所示的形式。

表4-6 专利申请范本

部门：　　　　　　　　　　　　　　　　　　　　　　　　　　日期：　年　月　日

申请人		联系方式	
名　称		内部受理号	
发明人			
应用情况	□项目中的核心技术　□实际应用　□规避设计　□预研		
产品或项目名称			
技术领域	□电子　□机械结构　□制造工艺　□软件方法　□生物化学		
申请部门领导审批			
初步检索结论			
主管领导审核		研发中心领导审批	

2. 技术揭露表

技术揭露表是记载发明创造具体内容的文件，包括发明创造名称、技术问题、技术内容和有益效果四个部分。通过这四个部分对企业研发部门的发明创造内容进行规范，基本上可以使专利工程师和专利代理人准确理解发明创造内容。

技术揭露表可参照如表4-7的专利申请技术交底书范本示例。

表4-7 专利申请技术交底书范本（发明）

部门：　　　　　　　　　　　　　　　　　　　　　　　　　　日期：　年　月　日

撰稿人		联系方式	
专利提案名称			
发明人			
第一发明人身份证号码		第一发明人国籍	
1. 缩略语和关键术语定义			
列出本发明中所出现的缩略语的英文全称及中文定义（没有可不填写）			
2. 现有技术方案			
写明现有技术中与本发明技术最接近的方案，有附图的请结合附图描述			

续表

3. 现有技术方案的缺陷
①客观评价，现有技术方案的缺点是相对于本发明的优点来说的，本发明不能解决的缺点不必写； ②不能单纯讲缺陷，要结合产生缺陷的原因来描述
4. 本发明所要解决的技术问题（发明目的）
针对现有技术方案的缺陷，说明本发明所要解决的技术问题
5. 本发明完整的技术方案
①发明是关于结构的，请描述本发明所包含的各个元件，各元件之间的结构关系或者电路连接关系，描述本发明的工作原理（有附图的请结合附图来描述）； ②发明是关于方法或者流程的，请描述该方法或者流程所包括的所有步骤以及各步骤的详细情况，涉及软件开发过程的，以描述流程图及相关的设计说明为主（有流程图的请务必将流程图附上）
6. 本发明的创新点及优势
本发明与背景技术相比存在的创新点，以及每个创新点与背景技术相比存在的优势
7. 本发明的技术效果
针对最接近的现有技术方案，结合本发明的元件及工作原理描述本发明可实现的有益效果
8. 是否还有其他的相关发明
如果本发明还存在改进发明或相关发明，请详细描述
9. 参考文献（如专利/论文/标准）

对于外观设计方案来说，可以将申请表和揭露表合二为一，如表4-8所示。

表4-8　外观设计方案的提案材料范本

单位名称		日　期	
部　门		联系方式	
发明人			
应用产品名称			
是否公开及公开方式			
提案内容	请提供立体视图、主视图、后视图、左视图、右视图、俯视图、仰视图： 是否要保护色彩？＿＿＿＿＿是否要省略视图？＿＿＿＿＿要省略哪些视图？＿＿＿＿＿ 设计要点说明：＿＿＿＿＿ ［注：上述视图可以由绘图工具（Auto CAD，ProE，Solidworks等工具）绘制；也可以提供实际产品的照片。］		

外观设计模版的栏目与技术方案模版的栏目基本相同，主要区别是提案内容的不同，外观设计方案的提案内容偏重于各种视图，文字描述方面的内容较少。

发明人根据上述模版准备提案材料，一般会提供比较全的图示。即使有省略的图示或需要对某些涉及要点进行说明，在此模板中也提供了相应的栏目。

通过上述规范化的技术交底书，可以使专利部门有效地对研发部门的技术交底书进行管理。具体来说，规范化技术交底书的意义如下：

（1）对于整个企业来说，通过规范化的技术交底书，企业专利部门可以直观了解企业内部专利申请的布局，包括技术领域的布局、重点专利的分布等情况，对于企业专利规划有一定的指导意义。

（2）规范化的技术交底书为企业专利部门制订相应的申请策略提供依据，例如，核心技术进行 PCT 申请，进入多个国家/地区；外围应用型技术则在产品销售地进行申请等。

（3）规范化的技术交底书包括详细的技术信息以及与专利申请信息相关的信息，为专利工程师判断技术方案专利性提供了良好的基础，也便于专利申请文件的撰写，加快了专利申请的速度。

（五）技术交底书撰写中常见的问题

在企业研发部门提供的专利交底书，如果不满足前述技术方案各部分的撰写要求，一般可以由专利工程师自行修正，如：发明创造的名称不合适或不贴切，专利工程师可以根据对技术内容的理解，重新修改发明创造的名称；技术问题不合适，只要技术内容和有益效果部分完善，专利代理人或专利工程师也可以相应地归结出技术问题。

但在具体的技术内容和有益部分出现问题，则严重影响专利申请的效率，甚至无法进行专利申请。对于典型的问题，提出以下解决方案：

【问题1】只有发明目的，无技术方案，导致所属技术领域普通技术人员无法实现。例如，某提案只是简单地提到利用程序达到特定目的，其具体实现过程是基于软件，然而，对于软件如何执行上述加载动作的具体流程以及软件与硬件的结合，这些与技术方案密切相关的部分完全没有描述。整个交底书只是给出了目的，但没有方案。

解决方案：对技术方案进行深入思考，详细给出技术方案的技术要素构成以及技术要素之间的联系或连接、有关的方法步骤，在此基础上提出能切实实现发明目的的详细方案。

【问题2】技术方案过于概括，导致所属领域技术人员无法实现。例如，某技术方案通过在底座支架轴设置可以转动的小马达，在平板电视增加电路，驱动马达转动，实现遥控器对平板电视进行旋转控制以解决现在的平板电视转动角度，需要观众的外力来实现，操作不方便。但是，该技术方案对于马达设置的位置、控制过程、电路的设置均没有提及，导致实施本方案的方式存在很大的不确定性，本领域普通技术人员无法实施此方案。

解决方案：从机械结构、电路结构、具体软件控制、成分、组分等多个角度去考虑其具体实现方法，最终给出的技术方案完整到一个技术人员不用再去猜测推断，直接可以实施这个方案的程度。

【问题3】无产生有益效果的推导或证据。例如，某发明利用两张纸盆，采用两个折环悬挂方法，解决了传统采用单纸盆结构的低音扬声器在低频大动态信号冲击下易出现严重的谐波失真的问题，避免打底的缺陷。同时，在技术内容部分，发明人提供了详细的附图以及附图说明。但是，该提案通过文字描述并配以附图，给出了详细的技术内容，但没有结合技术内容进行详细分析给出技术内容切实解决的技术问题，而是主观臆断地给出了"降低了单元的谐振频率及谐波失真"这样的有益效果。

解决方案：分析对现有技术作出贡献的技术特征，推导出这些特征必然带来的有益效果，而不是简单地臆断有益效果；或者给出测试结果证明有益效果。也可以从结构原理上来深入剖析，解释技术方案是如何解决技术问题的，如果能解决技术问题，自然会达到效果，有益效果的描述也是水到渠成。此案经发明人提供具体的实验数据，证明了此技术方案确实能达到技术效果。

第五章 专利布局

导 言

专利布局，是指企业综合产业、市场和法律等因素，对专利进行有机结合，涵盖了与企业利害相关的时间、地域、技术和产品等维度，构建严密高效的专利保护网，最终形成对企业有利格局的专利组合。

作为专利布局的成果，企业的专利组合应该具备一定的数量规模，保护层级分明、功效齐备，从而获得在特定领域的专利竞争优势。

企业进行专利布局通常会涉及四个主要的部门或内部主体：知识产权管理部门、公司管理层、市场部门和研发部门（技术部门），其中，知识产权管理部门在整个专利布局过程中起到很重要的主导和推动作用。

一、专利布局的总体规划

专利布局是一种有规划、有策略的专利挖掘和部署行为。通过专利布局工作可以有效地克服企业专利申请的盲目性和零散性，由被动地"为专利而专利申请"转变成"为企业的发展需求有目标、有规划的进行专利申请"，并因此而提升企业专利申请资源的利用效率，以及其专利群的整体价值，为企业发展提供切实有效的专利支撑。

专利布局的根本目标是通过在一些市场地域，围绕一定的产品和技术有目的的进行专利部署，为企业的市场竞争服务，维护、巩固、和提升企业市场竞争地位。

为了实现该目标，专利布局工作的重点是综合考虑多种因素制订专利布局规划，围绕企业的产品、技术和市场地域进行针对性地专利部署，获得合理的专利数量和分布结构，形成有价值的专利组合。这些因素包括：

⋄ 企业内部因素：企业自身的产品和市场规划、经营模式、专利定位，已有的专利储备状况，以及所掌握的产业资源、研发力量，技术优势等；

⋄ 外部环境因素：技术的演进趋势、行业的发展动态、市场的竞争环境，以及竞争对手的产品和市场规划、技术和专利等方面的竞争实力等；

其中，专利布局在数量规模上，要与企业自身所掌握的技术资源、市场份额相匹配，要与行业整体专利规模和竞争对手专利储备量保持一定的均衡性；在分布结构上，要突出企业的优势技术、重点产品和主要市场地域，并覆盖保护自身产品和对抗竞争对手所必需的专利部署点。

（一）专利布局的指导思想

只有以布局的思想指导企业的专利工作的开展，将布局的意识深入融入企业的专利战略中，才有可能将专利布局落实到具体的技术研发和专利挖掘工作中，实现专利布局的目标。其中，企业的专利布局工作可以遵循以下一些思想展开。

1. 以前瞻性的视野进行总体规划

"产品未动，专利先行"，企业的专利申请和部署是为了能够在未来的市场竞争中形成有利格局。专利布局效果的优劣，也是通过这些专利在未来的市场竞争中能否为企业的市场自由保驾护航，能否保证企业技术创新收益的获取来检验的。因此，企业在进行专利布局规划时要具有前瞻性，在专利部署上要瞄准未来市场中的技术控制力和竞争力。

企业的专利布局首先应该以企业自身的商业发展规划为基础，根据企业未来的市场定位进行专利规划，配合企业的技术、产品和市场的发展战略提供必要的专利支撑。在企业开始进行产品规划和市场规划的同时就要开始着手进行专利规划，在产品开始研发前就要开始准备专利部署。如此，专利部署才能和公司的商业部署同步，为企业在市场中的行动自由保驾护航。

同时，企业还需要关注技术演进趋势、行业发展动态等外部因素，根据这些因素对未来的市场竞争环境的作出预判，确立未来的技术热点、市场增长点、面临的威胁点，从占据技术控制优势和管控专利风险的角度双管齐下，确定专利挖掘的重点对象以及专利的组合形态，并以此指导专利申请文件的撰写工作，甚至为研发项目的规划提供方向性指引。

2. 以维护、巩固企业的技术优势为突破方向

企业进行专利布局前，往往不得不面对的现实的情况是，在该领域内已经积累了大量的专利或专利申请，这些专利或专利申请随时都有可能成为企业市场拓展的障碍和潜在的风险。应对这些风险构建专利防御体系，企业势需要考虑自身的技术优势，有重点地进行突围。

事实上，在市场竞争日益激烈的时代，一家企业很难在一类产品或某个技术领域的各个方面完全超越其他竞争者而占据绝对优势，企业尤其是众多跟随型企业在产品或技术上的竞争优势，往往是通过其产品或技术上的一项或几项差异化的特性或功能来体现的。反映在专利上，也是如此。为此，企业的专利布局也需要紧紧围绕这些差异化的技术竞争优势来展开，通过点上的突破来推动企业整体专利竞争优势的提升。

唯有紧密扣住企业的自身的技术特色，挖掘具备差异化竞争优势的技术方案，围绕这些方案进行专利布局，巩固和强化企业在这些优势点上的控制力，力争在这些优势点上占据行业领先地位甚至引导其他对手产品的发展，才有可能使自身的专利武器更具威胁性和攻击力。从而，企业将在专利竞争中变被动防御为攻防结合，摆脱他人的专利约束，增强与对手进行专利谈判和交叉许可的实力。进一步而言，企业可以通过一系列专利的部署将这些优势向相关领域进行持续渗透和扩展，藉此在细分市场中获得持久的竞争力。

3. 以针对性的专利部署进行具体落实

对象清晰、目标明确、策略得当的专利申请行为，往往才可能为企业带来大量有实际运用价值的专利资源。为此，企业的专利布局要具备针对性。

具体而言，企业在进行专利部署时，要针对其所保护的不同产品、技术、地域以及其防御的不同竞争对手的各自特点来开展，确定各自的专利部署规模和结构。这些特点，即包括该产品、技术、地域本身的专利申请和保护现状特点，也包括企业自身的专利需求和技术实力特点，行业的整体环境和发展态势特点，竞争对手的市场规划和专利储备特点等。对于每一个产品、每一项技术、每一处地域的专利布局，都需要综合考虑这些因素后确定出其各自的专利竞争的特点，有针对性地开展专利布局。

例如，对于不同的产品和服务，其未来发展的重心和方向也不尽相同，所占市场规模、竞争情况、销售区域等都存在很大的差异，企业在该领域所掌握的技术研发资源和研发能力也不同，这都需要根据其特点和公司的需要来制订相应的专利布局策略，从而使得企业专利申请更系统、更具针对性，才更有效地发挥其作用。

4. 按照规划有序操作、形成专利组合

专利布局的规划性在于，在具体的专利部署工作实施之前，就已经大致确定将要在哪些产品和技术点上重点开展专利挖掘工作，需要挖掘出多大数量规模的专利，以及这些专利需要保护什么样的技术主题、具备什么样的技术内容、彼此之间具备怎样的关联关系。

通过这种规划，可以指导企业配合研发项目的进展分阶段、有计划地开展专利挖掘工作，确保在重点挖掘对象上的专利产出数量和质量，使企业的专利部署策略得到很好的延续和执行。并且，通过一系列的任务的分解和指标的制订，辅助企业及其内部的各个产品部门和研发项目组完成既定的专利战略目标。

在这种规划的指导下，企业获得的将不再是若干件离散的专利，而是围绕于特定的技术、产品，由具备一定内在联系，能够互相补充、有机结合，整体发挥作用的多个专利集合形成的专利组合。通过这种组合形态，可以有效地增强企业对其优势技术点的保护效力以及与竞争对手的专利对抗能力，并使得企业针对未来热点领域的专利圈地成果更具威慑力。

5. 配合企业的整体战略调整布局数量和结构

专利布局，归根结底，是为企业整体战略服务的。为此，企业的专利布局需要与其整体战略相协调，其体现在专利布局的数量和结构应该与其所掌握的技术资源相匹配，满足其不同时期的技术研发、产品拓展、市场的发展以及竞争等需求，满足企业未来专利运用的考虑。

其中，在配合企业战略进行专利布局时，一是考虑企业现实的资源、能力和需求，有意识地在其重点发展领域进行优先的专利部署，保证其专利数量和专利分布结构上的优势；二是要充分从企业的长远发展规划出发，提前在一些领域建立专利储备资源；三是要随时根据企业发展规划的变化，调整其专利的规模和结构、专利布局的重点领域。此外，这种协调也体现在对于那些已经对企业的市场竞争失去运用价值的专利，及时进行转让、许可、放弃等，从而减少企业的经济负担。

（二）专利布局方案的制订

为了配合企业的整体战略有序地开展专利挖掘工作，实现专利战略的规划目标，企业需要提前制订专利布局的方案。

1. 专利布局方案的制订流程

在专利布局方案的制订过程中，通常会涉及四个主要的部门或内部主体：专利管理部门、公司管理层、市场部门和研发部门（技术部门），其中专利管理部门在整个专利战略布局过程中起到重要的主导和推动作用，如图 5-1 所示。

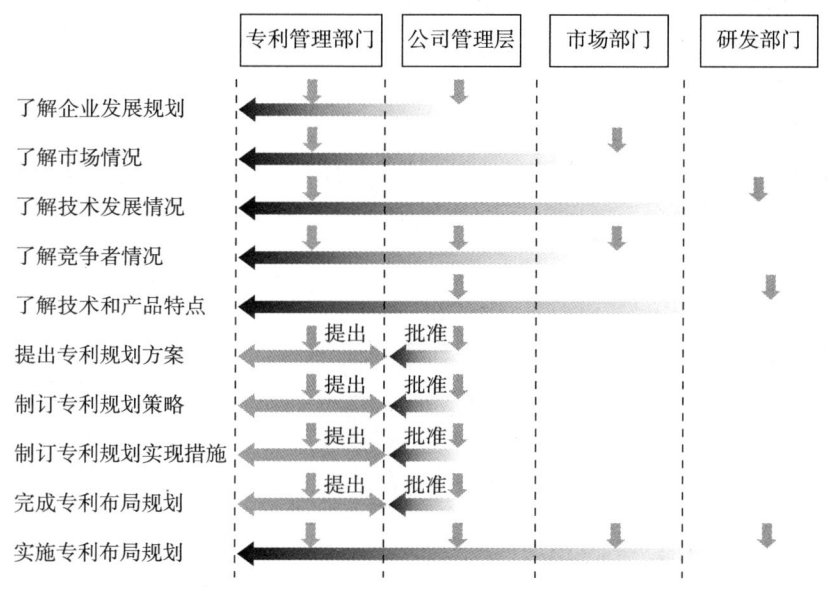

图 5-1 专利布局方案的制订流程

在专利布局方案的制订过程中，专利管理部门需要与多个部门进行交流和沟通，全方面了解企业专利布局的方向、目标、需求和重点。这包括：

- 与公司管理层进行沟通，了解企业目前和未来的发展规划，围绕企业自身的商业发展规划确定专利布局的总体方向和目标；
- 与市场部门进行交流，了解本企业产品或服务所涉及的市场详细状况、主要竞争对手的市场状况和市场规划信息，根据市场的竞争环境和其发展方向确定各个产品和市场地域上的专利布局需求和防御对象；
- 与研发部门进行沟通，了解企业自身产品的技术特点、技术优势、研发实力，以及该领域整体的技术状况和演进趋势,从所掌握的技术资源和技术发展角度确定专利布局的结构重点。

专利管理部门自身还需要通过专利检索和分析排查,了解整个行业的专利数量规模、分布状况、近年的申请变化趋势和申请密集领域,主要竞争对手的专利布局状况、近年的申请动态,以此确定企业在整个行业中的专利竞争位置,为企业进一步明确其专利布局的数量规模、结构分布、每年的申请量指标提供参考。

专利管理部门与其他三个部门/内部主体就企业发展规划、市场情况、技术发展情况、竞争情况、技术和产品特点等诸多因素进行了解和沟通后,参考专利分析的结果,结合企业自身的发展目标、布局需求和技术资源状况,提出专利布局方案,经公司管理层批准后制订具体的专利布局策略和实现措施,完成专利布局的总体规划,并在公司内部各个部门的协调下共同推进实施。

为了更有效地推进专利布局工作的有序实施,还可以参考以下的操作步骤来确保专利的持续产出:

(1) 每年年初,专利管理部门协同研发部门一起,按照公司的专利战略规划,结合各部门的立项情况及项目特点,安排当年的专利完成指标数量;

(2) 对专利指标的完成情况按季度进行考核,考核结果写入各部门/项目组及部门/项目组管理经理的季度绩效中;

(3) 各项目组可对自己的专利指标提出合理建议;

(4) 在项目完成前,与该项目有关的所有专利构思必须提前提交给专利管理部门;

(5) 若有合理情况需要延期完成的专利指标,需经主管副总裁和专利管理部门批准。

2. 专利布局的基本类型

为了获得有利的市场竞争地位,提升其专利竞争实力,企业具体可以通过保护性专利布局、对抗性专利布局、储备性专利布局等三种布局方式来实现:

- ◇ 保护性专利布局:为企业自身的产品方案和技术成果提供较为完整的保护,尽量消除他人通过规避设计来绕开企业专利的可能,并争取在个别技术领域或技术点上占据一定的专利优势;
- ◇ 对抗性专利布局:为抵御主要竞争对手在企业重点产品和市场上发动的专利攻击行为并在个别领域形成一定的专利反击力量提供专利筹码,尽量消除竞争对手在这些产品和市场上对企业的专利威胁;
- ◇ 储备性专利布局:为在未来的产品换代、技术升级、产业变革中继续保持和提升其市场竞争力甚至在某些领域谋求专利控制地位提前进行专利圈地,以技术演进趋势和行业发展态势为导向,将企业的专利部署点和覆盖范围向未来可能的市场竞争领域延伸。

对于保护性专利布局,企业可以围绕产品的原料、零部件、制造工艺、功能构成、结构特征、理化特性、操作方法等方面进行专利部署。在部署专利时,又往往以企业自身的优势技术为出发点,围绕技术的基本方案、该技术在产品中的主用应用方式等建立核心保护圈,并在其重要的改进方向、主要的应用扩展领域以及关键的配套支撑技术上提前建立外围专利屏障。此外,还可以适当地向上下游扩展,通过沿产业链的专利布局来增强其整体保护效力。

对于对抗性专利布局,企业可以依托自身的优势技术领域,根据竞争者的产品特点、市场分布和规划情况、研发资源重点投入方向以及专利布局状况,在细分市场和细分领域中寻找能够遏制和威胁对方产品发展甚至占据领先地位的专利部署点。例如,在竞争对手研发投入和专利布局的薄弱点上,或在其产品的一些主要改进方向上,设置专利障碍。又如,围绕竞争对手的核心专利,从不同的实现方案、效果、成本、应用等层面,进行纵向和横向的扩展,申请大量外围专利,对核心专利形成包围,覆盖其核心技术进入商业应用时可能采取的最佳产品结构和技术实现方式,给其技术的有效商业利用设置专利障碍。

对于储备性专利布局,企业可以通过技术和市场信息的调查和跟踪,对未来哪些技术产品和技术会引领行业发展和产业变革,哪些技术将对产品的主要性能表现起到制约和控制作用,哪些领域可能会出现突破性的发展作出判断,对产品未来的可能的结构变化、性能演进、功能增减或整合需求作出预测,并根据这些判断和预测提前在相关产品和技术领域进行专利部署。进行储备性专利布局还可以瞄准行业的标准,以能够参与下一代行业标准的制定为目标进行专利部署。

3. 专利布局方案的阶段规划

一般情况下,企业的专利布局方案中需要包括企业在未来一定时间专利布局的总体目标,并按照企业的发展规划进一步对各个布局阶段作出具体规划,确定各个阶段的专利布局任务和措施;在各个实施阶段,企业的专利管理部门还需要对专利布局数量和结构提出更为具体的指标。此外,在实施过程中,企业还需要结合专利布局方案的已执行情况,企业发展规划的调整,外部的技术、行业和市场环境的变化,对布局方案作出调查。

总体上,可以将企业的专利布局规划分为短、中、长期三个时间阶段,如图 5-2 所示。

(1) 短期专利布局规划。

短期专利布局的主要任务在于,为即将上市的产品提供专利保护,针对产品开发中的各项技术成果进行专利挖掘,在其优势技术点上进行重点部署,并完成既定的专利申请量指标;同时,配合企业的中长期发展规划,执行中长期专利布局的工作,关注下一代产品的专利部署,启动基本的专利保护点的铺设工作。

这期间,以在各个技术点迅速积累大量的专利申请为主。通过维持一定的专利申请量和储备量,初步建立企业的专利库,为企业的商业扩展提供必要的知识产权支撑和保障,以免出现较大的专利风险。此外,在保证数量的同时,不能放松对质量的要求。并有意识地注重不同保护主题和保护内容的专利之间的搭配,为实现专利组合打下基础。

(2) 中期专利布局规划。

中期专利布局的主要任务主要在于,结合企业的中期产品规划和商业发展情况,以及竞争对手的专利申请状况,完成阶段性的布局目标,根据需求初步完成保护性专利布局、对抗性专利布局和/或储备性专利布局,形成一定数量规模的专利组合。

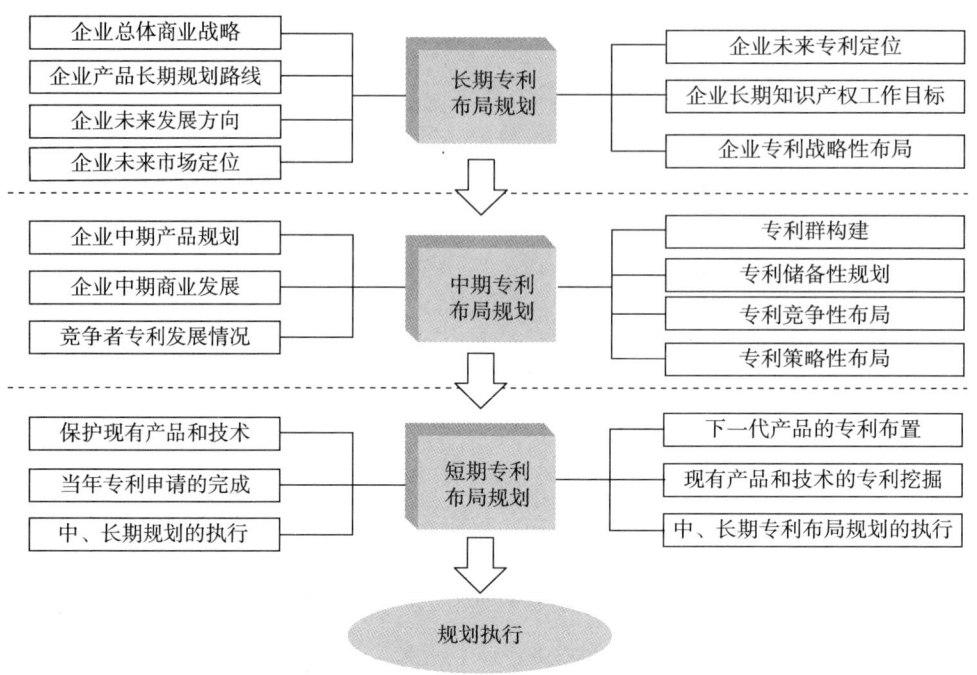

图 5-2 专利布局的阶段规划

在此阶段,专利申请是一个"量"、"质"并重的过程,申请量通常将趋于稳定增长,增长率基本和行业平均增长率保持一致,目的是不断完善和巩固已经成型的专利库,提高专利在产品、技术、市场地域上的覆盖范围,进一步优化专利的结构分布、提升专利质量。

(3) 长期专利布局规划。

长期专利布局规划的主要任务是同企业的长期商业发展战略、产品规划路线和专利定位相呼应,支撑企业未来的市场发展。一般而言,企业的长期专利布局规划要更加关注其提升专利的整体价值。

在这个阶段,企业的专利储备已经达到一定的数量规模和结构分布,在部分领域具备一定的专利实力甚至优势地位,企业往往开始更加关注以下内容:

◇ 专利的运用价值的提升和专利成本的有效控制;
◇ 开展专利运营、获取附加收益;
◇ 依靠专利获取行业的控制力、积极推进自身专利与标准有效地结合;
◇ 在保持其专利优势地位和对抗能力的前提下,对专利组合进行结构优化,有意识地去除专利库中的冗余。

在这个阶段,企业可以考虑对于价值不高的专利放弃或者转让。并且,基于自身的经济实力和专利实力的增长,企业往往可以采取更为多元化的方式来完善其专利布局,补充其专利组合中的专利构成,例如利用交叉许可、购买以及与同行企业结成战略联盟等方式。

(三) 影响专利布局的因素

无论是在方案的制订过程中，还是具体实施过程中，下列因素都会对专利布局的数量规模、结构分布、部署重点等产生影响，需要企业加以关注。

1. 企业产品的市场占有情况

随着企业产品市场占有率的扩张，技术模仿者会大量出现，同时由于影响竞争者的利益，专利纠纷出现的几率也会随之增加。如果知识产权积累的规划没有跟上，可能会对企业的发展产生不利影响。因此，随着市场占有率的提升，有必要增加专利申请的数量、提高专利的技术覆盖范围并完善保护性专利布局。

2. 公司未来的专利定位

如果企业的专利定位仅仅是用来防御，保护自己的产品更好地进行市场拓展，那么专利的积累只要和产品紧紧结合即可，不需要太多前瞻性申请和储备性申请；如果公司未来的专利定位是实现专利许可、授权、甚至作为诉讼标的，则需要注重挖掘和部署一定数量的具备行业控制力的专利。

3. 企业研发人员的数量和研发投入

专利的产出源泉是企业研发团队的技术革新，因此专利申请量的规模要与技术人员的数量成一定的比例，过大则会造成专利质量下降，过少则会出现专利保护流失的情况。

企业在其重点项目上往往会投入较大的研发资源，这些项目的成功与否甚至关乎企业未来的生存。对这些重点项目，在专利布局上要加以侧重，保证专利申请的数量和质量，优化专利组合的结构，形成有效的专利保护和专利对抗能力。

4. 企业的市场扩张情况

企业需要根据未来几年市场的扩张情况来确定专利的积累量以及部署地域。例如，当需要增加产品种类或准备进入某个地域时，相关的专利布局也需要及时跟上，保证满足基本的保护效果；当企业的产品种类和销售地域相对比较恒定时，企业的专利积累在数量规模也应趋于稳定，而更加关注结构的优化调整，以免不必要地消耗企业成本。

5. 行业专利分布现状和变化情况

行业内专利的分布现状在一定程度上反映了该领域所受到的关注度和风险分布状况，而从其变化情况则可以了解到行业的发展动向。企业应根据行业总体情况来调整自己的专利申请量和增长率以及专利部署的结构分布，以维持企业的专利竞争地位。例如，当某个技术领域的专利申请量增长很快的时候，企业自身在该领域的专利储备量也可适当调整增长速度；当行业整体的专利申请量和增长率下降时，企业需要考虑出现该情况的原因并重新审视自己的专利布局规划。

6. 竞争对手的情况

专利布局的目的之一是为了与竞争者在专利上达成一种势力均衡或者保持优势的状态。为此，企业需要参考其主要竞争对手的专利储备现状和变化情况以及其产品和市场扩张情况来制定本企业的专利布局方案，确保企业具备足够的专利对抗筹码。

7. 产业的发展阶段

在不同的产业发展阶段，专利竞争态势和未来的市场预期不同，相应的专利布局重点也会有所差异。例如，在产业的发展萌芽期时，企业专利布局的重点在于及早对一些基础性技术和共性技术进行专利申请，完成专利圈地。在产业的成长期时，企业专利布局的重点在于在重要的技术应用和改进方向上占据一定的优势地位。在产业的成熟期，企业专利布局的重点在根据市场状况对专利的数量、结构分布进行调整，并对可能的替代性技术和产品进行储备性专利部署。

二、专利地域布局

专利地域布局，是指基于专利的地域性特征，根据企业参与市场竞争的需要，在全球范围内确定需要进行专利保护的区域，制订区域专利申请部署规划，从而确保企业在相关地域中处于有利的竞争地位。

（一）专利布局地域的确定

总体上，企业在选择专利申请的地域时，可以从企业自身市场和竞争对手市场两个方面进行确定。

1. 企业自身产品的现有市场和潜在市场所在地

企业的产品扩展到哪里，其专利申请就要布到哪里；企业未来的市场在哪个国家/地区，其专利申请就要在这些国家/地区提前布局。

在现有市场地域中，又需要特别关注为企业贡献主要利润的地域和市场成长性较好的地域，这些均属于企业现有的重点市场，在专利布局上应格外加强。

在潜在市场地域中，又需要特别关注市场容量和增长潜力大、市场需求与企业的技术和产品特性相符合的地域，这些均属于企业潜在的重点市场，在专利布局上要有所侧重。

在不同地区进行专利布局的主要目的是为了保护自己的产品，确保企业的专利竞争优势，保证企业的市场自由。因此，其布局的专利申请都要紧扣与该地区相关的产品，在一个地区卖什么样的产品，则就在该地区布局与该产品相关的专利申请。

2. 竞争对手现有市场和潜在市场所在地

一方面，无论是竞争对手的现有市场还是其潜在市场地域，都可能会成为企业产品的投放地域，一旦在这些地域与竞争对手发生市场竞争，企业将面临来自对方的专利诉讼风险，企业需要通过专利布局来化解其专利威胁。另一方面，为了在全球范围内限制竞争对手产品和市场的扩张、限制其商业发展并对抗其专利攻击，企业也有必要在竞争对手的市场上进行专利布局。在这些地区，企业可以围绕竞争者的产品部署对抗性专利，以便在未来发生专利纠纷时有充足的专利应对筹码。

在竞争对手的市场布局专利时，同样需要特别关注其现有的重点市场和其潜在的重点市场，在这些市场上进行专利布局，将极大地发挥这些专利的限制效果和对抗作用。

其中，企业自己的未来目标市场和竞争对手的潜在市场是确定专利布局地域的重要信息。对这些地域的专利布局，可以结合自身市场发展规划、对方的市场和专利布局动态、企业在产业链中的位置、行业的整体发展态势进行判断。例如，随着产业的分工或整合、技术的转移、各国关于行业鼓励政策或环保限制政策的出台、各地域原料或人力等生产资源的变化以及相关行业发展所带来的伴生效应，都可能会引发某些产品的重点市场地域发生变化；通过收集竞争对手的市场和专利布局动态信息，也可以及早发现竞争对手的各市场地域的拓展规划。

（二）各地域的专利布局重点

在不同的地域，企业的市场竞争环境和所面临的专利风险不同，因此在专利布局的重点上也有所区别。根据企业和竞争对手的市场分布情况，可以将布局的地域分为以下五大类，并分别确定各自布局的重点。

1. 企业现在的自有市场地域

在该地域中，企业和竞争对手之间没有直接的产品竞争关系，因市场竞争而引发专利诉讼纠纷的可能性较低。

企业在这类地域的主要是构建保护性专利布局，通过专利巩固其技术控制地位，防范他人的技术模仿，降低技术跟随者对企业市场份额的威胁。并且适时地进行储备性专利布局，确保企业在下一代产品和技术的竞争中能够继续保持其竞争优势。在这些地域布局的专利数量应保持一定的规模，并应该向其中的重点市场倾斜。

另外，其重点市场中的一些地域，很有可能引起竞争对手兴趣并成为其未来扩展方向，企业需要保持对其在该地域的专利部署情况的关注，及早发现竞争对手专利申请动向，适时部署一定数量规模的对抗性专利，遏制竞争对手的产品向该市场的渗透，降低其进入市场后对企业的威胁度。

2. 竞争对手现在的自有市场地域

在该地域中，企业和竞争对手之间同样没有直接的产品竞争关系。

企业在这类地域的专利布局应主要立足于为未来可能的产品进入提前进行储备性专利布局，以及为对抗竞争对手在其他市场发起的专利诉讼，布局一定的对抗性专利。在这些地域中，无论是储备性专利和对抗性专利，布局的重点在于精而非多，并且向竞争对手的重点市场倾斜。

3. 企业和竞争对手现在的共有市场地域

这些地域往往也同时是企业和竞争对手眼中的重点市场，在该地域中，企业和竞争对手之间存在激烈的产品竞争关系，企业面临着较大的专利威胁。

企业在这类地域的专利布局要立足于保护现有市场份额、争取一下代产品的竞争优势并有效防范对方的专利攻击，因而需要同时建立起保护性专利布局、储备性专利布局和对抗性专利布局，布局的数量规模要和竞争对手的专利量保持一定的比例，并且在个别领域建立起一定的专利优势。

在此地域进行专利布局时，特别注意的是，要时刻关注对方的专利申请动向，及时调整企业自身的专利布局方向和重点。

4. 企业未来的市场地域

在该地域中，其专利布局的重点在于提前针对所准备投放的产品建立保护性专利布局，并适当进行储备性专利布局，及早占据专利控制地位。

这类地域又可以细分为三种：未来的自有市场地域，未来可能进入的对方现有市场地域，双方共同拓展的地域。其中，第二种已经在前面提到过，企业需要重点关注的是第三种地域。

对于第三种地域，其往往是整个行业的潜在新兴市场，很可能成为企业未来利润的主要来源，企业的布局专利的数量和质量上都要加以重视，可以和现有市场保持同等规模，针对在该地域、双方可能投放的产品提前构建专利组合。

5. 竞争对手未来的市场地域

这类地域也可以细分为三种：竞争对手未来的自有市场地域、未来可能进入的企业现有市场地域、双方共同的拓展地域。

其中，后两种已经在前面提到过。对于第一种，企业的专利布局主要选择对竞争对手的商业发展较为重要的区域建立储备性专利布局，提前进行专利圈地，希望其能够在未来发挥限制竞争对手发展并对抗其专利攻击的作用。

（三）专利地域布局的流程

企业可以按照以下流程开展专利地域布局工作，如图5-3所示。

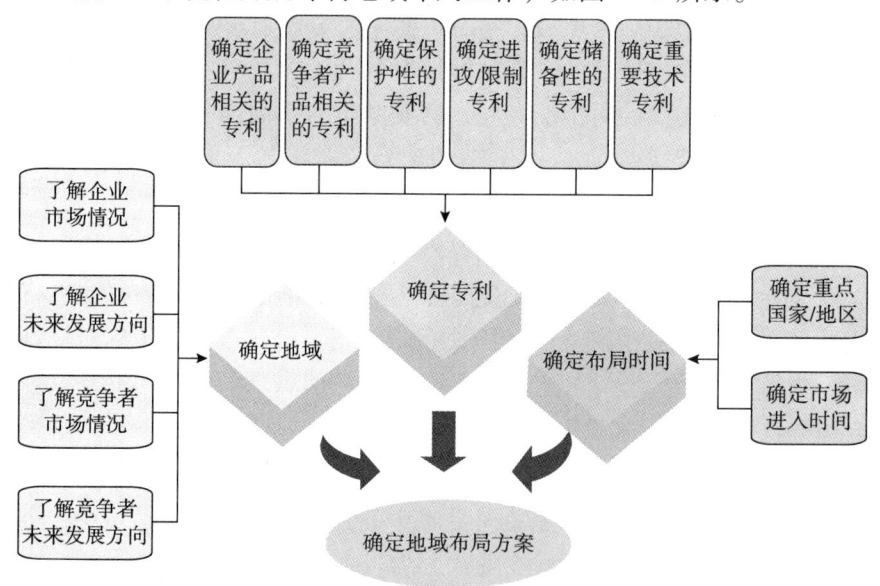

图5-3 专利地域布局规划

首先，企业在了解其自身市场情况和未来发展方向、竞争对手的市场情况和未来发展方向等信息基础上，确定需要在哪些地域布局专利。例如，对于自身的市场情况和未来发展方向，企业需要了解自己的主要市场分布国家、不同产品在不同国家的分布情况，自己未来的市场区域规划、将要进入哪些国家和地区等信息。

其次，在不同地域，根据企业需要保护的产品、企业现有的专利储备情况、可能受到的专利威胁以及专利对抗的对象等，确定需要在这些地域申请什么样的专利，达到什么样的专利布局效果。例如，在不同的地域，应根据产品和竞争对手专利布局状况的不同进行相关的专利申请；对于基础性、创新性很强的专利方案，则可以考虑在尽可能多的地域布局，进行专利圈地，抢占技术控制地位。

最后，依据市场重要度的大小、未来进入的时间顺序、竞争对手产品的投放时间等因素确定专利布局的时间。例如，在主要市场国家/地区优先重点进行专利申请布局，然后再随着市场的拓展计划将专利触角扩展到其他未来要进入的国家和地区；对于较为重要的专利技术，也可考虑同时在各个国家/地区同期进行申请，完成专利布局。

另外，考虑到进行海外申请和形成专利布局所需的时间较长、成本较高，企业要及早制订规划，以便配合海外市场的开拓进展及时完成专利部署，并每年从技术方案中甄选出一定比例的优秀、合适的专利方案进行海外申请，有步骤地完成海外专利布局工作。并且，在一些地域出台与企业的产品相关的产业发展规划和扶持政策时，企业可以启动应急布局方案，在短时间内在该地域进行大量的专利申请，谋求专利优势地位。

三、基于产品和技术的专利布局

不同的产品，所占市场规模、竞争情况、销售区域等因素都存在很大差异，其未来发展的方向也不尽相同。在产品层面的进行专利布局，根据不同产品选取不同的布局策略，可使得企业专利申请更有效、更系统、更具针对性，相关专利也可以发挥更大的作用。

一个产品或某一类产品往往会涉及多个不同的技术点。对于某个产品而言，其功能和特性的实现，依赖于其在各个技术点上的具体技术方案的相互配合和支撑。例如，手机会涉及软件、硬件结构、系统结构、芯片、算法等不同的技术点。因此，企业在具体产品上的专利竞争实力，也更多地体现在企业在该产品的多个技术点上的专利布局状况。对于不同的技术点而言，由于其技术属性、对产品功能和性能的影响、企业的研发实力、行业整体的专利现状等都有所差异，这将导致专利布局的策略和侧重点的也各有不同。

（一）产品的专利布局

1. 产品专利布局方案的考虑因素和布局策略

企业在针对不同的产品制订专利布局规划和选择布局策略时，可以从产品的重要度、产品的成熟度、产品的原创性、产品的系列性等因素进行考虑。

（1）产品的重要度。

在专利布局上，企业需要对于重点产品有所倾斜和侧重，这包括：占有大量市场份额、销售额较高的产品，或者是技术含量相对较高、竞争优势相对较强、为企业带来较大利润贡献的产品，以及市场成长性较好、预期未来市场规模较大的产品等。

对于这些产品，需要保持较高的专利部署密度和适当的专利增长量，以更好地对产品进行保护，并注重防御竞争对手的专利攻击；对于普通产品，根据需要在成本允许的情况下进行适当的专利保护即可。

（2）产品的成熟度。

不同的产品，其技术设计和市场应用的成熟性有所不同。企业可以根据产品的成熟度选择最为经济、合理的布局策略，在新产品上抢占制高点，保障成熟产品的营销自由，为未来产品进行专利储备，维持在待淘汰产品上的已有优势。

针对新产品，应强调专利圈地为主，注重在其关键技术点上的专利部署，对相关的技术方案进行多角度的扩展申请。同时，对一些并未使用、效果稍差的备选技术方案也可考虑进行专利申请。针对成熟的产品，应以密织专利保护网，完善产品的专利保护性布局，结合产品本身的方案进行申请为主要原则，并注重部署对抗性专利。针对未来产品，企业可以对相关技术进行专利申请，作为储备性的专利布局，为后期产品上市打下专利基础。而针对待淘汰的产品，其现有专利的保护终止期可能会晚于产品的淘汰期，则对该些产品不必要进行新专利的布局，而以维护既有专利为主。同时，企业也可以考虑进行放弃或转让，以降低维持费用。

（3）产品的原创性。

对于原创度较高的产品，企业需要在其各个原创设计点进行密集的专利部署，构建完整的专利保护圈，强化其保护性专利布局；通过强大的专利组合来保证其对同类设计的专利控制权，防止其他企业的模仿和规避设计，增加跟随者的进入门槛和成本。而对于在他人产品基础上进行后续研发的改进型产品，企业可以着重于围绕他人的基础专利布局外围专利，并侧重在其具备一定技术优势的改进点进行密集部署，形成一定的专利抗衡实力。

（4）产品的系列性。

对于系列性的产品，企业需要重点针对该类产品中所包含的通用技术部署专利，并对其各种实现和应用方式、改进优化方案、替代方案等进行覆盖。而对于单一产品，则可以侧重于该产品与其他产品的差异点或优势点部署专利。

（5）根据产品的销售区域确定专利申请的地域

企业根据不同产品的销售区域来确定与该产品相关专利的申请地域，来达到恰当的保护目的。通常来说，产品的主要销售地即专利申请的考虑地域。

2. 产品专利布局方案的流程

企业可以通过以下的流程进行产品层面的专利布局，如图5-4所示。

首先由专利管理部门会同技术部门技术判断产品属性，看是否需要通过专利进行保护，以及则通过何种专利类型进行保护。接下来，向市场部门确认该产品的销售国家/区域以及产品的预计上市时间，进而确定需要进行专利布局的区域，并务必保证在产品上市和公开前至少完成基本的保护性专利的申请工作。

专利管理部门可综合考虑所投放产品的特点、产品销售的国家/区域的市场竞争情况、专利分布状况和相关的政策法规环境以及产品的上市时间，来确定在该区域的专利申请和布局策略。

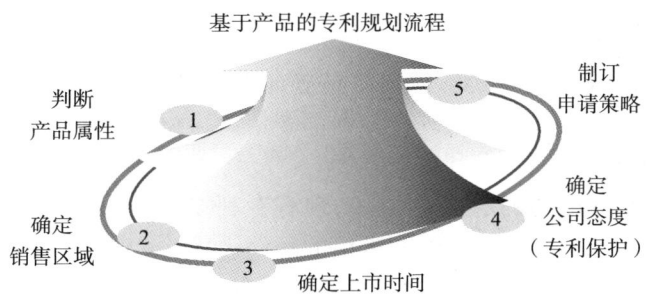

图 5-4 产品的专利布局流程

(二) 嵌入研发项目的技术专利布局

无论是对什么样的产品,在哪些国家/地域进行何种类型的专利布局,均是通过在各技术领域和技术点上,对具体的技创新方案进行专利挖掘和部署来落实。

而各个技术点在产品整体结构中的关键度、对产品创新性的贡献程度以及在专利对抗和竞争中的重要性不同。从技术层级切入,进行专利布局,则有助于企业快速地把握专利布局的重点,集中有限资源,获得技术的控制力。

企业的技术创新方案,大多来自于项目研发过程中各个阶段的成果。将专利布局的思想嵌入整个研发项目的流程中并贯穿于研发项目的各个阶段,配合研发的进展进行专利部署,可以作为企业进行技术专利布局的主要模式。

通过嵌入研发项目式的专利布局模式,可以保证专利布局的策略的顺畅执行,确保在各个技术点上专利的高效、高质产出,并且使得专利布局的策略和方向随着研发项目的推进得到不断修正和完善。

图 5-5 以产品集成开发流程 (IPD) 作为研发项目的标准过程,给出了将技术专利布局嵌入研发项目的流程示意图。其中,将专利分析与专利布局作为两条主线平行地贯穿于整个研发项目各个阶段。

研发流程	概念阶段	计划阶段	开发阶段	验证/上市阶段
专利分析	1.了解竞争对手的进展 2.全面、深入了解该领域现有的专利技术部署 3.初步评估研发项目的专利风险		1.逐步判断各个技术开发方案的专利风险 2.规避设计	1.评定产品的整体知识产权风险 2.确定知识产权解决策略:许可/交叉许可、外购、重新设计等
	⬇ 指导		⬇ 修正	⬇ 指导
专利布局	**专利布局策划:** 进行技术组成分解,根据专利分析结果,确定专利布局策略、方向,制订计划,明确输出时间节点要求,落实责任人		**专利布局执行:** 确定专利申请技术方案、输出技术交底书	**专利布局总结、完善:** 对专利布局进行评审、总结,收集产品上市后用户的新业务新功能需求,发掘产品改进方案

图 5-5 专利布局嵌入研发项目模型

1. **概念和计划阶段**

在概念和计划阶段，主要是对该项目的技术组成进行分解，检索分析现有专利技术，全面、深入地掌握项目涉及的现有专利部署情况，据此初步评估专利侵权风险，确定专利布局策略和方向，制订专利布局方案。

专利布局策略和方向的确定，主要是对现有专利技术的分布进行分析，区分专利密集区、空白区和核心区，以此确定专利申请的思路、策略和突破点。其中，现有技术的核心区，主要是指该技术问题是不容忽视或必须解决的，否则无法实现相应功能。并且，对应的技术点即为核心的技术点。

- ◇ 针对现有技术的密集区，布局策略和方向可以重点围绕：针对某一技术方案进行改进或细化；移用其他领域的某一技术方案，解决相应的技术问题；将其他领域或本领域某些技术方案进行有机组合，解决具体的技术问题。
- ◇ 针对现有技术的空白点，布局策略和方向可以重点围绕：采用全新的技术方案，来解决现有技术存在或将来可能存在的技术问题；移用其他领域的某一技术方案，解决相应的技术问题；将其他领域或本领域某些技术方案进行有机组合，解决具体的技术问题。现有技术的空白区包括以下几种情况：该产品或业务领域有多条技术发展路线，现有技术主要集中某些路线，还有个别路线几乎没有涉及；一条技术发展路线在某些技术问题上有分支，其中某些分支几乎没有涉及；一条技术发展路线在某些技术问题上几乎没有涉及。专利布局时，一旦发现有空白区，应当集中资源尽量扩大在该区域内的专利保护力度，以取得专利控制权，确立专利优势地位，获得专利抗衡的能力。
- ◇ 针对现有技术点的核心区，布局策略和方向可以重点围绕：采用全新的技术方案，来解决现有技术存在的技术问题；针对现有技术方案进行改进（主要包括针对其缺陷或不足的改进，采用不同的技术手段达到同样的效果，流程或方法的进一步优化等），即使是非常细微的改进；将该专利的技术方案具体细化，或者变型；移用其他领域的某一技术方案或某些方案的组合，同样可解决某些技术问题。

2. **开发阶段**

概念和计划阶段制定的布局计划在开发阶段得以实施，针对具体技术实现方案一一确定，应立即进行专利挖掘。在开发阶段，要注意以下一些事项：

- ◇ 注重对不同技术实现方案进行对比分析，提炼出共性的技术点，将其作为专利申请和布局的重点；
- ◇ 对研发过程中获得的突破性技术进展采取多角度、全方位的专利部署方式，进行专利圈地；
- ◇ 对研发过程中产生的备用技术方案进行遴选，对其中可能具备保护、对抗、储备效用的进行专利申请，进入相应的专利组合中；
- ◇ 及时根据在研发资源的分配、项目进展情况，判断各个技术点上的专利布局方案的可执行性，对布局策略和方向进行修订和调整；

◇ 依据已经提出的具体的技术实现方案，进一步明确专利风险的对象，针对威胁较大的专利进行规避设计，围绕相关的专利权人部署必要的对抗性专利。

3. 验证/上市阶段

在验证/上市阶段，重点是开展以下方面的工作：

◇ 针对前期的专利布局成果进行查漏补缺，若此时某些方案做了较大修改，也可以考虑针对修改后的方案进行新的专利布局，以防"漏网之鱼"；

◇ 再次进行充分检索，对行业内其他企业特别是竞争对手进行情报收集，排查潜在的专利纠纷和诉讼等风险，完善其对抗性专利布局；

◇ 在产品上市之后，收集用户反馈的新的业务需要和功能需求以及产品出现的问题，发掘产品改进和升级方案，依托已有的技术优势，进行进一步的外围保护等，保证企业在该领域的有利地位。

四、专利组合

（一）专利组合的作用

专利组合，并非是多件专利的简单集合，而是一组彼此之间有所差别但又相互关联、存在一定内在联系的专利集合。

在这种专利集合中，依照技术上的关联性、围绕不同的运用功效，对专利的结构和数量分布进行设计，依靠不同专利之间的相互协同作用，可以有效地打破单个专利在技术、时间保护上的局限性，消除专利文件撰写瑕疵的不利影响，共同对企业的创新技术和其产品构建了完整、严密和持续的保护网，并为企业提供了高效的专利管理模式。藉此，在实际运用中，专利组合将有效地扩大其对技术的保护范围，降低专利被规避或无效的风险，减少受到他人相关的改进、配套等技术的专利的制约的可能，提升企业专利的整体价值，增强企业的专利博弈能力，为企业有效地保护其技术创新成果、实现对技术的独占和控制权、获取广泛和持续的技术创新收益提供充分保证，并为其占据市场竞争的优势地位提供了有力支撑。

在技术创新活跃、专利意识普及、专利申请量持续增长的当今世界，专利组合在整体上的保护、防御和威胁力度要远大于单件专利，其整体价值也将远远大于各个单件专利之和。有意地构建专利组合，并以组合的理念和方式开展专利管理和运用，是企业持续扩张的专利申请活动的必然结果。

1. 打破单件专利在技术保护上的局限性

对于任何一项创新技术而言，其在不同的产品或不同领域中应用时会产生一系列的具体解决方案，这种应用也往往依赖于其他相关技术的支撑，而在与其他技术相结合时也会产生一些二次创新成果。此外，随着研发的持续和深入、生产或应用中的问题和需求的不断反馈，以及其他相关技术的进步或其他新技术的出现，该技术本身处于不断地演进中，与该技术相关的各类方案不断优化、改进。而随着对该技术的理解、应用效果和应用领域等的认识在不断深化和扩充，新的方案也在陆续出现。在一件专利中，很难对与该技术相关的所有方案作出描述，也难以对技术的各种演进和应用扩展情况作出预测，因此单件专利无法对一项技术提供完整、动态的保护，其实际的技术保护范围非常有限。

这种技术保护上的局限性，会极大地影响到其对企业技术创新成果的保护效力，降低专利的运用价值，无法获得足够的技术创新回报，甚至可能在市场竞争中为他人所制约。例如，针对企业的专利，模仿或跟随者很可能通过简单的改动而较为容易地设计出规避方案，绕开专利的保护范围，使得企业的技术成为他人的"嫁衣"，从而丧失对技术的实际控制权。另外，企业自身的产品或其对技术的升级改进也很可能会陷入到对方围绕企业专利所设计的外围专利保护圈中，致使企业不得不与对方达成交叉许可，从而丧失对技术的独占权，甚至还可能由于专利数量上的劣势而在交叉许可中处于被动地位。

为了打破单件专利的这种局限性，可以构建专利组合，形成覆盖技术创新成果的核心方案和关键特征的若干基础专利，以及包括各类优化改进、技术结合、应用扩展等的外围专利保护圈，并根据技术的发展演进情况、产品的升级换代、市场需求和竞争环境的变化而对组合中的专利进行更新、对组合的规模和结构进行调整。藉此，通过专利组合的方式，可以有效地实现对其技术创新成果的全面保护和对技术演进的动态跟踪，从而增强企业对技术的控制力，增加竞争对手规避设计的难度，并进一步提高其专利防御能力，确保企业在市场竞争中的专利优势地位。

2. 打破单件专利在时间保护上的局限性

专利法对专利的寿命（保护期限）作出了严格的规定，但这种期限往往难以满足企业通过专利谋求技术控制和研发回报的需求。

例如，一项技术从其最早出现到真正实现产业化应用和市场普及，依赖于技术本身的完善、配套技术的发展以及市场需求的启动等，并受到成本的控制能力、必要的效果验证周期、相关的法规和政策环境等因素影响，从而使得这个过程可能需要若干年、十几年甚至更长的时间，这会使得专利实际的有效价值运用期远小于其保护期，依赖于专利的技术获利不足以抵偿其研发成本，甚至还有可能面临专利早于企业技术获利之前期满的窘境。另外，一项技术的产业和市场寿命也很可能会大于专利的保护期限，在单件专利的保护期满后，企业将无法继续通过该专利来保持其竞争优势、获取技术收益，进而可能丧失其原有的市场地位。

运用专利组合，则可以有效地应对专利保护时限的局限性。企业可以在技术的发展和演进过程中，针对新的改进方案、新的应用扩展等情况不断挖掘后续专利，与早期的基础专利一同形成专利组合，来获得对技术的延续保护。藉此，即使在其基础专利过期后，企业依然能够通过这些后续专利实现对技术的控制，保持其市场竞争的优势地位。

3. 消除专利文件撰写瑕疵的不利影响

专利主要是通过其文字的表述，来确定其保护范围的。但是，文字表达的多样性和不确定性，使得从技术到专利文件的转换过程中难免存在一些表达上的缺憾。这些缺憾使得专利文件无法对技术内容作出完美的描述，甚至还可能会存在一些表述上的错误，专利文件因此而出现文字上的撰写瑕疵。

另外，对技术的认识和理解往往会因人而异，并且可能随着技术的演进以及其他相关技术的发展而发生变化。这种对技术认识和理解上的局限性，会影响专利文件的撰写方式，使得专利文件中有可能出现技术上的撰写瑕疵。例如，将技术方案的一些次要特征认定为关键特征而写入到权利要求中。又例如，由于对文献检索的不足和对该技术创新点认识的偏差而在撰写时未能有效地规避已有的技术方案。

上述的这些撰写瑕疵，很可能会影响到专利的保护范围，使专利的保护效力大打折扣；某些瑕疵甚至可能会在未来成为竞争对手提起无效的理由，从而危及专利权的稳定性。但是，受制于专利法的一些规定，企业即使自己后继发现这种瑕疵，也很难对这些专利文件进行修改、完善。而在专利组合中，由于存在一系列在保护范围上彼此交织、在技术方案上相互关联的专利，有效地扩大了其对技术保护的范围、提高了对技术保护的密度。因而，当企业以专利组合的方式进行技术保护时，即使个别专利中出现撰写瑕疵甚至存在专利权不稳定性的风险，也不会对专利组合的整体保护范围和保护效力产生致命损害。因此，专利组合在一定程度上可以抵消撰写质量上的不足，降低专利权的不确定性，提升企业专利的整体稳定性。

4. 提升企业专利的整体价值

专利的价值与其实际的保护范围和技术控制效果相关联，专利价值的实现取决于其能否在市场竞争有效地发挥成果保护、技术控制、竞争防御等作用。单件专利，即使是涉及核心技术方案，在技术保护上的局限性也限制了其专利作用的发挥和价值的实现。

在市场竞争中，一件专利的作用的有效发挥与实现，往往离不开其他相关专利的协同和支撑。相对于单件专利，或零散地、无关联的多件专利而言，专利组合依靠其内在的关联性，通过彼此的协同和支撑作用，可以使专利的成果保护、技术控制、竞争防御等作用得到最有效的发挥，从而使其价值得到最大程度的实现。依赖于这种协同和支撑效果，由这些专利所构成的组合体的总价值，也将远远大于各个专利单独的价值的简单相加，从而使得企业所拥有的专利价值在整体上得到有效提升。

例如，即使企业拥有某个重要部件的核心专利，而如果缺乏外围专利对其的延伸保护，缺乏在整个产品各个技术点上的专利布局，该专利所能发挥的技术控制作用和带给企业的技术收益将非常有限。反之，虽然企业并未拥有核心专利，但通过技术开发，在重要的改进方向或应用领域上了进行大量的外围专利布局，也足以依靠这些外围专利构成的组合在市场竞争中占据优势地位。对于这些外围专利的组合而言，其作为整体对技术的控制力和市场竞争的影响力，甚至可能超过单一的核心专利。

5. 提高企业的专利管理效率

当企业拥有的专利达到一定规模后，如果依然对每件专利单独地开展价值评估、维护、处置等管理工作，将非常繁冗和复杂，并会消耗大量的人力和物力成本，严重影响企业专利管理的效率。此外，某一件专利的作用和价值，除了取决于其自身技术方案的重要度外，也往往跟其与集合中其他专利的关联有关。例如，某件专利，其技术上的改进点非常小，但可能会对另外一件核心专利能够起到重要的外围保护作用。

割裂各专利彼此之间联系，会使得专利的管理工作变得琐碎而缺乏整体性，管理的效率大幅降低。并且，企业将难以充分、完整地认知到每一件专利的作用，并可能会对其专利的整体价值作出错误的评判从而在运用专利时,企业将无法有效地发挥各个专利的协同作用,影响整体运用效果。

如果将专利集合中的各个专利按照一定的技术关联和运用目的组织起来,并以这些专利组合为单元开展专利的管理工作,企业可以根据各个子组合的专利构成、完善程度而对其获得整体价值的评估,并根据其专利管理的目的直接针对相应的子组合进行调整、处置和维护。企业在进行专利运用时,也能够根据运用的目标和对象而方便、快捷地从其自身的专利集合调用相应的组合,并且通过组合的方式为每一件专利找到其适宜的应用场合。

(二)专利组合的基本结构

专利组合,是专利布局的成果所表现出来的一种专利之间的组织结构形态,也是指导专利布局规划的重要思想,而最终形成的专利组合是否能够达到企业预期的技术保护、专利防御等效果更是检验专利布局成效的重要手段。

要使得企业的专利布局最终能够形成控制技术、保护产品、专利防御等的专利组合,就需要从专利组合一般所应具备的结构特征入手,结合企业所预期达到的效果,对布局过程进行规划和指引。

1. 组合中专利的基本类型

一般情况下,企业的创新技术成果是其形成专利组合的基础,其中创新技术成果的核心或基本方案又往往成为专利组合构建的源泉和中心。为了实现最大可能的技术保护范围,获得完整的技术保护效果,需要围绕这些核心或基本方案,根据相关及后继的研发成果,挖掘并布局一系列的专利,构建专利组合。依照这些专利与核心或基本方案之间的技术关联关系,可以将组合中的专利分为以下五种基本类型。

(1)基础性专利。主要是覆盖了创新技术成果的核心或基本方案的最主要技术特征,为其提供最大保护范围的若干专利。这些专利发挥了对该技术成果最基础、最重要的保护和控制作用。

(2)竞争性专利。主要是为解决同一技术问题,或为实现相同或相近的技术效果而采取不同替代技术方案的专利。通过围绕某一技术方案设置若干竞争性专利,可以在一定程度上防止他人的规避设计,提高竞争对手的研发成本。另外,其中的一些也有可能成为企业的储备性技术,随着技术和市场的未来发展而替代现在使用的方案。

(3)互补性专利。主要是围绕核心或基本方案衍生出的各类改进型方案的专利,包括对技术本身的优化、改进方案,以及与各种产品结合时产生的具体应用方案等。这些专利与基础性专利在保护范围和保护效果上相互补充。在实际运用中,这类专利可以对自身的核心和基本方案实现有效地延伸保护。

(4)支撑性专利。主要是对核心或基本方案的具体实施起到配套、支撑作用的相关技术专利,例如与该方案相关的上下游技术的专利。这些专利与基础性专利在对技术的控制作用上相互依赖。在实际运用中,围绕基础性专利设置必要的支撑性专利可有效扩大企业的技术控制范围、增强企业的技术控制力,增加企业对产业链的影响力,减少其终端产品受他人专利制约的可能。

（5）延伸性专利。主要是核心或基本方案在向其他应用领域扩展时所衍生出的各种变型方案，以及其与这些领域中的相关技术相结合时产生的技术组合方案。通过设置这些专利，为潜在的各类扩展应用可能提前建立保护屏障，使得企业对技术控制的领域得以延伸，为进一步扩大其技术影响力和技术收益提供支撑。

一般情况下，在专利组合中，基础性专利构成专利组合的核心部分，而根据不同的保护内容和保护目的，可以在其外围选择地设置若干的竞争性专利、互补性专利、支撑性专利和/或延伸性专利。

需指出的是，此处的基础性专利只是一个用来描述组合中不同专利之间关系的相对概念，该专利的基础性只是基于特定的组合而言的，即相对于某一组合中的其他专利，其对应于最为原始或最基础的技术方案，而并不完全代表着其在某个技术点上的基础地位。例如，某一基础性专利可能是企业在某个技术点上最为核心的专利，也可能是该技术点的某个应用或改进方向上的主要专利。另外，一件专利的具体所属类型，取决于其所处的专利组合、在该组合中发挥的作用等因素，同一件专利在不同的组合中可以属于不同的类型。例如，在某一技术方案的竞争性专利、互补性专利、支撑性专利或延伸性专利中，也可能会出现一些创新程度较高、产业和市场应用价值较大的专利，这些专利可能会成为某个新组合中的的基础性专利；以这些专利为中心，也可以继续构建相应地外围专利保护圈。再如，对于某个化学产品，某件有关制造该产品的设备的专利在该产品的专利组合中是作为支撑性专利发挥外围保护作用的，而在有关设备的组合中就可能成为基础性专利或互补性专利。

2. 组合中专利的更新

无论是处于核心部分的基础性专利还是各类外围保护圈中的专利，在技术的发展和演进中都可能会出现延续性方案和替代性方案。保持对这些新方案的关注，及时在专利组合补充相应的专利，可有效地应对技术竞争和市场竞争环境的变化。

随着技术的发展、相关技术的成熟、新的产业规范和市场需求的不断出现，企业应及时跟进技术和产业的发展动态，对原有技术方案进行持续的改进、优化和应用扩展，并设置相应的延续性方案的专利，从而有效地延续企业的技术控制地位和市场竞争优势。

另外，在技术演进过程中，针对某类技术问题的解决或某类技术效果的实现，可能会出现新的替代性技术方案。这些替代性方案除了解决原有的技术问题、实现原有的技术效果外，可能会带来一些新的功效，例如降低实现成本、简化实施环节、提高产品寿命等，也可能会对原有的一些技术效果带来大幅提升，甚至会引领市场需求和产业发展。及时围绕这些替代性技术方案设置专利，可以确保企业在技术的升级换代和新的技术发展点上继续获得优势地位。

3. 专利组合的基本类型

技术的关联性是组合中不同专利间的联系纽带，而其预期的运用功效则是组合中各专利所共同遵循的中心要求。不同的专利组合，依据其所针对的对象，可以具备不同的技术关联结构和不同的运用功效，技术关联结构和功效共同决定了组合中专利的具体构成。

（1）按照技术关联结构划分。

从技术关联结构上，专利组合可以分为集束型、降落伞型、星系型、链型和网状覆盖型五种基本类型。

在这些类型中，以基础性专利为核心，将不同类型的专利与基础性专利进行组合，可以为某个项技术或产品提供不同的保护效果。

① 集束型专利组合。

这种组合往往是由某一技术方案的基础性专利和对应于各种替代方案的若干竞争性专利构成。这些专利之间的技术关联是围绕某一需求提供的不同解决方案，例如解决同一技术问题、实现同一功能或达到相似的技术效果，如图5-6所示。

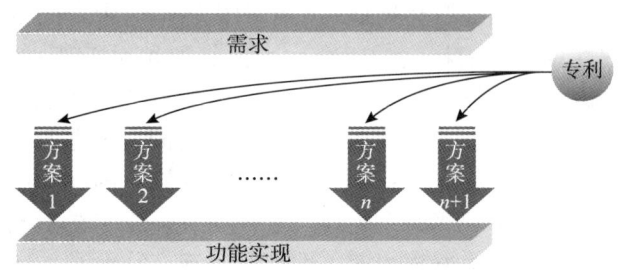

图5-6 集束型专利组合

当某一技术方案公开后，竞争对手很容易通过技术分析而设计出替代方案方案时，需要对其构建集束型专利组合，设置专利屏障。在这种专利组合面前，竞争对手无论采用哪种技术方案，都可能会侵犯企业的专利权。

例如，一种大型冷却塔整体工艺中，冷却性能的改善是非常重要的一个技术点，可通过不同的技术手段和方式来达到冷却的目的。某公司通过三个专利从三种途径该改善冷却效果：专利1，通过增加叶轮或风扇的方式来改善冷却性能；专利2，通过射流器加大空气和水流的接触面积的方式来改善冷却性能；专利3，通过填料池与集水池间设置遮挡物的方式来改善冷却性能。这三个专利方案实现了同样的目的和效果，同时也有效封锁了三个技术途径，这三个专利即为一个小的集束型专利组合。

② 降落伞专利组合。

这种组合往往是由某一技术方案的基础性专利和其主要的改进、优化方向上的若干互补专利构成。这些专利之间的技术关联，是围绕某一技术方案的应用提供各种更为具体、细化地改进措施，如图5-7所示。

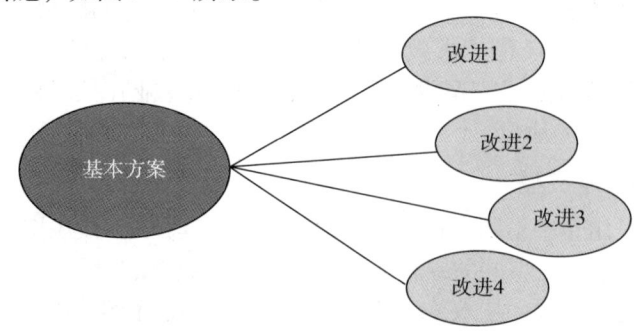

图5-7 降落伞型专利组合

很多时候,某一技术方案从最初提出到实际应用在产品的过程中以及在产品的更新换代中,会产生一系列的改进、优化方案。为了强化企业对该技术方案的实际保护效力,持续保持在该技术方面的控制优势,并对跟随者产生持续威胁,企业可以构建降落伞型专利组合。

例如,某公司研发得到一种电镀液的基本配方,又发现其可以通过添加某些添加剂获得改进的镀覆效果,进而又进一步发现各类添加剂优选使用量和搭配组合。该镀液基本配方的专利与各种改进配发的专利即一同构成降落伞专利组合。

③ 星系型专利组合。

这种组合往往是由某一技术方案的基础性专利和应用在各个领域中时产生的延伸性专利构成。这些专利之间的技术关联是围绕同一技术的应用提供不同领域的扩展,如图5-8所示。

例如,某公司在负离子产生和处理技术方面取得技术突破,并将处理技术的几个核心部分申请了相应的基础性专利,而该技术经论证可被应用在许多工业和生活领域。因此,该公司在研究开发的基础上陆续在包括空气净化、除臭、垃圾处理、农业杀虫、水净化等许多应用领域均申请了大量专利。这些专利一起便成为了一个星系型专利组合。

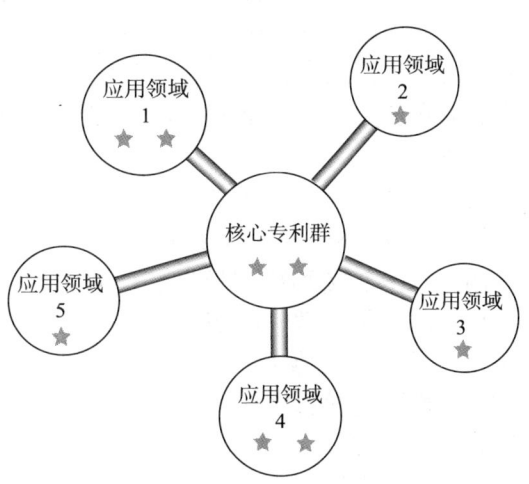

图5-8 星系型专利组合

④ 链型专利组合。

这种组合往往是由某一技术方案的专利或专利组合和为该方案的产业化实现和应用提供支持的上下游支撑性专利或专利组合构成。这些专利或专利组合之间的技术关联是围绕某一技术或产品的产业化实施提供整套的解决方案,如图5-9所示。

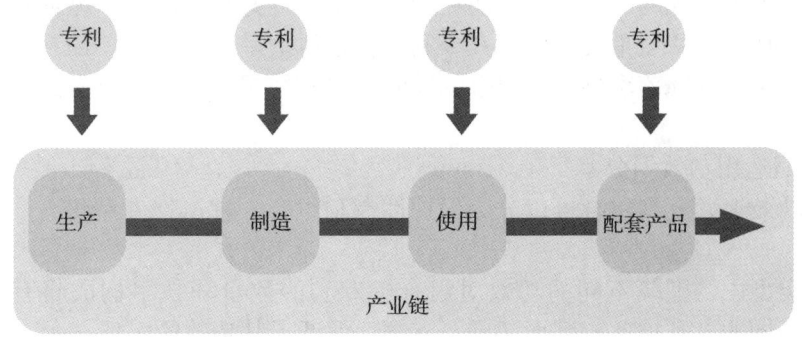

图5-9 链型专利组合

当企业产品或技术创新涉及产业链中多个环节并力图对产业链游各主要环节均进行专利技术控制时,可以构建链型专利组合。这种类型的专利组合能够使得企业在产业链的不同环节都具备一定得话语权和影响力，为企业进行整体的产业布局、整合产业链资源提供了基础。

例如，某公司具备从液晶电池的原料制备到部件制造和成品组装的全流程生产和研发能力，并在各个环节都申请了若干专利。这些专利整体上便成为一个链型专利组合。

⑤ 网状覆盖型专利组合。

这种组合往往是由一个产品或的各个主要技术点的专利共同构成。这些专利之间的技术关联是围绕同一产品的特征在各个方面提供面保护，如图 5-10 所示。当企业需要对其某个重要产品供完整的专利保护措施时，可以构建网状覆盖型专利组合。这种专利组合为企业在该类产品中整体上占据控制或垄断地位提供了支撑。

此外，这种专利组合也适用于某个领域的全面保护，例如对该领域中多个重要的技术点进行覆盖。

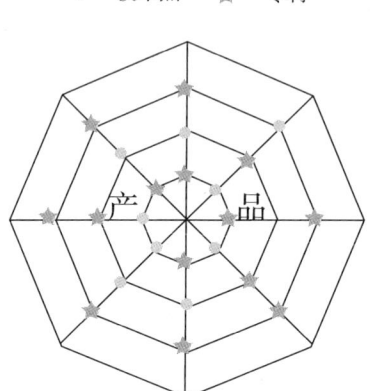

图 5-10 网状覆盖型专利组合

例如，一个数字图像处理装置，其中包含了 10 个技术点：白平衡处理、数字缩放、图像质量评测、自动曝光、图像格式转换、图像方向校正、动态图像获取、运动检测、电源管理、缓存。某公司分别在白平衡的优化、自动缩放（包括硬件和方法）、提高图像质量评测水平、延迟曝光、动态图像检测、节能、缓存处理方式、图像方向校正方法等不同的技术点均申请了相应的专利。该装置的每个技术点上基本都覆盖了 1 个以上的专利，那么这些专利便构成了一个网状覆盖型专利组合。

这五种专利组合类型中，集束型、降落伞型和星系型所针对的对象往往是某个具体技术或某个具体的技术方案，而链型和网状覆盖型所针对的对象往往是整个产品或整个领域。进一步而言，这些类型中的每个专利布局点都可能是若干个专利构成的一个更小的专利组合。

在实际应用中，这五种类型也往往是结合在一起共同使用的。如，对于一个产品，其专利组合整体上呈现网状覆盖型，而在各个技术点上又是以降落伞型或集束型专利组合存在。又例如，对一项重要技术，其专利组合整体上呈现星系型，而在该星系的中心位置可能是一个小的降落伞型专利组合，同时，在各个星系点上有可能是一个链型专利组合。

（2）按照运用功效划分。

从运用功效上，专利组合可以分为保护性专利组合、攻击性专利组合、储备性专利组合三类。

在这些类型中，围绕不同的功效对组合中专利的数量和技术构成将有着不同的需求；组合中不同的专利彼此相互而协同、支撑，保证了其功效的实现。

① 保护性专利组合。

这种组合中的专利一般都和企业自身的技术或产品方案密切相关，一般包括围绕其技术创新成果所挖掘的基础性专利、互补性专利，以及部分竞争性专利和支撑性专利。这种类型的主要目标是对企业技术创新成果以及应用这些成果的产品提供充分的专利保护屏障，藉此确保企业在该成果上的技术控制和竞争优势，提高技术跟随者尤其是竞争对手的规避设计难度和研发成本。

② 对抗性专利组合。

这种专利组合的主要目的是为了预防和抵御其主要竞争对手针对企业发动专利攻击，这些专利方案未必和企业自己的技术或产品方案密切相关，而与竞争者的技术或产品发展方向相关度更大。对抗性专利组合的主要备选专利可以包括：行业中很难绕开的重要技术的基础性专利；围绕竞争者技术特点、产品方案的产业化实现或产品的升级设置的改进性专利、支撑性专利等；针对竞争者未来的技术发展方向和产品拓展方向铺设的专利等。

③ 储备性专利组合。

在企业研发过程中，往往会有些技术方案，暂时未找到合适的应用产品或领域，暂不具备市场应用价值，或者该技术本身实施所依赖的相关技术暂未成熟等。此外，企业也可以有意针对某些未来可能会带来高附加值、成为研发热点、突破产品性能瓶颈、主导产业发展、引领市场需求等的技术发展方向而提前进行研发。以上这些技术的专利主要是为企业未来发展作为储备的，构成储备性专利组合。这种组合中的方案大多属于前瞻性技术方案和提前圈地性质的技术方案。

（三）企业专利组合的构建

1. 企业专利组合的构建方式

（1）层级搭建。

一般而言，企业专利组合的形成是从某个技术点上专利组合的构建开始的，并以各个技术点上的专利组合作为基本单元，来搭建各级的专利组合。对于某个技术点而言，与之与有关的各个技术方案所对应的专利在整体上构成了该技术点的专利组合。而对于某个产品或某个领域，选择其所涉及的各个技术点的专利组合，并在各个组合中筛选与该产品的特征有关的专利，即构成了该产品的专利组合。进而，围绕该产品涉及的各个产业链节，选择相应技术点专利组合中的有关专利，即构成了针对某个产业的专利组合。

在每个或每级专利组合中，都可以根据其力图实现的功效而布局相应的专利。例如，搭建各个技术点的专利组合时，主要是对自身研发成果进行专利挖掘，完成对企业技术方案的基本保护，并有意地针对潜在的技术模仿和跟随者在一些重要的规避和改进方向设置专利障碍。此外，还可以有意地针对某些竞争可能基于该方案进行的产品开发方案设置专利。

（2）动态组合。

专利组合的组织划分并非是静态的、固化的，而是随着技术演进、产业发展和市场竞争环境的变化相应地动态调整的，以此与相应的运用目的相匹配、实现相应的功效。例如，随着旧竞争对手的消失、新竞争对手的出现，针对旧竞争对手的对抗性专利组合将失去存在的必要，而围绕新竞争对手技术特点、专利分布、市场状况，企业将需要重新组织出以该竞争对手为目标的对抗性专利组合。又如，随着新的地域市场开拓，企业需要针对其在该地域的产品规划、法律环境和市场竞争态势，组织能够有效保护企业在该地域市场自由的专利组合。再如，随着技术的演进，一些新兴技术的产业配套和市场应用环境逐渐成熟，原属于储备性专利组合中的专利将可能成为其保护性专利组合中的成员。

(3) 扩充来源。

一般情况下，企业专利组合中的专利以对自身研发成果挖掘形成的专利为主。除此之外，还可以包括在委托开放、合作研发中获得的具有专利权或共有专利权的专利，也可以包括通过购买、并购方式所获取的专利，以及其所在的各类企业联盟中成员彼此共享的专利。这些专利与企业自身研发成果的专利共同构成了各种专利组合。

(4) 功效规划。

企业需要根据自身专利和技术竞争实力、所处产业的发展特点、市场竞争环境等确定其各个产品或技术上的专利组合的主要功效。例如，企业属于技术模仿和跟随者，且其专利尚处于初步积累阶段，其专利组合侧重于保护性和防御性；如果企业属于技术领先者，且已有一定的专利积累量，其专利组合可以进一步重点考虑其攻击性和储备性。

通常来说，在企业总体的专利申请中，保护性的专利申请应该占到50%左右或以上的比例，为其自己产品和产品中的自有技术提供保护。为了应对未来可能出现的与竞争对手之间的专利诉讼纠纷、进行交叉许可等而针对性申请的防御/攻击性的专利，所占比例可保持在10%～20%之间。为了对未来的技术演进和产品发展作准备，保持企业未来的竞争优势，企业一般还需要申请10%～30%的储备性专利。

2. 企业专利组合的结构均衡性

构建专利组合，固然需要一定的专利数量，但专利组合结构的均衡性对于该组合作用的发挥更为重要，并可以使有限的专利挖掘和申请资源的投入获得最佳的回报。

结构均衡的专利组合，首先要完整地覆盖企业的核心技术、各类产品和各市场地域，并适当地覆盖潜在的替代技术、新兴应用领域、新兴市场，此外还需要覆盖竞争对手的部分技术、产品和市场；在各个组合之间的数量规模的对比上，要侧重于保护对企业利润实现其主要支撑作用的技术、产品、和市场地域，并侧重针对最可能发动专利诉讼、对企业带来的可能损害最大的主用竞争对手的防御性组合，以及侧重关注未来可能引发产业升级、市场竞争格局变化的技术的储备性专利组合。此外，各个技术、产品和市场地域上的专利组合的数量配置，还要与产业中类似市场规模和技术水平的企业的相近，并足以和竞争对手之间形成抗衡。

(1) 产品层级。

在企业各个产品的专利组合中，可以根据不同产品对企业的利润贡献程度和市场成长性，确定专利组合结构上的产品重心。其中，在各专利组合的数量规模配置上，应偏重于利润贡献程度大或市场成长性好的产品。例如，具有高附加值、处于市场上升期的产品，具备较大的市场份额、处于市场成熟期的产品。此外，对于尚未引起市场关注，未来可能有较大增长性的产品的专利组合，比如市场反应良好的试验性产品，也需要保持一定的数量规模。

在各类产品的专利组合中，根据企业和竞争对手的技术对比情况，确定不同组合的类型。其中,在同一产品方案中,企业和竞争对手实力相当、各具特色的,或者企业具备技术优势的,专利组合需要以保护型为主,并具备一定的对抗功能;企业属于跟随型、产品的核心技术为对方所掌握的,企业需要以防御型为主。另外,在技术发展迅速、升级换代时间短、竞争格局变化较快的产业中,企业需要格外关注构建储备型专利组合。

(2) 技术层级。

在各产品的技术层级上,专利组合应至少涵盖产业共性技术点、对产品主要性能的实现起到控制或支撑作用的技术点以及其他一些包含企业主要创新成果的技术点。

在产业共性技术点、对产品主要性能的实现起到控制或支撑作用的技术点上,尽量构建保护型的专利组合,至少是防御型的专利组合,并注重储备型专利组合的构建。而在其他的技术点中,各专利组合的数量规模配置上,应偏重于企业通过自身技术创新成果提升产品某方面的性能或扩展某些功能而使得产品可以在同类产品的竞争中具备差异化特征的技术点上,并且以保护型的为主,这其中又应该重点关注对该产品带来较高附加值的技术点。此外,还可能需要注重在一些对方薄弱的技术点上形成攻击性的专利组合。

(3) 地域分布。

在地域分布上,可以结合不同地域对企业的利润贡献程度、市场成长性以及竞争环境确定专利组合结构上的地域重心。其中,在各专利组合的数量规模配置上,应偏重于对企业利润贡献程度大、市场成长性好、竞争环境激烈的地域例如企业的本土市场、重要的海外市场以及被业内普遍看好的新兴市场、企业的技术和产品特色适应当地的特别需求的市场地域等。在这其中,又以竞争环境较为激烈,专利法律体系较为完备的市场为重。在企业的本土市场和已占据一定市场规模的海外市场中,专利组合以保护型为主,并针对各市场地域的竞争对手特点制定相应的对抗型专利组合,同时兼顾储备型。在市场需求刚刚启动、市场竞争格局尚未完全形成的地域,专利组合以保护型和储备型为主。

(四) 专利组合的维护

专利组合,并非一个静止的专利集群,而是一个动态的价值组合体和功效组合体,需要企业有意地进行维护。专利组合维护的内容主要包括数量上的补充、专利组合内容上的更替和结构的调整。

在数量上,专利组合应随着企业技术创新成果的累积、产品种类的增多、市场份额的扩大以及竞争形势的加剧而不断扩充其整体规模,以持续保持其覆盖范围的完整性,强化保护力度,提高专利诉讼中的对抗能力。在内容和结构上,专利组合应及时适应企业规划、技术演进、市场需求和竞争环境的变化来调整各层级专利组合的结构重心。对某些组合进行解散或重构,为各个专利重新划定属性,并因此及时补充新的专利,以及将一些对企业而言失去保护、对抗或储备功效的专利从组合中剔除。剔除的专利则可以通过出让或许可方式获取收益,也可以通过放弃专利权的方式减少专利维持的费用投入。

1. 依据产品的更新

随着一些产品的更新换代的停滞、仿制者和跟随者的大量进入、利润的降低，这些产品的专利组合主要以维持现有规模和现有专利的有效性为主；对组合中的部分专利可以进行转让、许可，也可以将某些关联产品的组合进行合并，便于管理。

成为新的利润贡献点的产品和新的市场竞争点的产品应加大组合的规模。并且，不断补充延续性专利和替代专利，维持组合中基础专利的数量和有效性，大量扩大互补性专利、竞争性专利、支撑性专利的数量。

2. 依据技术的演进

随着技术的演进，一些技术会在现有产品中失去应用价值，一些技术还处于持续的优化改进中，而一些技术则在不断扩展着其应用的领域。

对于在现有产品中失去应用价值的技术，可以为其寻找新的应用对象，并根据其新的应用对象对专利组合进行重构。其中，原组合中与新的应用领域不相关的专利，企业考虑选择放弃或者转让、许可。对于持续优化改进的技术，应重点针对其改进和优化方向，在组合中补充相应的专利；原组合中与优化、改进方向相左的专利可以放弃或者转让、许可，或者为其寻找新的应用对象。对于不断扩展应用的领域的技术，则需要围绕其扩展的应用对象，在原有组合基础上及时构建性的专利组合，并补充该技术在新领域中应用时的产生的各类解决方案和相关支撑技术的专利。

3. 依据竞争环境的变化

随着产业的发展和市场竞争格局的变化，一些新的竞争对手会出现，而一些原有的竞争对手可能会成为企业的联盟伙伴或者退出该领域。此外，随着新兴市场的出现和成长，企业的重要市场地域也在发生着变化。

对于联盟伙伴，针对其构建的专利组合可以通过交叉许可方式继续发挥作用。对于退出的竞争对手，其专利组合相应地被解散，其中的专利可纳入以新的竞争对手为对象的专利组合中。围绕新的竞争对手，则需要围绕其技术特点和主要产品和市场地域，从原有的专利中选择能够对其起到防御或攻击作用的专利，构建防御型或攻击型专利组合，并及时通过挖掘补充相应的专利。随着新兴市场的出现和成长，围绕这些地区的主要投入的技术、产品和主要竞争对手，专利组合的数量规模要相应地加强；对于已经退出的市场，则可以考虑放弃或者转让、许可相应的专利。

（五）专利组合的构建示例

企业在实际建立专利组合的时候可针对多个角度进行规划，这样可以使得专利组合的功效性和目的性更强；企业在自己的专利组合构建时可以提出目标和方向，然后围绕这些目标和方向有意识地进行规划。例如，一个企业在针对一个项目进行专利组合构建时提出了通过下面四个角度进行保护点规划：

- ◇ 整体自成体系的考虑；
- ◇ 目前行业规范的考虑；
- ◇ 未来装置标准的考虑；

◇ 现有技术的保护和前瞻性的占领。

以激光打标项目为例，围绕上述目的，企业可以从以下几个方面进行操作，如图5-11所示。

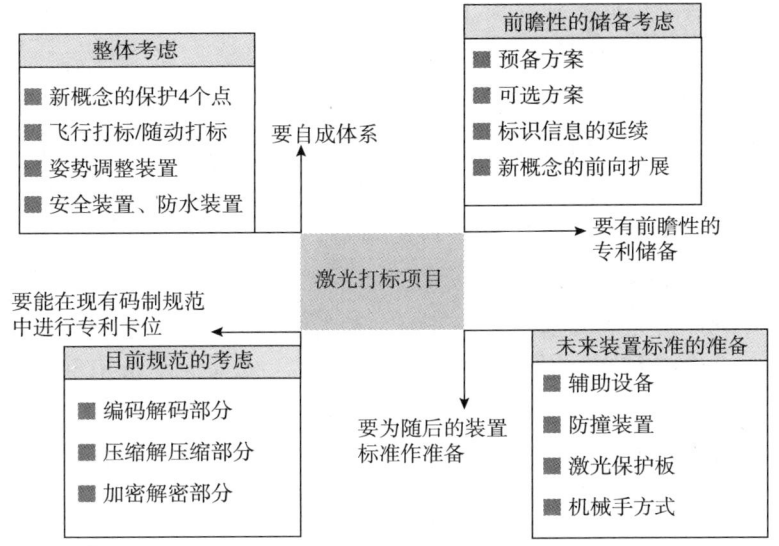

图5-11 激光打标项目的专利组合构建

（1）整体自成体系。

所有的专利申请可以成为一个有机、系统的专利保护群，即使在没有技术规范和后续装置标准的情况下，也可自成体系。首先，在技术新概念上通过若干项关键专利来进行保护。其次，通过一些专利从技术实现角度对本项目进行保护。再者，通过部分专利对生产线上必需的一些辅助装置进行专利申请，以达到在生产线的正常运转方面部署专利壁垒。最后，通过部分专利对设备的工作环境角度进行保护。

（2）行业规范的考虑。

从与目前企业正在制订的行业规范相结合的角度出发，在可用的一些层面进行专利部署。如果这些技术方案或技术方案的效果最终被行业规范所认可，这些专利的直接保护或隐性保护将对企业的项目实施发挥巨大的作用。

（3）未来装置标准的考虑。

企业将部分可能在未来将要制定的装置标准中的装置方案申请专利，这些专利都将会在未来进行的装置标准规范中发挥必要的作用，当未来装置标准制定时，他们也将是很好的卡位专利。

（4）现有技术的保护和前瞻性的占领。

在对企业正在使用的技术方案进行专利申请保护的同时，对一些前瞻性的技术方案也考虑进行专利保护，以达到提前对潜在的竞争者进行必要的专利封锁和圈占技术领域的目的。

（六）专利组合的价值评估

在企业的实际运用中，尤其是进行专利许可运用时，单个专利发挥的作用往往远小于成体系的专利组合。因此，在对单个专利进行应用价值评估的基础上，更需要考虑的是针对专利的集群效应进行应用价值评估。

1. 单个专利的评估

对单个专利进行价值评估可参照本章"优秀专利管理中"一节阐述的对专利价值的评估方法，对法律因素、技术因素、产业因素和特殊因素四个层面对单个专利进行综合评估，并根据评估的结果来对该专利的应用价值进行量化评价。

2. 专利组合应用价值的评估

在对单个专利评估完成的基础上，进而对专利组合进行应用价值的评估。主要基于的评估层面为：单个专利平均价值、技术宽度价值、技术深度价值和综合价值四个层面，如图5-12所示。

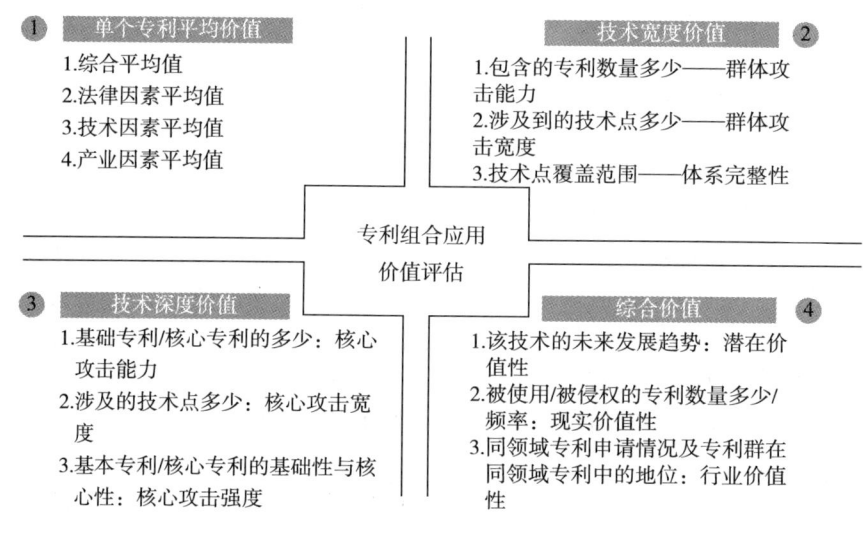

图5-12 专利组合应用价值评估

（1）单个专利平均价值。

其中，单个专利平均价值考虑的因素包括：综合平均值：该专利组合中，在前面进行单个专利应用价值评估时每个专利的综合平均值；法律因素平均值：该专利组合中，在前面进行单个专利应用价值评估时每个专利的法律因素的平均值；技术因素平均值：该专利组合中，在前面进行单个专利应用价值评估时每个专利的技术因素的平均值；产业因素平均值：该专利组合中，在前面进行单个专利应用价值评估时每个专利的产业因素的平均值。单个专利平均价值主要反映的是所评估业务专利组合的基本应用价值情况。

（2）技术宽度价值。

技术宽度价值层面考虑的因素主要包括：包含的专利数量多少：该业务专利组合中，所包含专利数量的多少，该指标主要反映该业务专利组合的群体攻击能力；涉及的技术点多少：该业务专利组合中所有专利覆盖关键技术点的多少，主要反映专利组合的群体攻击宽度；技术点覆盖范围：该业务专利组合中所有专利对关键技术体系覆盖的完整性。技术宽度价值主要反映的是所评估业务专利组合的技术宽度覆盖情况。

（3）技术深度价值。

技术深度价值层面考虑的因素主要包括：基础专利/核心专利的多少：该业务专利组合所包含的基础专利和核心专利的多少，主要表现专利组合的核心攻击能力；涉及的技术点多少：该业务专利组合中所有专利覆盖核心技术的多少，主要表现专利组合的核心攻击宽度；基础专利/核心专利的基础性与核心性：该业务专利组合中核心专利/基础专利方案的技术基础性和核心性深度，主要表现专利组合的核心攻击强度。技术深度价值主要反映的是所评估业务专利组合的技术核心性。

（4）综合价值。

综合价值层面考虑的因素主要包括：该业务的发展趋势：主要看所评估业务目前和未来的市场情况，主要表现市场价值性；被使用/被侵权的专利数量多少/频率：该业务专利组合中被其他企业所使用的专利多少，以及被使用的频率如何，主要体现应用价值性；同领域专利申请情况及专利组合在同领域专利中的地位：主要体现行业价值性。综合价值主要反映的是所评估专利组合的经济价值。

在上述因素的基础上，提供专利组合应用价值评估公式如下：

$$V = (A \times B \times C^n) \times (X + Y)$$

式中，A——每个专利组合中单个专利价值评估的平均值（由 0~100，转化为 0~100%）；

B——每个专利组合所依托的技术/产品的现有/预期市场规模（可以赋值的形式给定不同的值，譬如 1，1.2，3 等）；

C——叠加固定值，需预先设定（可修改的系数值）譬如，1.2 或 1.5；

n——专利被使用频次绝对值，一个专利被一家公司使用则数值为 1；

X——技术宽度评估值；

Y——技术深度评估值。

其中，根据应用环境的不同，X，Y 可采用 2 的 n 次幂递增等比数列，即 2、4、8、16、32……，或者采用斐波那契数列 1、2、3、5、8……，来合理区分并列因素重叠时出现的逆误差现象。上述数值的获取拟采用先定性后定量的方式进行选择，并转化为百分比的系数。一般情况下，X 和 Y 被视为重要度相同。

五、专利申请前的决策

专利申请前的决策是指企业在申请专利之前，根据企业技术研发方向、市场战略定位、行业竞争状况等因素，对创新成果的保护形式、申请专利的客体类型、申请专利的时机、地域以及数量的分布等方面进行的决策。

专利申请前的决策对于企业专利管理而言非常关键。一方面，企业选择最佳的保护途径充分利用创新成果为企业参与竞争服务；另一方面，企业要确保其自身资源投入到合理的领域并得到预期的回报。

通过专利申请前的决策和准备,企业可以实现以下几个方面的重要目的:
- ◇ 确保属于商业秘密范畴的技术方案不被公开,保持企业技术上的领先优势;
- ◇ 优化保护方式构成,灵活运用防御性公开、避免企业陷入被动局面;
- ◇ 专利申请前提前检索分析,及时发现和排查专利风险,为潜在的纠纷做好准备;
- ◇ 申请专利时多维度挖掘,形成专利组合,促进企业在市场中形成有利竞争地位;
- ◇ 对费用提前做好预算,确保重点项目的资源投入,实现收益最大化。

(一) 专利申请前决策的内容及操作要点

专利申请前决策的目的是集中有限资源对创新成果进行最有效的保护,其宗旨是增强企业的竞争力,最大限度地帮助企业获得利润。对于不同的创新成果,处理的方式不尽相同。

首先,考虑创新成果的最佳保护形式,确定是否申请专利。其次,在确定专利保护的方式后,从企业的布局和需求出发,对具体的申请类型、申请时机、地域以及相应的专利申请数量进行设计和部署,以实现对创新成果的最大保护,建立企业在市场竞争中的有利地位。

1. 创新成果的保护形式

在针对技术方案提出专利申请之前,首先要考虑的内容就是是否应该提出专利申请。虽然专利权的保护对专利权人非常有利,但一项发明创造是否采用专利的形式予以保护,需要综合考量专利制度本身的特征和技术方案本身的特点,否则反而会造成负面影响。

(1) 不同的保护形式及特点。

企业的创新成果通过技术来展现,对技术的直接保护方式一般包括专利保护和商业秘密,而防御性公开是利用专利制度的特点,以主动提前公开技术信息的方式避免他人对该技术进行专利申请以获得独占权。

商业秘密是指不为公众所知悉、能为权利人带来经济利益、具有实用性并经权利人采取保密措施的技术信息和经营信息。企业在进行专利权申请前决策时考虑进行商业秘密保护的对象主要是技术秘密,其特点是该技术具有行业内的领先性和一段时期内的垄断地位。如果这些技术进行专利申请,会因为公开而导致别人对该技术的借用和发展。

防御性公开指的是将一项创新技术主动向公众和社会公开,以阻止他人对该技术申请专利,确保任何人都不会再获得该项发明的排他权。防御性公开的方式一般为技术研发实力较为雄厚的企业所采用。对于这些企业,往往产生多个创新成果,而有限的专利申请和管理经费决定了要对创新成果进行筛选,优选最重要的成果进行专利保护。但是,未进行专利保护的创新成果却可能是其他企业的研发重点和重要技术创新成果。因此,对这些创新成果通过防御性公开的方式可以有效阻止其他企业获得该技术的专利,从而避免潜在的专利侵权风险。

表5-1提供了三种保护方式在部分功能及特点上的比对。

表 5-1 不同保护方式特点对比

类型	公开方式	操作性	侵权举证	保护力度	资源投入
专利保护	按照法定要求进行充分公开，公开时有格式限制	涉及企业专利工程师、技术人员、管理人员等，在申请时的答复、修改等过程，专业性要求较高	发现及举证侵权相对容易，部分专利保护对象较难举证	按照法定保护年限，享有排他权和独占权，保护具有地域性特点	需要企业专利工程师和技术人员等人力资源投入，费用包括官方费用、代理费用等，投入较大
商业秘密	内部保密，不对外公开	主要涉及保密工作的负责人员以及与保密技术内容相关的人员，操作流程较为简单，但风险较大	侵权举证较难，部分情况下需要权威机构认证	保护年限与泄密时间相关	需要专门人员负责，保密措施、保密协定等投入的费用相对较少
防御性公开	企业自行确定公开内容和时机，公开的格式不受限制	主要涉及公开的平台和公开的方式，操作简单、灵活、快速	不涉及侵权	公开的技术内容成为社会公共知识，可以阻止该技术被申请专利，不享有独占权和排他权	成本低廉，甚至完全免费

根据表 5-1 的比对，可以发现三种不同的方式各有特点，企业可以从自身在资源投入、保护需求以及未来的战略发展定位等多方面因素出发，选择最合适的保护方式。

（2）确立保护形式的操作要点。

企业在进行专利保护、商业秘密和防御性公开三种方式的选择时应由企业的专利管理人员为主导，同时需要技术研发部门主管、市场部门主管和企业管理层参与。在选择时首先是筛选出需要商业秘密保护的创新成果，其次是精选出用于专利申请的技术成果，最后再考虑防御性公开的方式。具体的选择和筛选步骤如图 5-13 所示。

① 当该技术能够在较长时间内保持领先，并且在长时间内不会出现替代性技术影响该技术的领先地位，具有较长的生命周期时，可以考虑进行商业秘密保护。如果该技术生命周期较短，在市场中表现为阶段性特点，可以考虑利用专利保护的方式，为企业获得最大利益。

② 创新技术能否具有领先地位，除了利用商业秘密的保护方式，还需要考虑该技术是否受到其他因素的影响。这些因素包括：

- 是否易被研发获得：即通过行业中一般的研发条件是否可以获得该创新技术成果，尤其是关注主要竞争对手是否具备相应的研发能力。如果容易被研发获得，就不适合采用商业秘密进行保护。
- 是否可反向工程获得：如果该创新成果可以通过反向工程或者其他途径进行破译就可以获得技术细节，无疑就不适合用商业秘密进行保护，而应当考虑以专利保护为主，可以获得独占权和排他权。

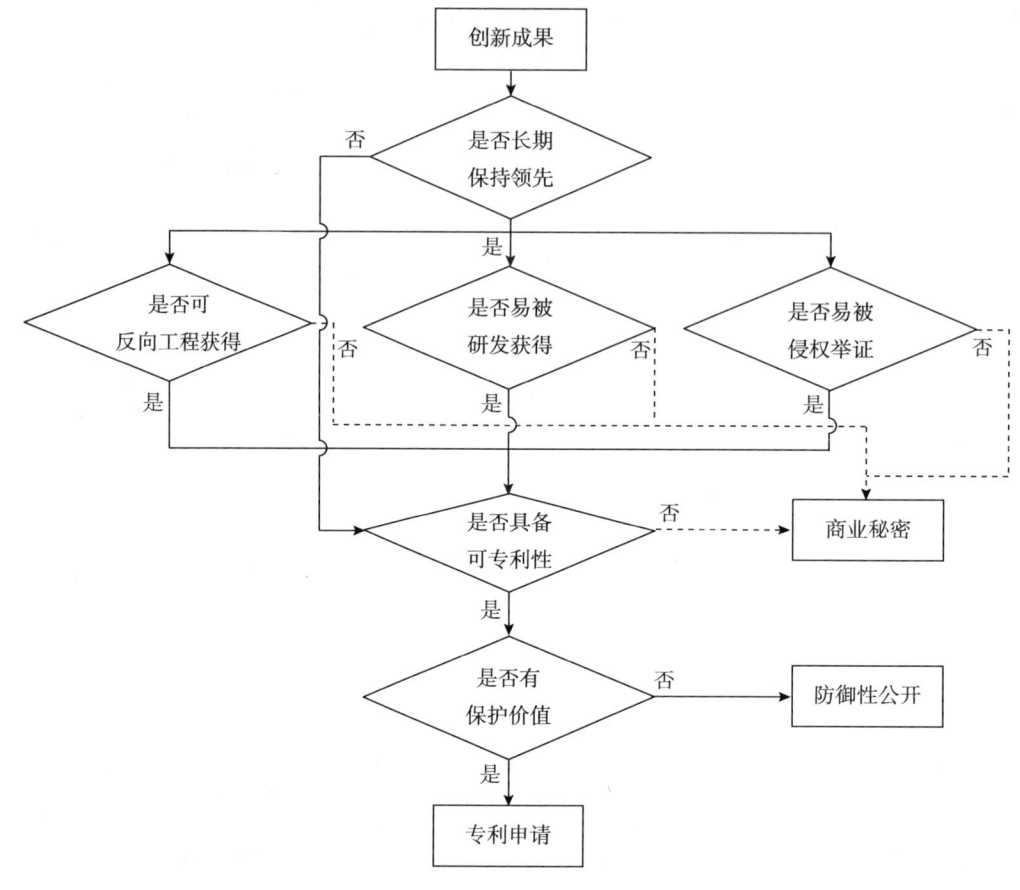

图 5-13 确定保护形式的流程

- 是否易被侵权举证：如果某创新成果通过专利申请进行保护时，不易对侵权行为进行发现并举证，如制造工艺、配方等，即使获得专利权保护，也不能有效阻止侵权的发生，那么商业秘密的保护方式就更加适合。

③ 在排除商业秘密的保护方式之后，企业可以考虑专利保护。在判断选择专利保护时主要考虑以下两点。

首先，考虑该技术是否具备可专利性。从专利的授权前景和授权权利要求的保护范围考虑，可专利性包括三个方面：

- 是否具备授权前景：授权前景主要是审查员审查时考察该技术是否具备授权条件，影响授权前景的主要因素是"三性"问题。如果该技术已经被公开，则无法获得专利权。
- 授权后的权利要求保护范围是否适当：在审查的过程中，或许可以最终获得授权，但是权利要求的保护范围缩小，与预期相差较大。这种情况下，专利保护的力度会大打折扣。
- 获得的专利权是否稳定：即使排除上述两种情况，顺利获得专利权，但由于审查员的检索未能全面或者该专利权为实用新型或外观设计专利权，那么这样的专利权存在被无效的风险。

根据以上三个方面，企业应当在申请专利前做好检索和分析工作，判断创新成果能否获得专利权以及获得的专利权是否具备预期的保护范围和稳定性。如果不能够达到预期的目标，那么就应当采用商业秘密的保护方式。

其次，考虑是否具有保护价值。考虑专利保护价值主要从经济效益和社会效益出发，因为专利申请和维护需要花费较大的代价，给企业造成一定的负担。如果创新成果对本企业而言不具备较高的价值，但对其他企业而言比较重要；或者，该创新成果在企业的整体创新中并不突出，但对于其他企业而言可能属于重要技术，那么，可以通过防御性公开的方式防止其他企业利用该技术对本企业造成不利局面。

2. 专利申请的类型设计

在决定申请专利后，需要考虑申请专利的类型。通过对各项技术创新成果进行分析，评估其最佳的专利保护类型，确定用其中一种或者多种来申请保护。在一个包括多个创新点、多个技术细分方向的研发项目中，往往会产生多个需要专利保护的技术成果。不同的技术成果因为形式不同、技术含金量不同，需要不同类型的专利保护，这就需要通过专利申请类型的设计来获得合适的保护效果。此外，在专利组合保护的专利管理理念下，也更有必要通过专利申请类型的设计和组合运用来提高专利组合保护的法律效果和经济效果。

（1）专利保护类型。

以中国为例，专利分三种形式，即发明专利、实用新型专利和外观设计专利，这三种类型的专利在保护客体、授权条件、审查方式、保护期限以及费用上都存在区别，如表5-2所示。

表5-2 专利保护形式对比

类型	保护客体	授权条件	审查方式	审查期限	保护期限	费用
发明	产品、方法或者其改进	新颖性、创造性和实用性，技术高度较高	初审、实审	2~3年	20年	与另外两种相比，额外的审查费，年费也较高
实用新型	产品的形状、构造或者其结合	新颖性、创造性和实用性，技术高度相对较低	初审	1年以内	10年	——
外观设计	产品的形状、图案或者其结合以及色彩与形状、图案的结合	不属于现有设计；与现有设计或者现有设计特征的组合相比，应当具有明显区别，授予专利权的外观设计也不得与他人在申请日以前已经取得的合法权利相冲突。外观设计主要强调设计上的区别，而不要求技术上的进步	初审	1年以内	10年	——

（2）专利申请类型设计的要点。

在进行专利申请类型设计时，要从技术的重要度、客观属性、多个保护类型的搭配等方面进行考虑。

① 技术的重要度。

技术的重要度是决定保护形式重要因素。如果该技术很重要，创造性较高，又属于企业研发中核心的技术，可考虑采用以发明专利为主要类型的保护模式；如果该技术的创造性不高，不是非常重要，可考虑以实用新型专利和外观设计专利为主要类型的保护模式。

② 技术的客观属性。

技术的客观属性决定了技术的实际保护形式。专利申请类型在设计时，还应当结合需要保护的技术本身的形式。例如，如果是方法，即便创造性不是很高，也只能采用发明专利这一类型的保护模式；如果需要保护的是产品的外观，即便其新颖性非常高，也只能采用外观设计专利这一类型的保护模式。

③ 多个技术的类型搭配。

在对多个对象进行专利申请类型设计时，考虑各个对象之间在搭配使用时，不能任意搭配组合，而应按照一定的方法来进行。专利申请类型搭配时可以参照以下两点方法：

其一，核心技术部分多采用发明专利，外围技术部分可以采用实用新型专利和外观设计专利。核心技术的重要性或创造性比较高，申请发明专利并得到授权的可能性较大，专利权利也比较稳定，也有利于未来对该专利的维权。反之，围绕核心技术开发的一些外围技术，其重要性和创造性总体上相对较低，更加适合通过实用新型、外观设计等申请类型来保护。因此，核心技术以发明专利为主、实用新型和外观设计专利为辅，外围技术可考虑以实用新型和外观设计专利为主，发明专利为辅。

其二，在发明和实用新型的选择上，应倾向于以发明专利为主，实用新型专利为辅。发明专利和实用新型的发明高度不同，相对实用新型而言，发明专利要求的创造性是"突出、实质性的进步"。对于发明和实用新型都可以申请的技术方案，企业从是否有助于促进专利质量的角度进行选择。在注重专利质量的当下，应当增加发明专利的比重而降低实用新型专利的比重，以增加得到实质审查的机会，尽可能提高专利质量。

（3）实际案例及点评。

【案例 5-1】

L 公司生产肾动脉支架，公司专利管理部门老王和研发部小王共同合作，研制出了钴铬合金的支架，专利管理部老王认为该研究成果不仅规避了 J 公司的专利，而且比 J 公司的专利技术效果还要好，可以考虑将自己的研发成果申请专利。老王和小王经过分析，决定对该研发成果进行全方位的专利保护，为此，他们设计了三种专利申请类型：(1) 对于钴铬合金支架的制造方法，采用发明专利的类型来申请；(2) 对于钴铬合金肾动脉支架的整体结构，采用实用新型专利的类型来申请；(3) 对于钴铬合金肾动脉支架的外形，采用外观设计的类型来申请。通过上述三种专利申请类型的设计，为小王研发出来的钴铬合金肾动脉支架提供全方位的专利保护。

点评：小王的技术核心应当在于钴铬合金支架的制造上，完成这个钴铬合金支架的制造后，再在支架上设计挖槽、载药的结构等就相对比较容易，因此，该案例中的钴铬合金支架的制造方法作为核心技术以发明专利类型来申请，而支架的结构和外观分别以实用新型专利类型和外观设计专利类型来申请。

3. 专利申请的时机

当申请人决定将其发明创造提出专利申请后，就需要考虑何时提出申请对申请人最为有利。一般而言，由于包括中国在内的绝大多数国家/地区的专利制度中都遵循"先申请原则"，因此，及早提出专利申请通常对申请人来说是较为有利的，这样可以防止竞争对手抢先申请。然而，考虑到技术成熟度、保护期限等方面的因素，也并非是专利申请提出得越早越好，一般至少需要考虑以下方面的因素：

（1）考虑业界研究水平以及竞争对手的研发状况，特别是竞争对手研究相同领域、相同技术方向的可能性。如果企业自身的研发实力在业界非常领先，而竞争对手目前还不具备条件研究出同样的技术成果，那么则不需要急于申请，待业界的竞争对手注意到此研究方向并准备研发时再申请专利，这样可以避免专利过早公开而导致竞争对手不需要研发投入就能洞察技术的发展趋势和细节，给竞争对手可乘之机。尤其是对于高新技术产品而言，首先考虑的不是申请专利，而是采取严格的内部保密措施，并实时关注和评估业界的发展状况，选择最佳时机进行申请。同时，由于专利的法定保护期限是从申请日起算，合适的延迟申请可以使得保护期限后移，对市场的控制期更加久远。

当然，如果自身的技术创新成果属于业界正在研究的热点，同时有多个竞争对手正在进行开发，那么则应该抢先申请，尤其是行业水平相差不大，竞争对手实力较强时，更应该及早申请，避免被对手抢先申请。

（2）考虑技术本身的成熟度。如果在技术创新成果尚未成熟时过早申请专利，可能会由于不具备授予专利权的条件而会影响专利权的获得，或者由于方案不成熟而导致专利权的保护范围非常狭窄；而且，将不够成熟的技术方案过早的暴露给竞争对手，极有可能使竞争对手在短时期内迅速投入研发并赶超自己，或者部署非常多的外围专利，使得自己的技术发展方向受到很大局限，自身权益受到很大影响。因此，为防止竞争对手以自己的专利为基础展开外围研究和专利部署，申请人应等到核心技术与周边研究大致成熟后再批量申请系列专利，力争最大的权利保护范围，使得基础专利与外围专利申请保持协调，最好是形成具有立体保护效果的"专利池"，在基础专利外围形成坚实的"技术壁垒"。

4. 专利申请的地域

由于专利权具有地域性特征，即某个国家或组织授予的专利权仅仅在其相应的地域范围内有效。在现阶段，申请人如果希望在各个不同的国家/地区都拥有专利权，还是需要分别去这些国家/地区进行单独申请。由于涉外专利申请手续繁杂，费用一般也较高，还需要应对存在差异的专利制度和程序。因此，申请人是否需要向不同的国家和地区申请专利，需要慎重考虑。

第一，应该选择最有价值的市场来部署专利，对于企业自身产品的主要生产和销售地，应该着重部署专利，遏制竞争对手。同时，在竞争对手的重要市场所在地，也要部署专利，以求得制约平衡。

第二，应该选择高质量的技术方案去申请涉外专利。在专利纠纷案中，并不是以专利的绝对数量决定胜负，专利的质量才是最重要的，如果国外的市场确实存在强大的竞争对手和侵权风险，那么部署高质量的专利才是解决问题的真正途径。

5. 专利申请量

专利申请量体现在不同产品、不同市场、不同时期以及不同申请类型等方面，申请量对于专利质量提高、专利的组合应用、费用预算等方面都非常重要。专利申请量不是由企业管理者意志所决定，而是要纳入企业对专利的科学管理之中，结合各种因素确定所得到的数量指标。

（1）专利申请量的考量因素及其影响。

影响一个企业或者一个研发项目的专利申请量需要从多个方面或因素进行考虑。

① 研发项目的创新度和创新点的数量。

通常一个创新点就可能产生一份专利申请，创新点越多，专利申请量必然越高。反之，如果企业没有创新，研发项目没有什么创新点，即便投入再多的专利费用，专利申请量也不会因此变得更高。因此，应该说，创新度和创新点的数量对专利申请量的数量有着本质的影响。

② 产品/技术的种类。

企业为了分散经营风险，往往不会只经营单一的产品，而是或多或少地进行多元化，经营多个产品，进入多个技术领域。然而，由于企业未来发展重心、市场规模、竞争情况、销售区域的不同，以及本身技术属性的不同等诸多原因，企业所经营的多个产品以及所处的技术领域也会有一定的区别，例如技术优势不同，产品销售额不同，市场占有率不同等。相应地，企业在各个技术领域内申请专利的方法、技巧也会有所不同。

事实上，由于企业在产品、技术的发展战略上往往都会有所侧重，在其认为比较具有市场竞争力的产品、技术上投入较多的精力和财力。专利申请量也应在不同产品、不同技术各有侧重。对于企业拥有较强技术优势的技术领域，或者市场销售额较高的产品领域，企业在预测、确定该产品、技术领域的专利申请量时，应当适当调高其规模，而企业没有技术优势的技术领域或者市场销售额较低的产品领域，则应当适当调低该领域内的专利申请量的规模。

【案例 5-2】

J 公司是一家多元化的电子产品生产厂家，产品涉及 MP3、摄像头、小音箱、数据线、便携式移动硬盘等，而 J 公司最主要的技术优势和市场占有率最高的产品只有摄像头这一产品，其他产品则市场占有量偏低。为此，J 公司的专利管理部门在预测专利申请规模以及安排相关的专利申请预算时，将 80% 的专利申请规模预测值和专利申请预算都投给了摄像头这一产品项目。

为了达到区分不同领域确定专利申请量的目的，企业的专利管理部门在预测、确定企业的专利申请量时，有必要深入企业的不同研发项目、产品项目中进行调研，了解不同项目的技术创新潜力和可能的市场效应，以此来预测、确定各个研发项目、产品项目的专利申请量。

③ 企业的专利申请预算。

持续的专利申请需要持续的资金投入。企业在专利申请方面的预算越多，专利申请量就可能越高。如果企业在专利申请方面投入不够，有些创新点就可能因为经费不足而被放弃专利申请，专利申请量必然不高。因此，专利申请的预算对企业的专利申请量具有非直接而直观的影响。反之，当企业在制定专利申请预算的时候，专利申请量也会反作用于专利申请预算的规模，例如，当上一年度的专利申请量总体规模较大时，在做下一年度的专利申请预算时，预算规模也可以相应地在上一年度较高的基础上制定更高的预算额。

④ 行业内专利分布情况及增长率。

行业内专利分布情况及其增长率对企业的专利申请量的影响主要体现在竞争对手的专利拥有情况及其增长率。如果企业所在的行业或技术领域专利申请量较大，增长速度也较快，表明该技术领域的创新空间较大，这时企业应该有意识地通过研发甚至通过专利文献的检索和分析来尽快、尽可能多地申请专利，从而提高本企业的专利申请量，以在激烈的"专利竞赛"中不会落于下风。

⑤ 国际市场开拓情况。

企业的产品销往国外，最好能够获得当地国家的专利法律保护，以确保自己的市场份额。由于不同国家的专利保护环境不同，通常只有在企业的产品销往发达国家时才有必要在所在国家申请专利保护，发达国家开拓市场越多，越有必要提高在这些国家的专利申请量，而其他不发达国家，例如非洲、拉美、东南亚等地区的国家，就不必进行大量地专利申请保护。

（2）确定专利申请量的流程。

通过对上述这些因素及其影响力的分析，可以协助企业寻找到相对有效、性价比合适、科学合理的专利申请量。

首先，要分析企业技术创新项目的创新点数量以及创新度的高低，基本上可以按照"一个创新点至少申请一件专利"的比例来大致预测专利申请数量。这就要求企业的专利管理人员和技术研发团队中的每个研发项目的工程师进行沟通，对研发项目创新点的数量及创新度进行总体上的把握。

其次，企业要结合自身的国际市场开拓情况，了解未来国际市场开拓的潜在产品和潜在市场，以此来预测大致的外国专利申请量。这就要求专利管理人员要和市场营销人员进行沟通和讨论。

再次，企业要在检索的基础上分析本行业或者本技术领域内的专利分布的情况以及近几年来的增长率，尤其要研究主要竞争对手的专利申请及其增长率的情况，在此基础上修正上述预测的专利申请数量。

最后，预测专利申请数量的管理人员要评估其预测的专利申请大致所需的专利成本，然后与财务预算管理人员协商实际能够获得预算数额，在确定最终的预算款项以后，再次修正专利申请量的预测值。

通过如表 5-3 所示的流程，企业就可以预测和确定较为合适和合理的专利申请量。

表 5-3 确定合理申请量步骤

确定顺序	调研、讨论对象	调研、讨论内容	目的
步骤1	技术部归口领导 研发项目负责人	技术研发项目创新点多寡、创新力度	大致预测技术部门的专利申请量
步骤2	市场部门归口领导 国际市场营销人员	市场（尤其是国际市场）开拓情况	大致预测国际专利申请量

续表

确定顺序	调研、讨论对象	调研、讨论内容	目的
步骤3	专利管理人员	本行业、本技术领域、主要竞争对手专利分布情况及近几年来的专利增长率 本公司近几年来的专利增长率	修正专利申请量预测规模
步骤4	财务部门归口领导 财务管理人员	专利预算额度	确定最终的专利申请量

（二）专利申请前决策的准备工作

当企业完成一项发明创造或者形成一个发明创造的整体构思之后，需要考虑通过专利来进行保护时，不需要即刻进入到申请过程中，而是在前期进行科学和缜密的决策和准备工作。

申请前的决策对于企业非常重要，需要考量的因素也很多，因此对于企业而言，建立内部的决策机制和流程非常必要。一般而言，企业可以通过专利评审组来进行申请前的决策，专利评审组由企业研发人员（技术专家）和企业专利工作者（法律专家）共同组成，并且企业研发人员的代表中应该包括研发管理者，以便于对技术方向和趋势等作出宏观的判断，使得专利申请的策略更加符合外部市场以及企业自身的需求。

在专利申请前决策的工作主要包括：技术交底、保护形式的评估、申请前的检索、专利申请撰写方式、申请文件的审核、发明人身份确认、技术交底书的归档等。

（1）技术交底：发明人填写技术交底书，并将技术交底书交给专利管理部门。

（2）评估保护形式：专利管理部门收到发明人提交的技术交底书后，开始审核其内容，并按照如下三个角度来评估该技术的具体保护措施：其一，以专利的形式来保护还是以非专利的形式来保护；其二，如果是以专利的形式来保护，那么应当采用发明、实用新型、外观设计三种专利类型中的哪一种；其三，如果是以专利的形式来保护，是否需要进行分案申请或进行专利组合申请。如果研发部门的主管认为技术方案涉及技术秘密，或者涉及其他不应该申请专利的情形，则应该转入技术秘密的文档资料库进行保存，不再进入到专利申请的流程中。

（3）专利检索：在确定用专利的形式来保护以后，专利管理部门应当着手进行专利申请前的专利检索，以确认其不存在新颖性、创造性的缺陷。如果检索结果发现其存在新颖性或创造性的缺陷，则流程终止，放弃对该专利的申请；如果未发现新颖性或创造性缺陷，则该管理流程继续。在进行现有技术检索和评估时，判断技术方案是否存在新颖性问题或明显的创造性问题，然后出具检索评估意见，如表5-4所示。在此过程中，专利工作者应当同发明人进行充分的沟通并协助其完善交底书，准备后续的正式评审。

表5-4 检索评估意见

案件编号	（此处记录企业内部案件编号）
案件主题	（此处记录技术方案的主题名称）
方案简介	（此处描述技术方案的要点、有益效果或外观设计的图示、简要说明）
比对分析	（此处记录企业专利工作者检索到的对比文件以及根据对比文件所作的比较和分析）
评估结果	（此处记录分析结果以及企业专利工作者的建议）
附件清单	1.（对比文件1） 2.（对比文件2）

(4) 撰写：对专利检索后认为可以申请专利的技术进行专利申请文件的撰写，企业专利管理部门可以自行撰写，也可以委托外部的专利代理机构撰写。撰写虽然是根据发明人的技术交底内容来进行，在撰写的过程中需要保持发明人、撰写人员之间的沟通，以便能够撰写出一份符合发明人意图、保护范围又合理的专利申请文件。

(5) 审核：专利申请文件撰写完毕之后，企业的专利管理人员和发明人还应当对该专利申请文件的草稿进行仔细的审核，尤其是对有关需要克服的技术背景的描述是否客观、权利要求书的保护范围是否足够大且合理等方面的内容更要仔细审核，并将审核结果告知具体负责撰写的人员，由其更正，使撰写的专利申请文件更加完善，保证专利撰写的质量。

(6) 发明人身份确认：准备提交专利申请之前，专利管理部门还应当对发明人的身份信息进行核实，确认该专利技术的发明人是否符合专利法中有关发明人的定义。专利管理部门通常要了解该技术交底中的技术所属研发项目的开发团队，开发团队可能涉及企业内部和外部的人员。对该技术中的相关参与各方进行调查了解，明确各参与方在该技术发明中的作用，例如组织作用、研发作用、辅助作用等。对于有疑问的人员，要向该人员进行核实。

(7) 技术交底书归档：技术交底转化成为专利申请文件之后，专利管理部门应当将技术交底书归档，以备未来查询之用，并完善企业与专利有关的文档的管理工作。

表5-5展示的流程是一种常用的流程，不同的企业在处理专利申请前的决策工作时，流程的内容和流程的顺序可能不同。例如，有的企业在专利申请之前并没有撰写质量审核这样的流程内容。有的企业则没有专利检索这样的流程内容。又如，有的企业关于发明人身份的确认这一流程节点放在技术交底之后，有的则将其放在专利检索之后、专利申请文件撰写之前。因此，企业应当根据自己的个性化的专利工作需要，制定符合自己管理特色的工作流程。

表5-5 专利申请前的基本工作流程

流程顺序	参与者	内容	备注
步骤1	发明人	技术交底	技术交底应尽量详尽地记载技术方案
步骤2	专利管理部门	评估是否适合进行专利保护	要同时评估采用何种专利形式来保护
步骤3	专利管理部门	专利检索，确认是否存在"专利三性"的缺陷	专利检索不需太复杂，只要不是能够很明显地发现新颖性或创造性瑕疵，即可考虑撰写并申请专利
步骤4	专利管理部门或外部专利代理机构	撰写	除非企业拥有很高素质的专利撰写人员，否则建议企业尽量采用代理服务，而将管理重心放在后面的质量审核之上
步骤5	专利管理部门、发明人	质量审核	着重审核权利要求书（尤其是独立权利要求）的保护范围、技术背景描述是否客观
步骤6	专利管理部门	发明人身份确认	
步骤7	专利管理部门流程管理人员	技术交底书归档	

六、优秀专利的管理

优秀专利是指技术含量较高、开创性强、市场前景较大或者具有重大影响力和控制力的专利。企业基于对未来技术发展方向的预测，为保持自己技术、产品的竞争优势，将其核心技术或基础研究的重大成果进行专利申请。优秀专利中所涉及的技术通常具有很高的创造性，往往是企业具有重要意义的核心技术或主导技术，具有广泛应用的可能性，潜藏着巨大的经济利益。

优秀专利一般具有以下特征：

◇ 优秀专利是为企业量身打造的专利，主要是帮助企业在优势环节增强竞争力，在薄弱环节尽量弥补不足。因此，优秀专利是具有企业自身特色的、具备实用价值的一类专利。

◇ 优秀专利与基本专利（必要专利）概念不同，基本专利（必要专利）必然是优秀专利，但是大部分企业尤其是国内企业能够拥有基本专利（必要专利）的机会少，难度大。因此，企业可以围绕基本专利（必要专利）为基础，通过各种策略构建与之相关的优秀专利。

◇ 优秀专利不仅体现在专利本身，更为重要的是，企业如何运用、管理和维护优秀专利，从布局的角度进行专利组合，并且不断优化和升级，保持优秀专利的活力，才能够确保企业自身的竞争优势，并且最大限度地占有市场份额。

由于优秀专利对企业来说非常重要，因此在日常工作机制中，应注重对优秀专利的发现和管理。如图5-14所示，从研发阶段即开始有意地关注所挖掘出的专利的应用价值。

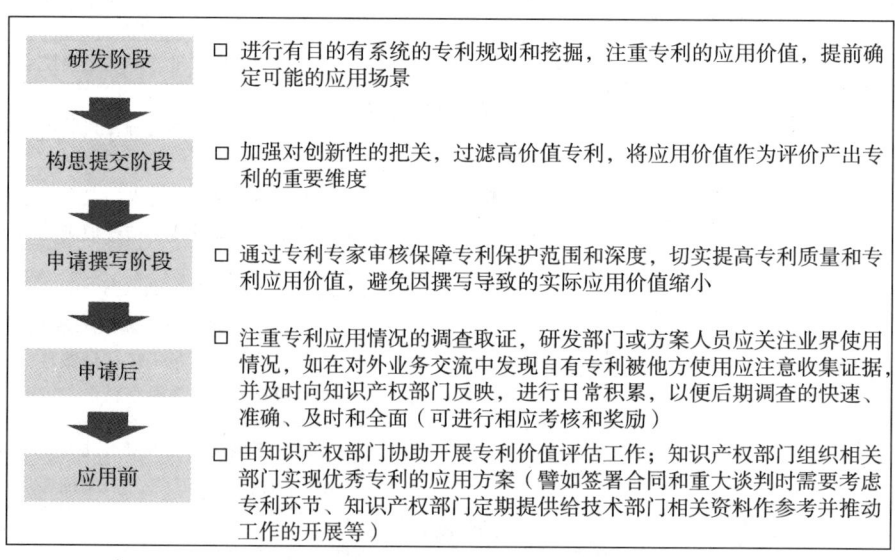

图5-14 优秀专利常规工作机制

（一）识别优秀专利的重要因素

优秀专利的识别主要通过技术因素和市场因素（或产业因素）两个层面综合来进行判断和确定。

1. 技术层面的识别因素

技术层面需要从技术重要度、可替代性、使用后被发现的难易程度、技术寿命、与企业或行业的关联度等因素来进行识别，如图5-15所示。

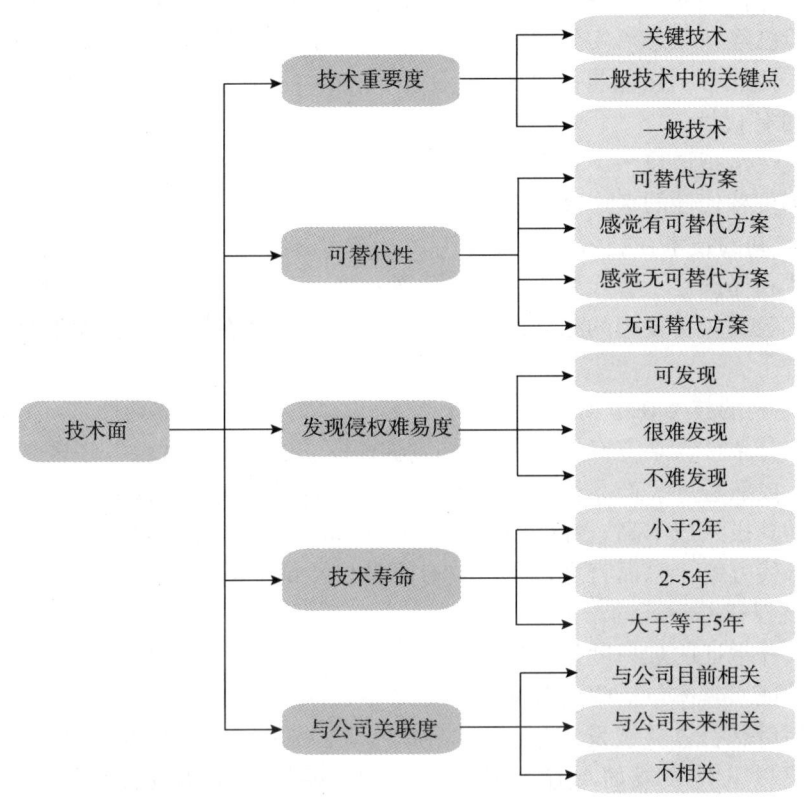

图5-15 技术层面识别因素

（1）技术重要度。

技术重要度是从多维的角度进行考虑，包括技术属性、技术点的控制力、市场保护力等，具体如下：

① 优秀专利的技术是否是颠覆性的开创技术，即是否能够颠覆当前技术，并完全取代当前功能的实现方式，达到占据行业市场的目的，在行业和产业中具有引领未来技术发展方向和占据未来市场的作用。

② 优秀专利的技术还包括对现有技术的重要改进，实现技术效果的显著放大或者成本的大幅降低，从而极大提升企业的竞争力。

③ 优秀专利可以针对企业目前对市场起到保护作用，构建专利防线，防止竞争对手越过防线和找到漏洞，具有控制对方技术关键点的作用，从而为企业争取平等话语权，

保障市场行动自由。

④ 优秀专利的技术能够占据关键控制点，围绕该技术设置专利封锁线，可以有效制约对手，占领市场份额，巩固企业有利市场地位。

（2）技术成熟度。

技术成熟度是指该专利所涉及的产品或技术目前处于什么阶段，是概念、样机还是正式产品，是否存在技术漏洞，是否具有较高的可操作性。例如，方案已经用在正式的产品或业务中，且不存在技术漏洞，操作性强，则可判断为技术成熟度高；方案尚处在概念阶段，可操作性弱，或许还存在部分技术漏洞，则可判断为技术成熟度低。优秀专利的技术一般已经从概念落实到实体，并且经过全面的检测和试验，对漏洞和缺陷进行弥补，可操作性强、工作性能稳定。

（3）不可替代性。

不可替代性是指该技术不存在合适的替代方案或者解决同样问题实现同样功能的替代方式。对不可替代性的考虑基于以下方面：

① 优秀专利的技术在技术上不可替代。由专利挖掘可知，在技术已被他人申请的情况下，在整体和局部寻求替代性方案是规避潜在专利风险的一种有效手段。因此，优秀的技术方案一般都具备较高的独立性，很难有替代方案存在，他人也就很难利用替代方案来进行规避。

② 优秀专利的技术在市场和产业中不可替代。技术上的可实现性是可替代性的必要条件而不是充分条件，某方案能否成为替代方案除了技术的实现性，还需要考虑该方案的开发成本、成熟程度、产品稳定性、市场反映等因素。例如，某替代方案虽然从技术上可行，但是其投入成本高、性能不稳定、返修率高导致整体收益差，这种方案本质上不能成为可替代方案。总而言之，是否具有可替代性最终需要经过市场的考验和选择。

（4）发现侵权并举证的难易度。

发现侵权并举证的难易度是指产品在投入市场后，他人的仿冒产品能够是否容易被发现并方便举证。具体包括两层含义：

一是使用后是否容易被发现侵权。即该产品在被仿冒后，能够通过正常渠道获得，并且轻易地可以从外表或简单途径发现其侵权，不会被他人使用多种手段掩饰内部结构。

二是发现侵权后是否容易取得侵权证据。即该产品在被仿冒后，侵权的事实明显，如正在工作的方式或运作的方法容易被记录，并且保留证据，不会被他人通过各种手段销毁侵权证据。

（5）技术寿命和市场生命周期。

技术寿命由整体行业发展和技术更新换代来决定，技术寿命由市场更新周期来体现。在实际操作中，技术寿命受多种因素制约：

⋄ 该技术是否属于产业的共性技术；
⋄ 该技术是否处于较为成熟的阶段；
⋄ 该技术是否进入产品发展衰退期；
⋄ 该技术的是否可应用于多个领域。

技术寿命决定了企业下一步研发的投入和发展战略制订，技术寿命越长，企业占据市场主动地位的时间也越长，为企业带来的利益越持久，企业的回报越丰厚。

同时，对优秀专利的识别需要考虑剩余技术寿命和市场生命周期，即分析该技术在一定周期中的位置，确认被新技术取代的时限。优秀专利的技术能够处于周期中的前端，最佳是处于周期的开始阶段，这样才能够发挥其最大的作用。

（6）与行业和企业的关联度。

与行业和企业的关联度是指该技术能否保持与企业的整体战略一致以及是否符合市场的发展趋势。这种关联度具体表现在：

① 与企业的战略方向一致。企业的发展战略是企业智囊团经过前期充分的调研、分析和预测得出的科学方针。企业的发展规划决定了技术的研发方向，符合企业战略方向的技术能够获取最大的资源投入和支持，并顺利推进。

② 与市场的趋势高度相关。企业的产品是否合格最终由市场决定，符合市场趋势和客户需求的技术才是经得起考验的技术。市场从时间特性分为目前市场和未来市场，优秀的专利技术在立足目前市场的前提下，更能兼顾未来市场。

因此，从上述技术层面综合来看，如果一个专利方案它的技术重要度非常高，在该产品或该领域中属于关键性的技术，并且，很难有替代方案来替代它，在他人使用后也很容易被发现并取证，技术寿命较长，和行业的关联度高容易被人使用，则基本可以判断属于优秀专利。

2. 市场层面的识别因素

市场层面需要从现有或未来可预见的市场规模、市场中竞争对手的部署、适用范围的宽窄等因素来进行识别，这些因素包括以下几点。

（1）市场规模和认可度。

市场规模跟产业化密切相关，应基于产业化情况来分析市场规模。如果已经产业化，则主要判断目前的市场规模，如果没有产业化，主要判断未来可能的市场规模。优秀专利的技术能够在现有市场规模中占据较大份额，在未来市场中能够获得广泛的认可。获得较大的市场规模以及得到市场的认可有多种体现，包括：

- 是否解决急需解决的疑难点问题，如艾滋病治疗；
- 是否极大地提高产品的关键性能，如 CPU 的速度；
- 是否显著改善产品的使用舒适度，如人体工程学设计；
- 是否给客户带来操作上的便利性，如滑频操作；
- 是否明显地节约生产和流通成本，如廉价材料选择。

从以上的各种体现可以看出，优秀专利的技术能够以用户的需求为中心，因此，获得较大市场规模的优秀专利的技术必定是能够贴合用户需求的技术。

（2）在市场中的竞争力。

① 优秀专利的技术能够与产业发展方向一致，尤其是符合未来产业发展预期及在今后具有较大市场占有率的专利。

② 优秀专利的技术能够针对竞争对手的薄弱环节，控制关键技术点，有效遏制竞争对手，占据有利地位。

③ 优秀专利技术能够与其他的专利相组合，对竞争对手的现有市场及新兴市场地形

成有效挑战和威胁，为企业顺利拓展市场保驾护航。

（3）技术的可适用范围。

① 优秀专利的技术可被广泛应用在多个领域。现代技术是跨范围多领域的合成体，如果能够在多个应用领域方面的跨越和移植，该技术和产品就具有强大的生命力，同时可以突破当前领域的市场界限，多渠道获取收益。如有些技术，仅仅局限于移动通信方面的应用，而另外一些技术除了能用在移动终端外，还能用在 PC 机上，则这些技术的应用范围相应就较宽，较宽的应用范围也会带来较大的使用价值。

② 优秀专利的技术具有可观的产业成长潜力。优秀专利能够引领未来行业发展趋势，具有不可估量的产业应用前景，在未来产业垄断地位和绝对优势。

（4）推广中的难易程度。

市场推广的难易程度体现了产品被市场接受和认可的程度。优秀专利的技术能够针对大部分客户的需求制定解决方案，在推广的过程中不仅没有阻碍，相反还能够很快地进行扩散。

总之，从上述市场层面综合而言，如果一个专利方案现有的市场空间很大，或者未来潜在的市场很大，具备较强的竞争力，可被应用的领域非常广泛，市场推广相对容易，在用户中被广泛接受，则基本可判断该专利方案属于优秀专利。

（二）优秀专利的筛选方法和流程

优秀专利的方案在技术处于行业制高点或者控制点的位置，在市场上具有大规模的现有应用范围以及未来潜在的应用规模。企业可以基于优秀专利来进行专利布局，防范各种威胁，为企业顺利推广产品和开拓市场保驾护航。同时，优秀专利来自于企业精英团队的智慧结晶，需要对相关人员及时进行奖励，维持团队的建设，防止人才流失，为企业保留人才。在此基础上，进一步加大投入，鼓励科研人员进一步研发，扩大优势，维持企业的竞争力。因此，企业需要根据自身情况，制订规则，筛选出优秀专利。

对优秀专利的筛选评估主体通常应包括知识产权管理部门、技术部门和市场或销售部门。

在知识产权部门的主导下，技术部门对优秀专利进行技术方面的判断和评估，市场或销售部门进行市场/产业因素的判断和评估。同时，知识产权部门对该专利方案的可专利性、撰写方式、申请地域和时机、授权前景、保护范围界定等因素进行把握。在三个部门的协作下共同完成优秀专利的筛选工作。

1. 优秀专利筛选的基本思路

在对技术层面和市场层面进行综合判断时，由于判断条件众多，且每个判断人的主观因素会直接影响相应单个条件的判断结果，很容易导致判断结果出现一定的偏差。因此，在根本无法完全消除主观因素对评价结果影响的前提下，可使用一些客观确定权重的方法，尽可能地降低主观因素的不利影响。如果通过简单的方法能得到与复杂方法较相近的结果，那么简单的方法也可以考虑。

基于技术层面和市场层面进行客观评价的基本思路是：

步骤一：基于技术因素和市场因素确定指标。

步骤二：构建评估模型，如采用层次分析法，给出权重和比值，构建计算模型。

步骤三：根据模型评估因素之间的权重关系，对每个专利进行量化评估，得出分值。

企业在进行评估时，应根据实际情况选择考虑因素，对相应的指标进行权重和评估值的赋值。表5-6是一种常见的评审表。

表5-6 优秀专利评审样表

一级指标	二级指标	权　　重	评估值
技术因素	技术重要度		
	技术成熟度		
	不可替代性		
	发现侵权并举证的难易程度		
	技术寿命和市场生命周期		
	与行业和企业的关联度		
市场因素	市场规模和认可度		
	在市场中的竞争力		
	技术的可适用范围		
	推广中的难易程度		

2. 优秀专利筛选的流程和处理示例

优秀专利的筛选流程有多种形式，涉及的部分包括技术部门、知识产权部门、市场/销售部门以及企业管理层。在筛选时可以由多个部门提出，分别从技术、市场、法律等层面进行综合评价，最终确定优秀专利。以下重点介绍一种常见的筛选流程，如图5-16所示。

（1）技术部门从技术角度出发，初步进行判断，提出优秀专利的评估申请，并向知识产权部门提出优秀专利评估申请。

（2）知识产权部门进行专利层面的评估，从专利保护角度进行初步判断，考虑方案的描述，并要求技术部门、市场/销售部门进行市场应用前景的评估。同时，知识产权部门可以组织人员对专利进行检索分析，评估专利与现有技术的差别以及专利的保护性，作为优秀专利筛选的参考信息。

（3）技术部门从技术层面对专利进行技术评估，得出技术评估结论；市场/销售部门从市场层面和商业角度进行评估，得出市场评估结论。

（4）知识产权部门组织评审会议，评审会议的组成人员通常包括：发明人和他的直接领导、专利人员和部门经理以及有经验的市场人员在内；评审会议在技术评估、专利评估和市场评估三个评估结论的基础上，确定是否核准为优秀专利。

优秀专利筛选出来后，需要对其技术上进行延伸改进、在专利方面完善布局，对发明人进行奖励等后期工作：在技术方面，要以优秀专利的技术方案为基础，进行改进研发和相关技术研发，并进行适度扩展性研发，保持在技术上的整体优势地位；在专利方面，要以优秀专利的技术方案为核心，对外围技术进行专利申请，形成专利组合，增强

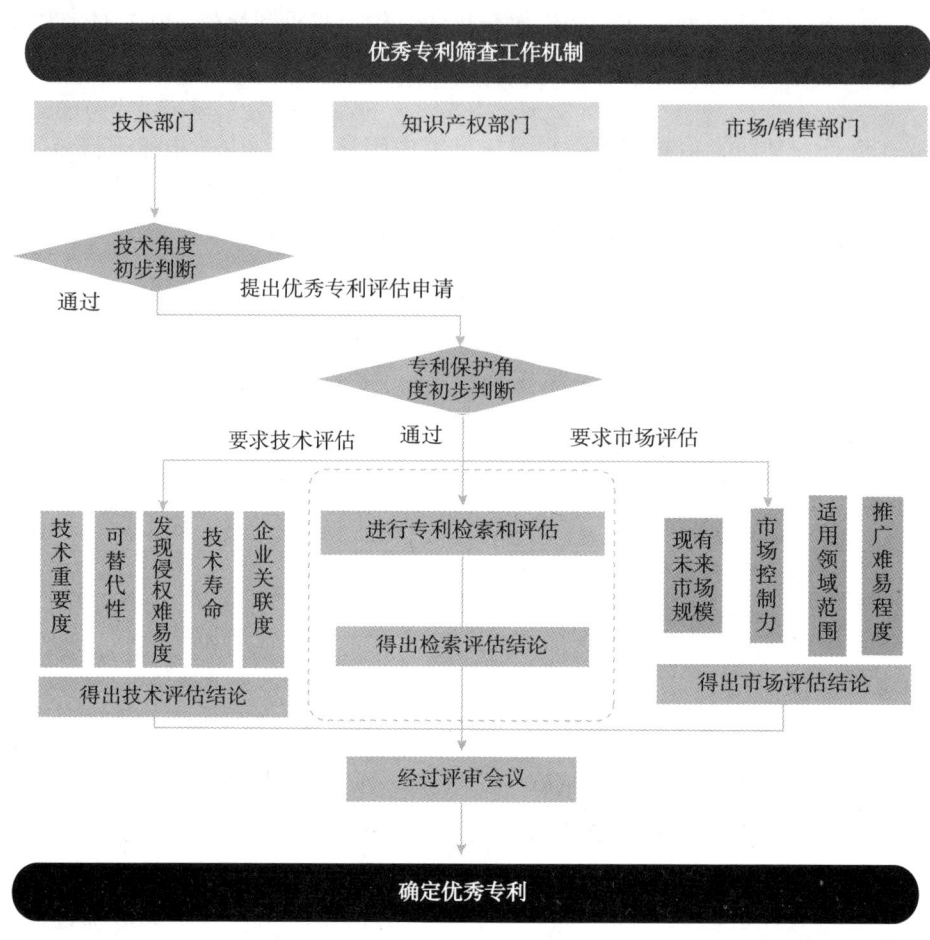

图 5-16 优秀专利筛查工作机制图

竞争力;在发明人的奖励方面,要按照约定或法律进行奖励,鼓励发明人及团队进行后续延伸改进研发,同时避免关键发明人流失,如果发生关键发明人辞职或流失情况,要注意规避相关专利风险。

3. 优秀专利筛选时的注意要点

优秀专利是从众多专利中通过一定原则筛选出来的,在筛选时对于不同的部门需要注意不同的要点,包括以下几个方面。

(1) 对于技术部门而言,充分利用优秀专利,展开后续研发。

首先,对研发项目的各个部分进行跟踪管理,尤其是重要技术研发项目,其中的关键创新点很可能成为日后的优秀专利,并且加大研发力度,以达到技术上控制关键节点的目的。其次,在对各个发明构思进行检索查新后,进行技术部门内部的初步评估,对于前景好、价值高的技术创新点需要进一步拓展外围专利,形成以核心技术为中心的专利组合;对于存在专利风险的技术点可以借助检索结果,考虑各种规避设计,为后期的专利布局提供技术储备。

(2) 对于知识产权部门而言,整体上管理企业的专利,构建企业的专利数据库。

首先，在检索查新和评估时发明构思时，及时收集创新性高的发明构思，同时收集存在专利风险的发明构思，为后期布局做好准备。其次，综合技术部门的技术评估结论、市场/销售部门的市场评估结论，对具有基础性、通用性技术以及大规模市场范围和产业前景的专利进行重点管理。最后，在应对专利纠纷和诉讼时，重点关注多次发挥重要作用以及具有关键控制性的专利，标注其重要度，重点进行维护。

（3）对于市场/销售部门而言，从市场角度出发，及时注意和收集产品中具有很好推广性并容易被接受的技术点，向知识产权部门提交相关的报告。

对这些技术点的工作重点包含两个方面：一方面，如果该技术点已申请专利，则根据市场反应和客户需求，提出针对该技术的可改进方向，为技术部门进一步研发提供指导；另一方面，如果该技术点未申请专利，及时提醒知识产权部门进行专利申请，并结合技术点进行外围申请等布局。

（4）对于人力资源部门而言，主要是对重点关注项目团队进行科学管理，重点保证团队人员的完整性和持续性，防止因人员调动导致潜在的优秀专利的流失，避免关键发明人加入竞争对手后引起的专利风险。

第六章 专利风险管理

导 言

专利风险普遍存在于企业的各种行为中，为了有效地减少风险的发生和损失，需要开展专利风险的管理工作。

本章通过一系列管理思路、流程和措施的介绍，希望能帮助企业建立起变被动防御为主动预防、变全人工反应为设计自动反应流程和应对方案、变风险纯定性分析到相对定量分析、变单点关注到多方面保障的专利风险管理体系。

一、专利风险管理概述

广义上的专利风险，是指在企业所进行的任何与专利有关的行为中，因管理疏忽或处置不当而可能带来负面后果或损失的可能性，包括风险行为、风险损失两方面内容。

专利风险管理工作的基本目标，是通过一系列的制度和行为规范、应对措施等，降低或消除风险发生的可能性，以及在风险不可避免时尽量减小给企业带来的损失。

专利风险管理工作的重点是对风险行为进行控制，可以从分析与该行为有关的企业内部活动和外部环境入手，找出影响风险发生和风险损失的各类因素和相关主体，在此基础上通过停止该行为、调整行为方式或提供其他辅助措施等方式来实现风险控制。

根据风险的性质，企业在研发、生产、经营等活动中所面临的专利风险总体上可以分为两类：

- ◇ 管理层面风险：主要包括因管理措施缺失或制度不完善、企业决策失误、制度执行和监督不到位、权责不明确等可能给企业带来损失，例如，申请文档管理不善、研发中的专利权属未做明确规定等。这一类的风险贯穿于各项专利工作中。

◇ 专利侵权风险：主要指在研发、生产、经营等活动中可能会侵犯他人的专利权而给企业带来损失，涉及的企业行为有采购、研发、生产、销售、出口等，这些可能会侵犯他人专利权的专利称之为风险专利。例如，所销售的产品侵犯现有的专利权而被禁售，研发的产品可能落入现有的专利权范围内导致研发投入被浪费等。

由于专利侵权发生后，对企业市场自由度的影响和带来的可能损失较大，并会对企业的市场、研发战略等带来一系列的不利影响，甚至会危及其生存安全，因而这类风险最为企业所关注。因此，本节在介绍完专利风险管理的一般流程后，还对专利侵权风险管理的工作要点进行了介绍，并在之后的各节中重点围绕专利侵权风险管理的各个工作环节详细展开。

（一）专利风险管理的基本流程

鉴于风险在企业行为中存在的普遍性和风险发生的不确定性，有必要将专利风险管理作为企业的一项常规管理工作内容。为此，需要建立一整套专利风险管理的流程，通过规范化的流程操作来有效地实现对风险的主动发现和处置应对。

一般而言，专利风险管理的流程可以由风险点的排查和归纳、风险评估、风险应对三个环节构成。

1. 风险点的排查和归纳

风险点的排查和归纳是专利风险管理中的基础工作。只有及时排查出潜在的风险行为和风险专利，企业才能够提前研究应对策略、制订应对预案，采取必要的应对措施进行防范和规避，风险损失才能够被有效控制。此外，通过对排查出的专利风险行为进行归纳和分类，可以方便企业集中、有针对性地监控、评估和应对风险，提高企业专利风险管理的效率。

对于管理层面风险，可以参照各项专利管理工作的流程和工作要点进行逐一的排查，查找制度设定和管理工作中的漏洞和不足之处，并按照风险行为涉及的工作领域或环节进行归纳和分类。

对于专利侵权风险，主要是排查与企业所关注的产品相关的风险专利，并按照风险专利所涉及的技术点和产品进行归纳和分类。排查后，企业还可以建立风险专利数据库，并对风险专利数据库中的专利内容以及专利的法律状态等信息不断进行更新和维护。

在完成所有的专利风险点的排查和归纳后，企业可以制作专利风险清单，以便于相应地管理部门对照清单进行核查，及时排除风险。专利风险清单制作完成后，要随时根据专利管理工作的进展进行更新，将已经排除的风险从清单上剔除，将新排查出的风险点列入清单中进行监控和应对。

表6-1给出了专利风险清单的示例。该表格依照专利风险行为可能涉及的专利工作领域进行归纳和分类，整理出9个大类的一级风险和27个小类的二级风险供企业参考。

表 6－1　专利风险清单

一级风险	二级风险
专利战略风险	专利策略风险
	与专利战略有关的制度风险
	与专利战略有关的人员风险
	与专利战略有关的工具风险
与标准有关的专利风险	与国际标准和行业标准有关的专利风险
	与企业标准有关的专利风险
研发过程中的专利风险	研发环节的内部人员管理风险
	研发环节的专利检索风险
	技术合作、开发合同签订环节的风险
	技术合作、开发合同履行环节的风险
专利申请过程中的风险	专利申请准备环节的风险
	专利申请环节代理人管理的风险
	申请文件复核环节的风险
	专利申请流程监控环节的风险
专利实施过程中的风险	业务开展与合作环节的专利风险
	采购环节的专利风险（设备/软件/定制产品）
专利许可风险	专利许可合同签订环节的风险
	专利许可合同履行环节的风险
专利转让风险	专利转让合同签订环节的风险
	专利转让合同履行环节的风险
专利融资风险	与专利融资有关的风险
	专利权质押合同中的风险
其他专利管理中的风险	专利维护与奖励环节的风险
	怠于行使权利的风险
	专利复审与复议环节风险
	专利无效与诉讼环节风险

2. 风险评估

风险评估环节能够为企业的专利风险管理工作提供有力的决策支撑。对于不同的风险点，其发生的几率和带来的损失有所差异，企业应对的成本也有所不同。实际上，受制于各方面资源的有限性，企业很难在一定时间内对所有的风险点都作出积极的处置和应对。通过风险评估，能够帮助企业发现对其主要市场和主要产品的生存安全影响较大的风险点，从而集中精力和资源有选择地针对风险度较高的工作环节或风险专利进行重点管理和监控。

专利风险的评估主要是通过综合考量多方面的因素来评测风险发生的可能性以及风险发生后可能会带来的损失。根据对各个风险点的评估结果，可以将其划分为不同的风险等级，从而便于管理层根据不同的风险度选择应对策略和措施。

对于风险发生的可能性，可以从风险行为发生的频度、企业内部对该行为的监管和制度约束力、风险行为涉及的其他主体的态度等方面考虑。风险行为发生的频度越高、企业的监管和制度约束力越差、其他主体通过风险发生来谋求利益的驱动力越强，则风险发生的可能性越大。例如，对于管理层面的风险，主要是从专利管理制度的完善程度、实际中的制度执行情况、监督机制、各岗位人员职责是否清晰、岗位人员专利相关的法律素养等进行考查。

对于风险的损失，可以从直接的经济损失、对企业现有经营和管理体系的影响程度、对市场份额和市场准入资格的受影响程度、对企业战略的影响程度以及对商业信誉的影响程度等方面考虑。

需要注意的是，风险的评估结果并非是静态不变的，而是可能会随着企业自身的发展、企业战略的调整、技术和行业发展趋势的变化、企业运营环境的改变等而有所变动。例如，当原先的竞争对手成为企业的合作伙伴后，与该竞争对手相关的专利风险点的风险程度会减低；又如，随着市场热点的变化，一些原先受关注度低的产品的市场规模发生快速增长，与其有关的专利风险点的风险程度可能会增加。

3. 风险应对

降低或消除风险发生的可能性、减小风险损失的目标主要通过风险应对环节来落实。

专利风险的应对包括选择什么样的应对策略和采取哪些应对措施。在选择应对措施时，企业需要考虑该措施的可执行性、有效性、实施成本、该措施对企业的运营影响等因素。对于一些重点关注的风险点，还可能需要采取多种措施组合应对。

随着专利风险点的更新，要及时对现有应对措施的有效性、完整性进行检查。在风险评估结果变化后，对于应对措施或者应对措施的组合可能也需要相应作出动态调整。

其中，对于管理层面的风险，主要是通过完善制度、加强对管理控制节点的监督、对执行情况进行抽查反馈、对岗位人员进行相关培训等措施。对于专利侵权风险，主要有主动谋求专利许可、进行技术方案的规避设计、进行专利挖掘、对现有专利提起无效请求、将专利风险转移给上下游的其他主体、购买专利、并购其他公司、寻求企业联盟或战略合作等措施。

（二）专利侵权风险管理的工作要点

1. 专利侵权风险管理的工作内容

对于专利侵权风险，可以通过专利侵权预警工作来有效地提前防范。

专利侵权预警是公司在制订研发计划和产品开发方案时，即通过收集与分析相关术领域内企业的专利申请、授权等专利信息和技术、市场、政策等宏观信息，掌握该领域内尤其主要竞争对手的专利布局情况，判断和预测技术发展的现状和趋势、市场竞争点的环境和格局，从而使得企业能够提前发现潜在的侵权风险和侵权对象，及早研究如何更改研发方向或产品方案来避免侵权行为的发生，以及需要取哪些应对策略和措施。开展专利预警可以防止企业盲目地研发、生产、销售投入和行为，节约资源，还可以减少专利诉讼发生的可能性和损失,是一套能够有效避免和控制专利侵权风险的工作机制,如图 6-1 所示。

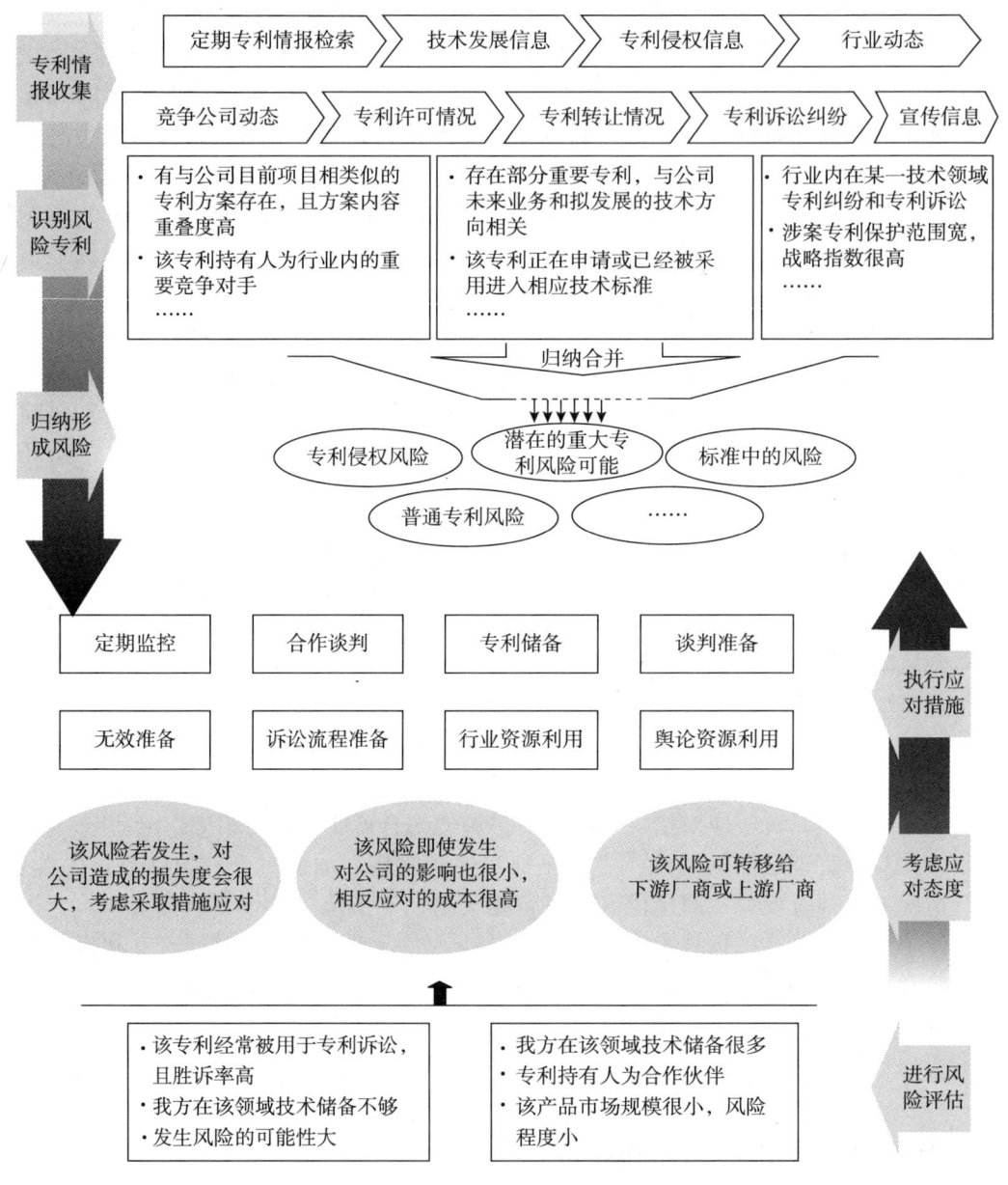

图 6-1　专利侵权预警工作主要内容

专利侵权预警工作主要包括以下一些内容:
◇ 进行专利情报类信息的收集和分析,包括进行专利检索,了解技术发展的信息、行业内专利诉讼和侵权信息、行业动态、行业内专利许可和转让情况以及竞争公司的动态和宣传信息等。对这些专利情报信息进行综合分析,从其中识别和归纳出可能存在的风险专利。

◇ 对风险专利进行评估，从风险专利所涉及的产品的重要性、风险专利本身保护范围的大小和可规避性、行业内专利诉讼状况、企业与专利权人的市场和专利实力对比情况等角度进行分析，评估该风险发生的可能性以及风险发生后对企业造成的损失程度。

◇ 考虑行业环境、风险发生后对企业市场的影响程度、自身的应对能力和应对成本、技术和市场的发展动向等因素，制订风险应对策略，选择适宜的应对措施或措施组合，对风险进行监控，做好应对准备。针对重要的技术点、重点产品或者主要的竞争对手制订成套的应对预案。

2. 专利侵权风险管理的重点对象

当一个企业产品线较为丰富的时候，要对所有的产品都进行专利风险排查、评估和应对，综合成本较高，企业可以选择重点产品加以关注并进行专利风险的管控。其中，值得关注的重点产品可以包括以下几类。

（1）市场占有率增长快的产品。

这类产品往往会对其他同类产品的市场份额的产生很大影响，同行的市场会受到很大威胁，甚至可能会导致行业格局发生变化。市场占有率增长快的产品，往往也是一个企业获利潜力最大的产品，很可能成为企业的未来的主要增长点，从而导致竞争对手很有可能拿起专利权来打压企业，控制快速增长的市场态势。因此，市场占有率增长快的产品，应重点关注。

（2）市场销售额高的产品。

市场销售额高的产品，企业获取的经济利益也可能越大，一旦发生专利侵权诉讼，专利权利人通过诉讼或其他手段所获得的赔偿数额也就可能越高，企业潜在的损失风险较大。因此，市场销售额高的产品，也应重点关注。

当然，何谓市场占有率增长快、市场销售额高，不同行业、不同企业的理解不同。企业的知识产权部门在判断时，应当结合企业自身情况以及企业所处的行业形势、行业地位来综合判断。

（3）企业作为重点战略发展的产品。

这类产品现在还处于概念化阶段，尚未进入市场，或者在市场中尚未成为主流。这些产品虽然现在对企业没有利润贡献或者对企业的利润贡献较小，但根据技术发展和市场需求的预期，将是企业战略规划中作为未来重点发展的产品。对于这一类产品，也应该提前关注。

二、专利风险的排查

一般而言，风险专利的排查在企业的产品开发项目或技术研发项目启动之时就应该着手进行。排查过程中，需要对与项目方案有关的各类专利、技术、市场等信息进行收集，及时发现可能会威胁项目预期方案的风险专利，以便及时调整项目方向、更改方案设计以及采取必要的应对措施。

这其中，根据对项目方案的技术理解和技术特征分析，进行专利文献的检索是获取风险专利的主要途径，而将初步筛选出的专利数据与项目方案进行比对时确认风险专利的关键环节。

需要注意的是，风险专利不仅仅包括已经授权维持有效的专利，也包括已经公开尚处于审查状态的专利；对于后者，需要对其审查进程和状态保持关注。另外，在条件允许的情况下，对风险专利的收集可以不局限于企业已经或准备开发、生产、销售、产品，也可以扩展到其他相关或类似产品，以及未来可能重点发展的产品，从而为企业总体的发展战略提前做好风险预警工作。

（一）专利风险的排查流程

以专利文献检索为基础进行风险专利排查的主要流程包括专利检索、专利数据筛选和技术比对分析三个环节，其中，企业还可以根据自身情况和需求选择在专利数据筛选后开展宏观分析。

1. 专利检索

该环节的主要目标是检索和采集所有的与企业的技术或产品方案相关的专利。在该环节，需要通过对技术或产品方案的技术理解和分析，确定该方案的技术构成，列出该方案中可能存在侵权风险的所有技术点，并对每一个技术点提取必要的技术特征。根据这些技术特征选择检索要素，构造初步的检索式。然后，在进行初步检索的基础上，完进一步完善对技术点的理解，重新总结技术点的特征和特征表达方式，修正检索式。根据修正后的检索式完成检索，采集有关的专利数据。

2. 专利数据筛选

该环节的主要目标是对专利检索环节中采集到的专利数据进行筛选，剔除不相关的专利，补充缺失的专利信息。筛选主要通过人工阅读方式来进行，在充分理解专利技术方案基础上将所有相关的专利筛选出来。在筛选过程中，如发现某技术点有其他重要特征或重要检索要素被遗漏时，可以进一步修正检索表达式，对该技术点进行补充检索和筛选。筛选后，可以按照企业的技术分类体系对所有的专利进行归类。对于归类后的相关专利的数据集，可以进一步形成企业专利预警风险数据库。最后，被筛选出来的专利将作为技术比对分析中的目标专利。

3. 宏观分析

如果筛选后专利数据的量比较大，或者企业的技术或产品方案涉及的潜在侵权点较多，需进一步进行宏观分析，制作专利地图。

专利地图能够帮助企业进一步了解风险专利的分布状况，例如其在各个技术点上的分布状况、各个主要市场地域的分布状况、各个申请人中的专利状况。藉此，企业可以初步了解各技术点上和各市场地域中的风险威胁状况，主要的潜在侵权对象以及该对象具备专利优势的技术点和市场地域，从而有助于企业确定风险防控的重点，也为企业后继制订应对策略和选择应对措施提供决策参考。

4. 技术比对分析

该环节的主要目标是在筛选出的专利数据中进一步确认出风险专利。通过将筛选后的相关专利进行深入的技术解读和特征分析，与企业技术或产品方案进行技术特征比对，最终确认出会威胁该技术实施或产品销售的专利，即确认风险专利。

（二）专利检索

为了确保能够充分检索到所有的相关专利，一般情况下，可以进行针对技术主题和针对目标企业的两类检索。其中，针对目标企业的检索可以有效地弥补针对技术主题检索中的疏漏，确保企业完整地掌握其主要竞争对手的专利布局信息。

1. 针对技术主题的专利文献检索

（1）检索方法。

检索的流程主要包括确定检索的目标"技术方案"、收集和整理检索要素、构建检索表达式、修正检索表达式等步骤。

确定检索的目标"技术方案"时，需要由专利工作人员和技术人员共同对检索所针对的产品或技术进行讨论，对其方案进行技术解读和归纳，形成类似于权利要求的"技术方案"。并对该"技术方案"进行技术特征的划分，确定出检索时必须考虑的特征。随后，针对这些特征，收集和整理检索要素。

在收集和和整理检索要素时，可采取"由面到点"的方式进行。首先查找技术主题整体相关的关键词与专利分类号，再分别查找与各个技术点相关的关键词与专利分类号。完整上述步骤后，可以首先构造技术主题整体相关的检索表达式，然后构造各个技术点相关的检索表达式。

构建检索表达式时，一般情况下可以采取关键词与专利分类号（例如 IPC 分类号）相结合的检索方式进行检索，即采用在专利文献标题、摘要或者权利要求中检索包含技术或者行业关键词的方式，同时利用 IPC 分类号进行补充和修正，来获得与技术主题相关的专利文献。

技术人员在项目开展之初较难全面列出进行专利检索所需的相关键词和分类号，使得检索人员构建出的检索表达式也并不全面。为保证检索结果的全面性和完整性，在进行数据检索、数据筛选和相似性比对的过程中都会根据结果不断补充检索关键词，对检索表达式进行多次的修正。

（2）关键词的收集。

由于专利文献自身的撰写特点以及不同人、不同地域的撰写习惯差异等因素，专利文献在技术的词语表达上存在多样性、复杂性的特征，因此关键词的收集往往成为专利检索中的一个重要环节。

为了保证检索结果的全面性和准确性，需要全面收集和整理相关的关键词来构造检索表达式。其中，通常需要关注和收集的关键词包括以下几类：

◇ 专有词汇：很多词汇只出现在特定的产品或技术领域中，为这些特定产品或技术领域的"专有词汇"。使用"专有词汇"作为关键词检索得到的专利文献往往都与检索目标相关，因此需全面收集这类词汇。

◇ 通用词汇：不同产品或技术的相关文献中特别是专利文献，出于保护的需要，也许并不会使用该产品或技术的专有词汇，只是使用一些应用较为广泛的"通用词汇"去描述。因此，为了保证检索结果的完整性，也需尽可能查找出技术主题领域相关的"通用词汇"。

- ◇ 同（近）义词：在专利文献的撰写过程中，可能由于不同的理解或出于保护的需要，对某一产品或技术的描述可能不会使用较为普遍使用的词汇，而是使用普遍使用词汇的同义词或者近义词，在关键词的查找时必须考虑这一因素，否则很可能导致检索结果不全面。
- ◇ 词汇的翻译：为了保证检索结果的完整性，往往需要对中、外文的专利数据库都进行检索，一些领域还会习惯使用英文简写，在收集关键词时需要注意词汇的翻译，尽可能地收集英文关键词对应的各种中文形式以及中文关键词对应的各种英文形式。

其中，由于"通用词汇"、"专有词汇"和"通用词汇"的同（近）义词、翻译形式可能会被应用在多个技术领域，单独用来检索必然会使检索结果中出现大量与目标技术领域无关的专利文献。为保证检索结果的准确性，可以进一步对各种关键词进行组合，或者增加其他的词汇进行限定。

（3）检索的组织实施方式。

根据所检索的产品所涉及技术的复杂度，可以将其分为"单一类技术"产品和"复杂组合类技术"。

① 单一类技术。这类产品涉及技术内容较为单一，例如化学产品、零部件等，化工企业、制药企业和一些产业的上游企业往往涉及这类产品。这类产品往往是只作为一个整体侵犯现有专利的权利，对于这类产品，一般可以直接根据产品的类别，结构、材质、物理或化学性质等特点进行检索。

② 复杂组合类技术。这类产品往往属于多类技术的集成，在产品上汇集了企业在不同技术方面的研发结果，其不单单会作为一个整体侵犯他人专利权，产品中用到的特殊材料、特别的零部件或者特别的功能结构也可能会侵犯他人的专利权，例如手机，其显示屏结构、手机外形、操作方式等都可能存在侵权风险。对于这种产品，首先需要对产品进行技术分解，例如从产品的技术构成上将检索目标分解为若干个技术点，针对每个技术点，采取和"单一类技术"相同的方式展开检索，最后再将各个技术点的检索结果汇集成完整的专利检索结果集。当然，并非分解后的每个技术点都需要展开检索，而主要是针对其具有潜在侵权风险的技术点进行专利检索。

2. 针对目标企业专利文献检索

由于专利侵权诉讼往往被各公司用作扼制竞争对手市场增长的一种手段或作为一种获利途径，企业所面临的专利侵权险通常会来自于某些与企业之间存在市场竞争关系或有着强烈地专利获利需求的公司。直接针对这些公司，从其名称为入口进行专利检索，是一种发现风险专利的较为快捷的途径，同时也可以有效避免一般检索流程中的遗漏。

（1）目标公司的确定。

以下这些公司都可能会和企业之间发生专利诉讼纠纷，其拥有的相关专利对企业会产生较大的威胁，值得企业重点关注。因此，企业可以这些公司为目标进行专门检索：

① 正在与企业直接发生市场竞争关系的业内同行，即当前的竞争对手。

② 曾经在行业内占据重要地位但现在已经淡出市场的公司。这类公司虽然不再与本企业直接发生市场竞争，但其往往拥有大量的专利储备，随时可能会利用其专利储备通过侵权诉讼途径来谋求经济利益，也可能将部分专利被转让给与本企业存在竞争关系的第三方，对这类公司也需要重点关注。

③ 未来可能与本企业发生市场竞争关系的公司，即潜在的竞争对手。例如，一些技术领域相近的公司或者一些大型跨领域集团。前者因领域相近，其进入该领域市场的技术研发和技术改造门槛较低，后者则因为作为其战略需要，往往在多个领域都投入研发力量，已具备一定的技术积累和专利储备。随着该领域市场吸引力的增加，这些公司在未来都有可能进入而成为本企业的竞争对手，因此对其拥有专利也要保持关注。企业可以根据上市公司公报、展会、行业年会等多种渠道获取相关信息，判断那些公司可能成为潜在竞争对手。

④ 以专利经营为主，自身并不直接参与产品的研发、培育等活动的公司。对于这类公司，由于其获利的主要途径即是通过发起侵权诉讼获得赔偿，因此还需要特别地关注。

（2）目标公司名称的收集。

为了能从专利数据库中完整的检索出以该目标企业的所有相关专利，需要收集该企业在专利申请中可能用到的所有名称。具体而言，可以从以下几方面来尽可能地收集该公司的名称，保证专利检索数据的完整性：

⋄ 发展过程中的名称变化：任何一个公司在发展过程中，都有可能涉及公司名称的变更，因此为了完整地检索出跟目标公司有关的专利，必须考虑在检索周期内是否发生过公司名称变化的信息。

⋄ 相关分（子）公司：对于国际化的公司，其以各种形式投资、合资、参股的分（子）公司，在法律地位和商业运营等意义上都是该公司的"一致行动人"。因此，以目标公司的这些有关联的分（子）公司的名义申请的专利，无论从潜在的权利要求和实际的威胁性方面都应该看作与目标公司完全一样的权利人，在进行数据检索时必须考虑。

⋄ 兼并收购重组的公司：对于历史比较久远的公司，其在发展历程中必然会通过兼并收购等方式来实现快速的扩张和发展，从而会形成比较多的被目标公司兼并收购重组的公司，这些公司（或者其分、子公司）在被目标公司兼并收购重组后有可能保留原来的运营名称和法律实体，也有可能完全被目标公司所吸收合并而消失。无论是否保留，这些公司在被收购之前（甚至在收购之后）都会存在大量以原公司名义申请的专利，这些公司跟目标公司同样是"一致行动人"的关系，在进行专利检索的时候也必须注意并考虑。

⋄ 公司名称的变形形式：目标公司的中文专利可能会由多个专利代理公司代理，每个代理公司可能都会使用不同的中文名称，有的名称可能是代理公司翻译的，并没有在相关公司的中文官方网站、中文技术资料、相关新闻中出现，这种变形形式在数据库中有可能会以不同申请人的形式出现，必须加以考虑。

⋄ 公司名称可能的错误形式：由于专利数据库的历史沿革比较长，很多数据库早期不支持电子提交的方式，因此申请时间距今比较久的数据，在进行人工输入申请人名称的时候,难免会出现差错,这种错误也会对检索结果产生影响,必须加以考虑。

此外,还会存在者一些直接以企业负责人名义直接申请的情况,此时需要该负责人的个人申请也纳入目标企业的专利中。

对于上面列出的这些不同形式的公司信息,可以通过该公司的网站、公司年报、证券公司的产业研究报告、相关的新闻报道等渠道综合收集。

(三) 专利筛选

在检索时,为了保证专利检索结果的完整性,往往会在检索表达式中尽量多地引入相关的关键词和分类号,从而导致索的结果不甚完善,存在一定量的无关专利文献。例如,引入一些与目标技术相关的通用词汇和相关词汇的同(近)义词,扩展关键词的拼写形式索,都可能会使得检索结果中出现与检索目标无关的专利文献。

因此,为了保证检索结果的准确性,在采集完检索结果的专利数据之后,必须对其进行针对性的筛选整理。

在实际的操作中,企业可以采用检索专家团队与技术专家团队共同参与、分别负责的模式,并按照图6-2所示的流程开展专利筛选工作。其中,检索专家团队可以由企业自身熟悉专利文献检索的人员组成,也可以由外部专利代理机构或专业检索机构的人员组成,或者由多方人员共同组成;技术团队则主要由企业内部的技术人员组成,也可以有知识产权部门的人员参与并协判断。

首先,由检索专家团队通过阅读专利的名称和摘要对检索结果进行初步筛选,排除绝对不相关的专利,得到初步筛选结果。

随后,由技术专家团队阅读标题和摘要对初步筛选的结果进行进一步的筛选,得到"可能相关"和"不确定"的专利。

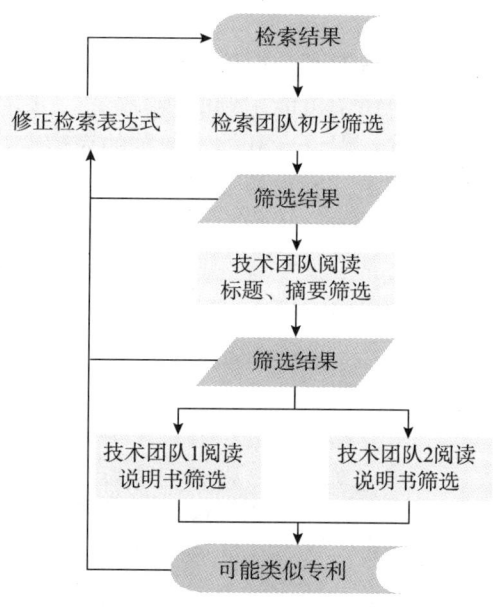

图6-2 专利筛选流程

接下来,由技术专家团队进一步阅读专利说明书筛选出可能类似的专利。为保证类似专利不被遗漏,采用两个技术专家团队同时判断的形式,尽量去除人为主观因素产生的误差以保证结果的科学性。两个技术专家团队各自阅读之前判定为"可能相关"和"不确定"专利的说明书全文,并将专利类似性判断分为"感觉类似"、"有一定差异"和"确定不类似"三个选项,专利只要被一个技术专家团队评判为"感觉类似",便被划分为"感觉类似";只有两个技术团队均评判为"确定不类似"的专利才会被划分为"确定不类似";其余的专利被划分为"有一定差异"。

需要注意的是,该步骤的主要作用在于快速地剔除相关度较低的专利,而并不需要对企业的方案是否落入专利的保护范围进行细致判断,因此不必在该步骤耗费太多时间。在该步骤中被评判为"感觉类似"和"有一定差异"的专利,都需要进入到下一个步骤中进行技术比对分析。

(四) 技术比对分析

对通过检索和数据筛选得到的专利,还需要进行开展技术对分析工作,仔细考查其各个权利要求与企业的产品或技术方案之间的关系,将其中具有潜在侵权风险的专利筛查出来。技术比对分析的要点在于判断企业的"产品"或"技术"与该专利描述的技术方案是否相同或等同。具体可以按照如下流程进行操作:

◇ 对专利的权利要求进行技术特征分解;
◇ 对企业"产品"或"技术"进行技术特征分解;
◇ 制作"专利权利要求",和"产品"或"技术"的技术特征对照表;
◇ 进行技术特征比对,得出判断结果。

比对时,首先适用全面覆盖原则判断:如果企业的"产品"或"技术"中包含对比专利的权利要求中记载的全部技术特征,则可以判定该专利为风险专利,需要重点关注。当适用全面覆盖原则不能得出产品与引用专利类似的结论时,应当适用等同原则继续进行判断:如果企业的"产品"或"技术"中除与对比专利相同的技术特征外,其余技术特征分别与对比专利的相应技术特征构成等同,则可以认定该"产品"或"技术"仍然落入对比专利的保护范围,该专利同样属于风险专利。

为避免可能的风险专利被遗漏,保证技术比对分析结果的准确,企业可以采用两个团队进行评判。只要有一个团队评判为与企业"产品"或"技术"相同或等同的专利,便认为该专利属于风险专利;只有两个团队同时评判为与企业"产品"或"技术"不相同或不等同的专利,才认为不属于风险专利。在进行判断时,要注意对专利的所有独立权利要求和从属权利要求逐一进行判断。

技术对比分析一般由企业自身的技术人员和知识产权部门人员共同组成技术对比分析团队具体实施,也可以有外部专利代理机构的人员参与。

三、专利风险的评估

(一) 专利风险的评估方法

对于专利风险的评估,可以从风险发生可能性和风险发生损失度两个方面进行评测,综合两方面的因素,确定专利的风险水平。其中,对于每个方面都可以选取若干个维度和相应的指标进行评测。

为了便于比较不同专利之间的风险水平,可以通过设定一些评估标准、计算评估值的方式获得半定量的评估结果。例如,对每一项评估指标设定若干级别,不同的级别对应于不同的参考分值;对不同的指标设定不同的权重系数;然后,将各个指标的评估分数与权重系数的乘积相加,即可得到总的评估分值。

1. 风险水平的计算

在使用半定量的方式进行评估时，可以分别计算风险发生可能性的分值和风险发生损失度的分值，将二者相乘的结果，即可以作为风险水平的评估值。具体可以参照图 6-3 的图例和如下测评公式操作：

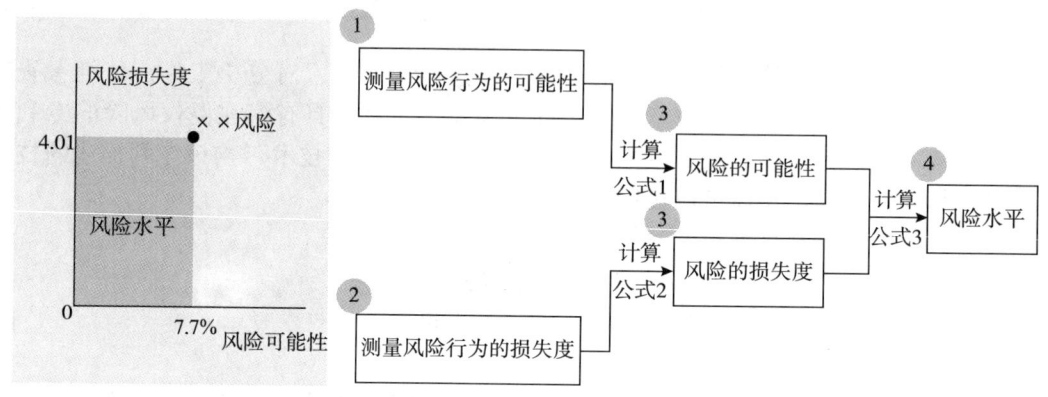

图 6-3　专利风险水平计算

- 风险的可能性 = 可能性维度 1 × 权重 1 + 可能性维度 2 × 权重 2 + …… + 可能性维度 n × 权重 n（公式 1）；
- 风险的损失度 = 损失度维度 1 × 权重 1 + 损失度维度 2 × 权重 2 + …… + 损失度维度 m × 权重 m（公式 2）；
- 风险水平 = 风险发生的可能性 × 风险造成的损失度（公式 3）。

需要说明的是，在实践中，并不一定对每件专利都必须按照上述公式进行评估和计算。当参与评估的多名人员凭经验和直觉共同认为某件专利风险水平很高时，可以直接得出风险评估结论。

2. 评估中的注意事项

在评估过程中，需要注意以下几点：
- 由企业的专利业务人员、技术人员和市场人员共同组成评测小组；
- 评估之前需要由对评测小组进行培训，讲解评估的方法，各个维度和指标的含义以及其与风险水平的相关关系；
- 在评估过程中，出现意见分歧时，需要小组成员充分讨论和沟通，并最终形成统一意见；
- 在评估过程中，对同一风险或风险行为的判断可能因人而异、因时而异，因此需避免人员更换、多次评估等情形，最大限度地保证评估过程的连续性和判断标准的一致性。

3. 风险等级的划分

根据对所有风险专利的评估情况，可以制作风险水平分布图，进行风险等级的划分，形成不同等级的专利风险清单。

风险水平分布图的横坐标为风险发生可能性的分值，纵坐标为风险损失度的分值；

根据对每个专利的风险发生可能性和风险损失度的评估结果，确定该专利在风险水平分布图上的位置。根据各个专利的在该图上的位置分布，可以将企业的风险专利分为四类，并具有不同的关注重点：

- ◇ 高损失度、高可能性：这类专利是企业进行专利风险应对的重点对象，要制订完善的应对措施，做好充分的应对准备。
- ◇ 高损失度、低可能性：对其中的引发该风险发生的主要因素进行监控，尽量消除该风险发生的可能性；一旦其发生的可能性上升时，要及时加强应对措施。
- ◇ 高可能性、低损失度：重点关注随着企业内外部运营的环境的变化，损失度是否有变大的趋势，并考虑是否有低成本的方式去规避风险。
- ◇ 低损失度、低可能性：需要适当关注其损失度和可能性随着企业内外部运营的环境的变化是否有变大的可能。

（二）风险可能性的评估

对专利侵权风险发生的可能性可以从专利威胁度、行业专利诉讼风险度、专利竞争实力等三个维度进行评测。一般而言，专利威胁度越大、行业中发生专利诉讼的风险越高、企业在与专利权人的专利实力上对比上存在较大差距时，专利侵权风险发生的可能性就越大。

下面的内容中，对于每个维度又列举了一些常见的评估指标以及这些指标的评估标准和评分等级，供企业参考。需要说明的是，企业并不一定要完全按照这些评估指标进行操作，而可以根据自己所在领域的情况选择适用于自己的评估指标、评估标准和评分等级。

1. 专利威胁度

对专利威胁度的评测可以从所属技术类别的重要程度、技术上的可替代性、侵权行为发现的难易程度、专利影响的时间长度、专利影响的地域范围、被引证频次等指标综合考虑。

（1）所属技术类别的重要程度。

该指标主要对专利所属的技术类别在该产品或领域中的重要性进行评估。评估结果可以分为三个等级：关键技术、一般技术中的关键技术点、一般技术。一般而言，在越重要的技术领域或技术点上，专利的密度较大，进行专利布局的公司较多，企业发生侵权的可能性也越大。

评估结果可以分为关键技术、一般性技术中的关键技术点、一般技术三个等级：

- ◇ 关键技术：对产品的制造或者其主要性能实现起到重要支撑作用的技术，或该领域中无法规避的共性技术。
- ◇ 一般性技术中的关键技术点：对应于产品中的辅助性功能或者非关键性能的技术可以被归为一般性技术，对于属于一般性技术的专利，如果其对应的技术点在此类技术中居于关键控制地位，则归为"一般技术中的关键技术点"。
- ◇ 一般技术：对应于属于一般性技术，又并非该技术中的关键技术点的技术。

例如，发动机即属于汽车中的"关键技术"。车窗玻璃总体上属于汽车中的一般性技术，而其中的车窗玻璃中的玻璃制备又属于"一般技术中的关键技术点"。

（2）专利方案的可替代性。

该指标主要是从技术、成本、性能因素对专利的方案在产业中是否可被类似方案所替代，是否易于通过规避设计绕开等进行评估。一般而言，越难以被替代的专利方案，企业要想做到完全不侵权，其所付出的成本会越高，该专利对企业的威胁越大。

专利方案的可替代性往往与该专利权利要求的保护范围大小存在一定的关联。保护范围较小的，较为容易进行规避设计，获得替代方案，并可能会存在多个可供选择的替代方案。而保护范围较大的，规避设计的难度较大，可替代性会较差。

可以将评估结果分为不可替代、可替代性较差、可替代性一般、可替代性强四个等级：

- 不可替代：暂时尚未发现替代方案在技术上的可实现性。
- 可替代性较差：技术上能够实现方案的替代，但是性能下降非常明显或者成本上升程度很大，该替代方案将不具备竞争力。
- 可替代性一般：技术上能够实现方案的替代，但会出现性能下降或者成本上升的问题，导致替代方案竞争力不强。
- 可替代性强：技术上能够实现方案的替代，并且该方案性能、成本与该专利相近。

（3）侵权行为发现的难易程度。

该指标主要是对专利方案在被实施后被发现的难易程度以及被发现后是否易于举证进行评估。一般而言，使用后很难被发现或者不能被举证发现的专利，其对企业的威胁性会小得多，即便非故意采用了也不容易引起纠纷，风险发生的可能性较低。

侵权行为发现的难易程度往往与权利要求的主题类型存在一定关联。例如，权利要求主题涉及产品形态、成分、结构等的专利往往属于实施后易发现的，而权利要求主题涉及制造工艺等的专利往往在被实施后难以发现侵权行为。

可以将评估结果分为实施后易发现且易举证、实施后易发现但难举证、实施后难发现、实施后不可发现四个等级：

- 实施后易发现其易举证：不需要使用特别的技术手段，很容易根据产品的外在特征即可以发现侵权行为，则属于实施后易发现。进一步而言，如果产品的侵权特征与专利权利要求中的技术特征存在良好的对应关系，则可以归于"实施后易发现其易举证"等级。
- 实施后易发现但难举证：实施后易发现，但产品的侵权特征并未与专利权利要求中的技术特征直接对应，需要借助其他方面的因素或途径进行判断。
- 实施后难发现：需要复杂的反向工程或较为特殊的技术手段，付出较大成本才能够发现侵权行为。
- 实施后不可发现：通过现有的技术手段或正常的途径不能被发现侵权行为。

（4）专利影响的时间长度。

该指标主要是从专利剩余的保护期限，与产品预计的上市时间和其生命周期对比的角度评估该专利对产品的可能影响时间长度。一般而言，专利影响时间越长，企业对其进行风险监控和应对所耗费的成本可能会越高，对企业市场自由度和获利能力的损害越大。

可以将评估结果分为影响时间较长、影响时间较短、无影响三个等级：

- ◇ 影响时间较长：预计产品上市时该专利尚处于有效状态，且在其保护期届满前，预计产品的市场会基本成熟，达到较大规模，会存在较为激烈的市场竞争。
- ◇ 影响时间较短：预计产品上市时该专利尚处于有效状态，但几年内就会过期，而且在这几年内该产品尚处于市场的认可和上升阶段，市场规模较小。
- ◇ 无影响：该专利剩余的保护期限较短，预计产品上市时该专利已经过期。

（5）专利影响的地域范围。

该指标主要是从该专利的同族专利的地域分布范围，与企业现有或预计开发的市场地域的重叠关系的角度评估该专利对企业市场地域的可能影响范围。一般而言，专利所影响的企业市场地域越多，对企业的市场规划的制约越大，相应地，其威胁度也越大。

可以将评估结果分为影响所有市场、影响多个市场、影响少数市场、不影响四个等级：

- ◇ 影响所有市场：在企业的所有市场地域中都存在该专利的同族专利。
- ◇ 影响多个市场：在企业的多个市场地域中都存在该专利的同族专利，并且其中包含企业最为关注的市场规模较大或成长性较好的若干地域。
- ◇ 影响少数市场：仅在企业的少数市场地域中存在该专利的同族专利，并且其中不包含或仅包含个别的企业重点关注的市场地域。
- ◇ 不影响：在企业的所有市场地域中均不存在该专利的同族专利。

由于在一定时间内，部分专利或专利申请的同族专利数量可能还会增加，因此需要注意对该专利最新的同族状态保持关注，并及时更改其地域范围影响的等级。

（6）被引证频次。

该指标主要是从该专利被他人在专利文献或其他科技文献中引证的频次进行评估。一般而言，专利被引证的频次越高，表明其很可能是该领域中较为基础或较为重要的专利，其对技术的影响力和控制力较强，会对企业存在较大的威胁。

可以将评估结果分为引证频次很高、引证频次较高、引证频次较低、无引证四个等级：

- ◇ 引证频次很高：专利被引证的频次达到数十次以上，或在该领域所有风险专利的引证频次中排名靠前。
- ◇ 引证频次较高：专利被引证的频次超过十次，或高于该领域中所有风险专利的平均引证频次。
- ◇ 引证频次较低：专利被引证的频次低于十次，或低于该领域中所有风险专利的平均引证频。
- ◇ 无引证：专利未被他人在专利文献或其他科技文献中引证。

（7）特殊考虑因素。

在实践中，并不一定需要对每件专利都进行上述指标的评估才能判断出其对企业的威胁度。有些情形只要有发生，实际上就可以直接将所涉及的专利视为威胁度很高的专利，这些情形包括：

- ◇ 涉及标准的专利：通常被纳入标准或欲纳入标准的专利方案都是行业中比较核心的专利方案，并且难以被规避。而不同重要程度的标准多对应的专利其威胁度一般也有所差异。通常情况下，按照国际标准、国内标准、行业标准、企业标准的顺序，专利的威胁度依次降低。当然，在实践中也可以根据不同的情况对该顺序进行必要的调整。对于涉及标准的专利，企业可以直接到关注的标准所包含的专利池中去寻找目标专利。
- ◇ 进行过转让或许可的专利：通常被转让或实施许可的专利，都是比较有价值的专利，需要重点关注。企业可以通过各种信息渠道，例如公司年报和宣传网站、行业动态报道、专利主管部门的官方网站上，收集行业内专利许可和转让信息，获取这些专利。
- ◇ 发生过诉讼或争议的专利：通常发生过诉讼或争议的专利都是诉讼或争议方经过精心选择的、较易发现侵权行为和举证、对市场中的产品针对性较强的专利，其威胁度往往也会比较高。企业可以通过检索有关的专利法律诉讼数据库、关注行业动态报道等方式，收集该行业所发生过的专利诉讼纠纷和侵权纠纷信息，获取这些专利。
- ◇ 直观评价为"威胁性很大"的专利：在专利威胁度评估中，为了充分发挥技术专家对专利威胁性的总体判断，可以设置了"总体威胁性"的判断选项，给出最直观的判断。由于参与的技术专家对该领域的技术认识和理解较为全面、深入，如果他们通过专利阅读后给出"威胁性很大"的直观判断，对于这些专利必须加以特别重视。

2. 行业风险度

对行业风险度的评测可以从所在行业中专利纠纷频度、专利纠纷的处理结果、专利纠纷对相关企业的影响、该行业的市场规模和成长性等指标综合考虑。

（1）专利纠纷发生的频度。

一般而言，专利纠纷发生的频度越高，表明该行业中更多公司会倾向于通过专利诉讼途径达到其商业目的，因而专利风险发生的可能性越大。

可以根据该行业近几年来发生专利纠纷的频度将其划分为若干等级，例如可以分为近2年发生过或正发生着超过2起的专利纠纷、近2年发生过或正发生着2起以下的专利纠纷、近10年来从未发生过专利纠纷三个等级。

划分的依据和等级可以根据该行业的特点而定，例如对于技术发展较快、专利纠纷较多的行业可以适当提高等级划分的专利纠纷数量标准。

（2）专利纠纷的处理结果。

一般而言，过往专利纠纷的处理结果在一定程度上反映了纠纷解决的法律和行业习惯，各公司也往往会依据这些信息预判提起诉讼后的处理结果并制订相应的策略。

根据专利纠纷的处理结果的不同情形，可以分为三个等级：大多以提起诉讼一方胜利结束、大多以双方和解结束、大多以提起诉讼一方失败结束。

如果过往的专利纠纷大多数的结果是提起诉讼一方取得胜利，则会对提起侵权诉讼行为产生一定程度的鼓励效应,专利风险发生的可能性较大。

(3) 专利纠纷对相关企业的影响。

过往专利纠纷对相关企业的影响,主要是指对企业市场行为的影响,例如纠纷处理结果中的赔偿额度和制裁措施等。这种影响,也在一定程度上反映了纠纷解决的法律习惯,会对各公司是否发起侵权诉讼的决策产生影响。

根据影响的程度,可以分为影响严重、影响可接受、影响不大三个等级:
- ◇ 影响严重:提起诉讼一方胜利后,赔偿额度较大,超出被诉方可接受的范围,或者对被诉方采取禁止销售的制裁措施,或通过提出高额的许可费用来迫使被诉方放弃该产品的销售等。
- ◇ 影响可接受:双方和解或提起诉讼一方胜利后,赔偿额度在被诉方可以接受的范围内,并以可接受的价格获得了专利权人许可。
- ◇ 影响不大:纠纷大多以提起诉讼一方失败。

如果过往的专利纠纷大多对企业的市场行为产生了严重影响,也会对提起侵权诉讼行为的产生一定程度的鼓励效应,预示着专利风险发生的可能性较大。

(4) 行业的市场规模和成长性。

行业的市场规模和成长性在一定程度上反映了未来企业将要面对的市场竞争烈度。根据市场规模的大小和成长性的高低,可以划分为四个等级:规模小且成长性低、规模小但成长性高、规模大但成长性低、规模大且成长性高。

一般而言,市场规模越大,市场的成长性越好,会吸引越多的公司加入到市场份额的争夺中,而在彼此的竞争中,专利诉讼往往会成为一些公司遏制竞争对手的发展、维护其市场优势的手段,专利风险发生的可能性也就越大。

3. 专利竞争实力

这里的专利竞争实力,主要是指从专利攻击与防御的角度评估企业和风险专利的专利权人之前的专利实力对比情况。对竞争实力对比的评估可以从风险专利的专利权人的攻击性,专利权人的攻击实力和企业的专利对抗实力等指标综合考虑。

(1) 专利权人的攻击性。

专利权人的攻击性可以通过其与企业的商业关系以及其专利诉讼的习惯来评估。专利权人与企业的商业关系,可以分为四种类型:企业的合作伙伴或关联企业、企业的竞争对手或其关联企业、非经营性实体的专利投机公司(如 patent troll)、其他企业或个人。专利权人的专利诉讼的习惯,可以分为两类:无主动挑起专利纠纷的习惯,有主动挑起专利纠纷的习惯两类。

根据上述两个方面的考虑,可以将专利权人的攻击性分为强攻击性、较强攻击性、攻击性一般、弱攻击性、无攻击性五个等级:
- ◇ 强攻击性:专利权人为企业的竞争对手或其关联企业,且有主动挑起专利纠纷的习惯,或者专利权人为非经营性实体的专利投机公司。
- ◇ 较强攻击性:专利权人为企业的竞争对手或其关联企业,且无主动挑起专利纠纷的习惯。
- ◇ 攻击性一般:专利权人为其他企业或个人,其有主动挑起专利纠纷的习惯。

◇ 弱攻击性：专利权人为其他企业或个人，且无主动挑起专利纠纷的习惯。

◇ 无攻击性：专利权人为企业自身的合作伙伴或关联企业。

对于专利权人是其他企业或个人的情况，还需要结合对行业成长性和对该专利权人的业拓展方向的分析来判断其未来是否可能成为企业的竞争对手。如果是，则其攻击性升级。

（2）专利权人的专利攻击实力。

专利权人的专利攻击实力可以通过专利权人在该领域的专利储备量情况，以及其在其他领域的专利储备量情况来评估。一般而言，专利权人的专利储备量越多，意味着其可能用来发动攻击的专利越多，并且企业进行规避设计的难度也越大，企业的应对成本会越高。

在市场竞争中，为了遏制企业发展，竞争对手除了会在与企业直接竞争的产品领域发起专利攻击外，还有可能通过对企业的其产品发起专利攻击来进行遏制。因此，在评估专利权人的专利攻击实力时，既要考虑其在目前评估的技术或产品领域的专利储备情况，也需要考虑其在其他领域的专利储备情况。

专利权人在该领域的专利储备情况，可以分为三类：专利储备量较少、专利储备量属于行业一般水平、专利储备量较多。

专利权人在企业的其他领域的专利储备情况，可以分为三类：没有专利储备、有一定量的专利储备、专利储备量较多。

根据上述两个方面的考虑，可以将专利权人的专利攻击实力分为攻击实力强、攻击实力较强、攻击实力一般、攻击实力较弱、攻击实力弱五个等级：

◇ 攻击实力强：专利权人在该领域专利储备量较多，且在其他领域专利储备量也较多。

◇ 攻击实力较强：专利权人在该领域专利储备量较多，且在其他领域没有专利储备或储备量一般。

◇ 攻击实力一般：专利权人在该领域的专利储备属于行业一般水平，且在其他领域没有专利储备或储备量一般。

◇ 攻击实力较弱：专利权人在该领域的专利储备较少，而在其他领域有一定量的专利储备。

◇ 攻击实力弱：专利权人在该领域的专利储备较少，且在其他领域没有专利储备。

（3）企业的专利对抗实力。

企业的专利对抗实力可以通过企业在该领域的专利储备情况，以及企业在对方其他领域的专利储备情况来评估。一般而言，企业的专利储备越强，意味着可以用于反击对方的专利越多，从而会更有利于在专利纠纷中达成交叉许可和解、减少风险损失，甚至威慑对方不敢轻易发动专利攻击。在评价专利的储备状况时，除了数量因素外，质量也是一个重要因素。在进行专利对抗时，几件核心专利往往可以抵得上数十件甚至上百件一般专利。因此，专利储备的强弱，需综合考虑其数量和质量因素。

在受到专利攻击后，企业既可以用与竞争对手直接竞争的产品领域的专利进行对抗，还可以用与竞争对手其他产品相关的专利进行反击。因此，在评估企业自身的专利对抗实力时,既需要考虑在目前评估的技术或产品领域的专利储备情况,也需要考虑本企业在对方其他领域的专利储备情况。

企业在该领域的专利储备情况,可以分为三类:专利储备较弱、专利储备量属于行业一般水平、专利储备较强。

企业在对方其他领域的专利储备情况,可以分为三类:没有专利储备、有一定的专利储备、专利储备较强。

根据上述两个方面的考虑,可以将企业的专利对抗实力分为对抗实力弱、对抗实力较弱、对抗实力一般、对抗实力较强、对抗实力强五个等级:

- 对抗实力弱:企业在该领域的专利储备较弱,且在其他领域没有专利储备。
- 对抗实力较弱:企业在该领域的专利储备较弱,而在其他领域有一定的专利储备。
- 对抗实力一般:企业在该领域的专利储备属于行业一般水平,且在其他领域没有专利储备或储备状况一般。
- 对抗实力较强:企业在该领域专利储备较强,且在其他领域没有专利储备或储备一般。
- 对抗实力强:企业在该领域专利储备较强,且在其他领域专利储备也较强。

(三) 风险损失度的评估

风险发生后的损失度可以财产损失度、非财产损失度、业务活动受影响度等维度进行评测,并考虑风险影响和波及的地域范围。

1. 财产损失度

财产损失度是对专利侵权风险发生后可能会给公司造成的经济损失的大小进行评估。这种经济损失主要包括:与专利纠纷有关的经济赔偿;相关的诉讼费用;停止侵权行为所带来的损失,例如因产品销售受阻而带来的生产资料投资损失和营收损失、进行产品改型的技术开发费用等。其中,经济赔偿的数额,可以参考本行业中过往的专利诉讼赔偿情况和专利法的相关规定等对作出预估。

财产损失度可以按照企业的实际的接受能力将财产损失度划分为若干等级。例如,小于50万为"财产损失很小"、50~100万为"财产损失较小",100~300万为"财产损失中等",300~1 000万为"财产损失较大",大于1 000万为"财产损失很大"。并根据企业预估的经济损失数额确定其财产损失度等级。

2. 非财产损失度

非财产损失度主要是指对专利风险发生后对企业行业形象影响程度的大小。

专利侵权风险发生后,企业可能会出现客户流失、合作受损、商业信誉度降低等情形。对于非财产损失度,可以从这些情形发生后企业重建客户和合作关系、恢复行业和市场信誉所需要耗费的精力、费用等进行间接评估。

专利风险对企业行业形象的影响程度还和风险波及的地域范围有关,波及的地域范围越广,对企业的负面影响越大。因此,可以根据风险波及的范围,给出非财产损失度分值的调整系数,将该分值与调整系数相乘得出非财产损失度的最终评估值。

3. 业务活动影响度

业务活动影响度主要是指专利风险发生后，给企业内部的研发进度、产品拓展等日常经营活动造成的影响程度。例如，在研发进度上，专利侵权风险发生后可能会导致企业与该产品有关的研发项目暂停、重新调整和规划研发方向；在产品拓展上，可能会导致企业不得不暂停产品的销售拓展计划和宣传工作，甚至其产品被迫暂时不能进入某些市场。

对于业务活动影响度，可以比照企业预期的研发推进、产品拓展计划，评估风险发生后对该计划造成的延误程度。

四、专利风险的应对

（一）风险应对的流程

根据分析得出的专利风险水平和企业应对风险的成本收益综合分析，可以对已经区分出不同风险水平的专利按照风险程度的不同，执行下述应对流程。专利风险的应对流程如图6-4所示。

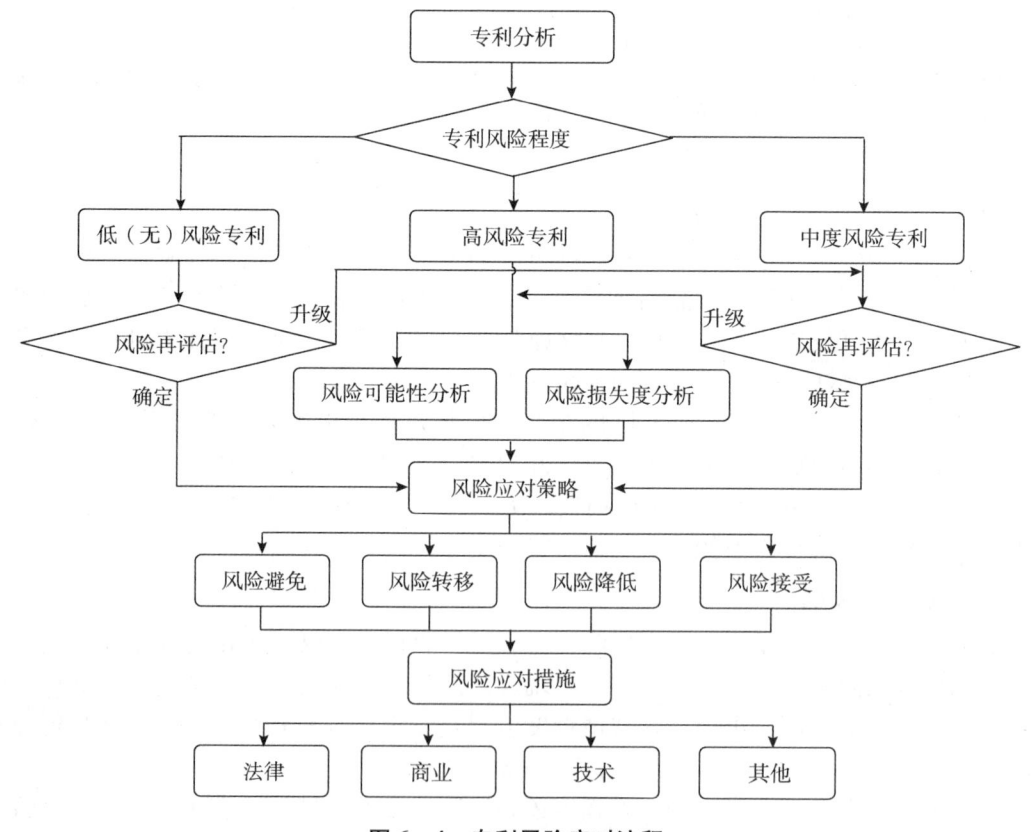

图6-4 专利风险应对流程

1. 高风险专利的应对

给企业的专利委员会、IP 管理部门和法务部门发出"高度红色警报"。

IP 管理部门牵头会同研发、法务等相关部门，对所涉及的高风险专利进行再评估，并将评估结果和建议的对策汇总发送给专利委员会。

专利委员会以高风险专利决策会议的形式或者其他方式，对提交的上述风险专利进行综合评定，并确定风险应对策略。

按照专利委员会确定的风险应对策略，由 IP 管理部门牵头会同研发、法务、市场和销售等相关部门采取相应的一种或者多种应对措施。

2. 中度风险专利的应对

给企业的 IP 管理部门、法务部门和研发部门发出"中度黄色警报"。

IP 管理部门牵头会同研发、法务等相关部门，对所涉及的中度风险专利进行再评估。如果从中发现威胁度可能很大的专利，则将该专利升级为高风险专利，按上述流程执行高风险专利应对流程。对剩余的风险专利进行监控或者接受风险。

3. 低风险或者无风险的专利

给企业的 IP 管理部门发出"低度绿色警报"。对风险专利进行监控或者接受风险。

（二）风险应对的策略

1. 风险应对策略的类型

根据分析得出的专利风险水平和企业应对风险的成本综合分析，需要对已经区分出不同风险水平的专利确定风险应对的策略，并选择相应的应对措施。

总体上，可以将风险应对的策略分为以下几种：

◇ 风险避免：通过采取各种措施，以保证风险完全不发生，例如规避设计、提起无效、主动寻求专利许可等。
◇ 风险转移：通过采取控制措施，将专利风险转移给其他主体，例如向委托或合作开发方、零部件供货商转移。
◇ 风险降低：通过采取控制措施，降低风险发生的可能性或降低风险发生造成的损失程度，例如通过专利挖掘、专利购买、企业并购、企业联盟等措施提高企业的专利对抗实力。
◇ 风险接受：对风险暂时不采取控制措施，例如在风险发生的可能性、负面影响较小而承担比控制更为经济的情况下可以采取这种策略。

2. 风险应对措施的选择要点

专利风险的发生，实际是在一定的市场环境下，由特定的专利权人以特定的风险专利为武器，对企业特定的产品提出的。因此，在应对专利风险时，企业需要以市场环境为背景、以专利权人为中心、以该专利权人的风险专利或风险专利组合为对象，结合企业自身的产品及产品规划而选择。以下为企业在制订风险应对策略，选择风险应对措施时需要考虑和关注的一些要点。

（1）量力而为、注重实效。

企业在选择风险应对措施时，应注重这些应对措施的可行性进行分析。应对措施的可行性包括两个方面。

① 措施本身能否实施。

即实施的条件是否具备。一项措施的实施，与企业的内在实力和外部环境息息相关，例如，实施规避设计和专利挖掘，需要企业自身具有一定的研发能力；实施企业联盟，需要企业自身具备一定的专利储备并且市场中存在双方互有需求的联盟对象；实施企业并购则对企业本身的经济实力、管理能力、技术消化能力等都有较高要求。

企业需要基于对自身内在实力和外部环境的判断，量力而行，选择能够真正落实、执行的应对措施。进行这种判断时，企业可以综合实施应对措施所需要的技术、专利、市场条件要素，企业自身能够提供的资源要素，以及外部环境中具备的资源要素等，进行分析，作出选择。当然，在暂不具备实施条件时，企业也可以通过自身的实力的积累，创造实施条件。

② 措施能否实现预期目的。

不同的应对措施，其能够达到作用不同，效果实现的周期也不同，而同一措施在应对不同的风险专利和不同的专利权人时，能够起到的作用也有所差异。

例如，规避设计、专利挖掘往往需要较长的实施周期来实现其效果，对于企业已经或即将面临侵权诉讼的情形则不再适用；对于一些基本专利，通过规避设计、无效等措施直接消除风险的可能性非常低，企业则需要考虑采用其他的措施；对于专门进行专利经营的公司而言，其本身并不进行产品生产、销售等市场行为，通过专利挖掘、企业联盟等措施也就无法对其产生威胁效果，因而也就无法达到风险应对目的。

因此，企业在选择应对措施时，需要综合考虑风险专利的特点、专利权人的情况、措施自身的特点等多方面因素，有针对性地选择能够及时实现其预期目的的应对措施。

（2）有的放矢、重点突破。

专利风险应对的目的，实际上是消除或降低专利权人提起专利侵权的可能。不同的专利权人，市场及表现不同，提起专利诉讼的目的不同，通过专利诉讼获取利益的动力和能力不同，拥有的威胁企业的风险专利的数量和质量也有所不同。即使同一专利权人，在不同技术点上的拥有的风险专利的数量和质量也有所差异。因此，在选择风险应对措施时，需要注意以下两点。

① 针对不同的专利权人，针对性地选择不同措施。

例如，对于专利权人为个人研究者，其提起专利诉讼的目的一般在于获利而不在于限制企业的产品竞争，专利诉讼能力可能较弱，因而与其进行专利许可谈判或专利收购谈判的成功的可能性就会较大；这种专利权人拥有的专利数量往往较少，专利组合布局意识较差，专利撰写质量一般，对其专利进行规避设计的难度可能会较低。

对于专利权人为与企业直接竞争的大公司，其提起专利诉讼的目的往往是希望限制企业的发展、获取更大的市场空间，具备较为专业的专利和法务人员、专利诉讼能力强，拥有的专利数量多、质量高并且有意识的进行了组合布局。此时，期望收购专利或以企业能够接受的价格获得专利许可的可能性降低，采用规避设计的难度也增大，企业可以考虑寻求联盟、转移风险或者进行专利挖掘等措施应对。

② 针对同一专利权人，选择重点领域进行突破。

当某一专利权人拥有多个风险专利，尤其是这些专利分布在不同技术点上时，企业要针对每一个专利制订应对措施，需要消耗的时间、人力和物力成本太大，也难以保证每个专利上的应对措施都能够发挥其作用。实际上，由于企业自身的经济和技术能力有限，也确实很难做到每件专利的应对。在这种情况下，企业往往需要对该专利权人所拥有的风险专利群进行整体分析后，结合企业自身的能力，有所侧重地针对某件或某些核心专利采取应对措施。

例如，在进行规避设计时，企业如果能够在对其产品存在较大威胁的关键技术点上力求突破，一旦这种规避设计成功，对方在该技术点上的风险专利以及其他与之其配套作用的其他技术点上的风险专利的威胁都会一并消除。又如，进行专利挖掘时，企业可能只需要在对方的专利布局的薄弱点上，挖掘出能够起到阻碍对方市场扩展效果的专利，才有可能在专利诉讼发生时依靠这些专利与之和解或交叉许可。

（3）成本和收益相结合

专利风险的应对目标，无非是力图减少企业在专利诉讼或可能的专利诉讼中的损失。而无论采用哪种应对措施，企业都需要投入一定的成本。当这种成本的投入接近或超过措施带来的减损额时，实施这种措施就违背了本来的目标。因此，企业在选择应对措施时，必须考虑这些措施的实施成本。为此，企业可以对可供选择的各种风险应对措施的实施难易程度、实施成本进行核算，选择最有利的应对措施。

当然，一些应对措施的实施，除了能够达到减损的目标外，还会带来其他的附加收益。例如，进行规避设计的过程中，企业自身的技术积累和专利储备也可能会得到增强，而规避设计后的产品也可能因为具有与对方差异化的特征而获得更好的市场表现，甚至在规避设计过程中可能会发现突破性的技术革新点。又如，在进行专利挖掘或专利购买后，企业自身的专利储备得到增强，可能通过这些专利的许可来获利。

因此，在选择应对措施时，企业除了对其实施成本、风险减损额进行考虑外，还可以结合该措施的可能附加收益进行考量。即使某个应对措施自身的实施成本超过其风险减损额，但如果其预期会带来较大的附加收益，企业也可以考虑实施。

（4）组合应对、跟踪调整

企业的一件产品往往可能在多个技术点上面临着风险专利的威胁，也往往可能面临来自多个专利权人的风险专利的威胁。没有一种通用的应对措施可以解决所有这些专利的威胁，对每个技术点上、每个专利权人、甚至每个技术点或每个专利权人中的每件风险专利所适用的应对措施都可能不同，而且每种应对措施都具有其各自的适用情况、优势和局限性。企业要想建立其较为完善的风险防御体系，势必需要采取多种应对措施，企业如果能够有意识地结合自己的产品规划和市场战略，针对自身在每个技术点上的专利储备、研发能力、风险专利的分布、竞争对手以及合作伙伴或潜在合作伙伴的专利状况，选择合适的专利风险应对措施进行组合，则有可能以较低的投入来获取较为完善的风险防御和应对体系。

例如，对于某一技术点而言，对于其中的基本专利，企业可以选取寻求许可谈判，而对于其中的改进型专利，企业可以选择进行规避设计。就某一专利权人而言，对于其关键技术点上的专利，企业可以选择规避设计或者专利挖掘，而对于一些较为次要的技术点上的专利，企业则可以选择委托开发或者部件采购的方式进行风险转移。在企业技术实力较强的技术点上，企业可以考虑在规避设计或专利挖掘上进行较大投入，而在其技术实力不足的技术点上，可以寻求并购和企业联盟的方式进行补充。

随着企业经济、技术和专利实力的壮大，技术、市场等的发展变化，一方面，同一风险专利、同一专利权人对企业的威胁程度也在发生变化；另一方面，同一产品的风险专利的数量和分布状况以及同一专利权人的专利组合状况也在不断变化，这些都将导致企业的应对重点、同一应对措施的可行性和效果随之变化，企业需要随时根据这些情况的变化对其应对措施以及应对措施的组合进行优化和调整。

（三）风险应对的措施

1. 追求差异化：规避设计

规避设计，是指企业对涉及风险专利的产品或产品中的某些特征重新进行研发、设计，使其产品具有差异化的特征，能够区别于风险专利的技术方案，从而消除风险专利的威胁。

规避设计也属于一种研发行为，需要一定的研发成本和技术人员投入，对企业的技术实力和研发能力有着一定的要求。但是，规避设计过程本身对于企业自身的技术积累也具有一定的正面作用，规避设计的过程中，企业要注重对其成果及时进行专利保护。

由于规避设计从设计方向的选择、技术方案的制定、技术方案的实现到技术方案的验证往往需要较长的周期，因此属于一种预防型的应对措施。而规避设计本身属于一种被动的产品改进，其改进后的技术方案在市场可接受性上存在不确定性，具有一定的市场风险。

（1）规避设计的基本原则。

专利规避设计的基本原则是：规避设计后的产品方案应该在尽可能地避免侵权的同时，不降低市场竞争力、不与企业的战略相矛盾。

① 不明显降低市场竞争力。

不明显降低市场竞争力，即要保持产品方案的性能和成本的平衡。

规避设计后的方案，在性能方面要保持市场可接受性。例如，尽量不降低现有产品的各种使用性能尤其是其主要使用性能，甚至要使其有所提升；在不得已损失某些使用性能的情况下提升其他方面的使用性能或提供新的使用性能，以保证其综合性能的不劣化；不过度提高产品的使用复杂性，尊重已有的使用习惯；不明显降低产品的整体可靠性和稳定性。

规避设计后的方案，成本整体不会有大幅上升，确保其具备市场竞争力。例如，控制技术改造成本，即规避设计后的方案要尽量能够利用现有的资源和技术条件来实施；控制制造成本，即在产业化实施后，规避设计方案在物料成本、工艺成本上没有大幅提升甚至能够有所降低。

因此，规避设计需对其性能和成本的变化要进行综合平衡，保持或提升产品的性价比。为此，规避设计的方案要经过专利工程师、技术人员和市场人员等多方的认可才能通过。

② 不与企业的战略相矛盾。

不与企业的战略相矛盾，即要保持规避设计后的方案的技术进步性、与企业的技术规划一致并符合产品的市场定位。为此，企业可以在进行规避设计的规划时，从以下几方面进行考虑：

◇ 考虑这种规避设计的研发能否换来企业技术上的进步，其研发成果要能够为企业带来增值效应，促进企业整体技术上的提升或者惠及企业的其他有关产品。

◇ 要尽量符合主流的技术发展趋势并符合企业的技术规划方向，其研发成果能够成为成企业未来发展的技术积累，为企业未来的产品设计和规划提供技术基础，并为企业未来的市场竞争提供技术支撑。

当然，规避设计也可以在技术方向上另辟蹊径，也可能取得意外的成效，但往往其研发风险也比较大，企业在决策的时候需要结合其产品规划进行考虑。

(2) 规避设计的策略选择。

由于规避设计需要企业投入适当的研发力量，对于不同类型的产品，企业可以选择不同的研发方向和研发投入大小。

① 处于上升期的产品。

上升期的产品规避难度低、规避成功概率高、规避成功后的未来市场收益较大，企业可以考虑投入较大研发力量。

同时，规避设计更加关注技术和市场因素，注重技术创新，注重产品性能的提升和完善，注意对技术趋势的把握并力争在未来的技术发展方向中占据一定主导地位。

在产品的上升期，往往存在多种不同技术路线的竞争空间，如果规避设计的方案非常成功，甚至会成为未来的主流技术路线。

② 处于成熟期的产品。

成熟期的产品规避难度较大，规避设计主要在于保持企业的市场自由度，研发投入要适当。

同时，规避设计更加关注考虑市场的可接受性，着重在保持产品的主要使用性能和可靠性，注意控制技术改造成本和制造成本，规避设计的方式可考虑集成创新。

③ 处于衰退期的产品。

衰退期的产品规避难度大，投入产出比较小，不必投入大量研发力量。另外，还需要考虑风险专利的剩余有效期限。基于成本的考虑，对于衰退期的产品往往不再进行规避设计。

(3) 规避设计的工作方法和流程。

规避设计工作方法的核心应围绕如何使新设计不落入风险专利的保护范围开展。此处提供一种具体的规避设计工作流程，如图6-5所示。

① 权利要求的解读。

进行规避设计，首先对风险专利的权利要求进行快速、清晰解读，在此阶段，即使权利要求有不清晰的地方，也仅需要根据专利本身的说明书的详细描述进行解释和定义明确，以便快速进行判断。基于此阶段对权利要求的解读，若很容易采取减少一个以上技术特征，或者替换一个以上的技术特征而得到明确不相同也不等同的新方案，即可成功获得规避设计。

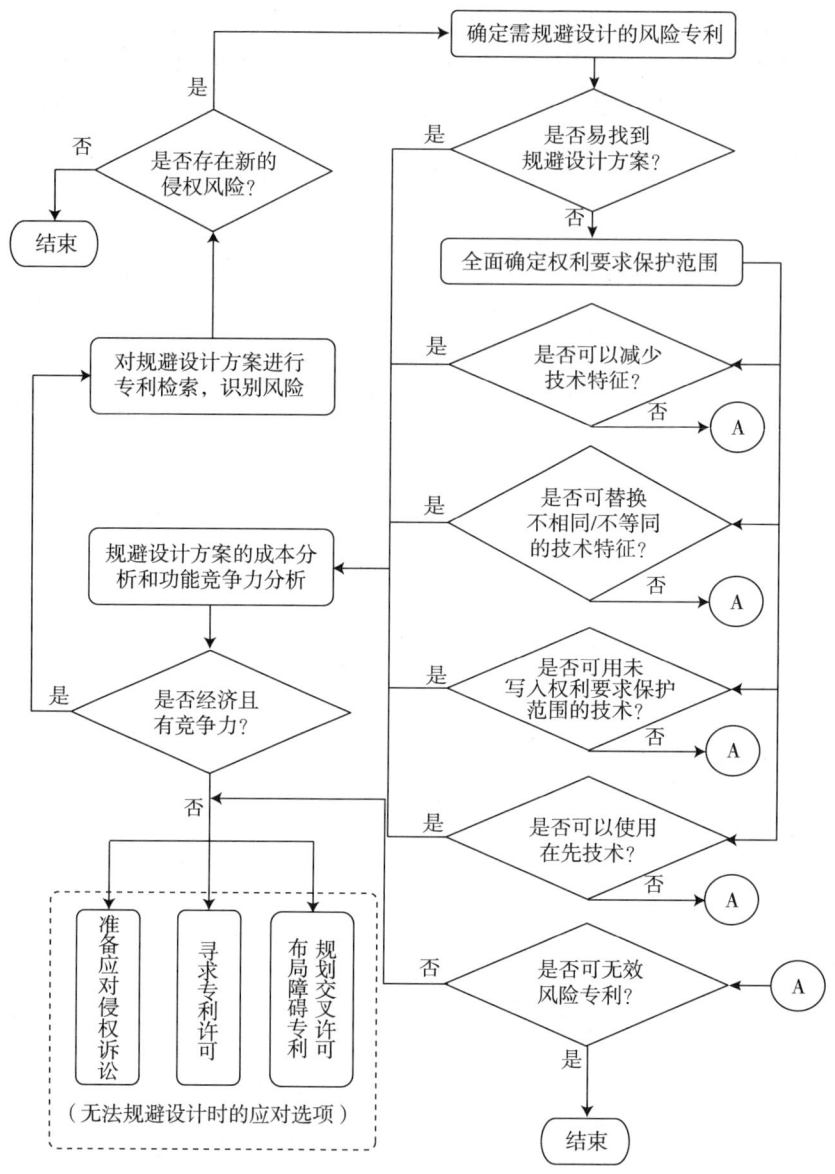

图 6-5 专利规避设计流程

在上述阶段,如果无法明确地判断出减少或改变技术特征后的新方案是否落入专利的保护范围,则需要深入、全面分析专利文件,以便明确权利要求的保护范围。除了要认真解读专利说明书和附图外,还要调取专利审查档案,若有该专利被请求无效的,还要认真分析无效答辩档案内容。通过上述全面分析,可以全面确定权利要求的真实保护范围,尤其是其包含的技术特征的实际等同范围。

② 规避的方式。

当清楚地界定风险专利的权利要求保护范围后,尤其是明确其中某些技术特征所排除的等同范围后,进一步可选择性采取以下四种途径进行规避设计:

- ◇ 找出或者设计出缺少一个以上技术特征的规避设计方案。
- ◇ 找出或者设计出包含一个以上不相同也不等同技术特征的规避设计方案。
- ◇ 借鉴未包含在风险专利权利要求保护范围但已在专利说明书描述的实施例或者技术启示，进行规避设计。
- ◇ 使用在先技术作规避设计方案。

对于第二种途径而言，一方面，当权利要求的概括的内容未能涵盖所有说明书中的实施例时，则这些"漏网"的实施例就不在风险专利保护范围之内，从而成为有效的规避设计方案；另一方面，说明书的发明内容所揭示的技术原理、理论基础或者发明思路，可能不会仅针对应说明书和权利要求所描述的技术方案，因此可根据风险专利所揭示的技术原理、理论基础或者发明思路进行再创造，找出完全不同于风险专利权利要求保护的技术方案的规避设计。

对于第四种途径而言，与风险专利解决类似技术问题的在先技术，一般会出现在风险专利的背景技术描述中，或者出现在专利审查过程中审查员指出的在先引证专利或者技术文献中，所述的在先技术完全可以作为规避设计方案或者启发进行规避设计。

③ 规避方案的风险排查。

在解读风险专利权利要求的基础上，选择适合的方式获得规避设计方案后，虽然可以有效地规避该专利的侵权风险，但企业还必须要考虑新方案是否会侵犯其他的专利权。

为此，企业还需要对规避设计的新方案进行专利风险的排查，若发现存在新的专利侵权风险，则需要继续进行新一轮的规避设计工作流程，如此反复，直到新的规避设计方案不存在专利侵权风险为止。

2. 以攻为防：专利挖掘

应对风险专利所采取的专利挖掘是一种以攻为防的措施，其主要是针对拥有风险专利或风险专利群的专利权人，挖掘出能够限制其市场自由度的专利申请，从而限制和影响其风险专利权利的自由行使。通过这种挖掘，在与对方未来可能发生的专利诉讼中，企业将具备与其对抗的专利筹码。当企业所拥有的这种专利筹码不断增加时，对方考虑到对其自身市场的影响，提起侵权诉讼的意愿可能会降低；即便侵权诉讼发生后，也增加了企业与对方和解或交叉许可的可能性，企业的损失将大幅降低。

当然，所挖掘出的专利也可为企业带来附加收益，例如成为企业向其他人行使专利权，以获取专利收益、巩固和加强市场地位的武器。

此处介绍的内容主要是以专利风险应对为目标的专利挖掘行为的特点和注意事项等。有关专利挖掘的一般操作方法和流程，可参见第四章的内容。

（1）适用条件和特点。

这种措施目标实现的必要条件，就是企业自身挖掘出来的专利能够对风险专利的专利权人的市场自由度产生限制，即以企业可能的专利权行使来限制对方的专利权行使。基于上述条件，这种措施在适用条件上有如下两点限制。

① 风险专利的专利权人具有产品的生产、销售等市场行为。

如果该专利权人不具有这些市场行为，企业的专利权将缺乏行使的对象，无法达成应对目标。如果专利权人自身不具有市场行为，但其将专利许可给某些公司，用于这些公司的产品或产品制造，企业也可以通过向这些公司的产品行使专利权来迫使专利权人在专利诉讼上作出让步或者达成和解。在这种情况下，行使专利权时还需要花费大量精力进行许可范围、许可对象及其产品进行调查，其中有些信息难以进行完整、准确地收集，而且即使能够有效地行使自身的专利权，也未必会对专利权人带来较大的威胁和损害。因此，当专利权人自身不具有市场行为时，这种应对措施可能难以达到预期的效果。

② 专利挖掘限制的是对方未来的市场自由度。

由于专利挖掘行为是建立在对专利权人未来可能的产品、市场的合理预测上作出的，实质上其限制的是对方未来的市场自由度。一般而言，专利申请相对于产品的推出或者改进具有超前性，而专利授权则往往具有滞后性。因此，这种措施目标的实现，依赖于企业所挖掘申请的专利是否能够覆盖对方未来可能推出的产品或者可能的产品改进，以及专利授权后这种专利对于对方的市场是否依然具有威胁性（尤其在电子信息产品领域，技术发展、产品更新、市场变化都较快，这点是需要考虑到的）。为此，企业需要通过各种渠道和信息了解和分析对方的技术、产品和市场发展规划，基于企业自身对技术、市场发展趋势的认识和判断，需明确专利挖掘的方向和重点。

基于以上的这些限制，这种措施具有如下的特点：
◇ 适于长期预防，并不适于紧急应对；
◇ 要求企业对于专利、技术、市场信息具有一定的分析、判断和预测能力；
◇ 实施效果具有一定的不确定性。

（2）专利挖掘方法和要点。

这种专利挖掘，其针对性和目标性非常明确，在实际操作时可遵照明确对象、确定挖掘点、确定挖掘策略的顺序进行。此外，企业还需要注意：挖掘的对象、重点和策略的确定都需要结合技术、市场角度进行考虑，保证企业专利挖掘的有限投入用在"刀刃"上；挖掘所产出的专利或专利组合需要经过精心设计，确保对方难以规避，如此才能真正起到威胁对方市场自由度的作用。

① 明确对象。

在实施专利挖掘前，企业一般需要通过对不同专利权人所拥有的风险专利数量、威胁程度、专利组合状况以及对方与自身的竞争或未来可能的竞争情况，确定挖掘措施所针对的重点专利权人。其中，代表未来技术趋势或产品方向的关键技术点上拥有风险专利的专利权人，或是比较注重专利组合和布局的专利权人，并且与企业的产品和市场重合度较大的竞争对手，可能是企业特别需要注意采取这种措施进行应对的。

当然，一旦企业确定专利挖掘的重点关注对象后，需要持续关注对方专利组合状况，及时根据对方的专利组合的变化，并结合其他渠道信息判断其技术和市场规划方向，以此对自身的专利挖掘方向和重点作出调整。

② 确定挖掘重点。

在确定挖掘的对象后，企业进一步需要明确在哪些技术点上实施专利挖掘。一般而言，这可以通过分析对方的专利分布状况、比照企业自身的技术特长和市场规划选择、结合技术和市场预测进一步筛选三个步骤来完成。

a）分析对方的专利分布状况。

该步骤主要是对其所拥有的专利所属的技术点和申请地区进行分析。对其专利所属的技术点的分析，主要是确定风险专利权人在哪些技术点上已经进行专利布局，哪些技术点还未来得及进行专利布局，这些技术点中哪些属于对于产品功能和性能的实现而言是起关键支撑作用的关键技术点，已经布局的专利的撰写质量，以及在各个技术点上专利组合的完善程度，从而找到对方在技术布局上的空白和薄弱点。

例如，如果对方某一关键技术点上已经进行专利布局，首先，企业需要分析其专利的撰写和其专利组合是否对该其技术实现最大限度的保护，是否存在保护的盲点；其次，需要进一步分析，这些专利在产品的实际应用中存在哪些可能地优化和改进方向，这些优化和改进方案是否尚未被为对方进行有意识地保护或公开；再者，可以进一步分析，对方布局的专利的有效实施还需要哪些技术进行配套和支撑，这些技术是否尚未被对方进行有意识地保护或公开。

对其专利的申请地区的分析，主要是确定风险专利权人将专利布局的重点放在哪些地区，哪些地区其已经开始关注。其专利布局的重点区域，一般而言也是市场行为发生的主要区域，企业要想达到限制对方市场自由的目的，这些区域自然是企业需要考虑的。已经开始关注的地区，往往可能是对方即将或已经考虑重点开拓的市场，但由于专利布局尚不完善，尚未对其产品形成完善的保护。企业在这些区域的专利挖掘的空间较大，及早开展专利挖掘也会将来给对方带来较大的威胁。

通过以上分析，可以找到企业可能威胁对方市场自由度的专利挖掘点、挖掘方向和可能需要进行专利布局的区域。

b）比照企业自身的技术特长和市场规划选择。

在找到对方专利布局在技术上和区域上的薄弱点或空白点后，考虑到挖掘的成本的投入和预期效果及收益，并非所有这些薄弱点或空白点都需要进行专利挖掘，或者至少应该在挖掘的投入程度有所区别和侧重。企业需要进一步结合自身的技术特征和市场规划选择，有所为而有所不为，确定企业具有挖掘实力、预期能够取得威胁效果并有益于自身市场规划和市场行为的挖掘点。实际上，企业只要在某些技术点、某些区域上通过专利挖掘，进行有威胁的专利布局，就能达成其预期目的，而不必面面俱到。

而在某一挖掘点或挖掘方向上是否能够有效地挖掘出威胁对方的专利或专利组合，与企业的技术判断和研发能力直接相关。

即使企业认识到对方专利布局的某个薄弱或空白技术点，而企业在该技术点上并没有技术积累、缺乏相应的研发人员，一般而言很难挖掘出真正具备威胁价值的专利。同时，在构建专利组合时，也很容易发生疏漏，而给对方留下规避的空间，使得挖掘的效果大打折扣甚至前功尽弃。

相反，在企业具有研发和技术优势的技术点上，一方面，企业很可能从已有的研发过程积累的成果或技术构思中就能够筛选出，或稍加改进即能够得到具备威胁对方效果的可专利的技术方案；另一方面，即使要投入适当研发力量进行这种挖掘，对于企业而言也较为容易，并且这种挖掘过程对于进一步增强企业在该技术点上的技术储备或技术优势也非常有益。此外，由于企业拥有一批熟悉该技术领域的技术人员、市场人员和专利人员，其对该技术的改进、发展和市场应用能够作出较符合实际趋势的预判，产生较高质量的专利撰写和专利组合，从而也能切实保证挖掘的专利能够发挥其威胁性。

为了对企业的市场行为起到有效的保护效果，挖掘重点的选择还需要考虑其市场规划相结合。例如，对于某些技术点，企业可能会规划围绕其开发一系列衍生产品，那么，在这些技术点上，可能就需要投入较大的专利挖掘力度来应对风险。又如，在企业现有的市场重点以及未来可能重点开拓的市场区域，为了尽可能减少风险发生的可能性、减轻风险损失，企业可以投入较多的专利挖掘力度，尤其是被对方和企业同样视为未来重点市场且对方专利布局量尚少的区域。

总体上，对方的薄弱或空白点与企业自身的技术特长点和市场关注点存在交叉和重合的地方，即是企业可以重点考虑的挖掘点和挖掘方向。

c）结合技术和市场预测进一步筛选。

不同技术点进一步的改进空间不同，不同技术点对于产品性能的提升和功能的完善的贡献程度也不同，而各种提升和完善的需求迫切度或者其对用户吸引力大小，又离不开对市场需求的调查和预期。在某个技术点上存在多个可替代的并行方案时，这些方案的技术成熟度、产品化周期、优缺点以及市场对各种方案的可能接受度也会有所不同。这些因素都会影响对方的市场行为，也会对企业的专利挖掘投入的附加收益产生影响。因此，在进一步优化挖掘点的选择时，企业需要结合技术和市场的预测进一步筛选，投入有所侧重。

d）确定挖掘策略。

在确定挖掘的重点后，企业可以结合自身和对方的技术、市场情况，并考虑各个技术点的特点，选择可适宜、可行的挖掘策略。

"直面应对型"：即在竞争对手对企业威胁程度较大的技术点上进行专利挖掘，以期在这些技术点上和对方形成抗衡，削弱其威胁度，保护企业的市场自由度。

这些技术点往往是一些对于产品的主要性能或功能实现较为关键的技术点，并且竞争对手在这些技术点上已然具备一定的先发优势，完成了一些重要专利的布局，企业往往难以完全规避这些专利。对于这些技术点上的风险专利，企业一方面可从其专利撰写和专利组合上寻找对方疏忽之处；另一方面，结合对技术发展和市场需求的判断，围绕风险专利挖掘最有可能的各种优化、改进方案以及各类和其他技术结合形成的完善产品功能的组合专利，使得对手依据现有专利实施产品生产时，对其产品的任何性能优化、改进或者功能完善，都有可能落入企业的专利保护范围，并且难以规避，或者即使规避也需要付出较大的研发投入、承担较大的市场接受风险。

"围魏救赵型"：即避开对方的强项，充分发挥企业的长处，主攻对方的弱项，从而达到使其强项不能独强的目标。这种策略可以有技术点、产品、和市场区域三个角度。

在技术点角度上，一个产品方案的完整实施和实现，除了依赖于某些关键点上的技术支撑外，也需要一些看起来较为"次要"技术的辅助和配合。而对方恰恰可能"次要"点上存在薄弱或空白之处，企业可以考虑选择一些"次要"技术点，结合企业的技术优势，集中力量进行重点挖掘。需要注意的是，企业所选择的挖掘点在技术构成上虽然"次要"，但也应该是产品方案的完整实施所必不可少的，即这些点在技术构成同时也需要是"必要"的。另外，和"直面应对型"策略相同的是，在这些点上挖掘形成的专利或专利组合同样达到让对方难以规避的效果。当然，由于对方本身在这些点上的薄弱或空白，要实现这种目标可能相对较为容易。这样，即使企业不能在关键技术点上给对方的产品造成威胁，但由于在这些"次要"而"必要"的技术点上拥有专利优势，同样可以达到威胁对方市场的目标。值得注意的是，这些"次要"点的"必要"性可能会随着技术和市场的发展而失去，企业在选择时要结合技术和市场的预期，选择在较长的时期内具有"必要"性的技术点，并根据技术和市场发展的变化，及时调整其挖掘点的选择。

在产品角度上，对于存在多元化产品的竞争对手而言，其可能在某类产品上拥有着技术、专利和市场优势，但同时对另一类产品保持着极大的兴趣和关注，而这类产品很有可能成为其未来的主要利润贡献点。虽然在面临着对方在前一类优势产品上的专利威胁，但企业如果在后一类产品上自身具有技术和研发优势，则可以通过在这些产品上积极进行专利挖掘、获取高质量的专利组合来狙击对方的新产品规划，迫使对方和企业在前一类产品的专利上达成和解，从而为企业的该产品赢得市场空间。

在市场地域角度上，如果企业能够在其专利布局较为薄弱且是市场重要程度较高区域，形成其专利优势，产生威胁，同样可以为企业在对方的专利优势市场区域赢得空间。尤其是一些新兴市场潜力巨大，但竞争对手在这些区域专利布局上不如一些传统市场那么完善，这就为企业建立高威胁度的专利组合提供了较大的空间。

3. 他山之石： 收购专利和企业并购

收购适当的专利或通过企业并购的方式获得相应的专利，可以直接消除某些风险专利的威胁；也可以通过这些专利完善企业自身的专利组合质量，对竞争对手的市场行为产生威胁，从而限制和影响其风险专利权利的自由行使。

收购专利有两种类型：一种是已经被企业识别出的风险专利，称为 A 型专利；一种是对企业用于对抗性竞争对手的专利组合进行补强的专利，称为 B 型专利。此外，对第一种类型的专利进行选择时，也往往需要考察其是否同时具备 B 型的作用，这种专利可以称之为 AB 型。

对于 A 型的专利，可以进一步分为两类：一种是企业的产品已经落入其保护范围，称为 A1 型；另一种是企业发现研发中的产品可能会落入其保护范围，称为 A2 型。对于 B 型的专利，也可以进一步分为两类：一种是现在能够直接对竞争对手的现有产品产生威胁的专利，称为 B1 型；另一种是可能对竞争对手的未来产品或未来产品改进方案产生威胁的专利，称为 B2 型。

从收购专利成本和实现难度考虑，一般而言，A1 型 > A2 型，B1 型 > B2 型，而 A2 型和 B1 型之间的成本和难易度比较则在不同情况下可能有着不同的结果。其中，A1 型、A2 型和 B1 型在收购成功后，能立即发挥其应对风险的效果，因此这些专利购买可以作为风险应对的一种应急措施；而 B2 型专利的应对风险效果不能立即体现，具有一定的不确定性。

专利尤其是应急用专利的收购往往需要支付较高的价格，而专利价值的评估也需要支付一定的成本，因此专利收购对企业的经济实力提出了较高的要求；为了使这种付出获得合理的回报和收益，在选择具体的专利时，也要非常慎重。

因此，企业在采取专利收购措施前，需要对收购的必要性作出评估，确定哪些技术点或技术方向上存在专利收购的必要。在专利收购过程中，需要从专利角度、技术角度和市场角度等对专利价值进行全面的评估以确定其合理的价格，并作为与专利权人谈判的基础。

4. 共同防御：企业联盟

一般而言，收购对于企业自身的经济和技术实力要求较高，对于大多数中小企业而言，实施的成本压力较大，操作难度较高。这时，企业也可以寻求合作伙伴，通过形成企业间联盟、进行专利权共享的形式，共同应对同一风险专利权人的诉讼风险。

企业寻求联盟的基础，应该是自身具有一定的技术、市场实力，并拥有适当的专利储备。企业选择联盟对象，应该考虑联盟达成的可能性以及所达成的联盟对风险专利的应对能力。例如，联盟可以是平等互补型的，这时候的联盟对象一般为与本企业的产品线重叠、市场规模相当、专利数量相近、专利涉及的技术点存在互补，并且都可能面临来自同一专利权人的诉讼风险的企业。联盟也可以是以特补强型的，即当企业在某些特定的技术点上存在一定的产品、技术或专利优势时，也可以寻求已有大量专利储备但在这方面需要进行补充的大型企业进行合作；反之，企业作为实力较强的一方，也可以选择在某些技术点上独具特色的企业进行合作。

另外，企业之间通过建立联盟关系，可以有效地增强整体的市场影响力和话语权，并藉此在与竞争对手的专利对抗中获得更多的谈判筹码，从而有可能为企业赢得更为有利的结果。

5. 釜底抽薪：专利无效

专利无效的目的在于消除风险威胁、降低风险威胁度。专利无效措施本身不会对企业产生其他附加的收益，并需付出大量时间和人力成本，因此专利无效措施主要用于剔除个别风险点。

作为风险的预防，可以提前对一些风险专利收集无效证据，以为将来可能的专利无效措施做好准备。专利无效措施证据收集对象的选择因素如下：

- ◇ 专利威胁度：选择对企业现有产品的专利威胁程度较大的。
- ◇ 专利权人：选择与企业存在直接竞争关系并产生直接威胁专利权人，或虽然与企业不存在竞争关系但也不存在合作可能的专利权人。
- ◇ 专利规避难度：选择规避技术难度较大、规避设计成本过高、规避设计周期过长的风险专利。
- ◇ 专利无效措施证据收集难易程度：处于技术成熟期或衰退期的专利方案，存在较多类似方案无效证据收集难度较低；还有一类是如果是技术人员或专利分析人员一眼看上去很容易找出无效证据。

当专利权人拥有一系列的风险专利时，可以选择技术最基本、对现有产品威胁最大、规避设计障碍最大的专利进行证据收集，作为专利无效措施的突破口。此外，提起无效宣告程序时，需要注意的是，如果专利无效措施失败，则侵权风险会加大，例如引发专利权人的侵权诉讼，或引发专利权人报复性的对企业拥有的专利提出无效宣告程序。

6. 主动妥协： 专利许可

无论是专利规避设计还是通过各种途径进行专利布局，企业都需要付出一定的人力、时间和经济成本。当综合采取这些措施所付出的成本、所能减少的风险预期损失以及预期带来的其他附加收益后，如果减损和收益的求和数值不足以抵偿其成本时，企业也可以考虑通过谋求专利许可的措施来应对专利风险。

与被动接受专利侵权诉讼，接受侵权后被判市场禁入和大额经济赔偿等严重后果相比，企业也可以选择在诉讼发生前主动寻求专利权人的专利许可，从而以可以接受的代价换取市场的行动自由。

在寻求许可之前，企业需要进行以下调查：

- ◇ 专利调查：结合产品的技术构成，对自身和专利权人所拥有的风险专利进行分析，确定获取哪些专利的许可是必要的，哪些是可以和对方进行谈判达成交叉许可的。
- ◇ 市场调查：对风险专利所涉及产品的市场总体销售额、普遍利润情况以及企业自身的成本控制能力和经营利润进行调查，确定企业所能承受的合理许可费用范围，以及所需许可的地域范围。
- ◇ 许可习惯调查：对已经发生过的类似许可的许可方式和许可费用进行调查，从而为与对方进行许可费用谈判提供基础材料。

7. 转移风险： 委托开发和部件采购

一种产品往往是由多个部件构成的，当风险专利仅仅涉及某个或某些部件时，企业也可以放弃这些部件的生产，转为采购，并和供应商签订担保合同的方式来将这些风险转移给供货商。甚至在为某个产品进行开发之初，企业就可以选取委托研发并签订担保合同，通过这些措施和相关的担保合同，可以将专利风险部分地转移至供应商、技术研发受托方等，从而在专利风险发生时避免由企业单独承担可能的损失。

采取这些措施的关键环节都是要对合同约定的内容和担保合同的方式进行慎重考虑。无论是进行部件采购还是委托开发，企业应对采购部件或者委托开发的成果所可能涉及的专利风险以及风险发生后的责任分担问题进行详细约定，并设定一定数额的保证金作为应诉保障。另外，在选择供应商或技术研发受托方时，企业需要考虑到对方对担保合同的履行能力，尽量选择技术实力较强并有一定专利储备数量和生产经营规模的供应商或技术研发受托方。否则，即使对方愿意签署担保合同，届时也可能会因无力履行而导致专利风险损失实质上仍主要由企业单独承担。

五、专利风险管理体系建设

公司运营的持续性决定了专利风险管理的长期性，专利风险管理不是一朝一夕或者一次性控制就一劳永逸的，而是需要建立科学合理的长效控制机制来进行日常的操作，以规避未来可能发生的专利风险。为此，企业主要可着手三个方面的机制建设：

- ◇ 组织建设：建立多部门、跨专业的专利风险管理组织，做到管理有归口、能细化。

◇ 流程建设：建立全面、完善的专利风险管理流程，从流程角度固化机能，提高风险管理效率。
◇ 制度建设：制订专利风险管理策略、制定年度风险管理计划、各部门计划拆分、计划执行评估、调整管理策略，形成有效的专利风险管理制度。

为使专利风险的应对方案和措施能够更贴合企业的日常管理模式，能够更有效、更切实地在实际经营得到重视并付诸实践，最好的模式就是在保持现有管理体系结构的基础上，重新梳理和整合工作流程，从而将主动式的风险管理方案逐渐融入企业的日常专利管理过程中，使之流程化、自动化，如图6-6所示。

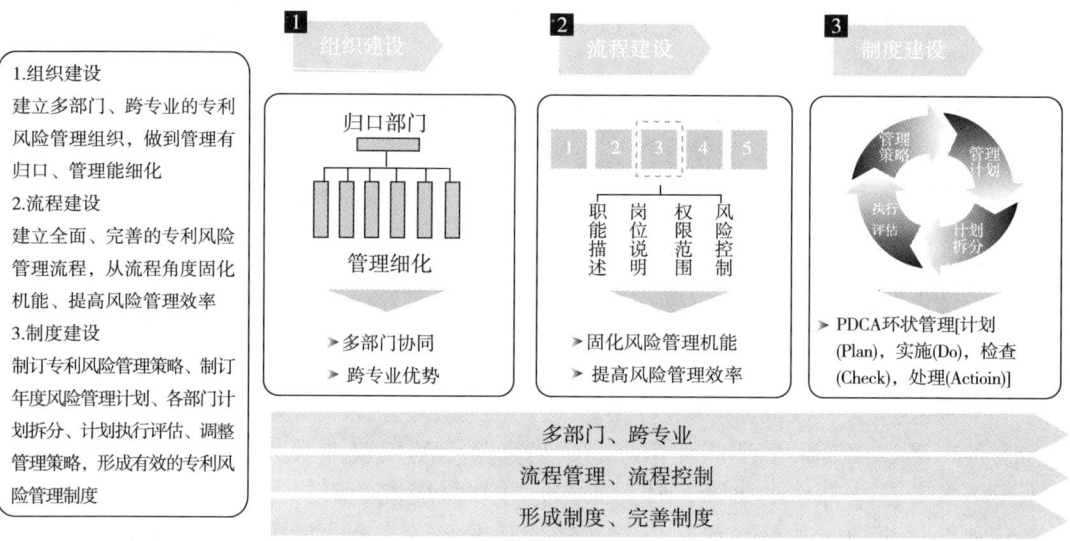

图6-6 专利风险管理体系

（一）组织建设

实际上，专利风险管理组织建设是专利管理过程中的重要一环。如果没有合理的专利风险组织体系，则预警信息通常是被散乱无序接收和处理，各个部门之间也没有常备的信息接口，公司没有通畅的应对反馈流程，各部门之间分工权责不明确。通过组织体系建设，可以使得预警信息收集及反馈统一、有序，各个部门之间有固定的信息接口，再加上制度建设和流程建设将应对反馈机制进行固定化，各部门权责清晰，易于协同作战。因此，专利风险管理组织结构的优化对专利风险和预警来说尤为重要。专利风险管理的组织架构如图6-7所示。

在组织体系建设中，需要遵循的主要原则有三点：
◇ 完善企业相应岗位的人员配置、满足专利风险管理的需要；
◇ 对每一个与专利风险相关的部门和人员界定具体的工作内容和权责范围；
◇ 对每一个与专利风险相关的部门确定处理专利风险事宜固定的人员。

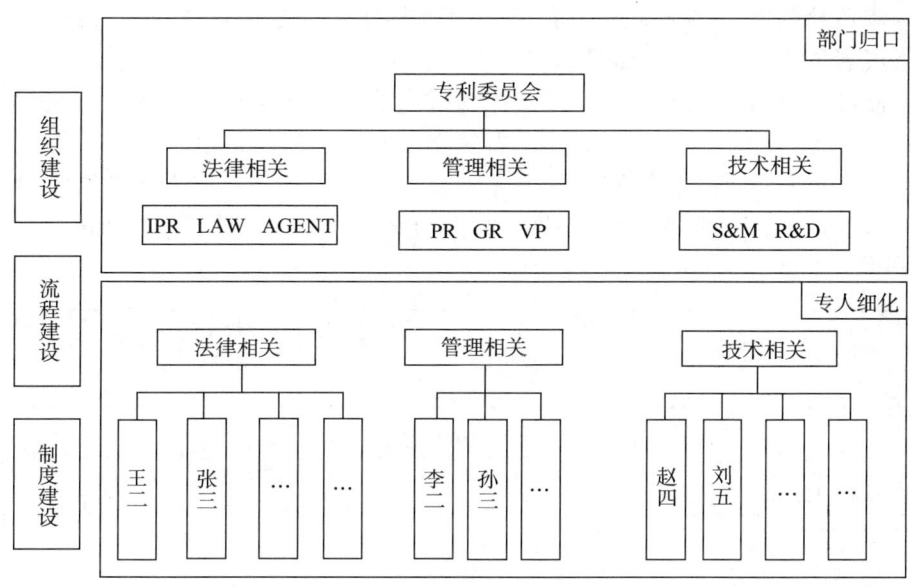

图6-7 专利风险管理的组织架构

（二）制度和流程建设

1. 建立专利风险管理的各项工作机制

随着公司的发展、市场竞争格局的变化以及国家法律制度的不断更新，公司专利风险管理应当建立全面、完善的专利风险管理流程，固化风险管理机能、提高风险管理效率。"发现风险—评估风险—风险控制（防范、预警、应对）"这样一个动态的循环体系比较切合企业的需求。

- 发现："发现"风险的过程实质上是对专利风险的及时、有效的识别过程。通过"发现"环节，形成风险专利清单，将公司已发生但尚未得到有效控制以及虽未发生但存在潜在隐患的专利风险作为下一步控制的目标。此外，还应明确"发现"周期，由于专利申请和通过审批的数量在高速增长，建议公司每半年进行一次专利风险"发现"活动。
- 评估："评估"风险是指评价风险的严重程度，将面临的专利风险划分等级，衡量风险的轻重缓急，为公司确定控制态度、制订控制计划提供参考。
- 控制："控制"是指专利风险的控制方法和控制措施，专利风险可从风险预警、风险防范、风险应对等方面加以控制。
- 定期更新："定期更新"是指专利风险控制过程中，会遇到新情况、新问题以及随之产生的新风险，同时还会遇到现有控制措施存在不当或滞后的情况，此时应当及时更新风险清单及风险控制措施。通过对风险进行评估，完善现有措施或者制订新措施，形成一个不断发现问题、分析问题、解决问题的动态循环的风险控制过程。

2. 建立健全专利管理制度

专利风险控制措施的贯彻落实，应从制度层面给予高度的重视。为了实现及时、准确的专利风险预警,必须制定专利风险预警制度,对专利管理工作进行定期检查、全面检查或者不定期抽查,及时发现容易引发专利风险的潜在因素;建立风险清单,定期更新制度,及时补充新风险,将已控制得当的风险从清单中删除,以确保清单的有效性;为了考核控制措施的有效性,需建立专利风险考评制度,对风险控制的实际情况进行考评,发现并弥补控制制度不完善、流程不顺畅、岗位人员能力不合要求等疏漏的环节,以确保控制措施的贯彻落实和合法有效。专利风险管理的工作机制如图6-8所示。

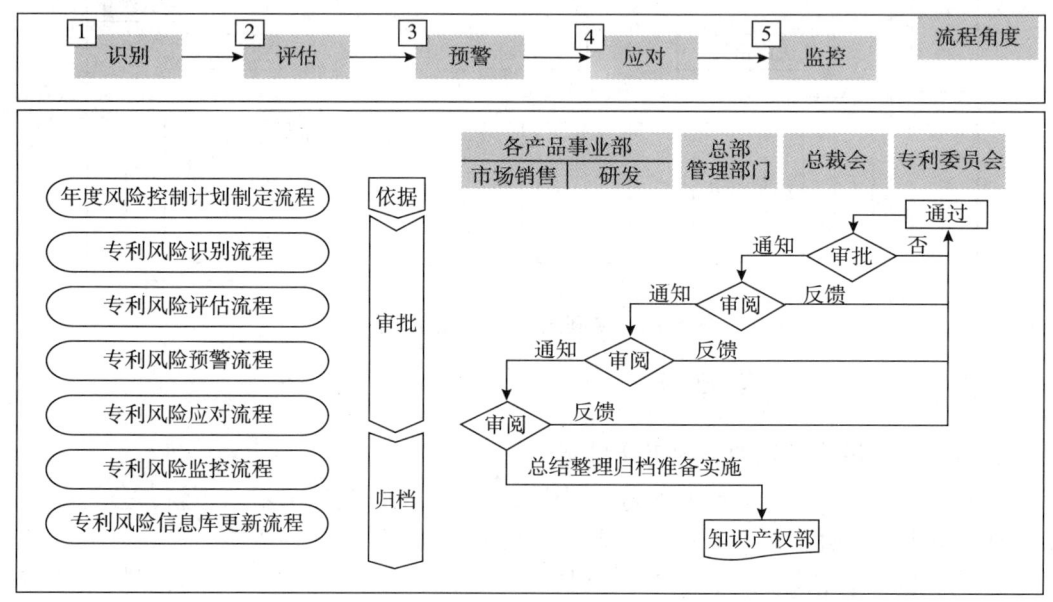

图6-8 专利风险管理的工作机制

此外,在实际的工作中应该进行制度扫描,完善或清理不利于专利风险管理的现有制度,建立健全适应专利市场发展态势的新制度,如专利情报收集制度、诉讼证据保全制度,专利案件应急制度等。

(三)企业内部预警项目流程示例

图6-9所示是一个内部预警项目的流程示例,可供企业予以参考,并根据企业自己的实际情况来进行修正使用。

如图6-9所示,在企业内部,专利风险的预警项目需要多方的参与和协作,并通过一系列的流程细化、节点审批和动态反馈调整来落实。其中,公司决策层负责提出总体的预警要求,审核预警方案及其实施效果。业务部门负责具体预警需求的提出,并参与预警方案的制订和实施,还需要及时对方案的实施情况和效果向知识产权部进行反馈。知识产权部则根据决策层的总体要求和业务部门的具体需求,主要负责预警方案的制订和实施,并根据业务部门的反馈及时调整预警方案。其中,专利风险预警项目的资金还需要得到财务部门的审批。表6-2对上述的专利风险的预警项目中各个环节的具体参与部门和工作内容等做了更为详细地说明。

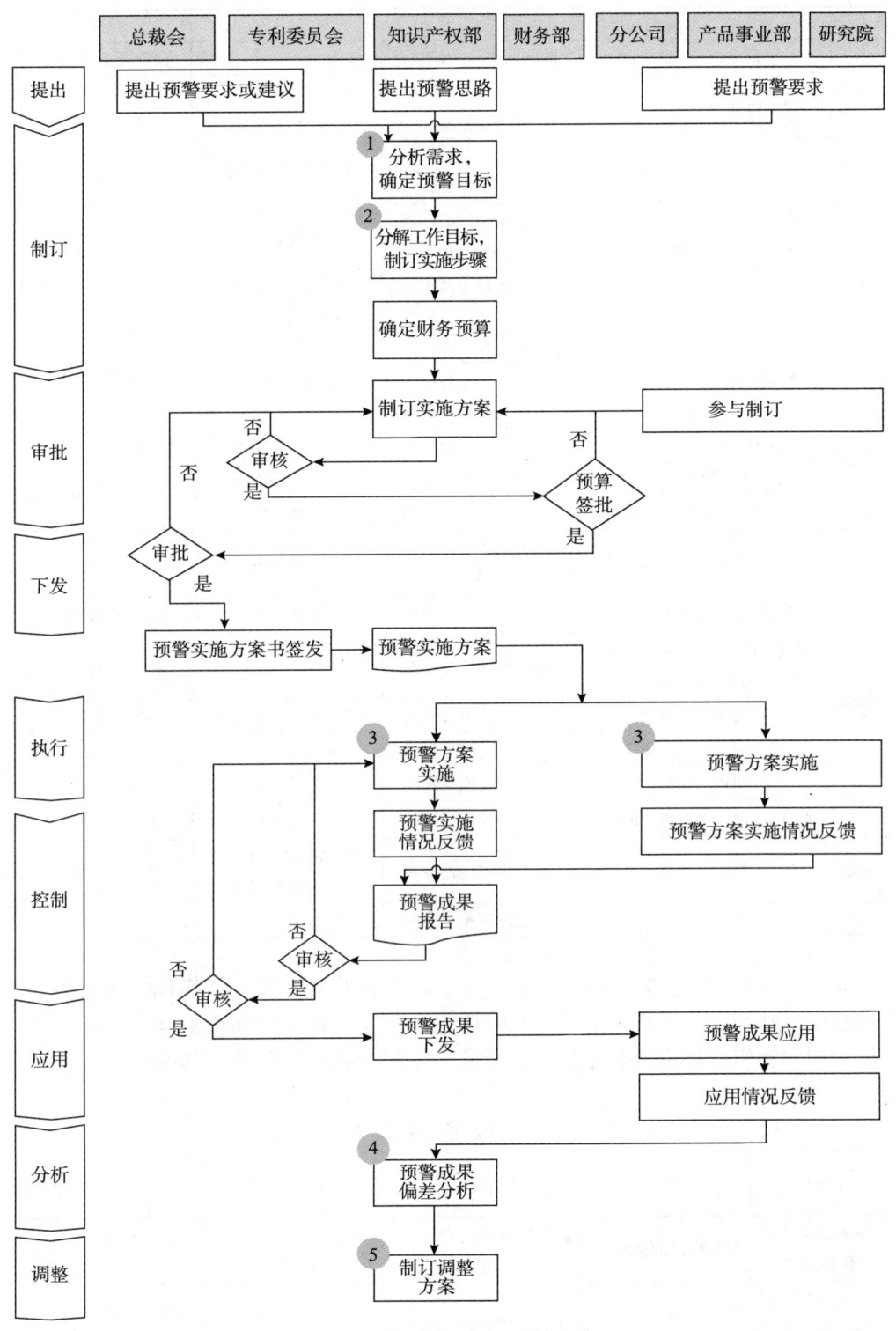

图 6-9 专利风险预警项目流程示例

表6-2 企业专利风险预警项目流程说明

序号	步骤	参与部门	工作内容	输入	输出	备注
1	提出	总裁会/专利委员会	提出预警要求或建议	—	预警要求或建议	—
		知识产权部	提出预警思路	预警要求或建议	预警思路	—
		总裁会/产品事业部/研究院	提出预警需求	工作内容分析	预警需求	—
2	制订	知识产权部	分析需求,确定预警目标	预警需求或要求	预警目标	—
		知识产权部	分解工作目标,制订预警实施步骤	预警目标	实施工作步骤	—
		知识产权部	确定财务预算	实施工作步骤	财务预算	—
		知识产权部	制订预警实施方案	工作目标、实施工作步骤、财务预算	预警实施方案	—
		财务部/总裁会/产品事业部/研究院	参与预警实施方案制订	工作目标、实施工作步骤、财务预算	预警实施方案制订建议	—
3	审批	总裁会/专利委员会	审核预警实施方案	预警实施方案	审核结果	—
		财务部	审核预警实施方案预算	预警实施方案	审核结果	—
4	下发	总裁会/专利委员会	签发预警实施方案	策划方案	方案签发	—
5	执行	知识产权部	组织预警实施方案的执行	方案签发	方案执行	—
		总裁会/产品事业部/研究院	执行预警实施方案	方案执行	执行反馈意见	—
6	控制	知识产权部/总裁会/产品事业部/研究院	预警实施情况反馈	执行情况	执行反馈意见	—
		知识产权部	产出预警成果报告	方案执行/反馈意见	预警成果报告	—
		总裁会/专利委员会	审核预警成果报告	预警成果报告	审核结果	—
7	应用	知识产权部	下发预警成果报告	预警成果报告	—	—
		总裁会/产品事业部/研究院	应用预警成果	预警成果	应用情况反馈	—
8	分析	知识产权部	预警应用偏差分析	预警成果应用情况负反馈/预警目标	偏差分析结果	—
9	调整	知识产权部	制订调整方案	偏差分析结果	调整方案	—

表6-3列出了上述的专利风险预警项目中的主要控制节点及其具体涉及的工作内容。通过对这些节点的工作成果进行及时评估,可以有效确保整个专利风险预警项目中的总体方向和实施效果符合企业的预期要求,保证专利风险预警工作的顺利落实和全面开展。

表6-3 企业专利风险预警项目内部流程控制点

序号	控制点	控制内容	评估标准	评估对象	评估信息提供人	控制人
1	分析需求,确定预警目标	预警目标的确定	预警目标的可实现性、挑战性是否协调	知识产权部具体执行人	知识产权部负责人	专利委员会
2	分解工作目标,制订实施工作步骤	目标分解、实施工作步骤质量	目标分解合理、可行,实施工作步骤有效、能支撑目标实现	知识产权部具体执行人	知识产权部负责人	专利委员会

续表

序号	控制点	控制内容	评估标准	评估对象	评估信息提供人	控制人
3	实施预警方案	预警方案的落实	预警实施方案能够得到良好的落实、执行	知识产权部具体执行人/总裁会/产品事业部/研究院	专利委员会	总裁会/产品事业部/研究院分管领导
4	预警应用偏差分析	找出主要的偏差、分析原因	偏差、原因分析准确、包含重点问题	知识产权部具体执行人	知识产权部负责人	专利委员会
5	制订调整方案	调整预警实施方案的内容与质量	方案的有效性、可行性	知识产权部具体执行人	知识产权部负责人	专利委员会

在企业的专利风险预警项目的实施中，离不开各方面的保障工作。这些保障工作总体上可以分为流程上的保障和制度上的保障两方面。表6-4中详细列出了这些保障工作的具体内容、要求和责任部门，并给出了流程的适用范围和时限要求。

表6-4 企业专利风险预警项目流程实施保障

序号	保障类型	保障工作	要求	责任部门	备注
1	流程适用范围	知识产权部的专利风险管理工作		知识产权部	—
2	流程工作组织	预警实施方案必须以具体工作分析为依据	按照流程执行	知识产权部	—
		预警目标的分解需要根据集团各部门、产品事业部、研究院情况，经过其确认	按照流程执行	知识产权部	—
		预警实施方案的执行需要明确各级部门的工作职责	明确分工职责	知识产权部/总裁会/产品事业部/研究院	—
		预警实施方案执行需要有固定的反馈形式和时间要求	按照模版反馈	知识产权部	—
		对预警成果的应用要有固定的反馈形式和时限要求	按照模版反馈	知识产权部	—
		对预警成果的应用情况要对比预警目标做差异分析	按照流程执行	知识产权部	—
		如果存在偏差要对预警实施方案进行调整	按照流程执行	知识产权部	—
3	制度保障	知识产权部负责人在预警实施过程中的定期调研制度	按照制度执行	知识产权部	—
		知识产权部负责人在预警成果应用过程中的定期调研制度	按照制度执行	知识产权部	—
		预警实施方案执行效果反馈制度，各相关单位要定期上报预警实施方案执行情况	按照制度执行	知识产权部	—
		预警成果应用情况反馈制度，各相关单位要定期上报预警成果应用的情况	按照制度执行	知识产权部	—
4	时限要求	预警实施方案执行效果反馈的时间	活动开始执行起1周到活动结束	知识产权部	—
		预警成果应用情况反馈的时间	开始应用起每周一次	知识产权部	—

第七章　企业专利综合事务管理

导　言

专利综合事务包括为企业实体性和程序性的专利工作服务和支持的各项具体管理事务，包括专利申请文件质量管理、专利成本管理、专利文档管理、专利代理管理、专利维持管理等。

这些综合性管理事务，多数无法外包给专利代理机构处理，只能由企业自己管理，每项具体事务的管理效果，都将直接关系到企业整体专利管理的质量。

一、专利申请质量管理

专利申请文件属于一种法律文件。作为法律文件，专利申请文件不仅形式上有严格的法律限制，其内容也必须符合法律的要求。专利申请文件既是启动专利申请程序的必要条件，也是专利审查的基础和依据，企业能否获得专利权以及获得专利权的范围都是以专利申请文件范围为准的。对于企业的专利管理而言，控制好专利申请文件的质量是企业专利发展战略成功的首要环节，高质量的专利申请文件能够真正保护好企业的知识产权，而质量差的专利申请文件不仅不能使自身的技术方案得到保护，还有可能使企业的专利战略发展陷入困境，进而导致企业在其他发展环节处于被动。

企业专利申请文件的质量管理一般是由主管企业专利工作的部门来负责。要认识专利申请文件质量管理的重要性，不仅要对专利申请文件的作用有深入了解，对其后续影响和对于企业的意义也要有深刻认识，这样才能真正将专利申请文件质量管理落到实处，切实解决企业在申请专利过程中的问题，为企业后续专利工作的开展奠定坚实的基础。

(一）专利申请文件的作用和文件质量的影响

1. 专利申请文件的作用

专利申请文件的作用主要体现在以下几个方面：
- ◇ 向全社会公开发明创造的内容；
- ◇ 阐明申请人要求保护的发明创造技术方案的范围；
- ◇ 专利局对申请人的发明创造进行审查时的原始依据；
- ◇ 作为是否侵权的依据。

专利请求书记载了重要的申请著录项目信息，其中记载了关于发明人、申请人以及发明创造类型的基本信息，这些均是请求专利局启动对专利申请审批程序的依据。如果没有专利请求书，专利局将无法得知何人请求专利以及请求保护的专利类型，也就无法启动专利申请审批程序。

对于发明和实用新型专利申请文件而言，权利要求书记载了发明或实用新型的技术特征，说明书则对申请人的技术方案作了详细说明。说明书的作用是向全社会充分公开发明或实用新型的技术内容，使相关领域技术人员能够不付出任何创造性劳动即可直接实施发明或实用新型公开的技术方案，从而对社会的科学技术进步作出贡献。权利要求的作用是阐明申请人要求保护的发明创造技术方案的范围，它是以说明书为依据的一种技术方案概括和总结。对于外观设计专利而言，其图片和照片显示了要求外观保护的产品，其要求保护的范围以外观设计专利申请文件中表示的图片和照片为准。

企业提交专利申请后，专利局会根据企业递交的专利申请文件进行审查，这些专利申请文件将成为专利局审查的原始依据，在后续进行的审查程序中，专利局始终是以这些原始申请文件为依据进行法律上的评价。同时，申请人在审查过程中对申请文件的修改也必须紧紧围绕原始申请文件进行，修改不能超出原始申请文件的范围。换句话说，申请人在审查过程中为了克服不符合专利法的缺陷而提交超出原始申请文件范围的内容是不被允许的。显然，合理确定专利申请文件中技术内容的范围十分关键。

申请人要获得专利权，就必须以公开自己的技术方案作为代价，向全社会公开文件，专利批准后的授权文本是判断侵权与否的依据。

2. 专利申请文件质量的影响

从专利申请文件的作用来看，其质量的高低对企业的影响主要有以下几个方面。

（1）决定企业是否能够获得相应的专利权以及获得专利权的范围。

作为公开技术方案的专利申请文件，必须达到清楚、完整，使本领域技术人员不付出任何创造性劳动即可以实施的要求。权利要求书是确定专利申请的保护范围，说明书是对权利要求书的细化和解释，两者相互配合说明发明和实用新型的保护范围。由于后续的审查均是以首次递交的专利申请文件为准，基于公平原则，即便是对申请文件进行修改，也不能超出原始说明书和权利要求书的范围，修改限于形式上的修改和能够根据原始文件直接、毫无疑义地确定的内容修改。因此，递交专利申请文件时，专利要求保护范围的确定显得十分重要。一旦权利要求书圈定的保护范围不恰当，或者得不到说明书的支持，均可能导致权利要求的范围缩小，甚至丧失可能获得的专利权。可见，专利申请文件的质量决定了企业是否能够获得相应的专利权,以及获得专利权的范围。

(2) 确定是否侵权的依据。

企业将其技术方案公布后,作为对价,国家给予相应的法律保护,以保护企业的利益。一旦侵权行为发生,则可以根据授权文本记载的技术方案来确认侵权行为,以保护权利人的利益不受到非法侵害。而授权文本是在专利申请文件的基础上直接或修改后确定的,不会也不可能超出专利申请文件记载的原始范畴。

可见,专利申请文件质量的控制对于企业而言不仅只是确定专利要求保护的范围,还涉及企业的专利战略发展。一般而言,高质量的专利申请文件一般应具备以下特征:

- ◇ 主题抓得准;
- ◇ 权利要求、说明书清楚;
- ◇ 权利要求、说明书有效且说明书公开充分;
- ◇ 权利要求层次分明、保护范围适当;
- ◇ 外观图片或照片清楚、视图关系正确。

只有在撰写阶段熟悉现有技术和本专利申请技术方案,充分考虑审查和无效程序甚至诉讼阶段可能出现的情况,才有可能撰写出具有上述特征的申请文件。

企业获得专利权是企业科技发展的象征,也是企业科技成果的表现,专利权的数量、质量都对企业的专利战略有很大影响。高质量的专利申请文件既能够有效避开侵权的可能,更能够保护企业的知识产权,使其在专利竞争中取得优势。因此,企业的专利申请不应该仅仅以量取胜,更应该以质取胜。

(二) 专利申请文件质量管理的要点

控制专利申请文件的质量是企业知识产权管理中的一个重要环节,专利申请文件质量的好坏对于后续的专利权保护有着决定性的作用。总体而言,控制专利申请文件质量,关键是通过技术交底书来撰写出合格的权利要求书和说明书。合格的权利要求书和说明书要做到既能够达到专利申请文件具有最低公开内容和最低公开量的要求,又能够合理圈定要求保护的专利范围。也就是说,专利申请文件既要做到能保障企业获得专利权,又要一定程度上保留技术秘密。具体而言,专利申请文件质量管理应当注意以下要点。

1. 承办人员的一贯性

承办人员的一贯性就是从技术交底书到申请文件的撰写要由同一个人员从始至终来跟踪完成。

第一,对于企业而言,在整个过程中涉及的人员较多,包括发明人、技术委员会、专利管理人员等,因此,程序相对比较复杂。一个完善的流程固然能够保证专利申请文件质量,但流程中的经办人员更迭也必然会导致申请文件形成的时间延长,并且,由于各个承办人员对于发明人技术方案理解的偏差,也可能导致专利申请文件出现主题确定不同、保护范围不一致的问题,直接影响专利申请文件的质量。

第二,企业申请专利不同于个人申请专利,在形成申请文件的过程中,必然要经历不少的流程。在整个流程中，负责申请案的工程师要尽可能保持前后一致，因为理解一个技术方案可能需要和技术人员进行不断地沟通，不仅在撰写技术交底书的过程中需要交流，在专利申请文件形成后更需要交流。如果随意更换承办工程师，不仅沟通的效率会降低，质量肯定也会受到一定程度的影响，进而拖慢申请的进程。

2. 管控流程的完善性

管控流程的完善性要求企业的专利管理工作要配套有完善的流程，实现流程化管理。

第一，企业的专利申请不同于个人申请，企业专利申请文件的形成涉及企业内部不同的部门，不仅仅是专利管理部门，还包括技术管理部门，甚至是企业决策层。当然，这需要根据专利申请案的重要性来决定，对于企业核心技术而言，应该通过完整的流程进行管控，以保证专利申请文件的质量符合企业的实际需要。

第二，对于非核心技术的专利申请，可以仅通过部分流程来完成，这样就能够根据专利申请的重要程度来对申请的流程进行区分，既保证了专利申请文件的质量，又能够保证各个岗位紧密配合来完成专利申请文件。

一个完善的管理流程可以保证各种需求的专利申请有序、高效、顺畅地流转，不仅能够保证专利申请文件的数量，也能够有效保证申请文件的质量。

3. 必要的检索对比

对专利交底材料进行检索对比，目的在于确定现有技术的范围。具有专门知识产权管理部门的企业应该对专利技术交底书进行检索，检索的范围可以由内部确定。

不进行检索的申请会导致重复申请，增加专利侵权的风险，进而提高企业的运营成本。进行检索能够尽量避免重复申请，也能完善自己的申请方案，为企业降低成本提供可能。因此，企业在专利申请的过程中，一定要对申请技术方案进行检索，尽可能地发现现有技术，与现有技术进行对比后有效降低侵权的风险。

（三）专利申请文件质量管理的流程及注意事项

对于企业专利管理而言，专利申请文件的形成需要经历几个阶段，要实现申请文件的有效控制，每个阶段都应该提供有效的方法来进行控制，以使最终得到的申请文件符合质量要求，有效保护企业的知识产权。

专利申请文件质量管理应该着重考虑几个方面的因素：一是对研发人员专利申请意识的培养；二是对专利申请流程的合理设置；三是帮助研发人员完善专利提案材料，确保提案的技术交底材料达到充分公开的要求；四是对专利申请文件的审核。

下面从流程及注意事项两个方面来具体阐述专利申请文件质量的控制。

1. 专利申请文件质量管理流程

从研发工程师头脑中的技术方案到专利申请文件的最后定稿，必然经历许多阶段，这些阶段的设置为专利申请文件质量提供了程序上的保障。企业在专利管理流程中应该着重注意各个流程的管控。图7-1介绍了专利申请文件形成主要经历的几个阶段，以及各阶段控制申请文件质量所采取的方法。

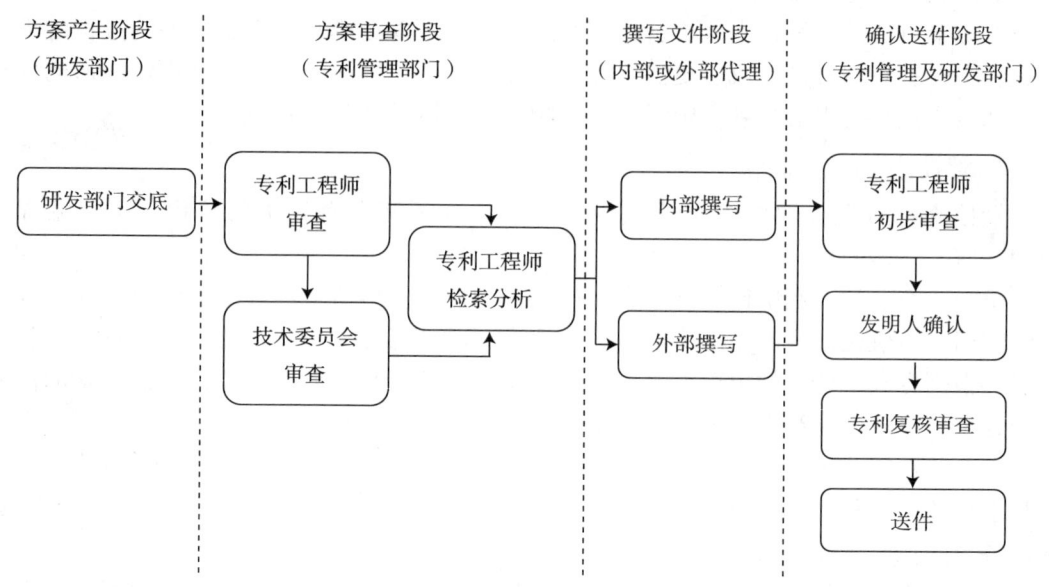

图 7-1 专利申请文件产生流程

（1）方案产生阶段。

方案产生阶段即企业内部研发部门提供待申请的技术方案。在方案产生阶段之前，企业应该培养研发人员的专利申请意识，鼓励研发人员在工作过程中提出可供专利申请的技术方案，专利部门的工程师也应该早期介入培训，以提高研发人员提出申请的主动性和积极性。

当研发工程师提出准备专利申请的技术方案时，按照技术交底书的格式进行填写。由于工程师往往不具备专利申请经验，其撰写的交底材料可能存在许多缺陷。例如，没有交代现有技术存在的技术问题，对于现有技术的技术问题存在主观臆断的判断，没有客观描述现有技术存在的技术问题从而交底书中的技术方案并没有解决现有技术的技术问题，逻辑错误，交底书技术方案交代不清楚，使用了不规范的术语而没有相应解释，以及没有附图或者附图不能清楚地显示技术方案内容等。专利工程师应该经常与研发工程师进行交流，对其技术交底书的撰写进行辅导。一份技术方案交代清楚、完整的技术交底书是专利申请文件能够成功的开始，如果可能，还应该让工程师尽可能地补充其引证资料。

对于外观设计专利申请而言，应该检查各个视图之间的关系是否正确、图片和照片是否有不清楚的地方。

（2）方案审查阶段。

对于研发工程师提出的专利申请技术方案，应当由专利工程师进行初步审查，以保证交底材料符合基本的要求。在这个阶段，主要包括两个方面：一是对技术交底书的初步审查，二是对技术方案的初步检索判断。

专利工程师的初步审查包括形式审查和实质审查。例如，对技术交底书记载的技术方案的内容是否完善，是否违反《专利法》第 5 条、第 25 条的规定等进行初步形式上的审查。对于形式上和实质上的缺陷，专利工程师应该对这些问题进行归纳总结后要求撰写技术交底书的研发工程师进行补充和完善；在没有把握确认技术方案内容的情况下，应该就技术方案的内容和研发工程师反复确认，保证交底书在形式上符合要求，即至少应该包含背景技术、本技术方案及产生的有益效果三个方面的内容。如果不符合要求，可要求研发工程师对其技术方案进行补充和完善。该阶段是对技术交底书进行不断完善的阶段，需要专利工程师和研发工程师反复磋商，以保证技术交底书达到初步要求。同时，在审查过程中，还应该对交底书中的技术术语是否规范、附图是否齐全、附图是否符合专利法的要求作进一步的检查。

当专利工程师认为技术方案完整、清楚后即可进行检索分析工作。对技术交底书中的技术方案进行初步检索，检索范围根据专利未来需要保护的地区或者根据企业的目的来确定。检索判断的目的在于找到现有技术，并对技术交底书中技术方案的新颖性和创造性进行基本判断。这个环节是确定专利申请是否继续进行下去的依据。对于那些根据检索结果能够明显判断出缺乏新颖性，并且无法通过补充材料来避开新颖性问题的申请，可以和发明人沟通建议结案处理，以节约程序；对于可以通过补充材料避开新颖性的申请，则可以建议发明人补充材料后进行。对于创造性的判断，则可以根据待申请技术方案对企业的重要程度来确定，企业可以根据不同情况进行处理。另外，通过检索结果，企业还应该建立相关技术领域的专利库，方便下次相同技术领域申请的检索工作，进一步提高效率，缩短检索判断的周期。

当专利工程师与研发人员对于技术方案有争议时，可将该技术方案交由技术委员会进行审查判断，最终由技术委员会作出是否需要申请的决定。技术委员会作出申请决定后即可将交底材料转由专利工程师负责检索分析工作。

（3）撰写专利申请文件阶段。

在撰写文件阶段，可将已经通过检索分析的提案交由外部代理机构或内部代理人员来完成申请文件的撰写。将专利申请文件主要交由外部代理机构撰写能使企业专利工程师将工作精力集中在内部交底材料的审核上，这样能够保证交底材料能够更加清楚、完整，使外部代理机构撰写质量进一步提高，也有利于专利申请文件的后期审核工作。特殊情况下，专利申请文件的撰写也可由内部代理人员来完成。

在委托外部专利代理机构时，应该把技术交底书以及检索到的相关现有技术文献都提供给专利代理机构，并应尽可能地选择熟悉申请技术方案技术领域的代理人撰写。当外部专利代理机构返回撰写好的申请文件后，具体承办的专利工程师应该对该申请文件进行初步审核，并按照企业专利管理的要求将需要修改的意见反馈给代理人。经过双方确认后，专利工程师即可将申请文件转递给研发工程师进行确认，以确定申请文件中的技术方案是否正确，并提出修改意见。在实际操作过程中，申请文件可能需要经历反复的修改后定稿，定稿后即完成本阶段的工作。

最后，为了保证外部代理机构的撰写水平的提高，还应该对撰写专利申请文件的代理人的申请文件质量进行评价。

(4) 确认送件阶段。

在专利申请文件撰写出初稿后，应该指派经验丰富的专门审核人员对撰写完成的专利申请文件进行审核，以进一步确保专利申请文件的质量。审核环节是确保专利申请文件质量的最后一环，此阶段的审核人员往往由对专利及技术均非常熟悉的人员来担任。设置这样一个审核环节的目的是对专利申请文件从深度上、广度上进行总体把握，从整体上保证专利申请文件的质量。审核专利申请文件应把重点放在权利要求的范围是否合适，说明书是否清楚、完整地交代了技术方案，权利要求有没有得到说明书的支持，以及申请文件内容是否与交底材料中的内容一致等方面，确认申请文件后即可将申请文件返回发明人确认技术方案是否存在问题。经过发明人对技术方案的确认后，即可将申请文件转给专利复核人员复核，以对申请文件进行进一步的确认。

根据上述专利申请文件形成的四个阶段，可以将其细化为图7-2所示的流程。

2. 专利申请文件质量管理的注意事项

(1) 在研发部门开展专利基础知识培训工作。通过基础知识培训工作树立研发人员的专利意识，使研发人员在工作过程中及时记录新的创意，保证企业专利提案的数量，为进一步筛选出高价值的提案提供储备。

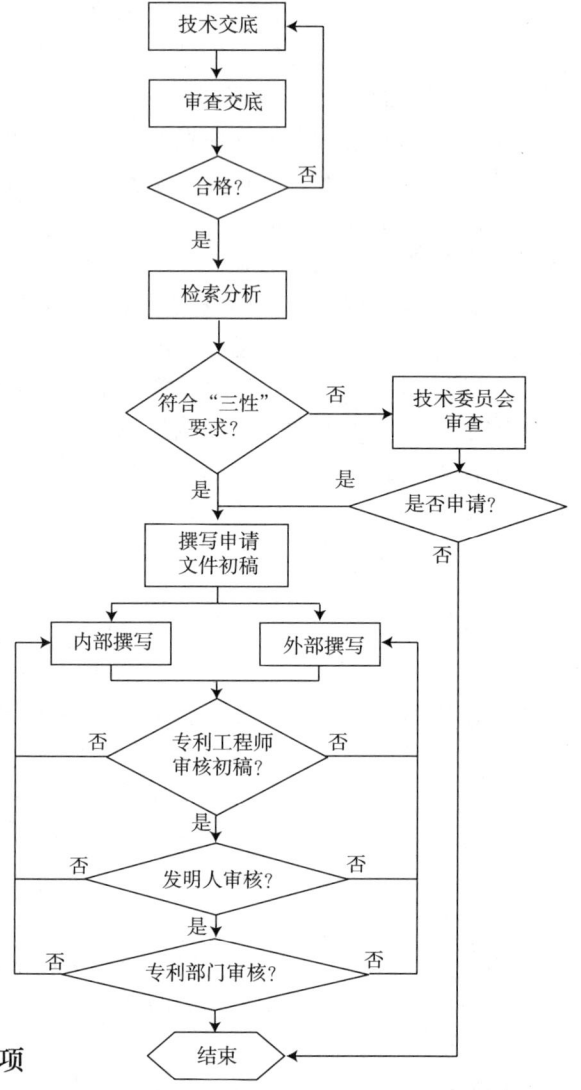

图7-2 专利申请文件形成细化流程

(2) 组织内部专利工程师参加培训交流。专利工程师对处理困难的专利提案进行交流讨论，集中处理疑难案件并进一步提高处理提案的水平。

(3) 专利工程师与研发部门进行互动。通过双方的互动，一方面提高专利工程师在技术方面的知识，拓宽知识面；另一方面，专利工程师对研发工程师进行指导，使其能够清楚技术交底书需要撰写的内容和要求。这种互动方式不仅加快了提案撰写的速度，也加快了专利工程师处理提案的速度，提高了工作效率，节约了申请产生的时间。

(4) 根据流程设置对应的岗位。由于专利申请需要通过许多流程，不同的流程完成不同的工作任务，将专利申请分解到各个不同的岗位进行处理，这些岗位包括专利工程师、专利主管、审核人员等。不同岗位的人密切配合,从程序上保证专利申请文件的完成,使专利提案高效、有序地流转。

(5)建立案件区别对待机制。对专利提案进行区别对待,主要是将企业核心技术的提案与非核心技术的提案分开处理。区别对待提案并非是要降低非核心技术提案的申请文件质量,而是通过两者的分流,将核心案件和非核心案件分别交由经验丰富的专利工程师或经验一般的专利工程师处理,使核心案件能够得到更好的处理。

二、专利费用管理

(一)专利费用构成

专利的费用主要包括向专利局缴纳的各种费用以及专利代理过程中产生的代理相关费用。按照专利申请所处的阶段,这些费用包括申请前、审查中和授权后三个阶段的费用,具体构成如图7-3所示。

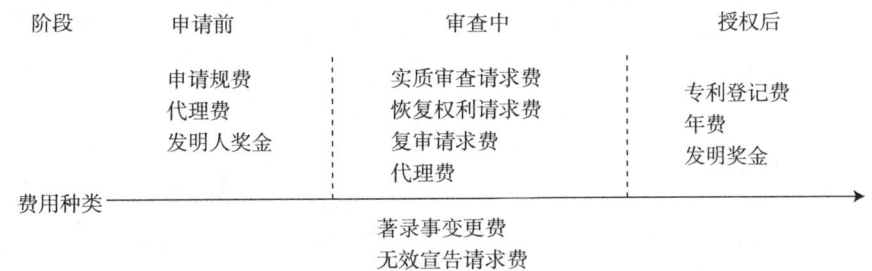

图7-3 按专利申请所处阶段的费用构成

从交费时机考虑,主要包括两个方面:一是有利于专利申请事务处理程序的顺利推进,二是尽可能地节省财务费用。为此,可以将专利费用分为三类:一是按合约支付的专利代理费,二是按通知缴纳的费用,三是主动缴纳的费用。

1. 专利代理费

专利代理费支付是指企业与专利代理机构在专利代理合约中按约定的条件支付费用。从企业来说,最好是与代理机构约定相关费用按专利事务处理的进程分阶段支付,一般按申请阶段、实审阶段、授权阶段三个阶段支付相关费用,支付条件是每个阶段事务完成之后再支付该阶段相关费用。

2. 按通知缴纳的费用

此类费用按国家知识产权局的交费通知在法定期限前缴纳即可,包括申请费、恢复权利请求费、复审费、专利登记费。

3. 主动缴纳的费用

这类费用主要有两类,一类是年费,另一类是实质审查请求费,分别说明如下。

(1)年费。

缴纳年费时根据各个专利对应法定交费期限,理论上在法定宽限期前缴纳是最好的结果，但年费缴纳需要业务部门或专责人员填写财务单据、部门审核、财务审核乃至公司领导审批，所需的审批流程时间较长，往往导致年费存在延期缴纳风险。缴费期限的选择可以每月缴纳或者每半年缴纳一次，缴纳周期与案件数成反比，案件越多，需要缴纳的年费越多，交费周期越短频次越高，越能为公司节省财务费用。实践中，将年费安排在一个月的宽限期内缴纳对企业是最为有利的。

(2) 实质审查请求费。

部分企业或代理机构会选择在申请的同时提交实质审查请求费，以利获得尽快进入实审程序，而对于年专利申请量较大的企业，这种做法不经济。经济的选择有两种：一种是为了加快授权，在收到初审合格通知书即缴纳实质审查请求费，另一种是在 3 年期限届满前提实质审查请求时缴纳相应的费用。

专利申请各阶段的费用，可以委托专利代理机构缴纳，企业也可以自行缴纳。如果企业的专利数量较少，可以全部委托专利代理机构代为缴纳，企业定期与事务所进行结算即可。

企业自行缴纳费用时，必须对各阶段应缴纳的费用种类、缴纳期限、缴费时要求注明的信息、错缴费用时的处理程序等有详细的了解。主要费用缴纳的金额如表 7 – 1 所示。

表 7 – 1 主要费用缴纳金额

国内部分（人民币：元）			
费用类别	全额	个人减缓	单位减缓
（一）申请费			
1. 发明专利	900	135	270
印刷费	50	不予减缓	不予减缓
2. 实用新型专利	500	75	150
3. 外观设计专利	500	75	150
（二）发明专利申请审查费	2 500	375	750
（三）复审费			
1. 发明专利	1 000	200	400
2. 实用新型专利	300	60	120
3. 外观设计专利	300	60	120
（四）发明专利申请维持费	300	60	120
（五）著录事项变更手续费			
1. 发明人、申请人、专利权人的变更	200	不予减缓	不予减缓
2. 专利代理机构、代理人委托关系的变更	50	不予减缓	不予减缓
（六）优先权要求费（每项）	80	不予减缓	不予减缓
（七）恢复权利请求费	1 000	不予减缓	不予减缓
（八）无效宣告请求费			
1. 发明专利权	3 000	不予减缓	不予减缓
2. 实用新型专利权	1 500	不予减缓	不予减缓

续表

国内部分（人民币：元）			
费用类别	全额	个人减缓	单位减缓
3. 外观设计专利权	1 500	不予减缓	不予减缓
（九）专利登记、印刷费、印花税			
1. 发明专利	255	不予减缓	不予减缓
2. 实用新型专利	205	不予减缓	不予减缓
3. 外观设计专利	205	不予减缓	不予减缓
（十）附加费			
1. 权利要求附加费（从第11项起每项增收）	150	不予减缓	不予减缓
2. 说明书附加费（从第31页起每页增收）	50	不予减缓	不予减缓
从第301页起每页增收	100	不予减缓	不予减缓
（十一）中止费	600	不予减缓	不予减缓
（十二）实用新型专利检索报告费	2 400	不予减缓	不予减缓
（十三）年费			
发明专利			
1～3 年	900	135	270
4～6 年	1 200	180	360
7～9 年	2 000	300	600
10～12 年	4 000	600	1 200
13～15 年	6 000	900	1 800
16～20 年	8 000	1 200	2 400
实用新型			
1～3 年	600	90	180
4～5 年	900	135	270
6～8 年	1 200	180	360
9～10 年	2 000	300	600
外观设计			
1～3 年	600	90	180
4～5 年	900	135	270
6～8 年	1 200	180	360
9～10 年	2 000	300	360

注：①维持费和复审费按照80%及60%两种标准进行减缓。
②授权后3年的年费可以享受减缓。

PCT申请国际阶段部分（人民币：元）	
（一）传送费	500
（二）检索费	2 100

续表

PCT申请国际阶段部分（人民币：元）	
附加检索费	2 100
（三）优先权文件费	150
（四）初步审查费	1 500
初步审查附加费	1 500
（五）单一性异议费	200
（六）副本复制费每页	2
（七）后提交费	200
（八）滞纳金	按应交费用的50%计收，若低于传送费按传送费收取；若高于基本费按基本费收取
（九）国际申请费	
1. 国际申请用纸不超过30页的	8 858（1 330 瑞朗）
2. 超出30页的部分每页加收	100（15 瑞朗）
（十）手续费	1 332（200 瑞朗）

注：①（九）～（十）项为国家知识产权局代世界知识产权组织国际局收取的费用，收费标准按2008年6月1日国家外汇管理局公布的外汇牌价折算。

（二）专利费用的管理

如果企业的专利数量较少，无论是自己缴纳还是委托代理机构缴纳，缴纳的时机没有太多需要考虑的因素。对于拥有一定专利数量的企业，自行缴纳可以节省一笔代理的费用，从缴纳的时机上也有考虑。

1. 与代理机构之间的费用

若费用是委托代理机构缴纳，则企业在与代理机构进行费用结算时对于费用清单、结算时间、附件要求都需要有明确的约定。

（1）费用清单要求。

依序注明案件编号、申请号、申请日期、申请类型、发明名称、申请人、费用种类及金额等信息。

（2）结算时间及附件要求。

与代理机构之间的费用结算时间和附件要求具体如下：

- ◇ 申请阶段：据申请日按月/季度结算，结算前代理机构需将受理通知书、申请文件纸件全部传递至委托方，同时附官费收据复印件方可结算；
- ◇ 授权办理登记阶段：据办理登记手续通知书发文日按月/季度结算，结算前代理机构需将办登通知书全部传递至委托方，同时附官费收据复印件方可结算；
- ◇ 实审阶段：官费据缴费时间按月/季度结算，附官费收据复印件方可结算；
- ◇ 著录事项变更：按月/季度结算，结算前将手续合格通知书传递至委托方；
- ◇ 授权后阶段：年费缴纳按照月/季度结算，结算时附官费收据复印件。

以上所要求附送的文件均是为了确保委托事务已经正确无误的完成。与代理机构之间的费用结算，均需要保留相应的结算记录，建立对应的档案保存，以备后续查询。

2. 自行缴纳的专利费用

若费用是自行缴纳的，则需要代理机构及时传递文件，并注意在缴费期限前缴纳。例如，缴纳申请费时需要代理机构及时通知递交后的申请号信息，及时传递受理通知书及缴费通知书，办理授权登记手续时需要及时收到授予专利权的通知书及办理登记手续通知书。

费用可以缴纳至国家知识产权局专利局收费处或者当地专利代办处。个案缴费时，在缴纳时需要注明申请号及费用种类；多个案件的费用一起缴纳时，需要在缴费成功后将汇款证明及费用清单传真至专利局收费处或专利代办处，费用记录表列明申请号、对应的费用种类及缴纳金额；缴费时需要认真确认申请号是否正确，以免因申请号错误造成费用缴纳失败。传真时注明缴费单位名称，国家知识产权局专利局收费处开具的收据（发票抬头）即为缴费单位的名称，以便在企业内部凭发票做财务结算。

自行缴纳年费时，在收到办理登记手续通知书时即要将下一年度的缴费信息记录在案，部分专利申请在同一年内可能要缴纳两次年费，办理授权手续时缴纳授权当年的年费，下一年的年费可能也要在当年缴纳。例如，对于申请日为 2010 年 10 月 30 日的实用新型专利申请，其在 2011 年 5 月 10 日收到授予专利权及办理登记手续的通知书，在 2011 年 7 月 10 日之前缴纳第一年度的专利年费、专利登记费、印刷费和印花税，在其第一年度期满之前（2011 年 10 月 30 日之前）要缴纳第二年度的专利年费。在收到办理登记手续通知书时，根据授权时缴纳的对应年度的信息，同时将下一年度缴纳的信息登记如年费缴纳记录表中。

年费缴纳前需要对授权专利是否维持进行评估，评估的频率与案件的数量相关成反比，案件数量越多，评估频率就越低。这样做原因是专利评估涉及专利、研发、销售各个方面，大数量、高频次的案件评估会影响企业内各业务的正常运行。如果企业专利数量特别大，专利评估基本上是从策略上进行，个案的技术考虑的必要性不大，但如果公司专利数量较少，只有几件授权案件，每个案件可以单独评估。年费缴纳登记样表如表 7-2 所示。

表 7-2 年费缴纳登记样表

序号	申请类型	专利号	申请日期	专利名称	缴费年度	缴纳金额
1	发明	20051003×××4.3	2005.08.18	一种显示装置	7	2 000
2	发明	20061006×××4.2	2006.11.06	一种音效提升电路	6	1 200
3	发明	0212×××1.2	2002.06.29	一种电源控制装置	10	4 000
4	发明	20071007×××0.4	2007.05.08	可移动的多媒体显示设备	5	1 200
5	发明	……	……	……	……	……

自行缴纳的费用也应将收据复印件保存档案，以免后续发现有缴费错误时，可以根据先前的缴费证据申请退费。

（三）专利申请预算

企业在进行专利管理工作中遇到的费用种类较多，各种费用的期限也不相同。根据企业发展的需要,企业的专利工作方向也相应发生变化,产生新种类的各种费用。因此,企业专利管理部门在管理各项专利费用时,需要有科学有效的专利预算管理体系。

为便于理解专利申请预算制作过程,可以参考图7-4的"三新三旧"专利申请预算模型。

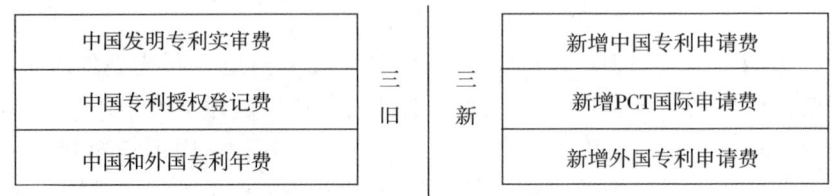

图7-4 "三新三旧"专利申请预算模型

其中"三新"指为三种新增专利所做的预算,包括三种新增专利申请项目,即新增中国专利申请、新增PCT国际申请、新增外国专利申请等的费用。"三旧"指为三种旧案件所做的预算,包括三种旧专利案件的项目,即中国发明专利实审费、中国专利授权登记费、中国和外国专利年费。

以下对图7-4的专利预算模型进行更详细的说明。

1. "三新" 项目

(1) "三新"之一:新增中国专利申请费的预算。

对新增中国专利申请的费用进行预算,首先要预测在预算年度内可能会出现多少件中国专利申请。要预测这个数量,制作预算的人员除了要参考往年的专利申请量来预测,还要向各个可能申报专利的部门或研发项目组了解其潜在的专利"产量",这些专利既包括发明专利,也包括实用新型专利、外观设计专利。

(2) "三新"之二:新增PCT申请费的预算。

要做这一部分的预算,首先也要了解在预算年度内可能提交PCT申请的数量。通常情况下,PCT申请应当在对应的中国专利的申请日起1年内提交,才能享有优先权。在考虑提交PCT申请的数量时,可以通过以下方式来确定。

其一,在制作预算时,根据需要提交PCT申请的中国专利数量,得到预算年度内的PCT申请量。

其二,对于某些企业,评估是否进行PCT申请的时间会放到1年优先权期限快届满时。在这种管理模式下,做预算时就无法比较确切地了解需要提交PCT申请的数量。此时,可以考虑用另外一种预测方法,即将本年度的中国专利申请总数乘以一个假定的系数,以此作为预算年度内拟提交PCT申请的件数。这个假定的系数,可以是0~1之间的任何一个值,优选的是0.05~0.5之间的一个值。在制定预算时,预算制定人员应该结合企业的国际化发展步伐,当年申请的中国专利的新颖性、创造性,以及过往PCT申请数量来确定一个合理的系数。如果企业的国际化发展需求较为迫切,那么PCT申请量应该跟上国际化发展步伐,可以选择0.4、0.5等较大的系数;如果企业的国际化发展需要不紧迫,则可以选择0.05、0.1这样的小系数。如果自觉当年申请的中国专利大多是"垃圾"专利,缺少较高创造性的专利,那么也可以选择0.05、0.1这样的小系数。

企业在累积数年的申请经验和预算经验后，这个系数的值就可以逐渐趋于稳定。在预测好预算年度内的PCT申请量后，就可以按照每件PCT申请的成本来制作预算了。

(3) "三新"之三：新增外国专利申请费的预算。

按照《专利合作条约》(PCT)的规定，通常在对应中国优先权专利的中国申请日起30个月内，就应该提交进入外国国家阶段的申请，否则将丧失优先权。

进入外国国家阶段的专利申请需要耗费大量费用。企业在评估是否进入外国国家阶段的申请时，通常都非常谨慎，一般会将30个月的期限尽量耗尽。因此，通常是在30个月的优先权到期前倒数第6个月或倒数第3个月开始再做评估，决定是否进入外国国家阶段，以便预留一定的翻译时间和文件准备时间。在做预算时，通常将上一年和当年提交的PCT申请作为预测下一年进入外国国家阶段专利申请数量的预测基础。

对于进入的时间比较容易确定，但有的PCT可能最终都不会进入外国国家阶段，有的PCT则可能同时进入若干个国家/地区进行申请，所以预测的时候也比较复杂。对此，可以考虑两种办法。

其一，在做预算的时候，就评估好在预算年度内哪些PCT申请（指上一年和当年的PCT申请）需要进入哪些国家/地区申请这是最好的解决办法。

其二，有的企业选择在30个月优先权期限快届满的时候再决定是否进入外国国家阶段。对于这种管理模式，做预算时就无法比较确切地了解外国专利申请的数量。此时，同样可以考虑运用一个假定的系数，将PCT申请量（上一年和当年的PCT申请量）乘以该假定的系数，作为预算年度内进入外国国家阶段的专利申请数。一般来讲，中国企业申请进入的外国国家主要包括美国和欧洲，因此该假定的系数可以是1~2之间的某一个值。例如，假设上一年和当年的PCT申请量有5件，如果系数是1，将预测会有5件的进入外国国家阶段的申请量；如果系数是2，则预测会有10件的进入外国国家阶段的申请量。在预测好进入外国国家阶段的申请量后，就要确定每件进入外国国家阶段的专利申请的成本。在做具体的预算时，每件进入外国国家阶段的专利申请预算比当前费用高一些，通常可以按照每件人民币10万元来作为预算的基础。

2. "三旧"项目

(1) "三旧"之一：中国发明专利实审费的预算。

要对实质审查费用进行预算，首先要清楚在预算年度内需要缴纳实质审查费的发明专利的数量。按照中国专利法，一件发明专利申请自申请日起的3年内必须提出实质审查请求，同时缴纳2 500元的实质审查费。由于"3年内"是个较长的期间，因此在做下一年年度的预算时，应充分考虑"3年内"（包括当年、上一年以及前年）提交的发明专利申请还有哪些还没有缴纳实质审查费。

在这方面，不同的企业提交实审请求的时间点不太一样，有的选择提交专利申请就同时请求实质审查并交实审费，有的选择在3年期限快届满时再请求实质审查并交实审费，有的则选择在发明专利公开后（从提交专利申请算起18个月后）就提交实审请求并缴纳实审费。因此，进行预算的人员应考虑企业提实审的习惯或策略，或者可以将所有发明专利的实审费做到第二年的预算之中，在做预算时要充分满足尽量"做高不做低"的原则。

(2)"三旧"之二：中国专利授权登记费的预算。

在预算年度内，也要预测需要缴纳授权登记手续费的发明专利、实用新型专利、外观设计专利的数量。实用新型专利和外观设计专利的预算相对来讲比较容易制定，通常把当年提交的实用新型专利和外观设计专利的授权登记手续费都放在下一年的预算之中即可。比较复杂的是发明专利，因为发明专利的审查周期随着案情的变化，没有固定的标准时间可循。在制订发明专利的授权登记费预算时，通常"假定"进入实审程序后的第二年为授权登记手续费的发生年限，这样就可以保证在最快的授权情况下也能够及时缴纳。

(3)"三旧"之三：中国专利和外国专利年费的预算。

在预算年度内，还要了解需要缴纳专利年费的授权有效专利的数量以及每个有效专利在预算年度内的缴费年度。当授权专利的数量较少时，专利年费的成本相对也较低。但随着授权专利的逐渐增多以及专利维持有效时间的延长，维持这些专利继续有效的年费成本也逐渐增加，因此企业的专利预算也应该充分考虑到年费的需要。

年费的预算一般涉及两个方面。其一，授权有效的中国发明专利、中国实用新型专利、中国外观设计专利以及外国专利各自的数量；其二，每件有效的专利，其年费缴纳期限的年度。参照中国和外国专利局的年费缴纳标准来计算每一件有效专利在其对应的预算年度内的年费费用，其总和就是预算年度内专利年费部分的预算。

如果企业将专利实审、授权登记、年费缴纳等手续委托代理机构办理，代理机构通常也会收取一定金额的代理费，因此上述各项专利预算还应该考虑其相应的代理费。一般来讲，代理费因为不同的代理机构而可能不同，在做相应的代理费预算时，应该将报价最高的代理机构的代理费作为预算的基础，以满足"做高不做低"的预算制订原则。

三、专利文档管理

由于专利的法定保护期限长达 10~20 年，导致专利管理不同于一般的项目管理。专利管理涉及的是一项长期的工作，其间涉及的法律文件较多，从专利提案、检索资料、申请文件、审查及各类通知文件、专利证书等。除此之外，部分专利还涉及复审、无效以及诉讼的相关事务。涉及的文档数量巨大，不同的文档在不同的阶段都有其存在的必要性，为了使专利工作顺利、持续开展，文档管理就相当必要了。

专利文档种类多、时间长，文档的管理原则是确保文档的能快速查找与归位就显得相当必要。图 7-5 列出专利申请在递交后授权之前可能产生的各类主要的通知书类型。

以一项最终授权的发明专利申请为例说明，在递交后授权前一定会收到的通知书有：专利申请受理通知书、初审合格通知书、发明专利申请公布通知书、进入实质审查阶段通知书、审查意见通知书、授权及办理登记手续通知书、专利证书。

在专利申请审查过程中也可能会收到补正通知书、视为撤回通知书、驳回决定、视为放弃取得专利权通知书、授权后可能产生有关提醒缴纳年费的缴费通知书或专利权终止通知书。

若变更代理机构、发明人、专利申请人或专利权人等，则需要办理著录项目变更事宜；在办理过程中，可能会收到视为未提出通知书或手续合格通知书。在收到视为撤回

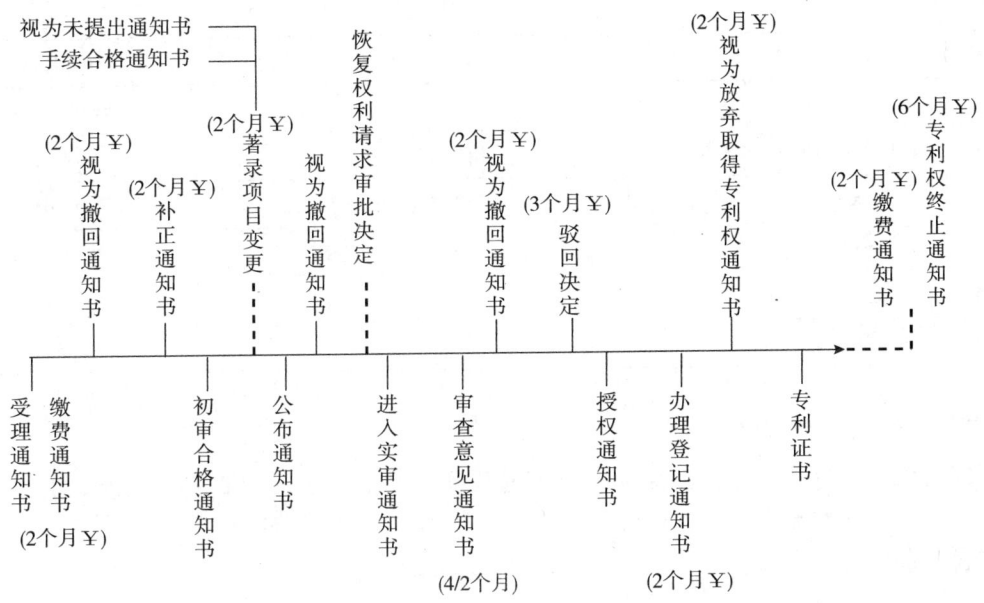

图7-5 各类主要的通知书类型

通知书、视为放弃取得专利权通知书及专利权终止通知书后，可能需要办理权利恢复手续，则会收到恢复权利请求审批决定。

（一）纸件文档的管理

在工作中经常需要查阅和准确快速地将专利文档进行归档保存，如果按专利号查找，因其号码是全国编号，单个企业专利的申请号无序且是13位数，打印到小标签上字体过小，不利于方便快捷的查找专利。企业可以根据自己的习惯并适当结合不同规模的企业和专利申请数量来制定专利文档的编码规则。

中小企业专利年申请数量不多，无需细化，可以用以下前两种命名规则。

1. 直接用申请号归档

直接用申请号归档优点是无需打开工作表去核对相应的公司内部案卷号，可以直接将其按专利申请号进行存档和取阅。此种存档方法因为每个专利都要看一遍才能找到所需专利号，查找和存档都有一定难度且费时，随着专利申请量逐年增加，专利案件的数量越来越多，案件的存取越来越不方便。

在启用新编码规则的时候，一种方法是将以前的档案按新编码规则重新编码，这种方法需要一定的工作量，特别一些文件存放以及过去历史记录需要保留；另一种方法是将先前已申请好归档的案件用一个连续的小标号进行标识，并通过建立一个工作表将小标号与申请号一一对应，比如：454 对应 20091011×××5.2，455 对应 20091011×××3.9。这种方法以较小的投入获得较大的管理便利，也是一种可行的方案，详细方法如表7-3所示。

表7-3 档案编码样表

序号	申请号	专利名称	申请日期
450	20091011×××3.5	一种液晶面板制造方法	2009.12.26
451	20091010×××6.0	用户界面的控制方法	2009.10.16
452	20091010×××0.1	一种平板电视的装配设备	2009.08.25
453	20091011×××4.8	具备语音言反馈功能的多媒体设备	2009.02.23
454	……	……	……
……	……	……	……

2. 直接用流水号归档

例如0001、0002,这样简单明了,容易找到,非常有序,只需建立一张电子档的工作表,将流水号与申请号一一对应。操作时,先看一下文件的申请号,然后在电子档的工作表上查到相对应的流水号,存、取档案,方便快捷。

3. 用年份+流水号的方式命名

如A20100001,A即Application,体现年份,操作时会更明确一些,使查找更明朗和简单化,操作时的方法与流水号归档管理一致。这种方法适用于专利申请量较大的一些企业。

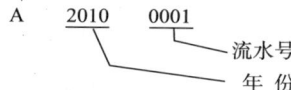

4. 用年份+流水号+代理机构名命名

例如20100008中一,虽然命名有点长,但将代理机构区分后,存档就会变得简单,因为同一家事务所快递过来的材料是一起的。

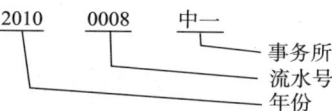

5. 用年份+类型+流水号命名

定义发明为1、实用新型为2、外观设计为3,那么2008年的第一件发明案件的命名就是:

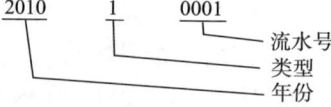

有一些特殊案件的命名需要特殊处理,例如一个发明同时在中国与其他国家/地区申请时如何处理:一种方法是中国申请一个编码规则,而国外申请用另外一套规则,各自分开,如中国申请用20100001,美国申请用US20080001,日本申请用JP20100001,详如下图:

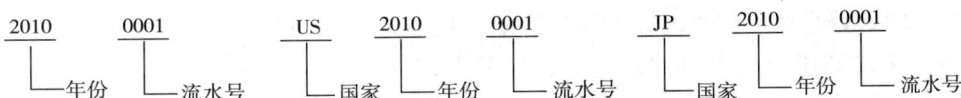

考虑到绝大多数企业申请涉外专利基本上都会先在国内申请专利,为了清楚地表明国内案件与国外案件之间的关系,对于同时在中国与其他国家/地区申请专利时,用同一个案子的中国案号加注其他国家代码表示国外专利申请,如下图所示:

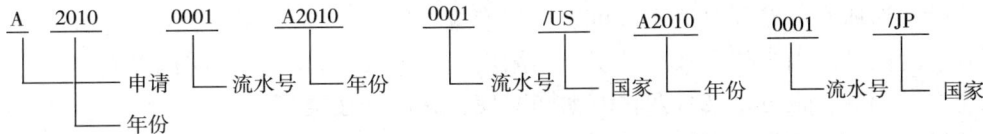

在特殊情况下需同时申请发明和实用新型专利时,可以通过对申请加注类型的方式表示,如发明申请案是20100001,同时申请实用新型的案件可以标示20100001-U,如下图所示:

专利文档的命名方法有很多,每一种方案都有其实用的优点与不足,企业可以根据自身的情况选择其中一种来管理文档。

(二) 电子文档的管理

文档是企业重要的资产。文档一般都以电子文档的形式存在,载体一般为 .doc 格式、.ppt 格式、.pdf 格式等;内容可能是商务合同、会议记要、产品手册、客户资料、设计图稿等。这些电子文档可能是流程性质的也可能是公司正式发布的文档;可能处在编写阶段,也可能是已经归档不能再修改的。伴随着信息化进程,文档管理越来越受到企业的重视。但是,企业在进行文档管理的过程中,经常会遇到以下的问题:海量文档存储,管理困难;查找缓慢,效率低下;文档版本管理混乱;文档安全缺乏保障;文档无法共享;知识管理举步维艰等。电子文档管理系统就在这样的背景下应运而生。

对于有文档管理软件的企业,可以按管理软件的要求进行管理,通常管理软件都是按个案进行存档,即同一个申请案中的所有文档都存放在一起,按专利申请号或案号进行存档。

对于大多数企业而言,如何在没有专利管理软件时对专利案件进行管理,电子文档该如何管理是比较好的方案呢?

一种方案是与专利软件管理一样,将同一个案件相关所有文档存放在一个文件夹中,包括:技术交底书、专利申请表、申请文件、专利申请受理通知书、专利申请初步审查合格通知书、专利申请公布通知书、发明专利申请进入实质审查程序通知书、第N次审查意见通知书、办理登记手续通知书、专利证书,文件夹内的文件可以用申请号命名,也可以用案号命名。

另外一种方案是将同一类文件存放在一起,比如将所有专利申请受理通知书存放在一个文件夹,而将初步审查合格通知书放在另一个文件夹。这种按文件的类型进行分类存放方式的好处是在使用时可以方便地存取，在办理专利申请资助时，可方便复印相关的文档，例如2010年的专利申请受理通知书或2010的专利证书。

以上两种电子档的存放方法各有优劣，第一种文档存放的方式对于查找某一个专利相关的文档时比较便利，只要打开一个文件夹即可，但对于查找同一类型文件的时候，就需要大费周折了；第二种文档存放方法对于查找某一类文档比较便利，但对于找齐同一个申请号的所有文件就有些费时费力了。

当然，对所有的专利申请文件可以按年度或类别分类存放，相比按类型分类存放按年度存较为便利，因为类型只有发明、实用新型、外观设计三类，纯粹以类型进行分类意义不大。当然，也可以结合两种方案同时使用，即先按类型分类再按年度分类，也可先按年度分类再按类型分类。

除了以上两种专利文档存档方法之外，可考虑根据文件的使用频率分类分别存放。对不常使用的文档如初审合格通知书、缴费通知、办理登记手续通知书，按第一种方法存档，对于使用频率较高的文件如专利申请受理通知书、专利证书可按第二种方法存档。比如对某一类企业而言，有国家的税费优惠政策可以利用，如高新企业、软件企业以及部分生物医药等可以享受退税优惠，此时需要将当年或某一时间段的专利受理通知书或专利证书正本或复印件进行提交以备查验，那么分类存档就比较有优势。

随着企业发明专利申请文档的增加，如果超过一定的数量，可以考虑购买一个专利管理软件进行文档管理。一般来说，超过100件以上的专利案件可以购买一个专利管理软件。

除了做好文档管理之外，还要考虑到文档的存放安全，比如计算机硬件损坏而导致硬盘损坏、数据丢失，因此做好文档的备份工作也是非常重要的。此外，除了计算机硬件损坏外，进一步的安全还要考虑到地震、火灾等情况，这时候就需要进行文件的异地备份，一份在本地，一份在外地。

（三）著录信息的表格管理

为方便快速地查看专利相关信息，需要将专利信息录入汇总成一张EXCEL表格，将专利的必要信息罗列其中。由于专利案件处理的时间跨度大，需要管理的事项多，为了提高案件查询的速度，简化管理的事项，在案件较多时，可以将案件分为提案、撰写、审查、授权四个阶段分别进行管理，表格的栏位可根据需要来调整。各业务阶段及主要的事项如图7-6所示。

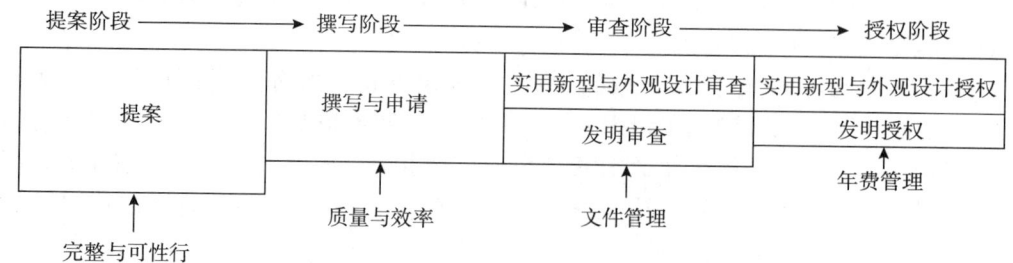

图7-6 案件管理阶段及管理事项

1. 提案信息记录表

这一阶段主要管理事项是提案是否需要申请以及处理的进度，需要管理的信息如表7-4所示。此表仅供参考，具体根据自己公司所需来制表。

表7-4 提案信息记录样表

序号	提案编号	提案单位	提案日期	提案名称	发明人	案件负责人	结案时间	备注
1								
2								
3								

（1）提案编号。

用于对提案进行管理的编号。因为提案未必申请专利，甚至部分提案经检索后因缺少新颖性或创造性不足可能放弃申请，将提案编号与案件编号分别分离可以节省案件编号的资源，不至于在提案不申请时造成案件编号的空缺，造成是案件编号的不连续。

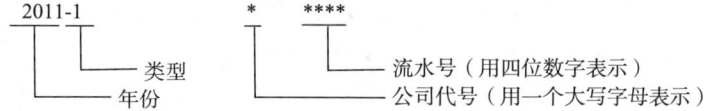

（2）提案单位。

用于记录案件的提案人所属公司，如果企业没有子公司，提案单位可以是研发部门下级部门，如软件部、硬件部、结构部，或研发一部、研发二部、研发三部等，即按企业研发内部的机构设置进行记录。记录提案单位的目的是为了根据业务的需要统计相关信息给公司领导或职能部门参考，比如按季度统计提案单位的提案数量是否存在某个公司或部门的提案不足的情况，以便定期进行提案检讨与改进。

对于集团企业而言，子公司本身就是一个业务庞大的单位，此时提案表就需要根据单位分别记录，即每一个子公司一张提案记录表。否则就需要按二级记录，一级记录是子公司，二级是子公司的研发部门内部机构，例如研发一所、研发二所、研发三所等。

（3）提案日期。

用于记录提案的时间。记录提案日期的目的，一是统计提案时间，以便制作提案统计报表；二是提案查新处理的进度管理，以便定期检查提案查新的进度，以防长期积案的产生。对于长期没有处理的提案要查找原因，例如案件负责人的疏忽还是需要补充发明材料。

（4）提案名称。

记录提案名称是为了方便案件承办的相关人员之间的沟通，在不用打开提案文档的情况下，可以知道是关于什么案件的处理情况。

（5）发明人。

用于记录提案人员的情况。记录此一事项目的是方便对发明人的统计；有时作为表彰之用，公司按季度或年度统计提案人奖并进行年度表彰；也有的为了案件提案检讨所用，即哪一些提案积极，哪一部分研发人员提案不理想，尚未达标。

（6）案件负责人。

在提案记录表中登记的案件负责人，其职责是负责提案的查新检索。记录案件负责人目的，一是提案管理的需要，在案件需要检讨的时候可查看需要由谁来检讨；二是为了方便提案的分配，通过对提案统计可以知道每个案件负责人手中现有的案件状况，以便对案件进行合理的分配。对于提案的分配要优先考虑提案的技术领域，因为每个案件负责人都有其擅长的领域。此外，数量指标还要与申请案记录表中记录的情况进行配合，综合运用。

（7）处理状态。

对于提案而言，有两种状态，一种是结案，即通过对提案的检索，经过评估认为，放弃申请；另一种是申请，即通过对提案的检索，经过评估认为，可以申请。对于可以申请案件，进行案件开卷，分配案件编号。

2. 撰写信息记录表

撰写信息记录表用于记录从案卷开卷至提交国家知识产权局为止期间对提案在撰写过程中的事项进行管理。这个阶段的业务模式主要有自行撰写与委托撰写两种，业务模式的不同管理的事项会略有差别。尽管业务模式有差别，但从业务功能的角度来看，只有撰写人与核稿人之分，如果撰写者是资深人员，撰稿者与核稿人可以合二为一。本节以撰写信息记录表中相对复杂的委托撰写为例说明撰写信息记录表。需要记录的信息主要包括以下几类：案卷信息、申请信息和代理信息。

（1）提案信息。

提案信息包括案件信息、对应提案编号、提案单位、案件负责人、提案名称。其中，案件编号是企业根据自身的案件编码规则分配的编号，案件编号是案件管理的身份证，因为在撰写阶段还没有申请号，即便是后继有专利申请号也没有案件编号简短、连续。

（2）申请信息。

申请信息包括申请类型、申请人、申请号、申请日、发明名称、发明人。其中，申请人是专利申请人权利人，这与提案单位在多数的时候是一致，有时也不一致。企业要根据所涉及的业务或管理的需要，采用提案单位是子公司，而专利申请人是子公司＋母公司因项目合作的需要或合资公司的合约要求等因素也会导致提案单位与申请人不一致。记录申请人的目的在于后续案件统计，比如在一个集团公司内，需要统计各企业年度目标专利申请完成状态。

（3）代理信息。

代理信息包括代理机构、代理人、委托日期、初稿日期、处理状态、定稿日期。

代理机构：记录案件委托给哪一专利代理机构代理，通过EXCEL的相关栏位的排序，可以清楚地了解各代理机构的案件处理进展状态，以便监控。

代理人：一般而言，将案件委托给某一专利代理机构，即由该机构负责案件的质量，企业也不必关注相关案件是由哪个代理人承办。有些企业有专门的专利管理部门或专职的专利工程师，为更好地确保专利案件的撰写质量，可以通过记录代理人信息，标记某一个案件是代理机构中哪一个代理人具体承办的，公司可以通过对各代理人撰写案件的情况进行分析，向代理机构建议相关案件的承办代理人。

委托日期：记录公司将案件委托给代理机构的日期目的是监控代理机构案件处理的进度，通常，在与代理机构签署专利代理委托合同时会约定初稿的期限及案件送件的作业期限，期限太短会影响案件的撰写质量，期限太长对专利性产生影响的可能性也越大。考虑到代理机构内部的分案、核稿作业流程，将返初稿的期限定在20天或15个工作日，送件期限定在40天或25~30个工作日较为合理。通过记录委托日期，如果已过约定的初稿日期或在回初稿日期之前几天需要提醒代理机构尽快返回初稿。

初稿日期：通过记录代理机构返回专利案件初稿的初稿日期与委托日期，可以清楚地了解代理机构返回案件撰写初稿的用时情况。

处理状态：处理状态有已完成与撰写中两种，可以清楚地将当前需要关注的案件进行清楚标示，而案件管理当期只要关注撰写中的案件即可。

定稿日期：通过记录专利申请文件定稿日期与委托日期，可以清楚地了解代理机构撰写该案件的总用时，记录定稿日期另外一个用处是对于专利工程师通知定稿后是否有延迟送件的监控，则是根据后续收到受理通知书后记录的申请日与定稿日期之间的时间差，超过期限的突出显示，核实代理机构送件是否及时，申请案期限的管控要求在流程与期限的中详细叙述。

专利申请收到受理通知书后，需要将专利申请号、申请日以及发明名称等分别记录标示。

申请案信息记录表可以连续记录，也可以按季度、年度分时间段记录，将时间段内所有案件的申请号、申请日均记录好后即可结束保存。

3. 审查信息记录表

此表对专利申请后至专利授权期间的信息进行记录，需要记录信息如下：案件编号、申请号、申请日、发明名称、发明人、申请人、初审合格、公开日期、实审日、授权日、案件状态，如表7-5所示。

表7-5 审查信息记录样表

序号	案件编号	申请号	申请日	发明名称	发明人	申请人	初审合格	公开日期	实审日	授权日	案件状态
1											受理
2											实审
3											授权

对于发明案件，因有实审状态，就实审过程需要单独记录每次审通及答复的时间，因此需要一个实审案件记录表。关于实审案件记录表的详细使用及要求在上节流程管理中已详细叙述。

4. 其他信息记录表

专利授权后，根据《专利法》及其实施细则相关规定，要给发明人一定金额的奖励，奖金发放情况需要通过一张奖金发放信息记录表进行记录。由于各单位对奖金发放的时间不同，有的单位可能考虑到授权时间较长，故受理即发奖金；有的单位可能是实审或授权后发，或者受理时先发一部分，授权后再发另一部分。公司根据自己情况，自行制定发放奖金的情况，如表 7-6 所示。另外，各个单位的情况不同，所需着重信息和数据也有所差异，可视情况增减。

表 7-6 其他信息记录样表

序号	案件编号	申请号	申请日	发明名称	发明人	案件状态	授权日	案件类型	奖励金额	签收
1						受理				
2						实审				
3						授权				

四、专利期限管理

专利申请是一项时效性很强的工作，在专利申请尤其是发明专利申请过程中，专利申请人需要和专利局进行各种互动，并按照专利局规定的时间要求完成特定的工作。如果申请人未能在该期限内完成特定的工作，很有可能导致专利申请活动的终止。因此，专利期限对专利申请人来讲是一个必须严肃对待的事情。专利期限的管理的目的就在于确保各项工作必须在专利局规定的专利期限内完成，这对于保持专利申请活动的顺畅性、维持专利申请的有效性以及避免不必要的流程失误至关重要。

（一）专利期限管理的含义

专利申请是一件程序性极强的管理工作，程序性强的一大表现就是在专利申请过程中存在很多的专利期限。专利期限既包括实体意义上的期限，例如发明专利的有效期限为 20 年，外观设计专利和实用新型专利的有效期限是 10 年；也包括程序意义上的期限，例如答复审查意见的期限，缴纳授权费、年费的期限等，如图 7-7 所示。

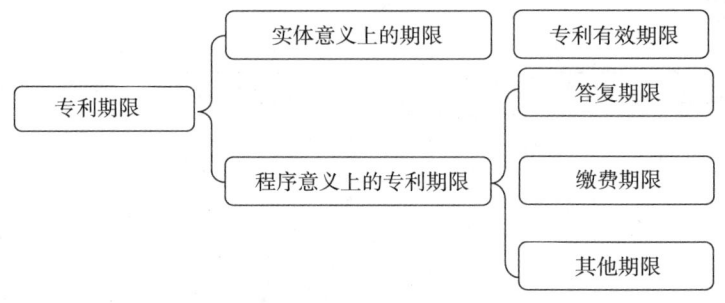

图 7-7 专利期限管理

这里所述的专利期限主要是指专利申请过程中的各种期限，即程序意义上的期限。例如，答复期限（答复专利局审查意见的期限）、缴费期限（缴纳各种专利费用的期限）就是两种典型的程序意义上的专利期限。专利期限管理就是企业的内部专利管理人员对各种专利期限进行管理的一项活动。

几种比较常见的专利申请期限如下：

(1) 专利申请费缴纳期限：自申请日起 2 个月内。

(2) 发明专利申请主动修改申请的期限：提出实审请求时，及对第一次审查意见答复时。

(3) 实用新型或外观设计专利申请主动修改申请的期限：自申请日起 3 个月内。

(4) 发明专利早期公布的期限：自申请日起（或优先权日起）18 个月内。

(5) 发明专利申请请求实质审查的期限：自申请日起（或优先权日起）3 年内。

(6) 提出分案申请的期限：原案授权通知发出前。

(7) 提出行政复议的期限：接到专利局通知后 15 日内。

(8) 请求恢复权利的期限：自接到通知后 2 个月内。

(9) 申请人请求复审期限：自收到驳回决定后 3 个月内。

(10) 申请人对复审不服，向法院起诉期限：自收到复审决定 3 个月内。

(11) 办理专利登记手续的期限：自接到通知 2 个月内。

(12) 对侵权行为处理决定不服，向法院起诉期限：自收到决定起 3 个月内。

(13) 以中国专利申请为优先权申请 PCT 或者进入外国国家阶段的期限：自中国专利申请日起 1 年内。

(14) 答复第一次审查意见的期限：自收到第一次审查意见之日起 4 个月内。

(15) 答复第二次和第三次审查意见的期限：自收到第二次或第三次审查意见之日起 2 个月内。

(16) 缴纳实质审查费的期限：自申请日（或优先权日）起 3 年内。

(17) 缴纳授权登记费的期限：自收到办理登记手续通知书之日起 2 个月内。

(18) 缴纳年费的期限：不迟于下一年度年费缴纳之日。

（二）专利期限管理的内容

专利期限具有时效性和程序性，因此需要专门的管理人员，一般由企业的专利管理人员负责。在具体的管理过程中需掌握一定的方法和技巧，避免期限管理方面出现的程序性失误导致的损失。

一般而言，由企业内部的专利管理人员担任专利期限管理的主体，在专利申请活动外包的情况下，外包的专利代理机构也是专利期限管理的主体，按照协议，专利代理机构有义务向专利申请人提醒专利期限。

1. 专利期限管理的基本思路

在具体管理专利期限时，企业的专利管理人员可以遵循一定的思路，包括：

其一，提前完成。即各项工作必须在专利期限届满之前的一段时间内完成，避免在专利期限行将届满之时"临时抱佛脚"。

【案例 7-1】

T 公司最近需要就其一份中国发明专利答复专利局的审查意见，现在到提交答复的时间还有两个月。尽管如此，T 公司专利管理人员童某还是按照专利期限管理的提前原则将答复的任务首先交给该专利的发明人郑某，并要求郑某在 15 日内完成答复意见的初稿。郑某果然在 15 日内完成了初稿。童某于是将该答复意见初稿转交给代理机构，代理机构的代理人戴某在重新组织答复意见，为答复意见定稿的时候发现其中还有一些未明确的事项,于是又将未明确事项转交童某,希望童某让发明人郑某再给予答复。郑某由于经常出差,于是又在碎片时间内前后共花了 15 日的时间查阅资料,最终回答了戴某的提出的未明确事项。戴某最后完善了答复意见,定稿后向专利局提交了答复意见。

在上述案例中,T 公司专利管理人员童某按照提前的原则处理专利答复期限,留下足够的时间对答复意见进行修改、完善,最终使该答复工作在比较充裕的时间内保质保量完成。假如童某没有按照提前原则,而是在答复期限快要届满前的两三天才来准备答复意见,临时抱佛脚,如果碰到相关人员出差,或者碰到答复意见的初稿需要多次、反复讨论甚至还要做实验等特殊情况,答复意见就很难在专利期限内完成,从而要么丧失答复的机会,要么导致答复意见质量低下。

其二,轻重缓急,合理安排。在一段时间内,可能会有若干项需要赶期限的工作需要完成,这时候就需要根据各个专利期限的缓急程度并参考各个工作的轻重程度来合理安排工作,这样可以确保各项工作的工作负荷合理分布,并在各自的专利期限内完成。

2. 专利期限管理的实施方式

对于专利期限管理工作量日益增加的企业来讲,实施专利期限管理时,一般以自动化管理为主,人工管理为辅。自动化管理,是将专利期限输入电脑中,通过预设的管理软件来不断提醒管理人员注意该某项工作的期限,从而督促管理人员在专利期限内完成相应的工作。人工管理是自动化管理的辅助手段,一般可以在管理人员办公桌上的日历牌或者其他便利贴上手工记录专利期限,以自觉增加对专利期限的意识,或者可以在公司的专利清单中加入期限记载和提醒功能如表 7-7 所示。

在专利申请活动外包给外部的专利代理机构的情况下,专利代理机构也负有向专利申请人提醒专利期限的义务。在实施专利期限管理时,企业内部的专利管理人员应当和外部专利代理机构密切合作,以减少自己的工作量,提高专利期限管理的效率。

企业专利管理部门还可以通过专利期限提示表的形式来对专利期限进行更有效的管理,专利期限提示表可以参考表 7-7。

表 7-7 专利期限提示范本

申请号	专利名称	申请日	专利类型	待办事项(请打钩)	截止日	提醒天数	完成情况
			□发明 □实用新型 □外观设计	□缴申请费　□交补正材料 □申请实审,缴实审费 □答一通　□答二通　□答三通 □缴授权费　□缴第____年度年费 □申请 PCT 或直接进入外国　□其他			
			□发明 □实用新型 □外观设计	□缴申请费　□交补正材料 □申请实审,缴实审费 □答一通　□答二通　□答三通 □缴授权费　□缴第____年度年费 □申请 PCT 或直接进入外国　□其他			

关于专利期限提示表的使用说明:

（1）"待办事项"：根据专利局的相关公函或者相关专利申请流程，在该栏中将需要办理的事项勾出来。例如，如果是专利局的第一次审查意见通知书这样的文件，则勾选其中的"答一通"；再如，如果是需要缴纳第五年度的年费，则勾选其中的"缴第＿＿年度年费"，同时在空格上写上5，即"缴第5年度年费"。

（2）"截止日"：根据专利局的相关公函或者相关专利申请流程，将完成待办事项的截止日期写入此栏。例如，如果是"申请实审、缴纳实审费"，则根据相关法规要求，从该专利申请日起三年期限的最后一天即为该待办事项的"截止日"。

（3）"提醒天数"：是指在截止日到来之前，提前若干天提醒专利管理人员去完成该待办事项。在采用专利流程管理软件的情况下，"提醒天数"的功能可以得到更好的发挥。

（4）"完成情况"：指该待办事项得到完成的大致情况，其中主要记载完成的事项以及完成的时间。例如，"2011年11月20日缴纳实审费2 500元"。完成情况可以连续体现该件专利申请过程中主要流程节点上申请人所做的每一件比较重要的事项。当完成某件待办事项以后，则擦除已勾选的待办事项和原已填写的截止日（完成情况则要保留，不能清除），留待下次的待办事项之用。

（三）专利期限管理的基本方法

在专利期限管理的过程中，根据专利申请所处的阶段不同，期限不同，涉及的人员也不同，特别是当企业具备了一定规模的专利之后，期限工作非常繁重。因此，专利流程管理人员要根据一定的流程进行有序地操作，及时提醒和督促相关人员进行配合，才能不误期限。

1. 专利期限管理的操作流程

专利期限管理操作流程如下：

（1）专利管理人员（例如专利流程管理人员）分析专利期限的截止日期，将该截止日期记录入相关的专利文档，或者输入相应的管理软件。根据专利期限类型的不同，截止日期的分析方法略有不同。有些是根据专利局的函件来分析截止日期，例如答复审查意见的期限或者缴纳申请费的期限等就根据专利局的函件来分析，而有些则需要由企业的专利管理人员根据相关专利法规进行分析，例如专利年费的缴纳，专利局往往不会另外发文提醒专利年费的缴纳期限，这时候就需要企业专利管理人员提前根据专利法规中关于年费缴纳期限的规定自行计算处理，通常是在每年的年末就将未来一年各件专利所需缴纳的年费及其缴纳期限计算好。

（2）将该专利期限内需要完成的任务分配给相关的人员。例如，如果是答复实质审查意见，则将审查意见通知书发给相关专利工程师和发明人；如果是缴纳年费或者其他专利费用，则将该缴费任务通知财务人员，由财务人员转账汇款或者开具支票。在任务分配的同时应一并告知其完成该任务的日期，该日期应当适当早于专利期限的截止日期。

（3）督促、提醒相关人员在预先告知的日期之前完成其任务。专利管理人员应当适时监督、提醒相关人员完成，尤其是在答复审查意见的情况下，更应当督促相关发明人或者专利工程师提前做好相关工作,因为后续还会有其他人员(例如企业内部的专利管理人员或者代理人)在发明人或专利工程师起草的意见的基础上进行完善。

(4)相关人员完成其任务(例如发明人或专利工程师将答复意见起草完毕)后,将其完成结果告知专利管理人员,由专利管理人员在专利期限内依照专利局或其他有关单位的要求完成相应的任务。例如,将发明人或专利工程师起草的答复意见审核后按照答复意见的法定格式回函给专利局。

(5)专利管理人员(专利流程管理人员)记录完成任务的时间。

2. 专利期限管理的要点详解

与专利期限管理的基本思路相对应,专利期限管理的要点如下:

其一,合理分配在专利期限内需完成的任务,将该任务按照轻重缓急的原则分配给恰当的人,确保任务可以保质保量完成。

其二,分配任务给恰当的人时,应当告知其完成任务的时间,同时该时间应当早于专利期限的截止日期,其目的在于留足时间进行必要的修改、讨论和后续的操作。

其三,应当不断审视专利期限,不断地督促、提醒与专利期限内需完成的任务相关人员在预先告知的时间内完成相关的工作。

五、专利代理管理

专利申请是一项长期性事务,对于中小企业,一方面,由于没有专门的业务部门或专责人员进行专利管理,一般将专利申请、复审、无效、诉讼以及权利维护等程序中的有关事宜委托专利代理机构办理。另一方面,企业即使有专职人员负责处理专利申请等知识产权事务,但由于企业的技术发展较快,涉及的技术类别较多,往往一两个专职专利工程师也难以应对,而专利代理机构由于专利代理人员众多,涉及不同技术类别,可以很好地满足企业的不同产业、不同技术提出的涉及各个技术类别的专利申请事务。此外,当某个专利代理机构的技术专业不能满足需求时,企业还可以通过选择不同的代理机构作为补充与替代。总之,企业选择代理机构,能够在更广阔的范围内利用资源。

在专利代理管理中,关键要点在于如何选择并有效利用代理资源,以及与代理之间进行通畅的业务沟通。专利代理机构的选择与管理通常经由以下几个阶段:初选、比较、管理、汰换,各阶段的业务内容如图7-8所示。

(一)专利代理机构的选择

1. 选择代理机构要考虑的因素

企业选择适合自己公司的业务需要代理机构,通常有以下几个因素要考虑:

一是地理位置:专利是一个技术与法律事务的结合体,涉及具体案件处理有时需要与代理机构的代理人员当面沟通,就近委托是选择代理机构要考虑的因素之一。

二是专业领域:专利技术涉及各方面的技术,每一家代理机构都有擅长的领域,通常来说每家机构都能够承办机械、电学、通信方面的案件,但有些特殊的领域案子通常就需要特别考虑,比如生物、医药、核能。在专业方面如何选择,一是向行业的人员了

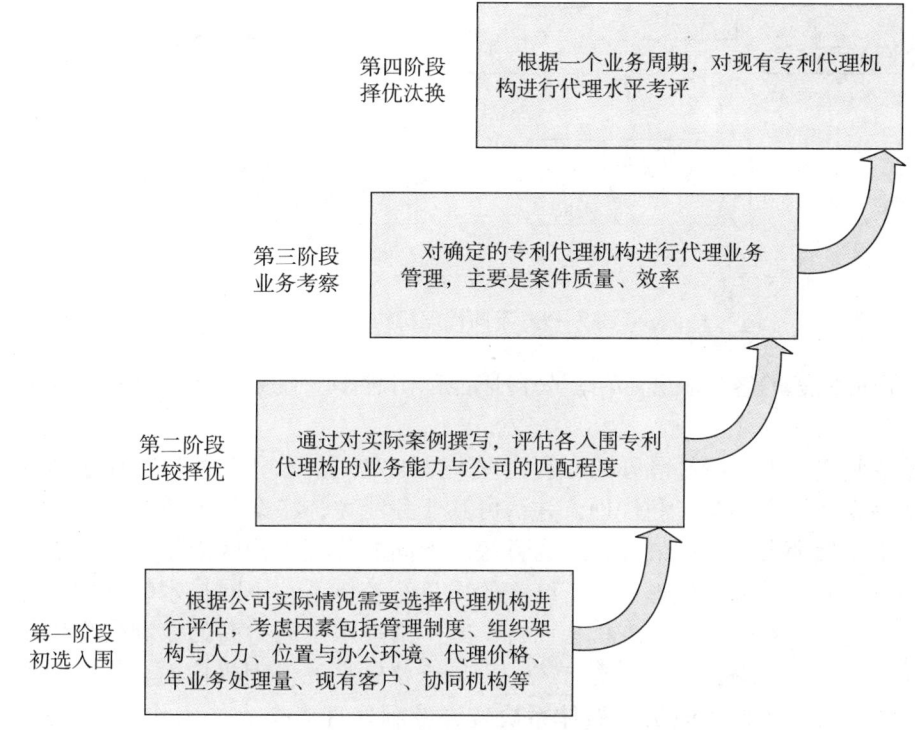

图 7-8 专利代理机构的选择与管理

解,哪个代理机构或某个代理人擅长或熟悉特定领域的案件代理。另一种方法是通过对行业的专利进行分析,看哪家代理机构代理的案件比较多。一般情况下,对特定领域的案件代理较多的机构,都比较熟悉该特定领域的案件撰写。

找特定领域案件代理机构的具体做法是先用关键词在国家知识产权局专利检索网页上输入关键词,找到与要申请的专利技术领域相关的任一件专利,再通过打开该相关专利的首页查看代理机构的名称,即可找到合适的专利代理机构。

三是业务运作形式:这个因素主要是针对代理机构而言,业务运作形式主要有两种情况,如图 7-9 所示,一是按照线路 A 的方式,通过单一的组织形式;二是按照线路 B 的方式,设分公司的专利代理机构。相对来说,设分公司的代理机构规模比较大,人员较多,能处理案件的技术领域也较宽,但不足的是如果企业通过代理机构的分公司办理业务,而分公司的业务又是由专利代理机构的总部统一办理,那么专利文件的传递效率就要低一些。如果企业是按照线路 C 的方式直接与代理机构的总部发生业务关系,除非是专利代理机构的总部与企业所处的位置较近,否则就牺牲了就近便利的原则。

随着网络技术的发展,可视电话与网络通信的开通,地域的因素不再显得突出,业务运作形式要考虑的重点是该代理机构对分公司有没有统一的质量管控措施。这才是企业要选择代理机构要考虑的重点。

四是组织机构:专利代理机构作为一个公司,需要有内部基本的职能部门,包括人事、行政、财务等部门,作为委托方,最关心的还是与业务运作有关的部门,包括负责专利撰写与质量的专利申请部门,专利申请程序管理的流程管理部门,以及解决客户特

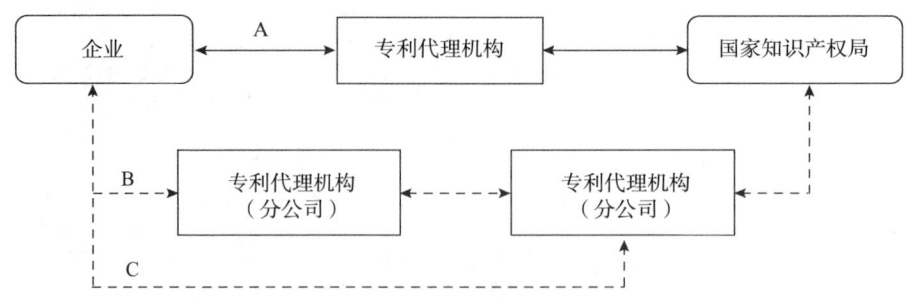

图 7-9 不同代理机构组织

别是大客户的问题的客户服务部门。公司职能部门越多，业务分工越清晰，流程处理也就越规范。

五是专利代理人：案件承办的专利代理人是决定一个专利案件撰写质量最为重要的因素。如果企业知道某个专利代理人并认可其业务能力，将案件委托给该代理人所在的机构并指定该代理人办理是最为合适的方法。不同的代理机构因处不同的发展阶段，制度完善上有差异，一部分代理机构有统一的质量管控体系，不同技术领域的案件有不同的专利撰写规程。对于这类代理机构而言，案件撰写水平能力高的专利代理人基本上都负责公司内的质量审查，对于这类有统一质量审核体系的代理机构而言，专利案件的撰写质量主要由代理机构的质量审核体系决定，专利代理人个人能力作用影响相对较小。另一部分代理机构没有统一的质量审核体系与标准，专利案件的撰写质量主要由案件承办人的撰写能力决定，这种情况主要出现在新成立、制度不全、规模小的代理机构，在这种情况下选择一个合适的专利代理人更为重要。

总之，选择一个专利代理机构要考虑因素有很多，除上述因素之外，还有专利代理机构的年案件处理能力、现有客户对象、档案管理、乃至基本的办公设备等，但最为关键的还是专利代理人及代理机构中规范的业务管理制度，这是企业选择代理机构首先要考虑的因素。

2. 优选代理机构

在初选入围的代理机构中，需要进一步选择适合的代理机构，具体如图 7-10 所示。

此时选择代理机构最重要的是考量关键因素，而关键因素的设立与企业的专利工作的目标与所处的阶段密切相关。举例来说，当企业的专利申请量较小时，每一个专利都可以作为一个"艺术品"来做，精雕细凿，而做艺术品时技师是最关键的，那么适合本企业的专利代理人就是关键因素；当企业的专利申请量较大，有上百件甚至更多的时候，专利撰写就是生产一个产品，产品生产标准化生产流程是最关键的，个别专利代理人的作用就很小，因为每一个代理人每年承办案件的能力是有限的，那么专利代理机构的案件质量管控体系就成了关键因素；而有一部分专利申请是作为一种策略应用，主要考虑是费用成本，那么代理价格就成了关键因素。

除了关键因素之外，还有一个比较通俗的做法就是同案比较，一个专利提案的技术交底书交由两家以上的专利代理机构撰写，通过对两家代理机构撰写的案件从多方面进

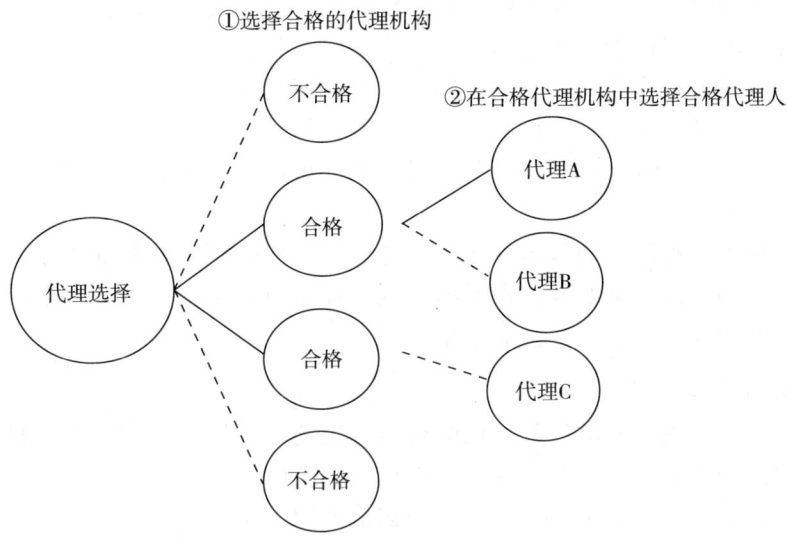

图 7-10 专利代理机构的选择

行比较。针对同一个技术方案的不同的申请文件之间还是有可比性的，择优选用，往复几次即可选择到合适的专利代理机构。

（二）专利代理业务管理

专利代理业务管理的一个最为重要的目标是案件的处理质量，专利时效性要求高，那么落实质量管理的关键点就是让合适的专利代理人在规定的时间内处理好案件。除此之外就是代理机构中案件承办人员的服务态度与文件传送的及时性。总的来说，质量管理的关键点是人员与期限，辅助要素是敬业的服务态度与及时的文件传送，参见图 7-11。

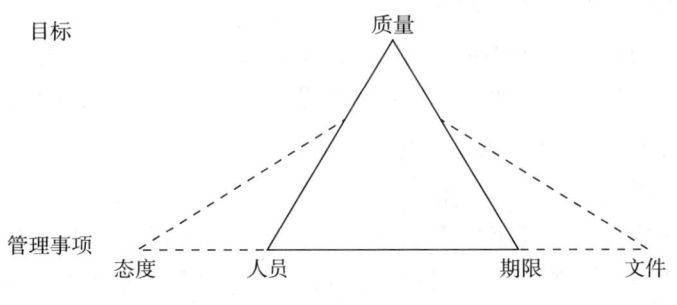

图 7-11 专利代理业务管理

1. 专利代理人员管理

专利代理人员管理就是在专利代理机构中选择合适的专利代理人员承办本公司的专利案件。

在专利代理机构中选择合适的专利代理人与选择专利代理机构类似，专利代理机构推荐，公司评估，逐步选优的方式加以固定。在具体的操作方式上先由企业推荐，逐步选用增加，专利代理机构通常为了获得企业专利代理合约，在初始推荐阶段会将优秀的专利代理人推荐给企业,为了获得更多的案件代理,专利代理机构会逐步增加专利代理人给企业选择,因为有代理人入选评估,一般来说专利代理机构会推荐相对较好的人员给企业。这种方式可以确保企业获得较好的专利代理人员。

对专利代理人员管理的一个目标是将公司的案件交给公司评估认可的人员处理,将代理机构与专利代理人纳入双重考核,使得专利代理机构及专利代理人均重视公司的案件,确保案件质量。

对专利代理人员管理一个基础是公司要有能力评价代理机构的业务水平,如果企业没有能力评估专利代理人员的业务水平的高低,那就只能接受;另一个基础是公司专利申请量越大,对代理人员管理的边际效率越高。

2. 代理案件期限管理

由于专利的时效性,要求代理机构必须按约定的时间完成,对于期限的管理,发明专利实审有法定的期限,因此期限的管理重在专利申请。

对于专利申请需要注意两个期限,一是初稿返回期限,二是定稿送件期限。通常来说,初稿合理撰写期限是15个工作日,定稿送件是25个工作日。在约定的期限中如果代理机构没有按时完成就要处罚。处罚方式有多种选择:第一种是直接按件约定违约金,每违约一件罚多少钱;第二种是与违约的天数挂钩,将每个超期案件的超期天数做累加,违约的天数越多,罚金越多;第三种是与违约的比例挂钩,超期违约的比例越高,罚金越多。以上几种方法而言,专利申请量较小时选第一种与第二种比较合适;专利申请量较大时选择第三种更为合理一些。

初稿期限代理单方面可以控制,而定稿的期限则是由委托方与代理方双方确定的事项,由代理机构单方承担违约责任不尽合理,实际操作中对此可以进行约定,即对于超期案件,只要代理方的作业用时少于约定的用时即可免除该案超期。

(三) 专利代理成本管理

在专利申请活动外包给外部专利代理机构的情况下,专利代理费是专利工作成本中很重要的一部分。专利代理费的特点是:纯粹依据协议约定产生,议价空间较大。

1. **专利代理费成本管理的基本思路**

(1) 专利代理服务性价比最优化。

不同的专利代理机构,其服务质量和收费水平不尽相同,企业在选择专利代理机构时,既不能一味地追求高服务质量(因为这可能带来高昂的服务价格),也不能一味地追求低服务价格(因为这可能导致低劣的服务质量),而是要寻找最佳性价比的代理服务。另外,企业在选择性价比最优化的专利代理服务时,也要考虑自己所从事的技术领域的复杂程度以及前沿程度。如果企业从事的技术领域属于比较简单的通用机械设计技术领域,理解这些领域内的技术、创新点较为容易,那么在选择代理机构时,就可以侧重于价格的因素,寻找那些收费较低的代理机构,因为撰写这些领域的专利相对较为简单,代理人和代理机构的专业素质通常大多能够满足其撰写要求;如果企业从事的技术领域属于比较前沿的技术领域,例如移动互联网领域或者生物医学领域的专利申请,这时,对专利代理人和代理机构的专业素质要求就显得较高,既要求代理人和代理机构在专业知识方面的相关性,同时也要求其对新知识、新技术的学习能力和理解能力。

(2) 尽量减少不必要的开支。

企业内部专利管理人员能够较为轻松完成的事项就不要委托代理机构来完成,以减少代理费的支出。例如,对于年费缴纳这样的管理事务,如果由代理机构帮忙提醒、缴纳,通常代理机构会就每个专利的年费提醒、代缴服务收取一定的服务费用,当需要提醒、缴纳年费的专利数量多了以后,这笔费用也为数不少,如果企业配备了相应的专利流程管理人员,那么类似于年费提醒、缴纳这样的业务就没有必要委托专利代理机构来提供服务,而由企业内部的专利流程管理人员自行完成,从而节省不必要的开支。再比如,在进行专利的国际申请时,可能会涉及专利申请文本的翻译,如果将翻译的工作委托专利代理公司进行,专利代理公司就会收取翻译费,但如果企业自身拥有相应的能够翻译外文的员工,该员工是否是专利管理人员或者技术研发人员并不重要,那么就可以由该员工来完成翻译的工作,这样就可以省一笔翻译费的支出。

(3) 仔细审核代理费的每笔支出。

如果发现代理费的支出中出现了一些代理事项以外的事项,则应该与代理机构核对该支出的合理性和必要性。

2. 控制专利代理成本的途径

由于代理费用完全是在协议的基础上产生,因此控制专利代理成本的途径也较多,一般可以从以下几方面来控制专利代理费成本:

(1) 通过研究专利代理费的行业平均价格,协商一个最佳性价比的代理价格。

(2) 在将专利申请工作外包给专利代理机构时,企业要参考自己的专利管理能力,只将那些最有必要外包给代理机构的专利业务外包给代理机构,以减少代理事项并减少代理费支出。

(3) 选择多家代理机构,让多家代理机构在服务过程中比拼代理质量、比拼服务价格。

(4) 由于专利代理费的发生与专利申请的规模往往相互关联,因此控制专利申请总量也可以控制专利代理成本。

(5) 在代理合同中,尽量约定先服务后付费的付款条件,留下一部分甚至把全部代理费留到专利代理事项完成以后再行支付。如果代理机构服务质量出现缺陷,或者未完成全部的代理事项,企业可以不付、少付或延付相关的代理费用。这样的付款条件本质目的并不在于赖账不付,而是在于督促专利代理机构高质量地完成代理事项。

3. 专利代理成本管理的要点详解

专利代理成本管理的要点主要有:

(1) 确定好确需委托的代理事项,这是代理费用成本管理的前提。如果企业不分析自身的专利管理能力,无论巨细将所有专利事务都委托代理机构,显然这样的专利代理成本就会很高,并且会助长专利代理机构提供额外的、对企业没有什么价值的服务并在此基础上乱收费,从而导致专利代理成本难以有效控制。

(2) 选择好最佳性价比的代理机构。当然,不同的企业由于财力以及专利经费投入的不同,对性价比的选择也可能不一定相同。例如,如果企业的专利投入较多,在选择代理机构时,可以更加侧重于对性能的考量,反之,则侧重于对价格的关注。但无论如何，企业应当在其认为最佳性价比的范围内选择代理机构，以使专利代理成本与专利代理服务质量有最佳的配置。

（四）专利代理考核

代理考核的内容主要有案件的处理质量、流程期限（含文件传送）、服务态度三个方面。表7-8是一个对专利代理机构服务质量进行评价考核的参考表格。

表7-8 专利代理机构服务质量评价考核

专利代理机构服务质量评价表（试用）	
专利代理机构名称：	实际撰写人员：
专利名称：	申请号：
撰写初稿的时间： 　天，属于 □快 □中等 □慢（3天以内为快，3~7天为中等，7天以上为慢。）	
撰写过程中是否有与发明人沟通： □有 □无	
发明人对实际撰写人员服务态度的评价： □很好 □一般 □差	
发明人对实际撰写人员是否理解技术背景、发明构思的评价： □很理解 □不太理解	
权利要求结构是否合理： □合理 □不合理	
权利要求质量： □高 □一般 □不高	
参与本次评价的专利管理人员和发明人姓名：	

1. 案件处理质量

主要通过企业的专利案件负责人对代理机构的案件撰写质量进行评价，评价的依据则是根据案件质量评价表逐项目评估。而案件质量评价表则是根据代理机构案件撰写状况来设立，通常是企业关注的重点在案件质量评价表的项目占比越高，如此，代理机构重点关注企业的要求。

2. 流程期限

流程期限有两个提示，一是案件是否按合约约定的期限回初稿及送件，二是要求代理机构按约定的要求及时传送相关文件给企业。

为了确保文件传送的准确性，双方可以通过设立文件寄送清单表进行查核，如表7-9所示。

表7-9 文件寄送清单

地址：_____　联系电话：_____　邮箱：_____

流水号	2011年第___号文件	签收人	
发件人		签收日期	___年___月___日
传送日期		备注	
序　号	我方案号	事务所案号	申请号	申请日	专利类型	文件名称	备　注

3. 服务态度

是代理机构的工作人员对企业指定要求的及时回应以及回应的主动性及持续性进行评价。除了上述因素外,对代理机构的考核的因素还有代理价格、授权与补正率等指标。综合上述因素,可以对承担企业专利代理业务的多家专利代理机构进行服务质量的综合评价和对比。具体可参考表 7-10。

表 7-10 代理机构服务质量评量示例

事务所	季度	委托总量	初稿/超期	超期比率	初稿数量	初稿评分	态度评分	流程评分			得分
								电子文件	纸件	得分	
代理甲	第一季	30	29/6	21%	26	67	9.8	及时	未传	8	60.56
	第二季	22	18/0	0	8	82	10	及时	未传	8	75.4
代理乙	第一季	12	12/0	0	10	75	10	及时	及时	15	77.5
	第二季	11	10/0	0	4	65.8	10	及时	及时	15	71.06
代理丙	第一季	17	11/0	0	9	73	10	不及时	不及时	11	72.1
	第二季	17	22/0	0	20	85	12.5	不及时	不及时	10	82
代理丁	第一季	10	4/0	0	3	82	11.5	及时	及时	15	83.9
	第二季	42	32/0	0%	17	78	11.8	及时	及时	15	81.4

在评价时,企业可以根据当前问题的严重程度设立评价的权重,问题越严重环节,评价权重越高。如此,才能引起专利代理机构的重视,并将评估结果按期通报各代理机构,将企业关注的事项告知代理机构,让代理机构关注企业所关注的事项,如此往复,逐步优化与提升。

为了更好地解决当前的问题,评价的频率越高越好,能及时反映问题的状况。根据案件数量状况每季度或每半年评价一次为宜,季度评价如表 7-10 所示。

上表得分 = 初稿评分 ×0.7 - 超期 ×20 + 态度 + 流程得分。

最后得分是当期得分与上期得分加权的结果:

计分规则:得分 = 上期得分 ×30% + 当期 70%。

即每次得分都对后期的得分产生影响,可体现专利代理业务通常情况下的质量水平。

六、专利维持管理

专利维持是指维持专利的效力,使专利的某种效力状态得以延续。专利维持管理,就是对专利维持这种效力延续状态和措施的管理。按照专利状态的不同,专利维持管理可以分为两种:其一是对专利申请状态的维持的管理,其二是对专利生效状态的维持的管理。

专利从申请到授权生效再到失效是一个漫长的过程。在中国专利法律制度之下,这个过程最长可以持续 20 年之久。但是这个过程需要维持,否则,如果放弃对这个过程的维持,专利的生命随时都可以戛然而止。因此,专利维持管理的目的就在于维持专利的生命状态，包括申请状态以及生效状态，使专利保持与其价值相称的寿命。例如，如果一个专利的技术在申请专利后的第5年即被淘汰，那么专利申请人只需将该技术维持5年之久即可。专利维持管理的意义就在于通过专利维持的工作，一方面在专利发挥价值的周期内维持专利的生命状态，另一方面可以通过评估，判断某件专利是否不需要再维持。如是，则放弃维持，为企业节约不必要的维持开支，从而综合提升企业的专利资产质量和专利管理水平。

专利维持管理的措施一般来讲主要有两种：其一是通过在法定期限内足额缴纳相应的费用而使专利生命状态得以持续；其二是通过在法定期限内完成专利主管机关要求完成的任务而使专利生命状态得以持续。在专利申请状态的维持方面，通常需要同时采用上述两种维持措施，而在专利生效状态的维持方面，由于专利已经得到授权，通常只需采用第一种即及时缴纳费用（年费）的措施即可。

（一）专利维持管理的内容

专利维持管理由企业内部的专利管理人员担任主体，并在第一时间判断专利是否需要维持以及采取怎样的维持手段。在必要时，相关的技术研发人员、市场销售人员、财务管理人员也可以参与到专利维持管理的活动中来，协助企业内部专利管理人员共同判断是否需要维持某一件专利。另外，在专利申请活动外包的情况下，外部的专利代理机构也会参与到专利维持的管理中来。

1. 专利维持管理的基本思路

专利维持管理的基本思路是：维持无需条件、放弃需有理由。专利申请几乎是一件不可逆的过程，一旦申请，需要持续不断的投入，如果贸然放弃，前期的投入都将化为泡影。因此，在正常情况下，专利应当无条件地维持。如果确实不再维持某一件专利，则放弃该专利需有充分的理由。

【案例7-2】

专利局对甲公司的发明专利进行实质审查，并引用了一篇在先申请的专利说明该专利不具备新颖性。甲公司的专利管理人员分析了审查意见，认为该专利的确存在新颖性的瑕疵，继续向专利局争辩以获得授权的可能性几乎为零，于是就果断放弃对该审查意见的答复权利，从而放弃对该专利的继续申请。

【案例7-3】

乙公司的实用新型专利虽然已经授权，但是该专利技术已经被淘汰，市场已经不再接受该技术的产品（无论是自己生产还是竞争对手生产），于是乙公司也果断地放弃，以不再续缴年费的方式放弃该专利。

【案例7-4】

丙公司的专利管理人员包某在清点下一年度的需缴纳年费的专利清单时，共有13件专利需要在下一年度缴纳其年费。包某和丙公司的首席技术官柳总商量后，将这13件专利分为四种类型：其一，有4件专利对丙公司的产品起到保护作用，有2件专利对遏制竞争对手进入该产品领域具有重要作用，有2件专利的技术已经被市场淘汰，另外还有5件专利虽然没有什么作用，但也还没有迹象表明其被市场淘汰，放弃理由不明显。于是包某按照"维持无需条件、放弃需有理由"的专利维持管理原则,对上述4件保护型专利、2件遏制性专利、5件放弃理由不明确的专利(共11件专利)缴纳年费,而对2件淘汰型专利不缴纳年费,放弃对这2件专利的维持。

2. 专利维持与放弃的评估方式

专利的生命维系在对该专利的维持或放弃的决定之间,企业管理者的一念之差可能就会导致一件专利生命的延续或者专利生命的终止。因此,专利是维持还是放弃,需要全面评估,尤其是在评估要放弃的时候,更要慎重作出决定。

如前所述,专利维持与放弃的一个原则是:维持无需条件,放弃需有理由。因此,评估一个专利是维持还是放弃,主要是要评估专利放弃的理由是否充分。要放弃对一个专利的维持,一般要考虑技术的先进性以及该技术的商业前景等因素。如果专利技术本身先进,并且商业前景不可估量,那么这种专利显然不能够放弃,而应不断地维持。相反,如果专利技术在激烈的技术更新换代中已经被淘汰,或者该项专利技术已经丧失任何商业前景,那么这种专利就可以考虑放弃了。

在专利的申请以及授权的不同生命阶段,考虑放弃专利的事由也不尽相同。

(1)在专利申请阶段,有两种情况出现时可以考虑放弃该专利。其一,该专利技术在被专利局审查员审查时,发现存在新颖性、创造性或者实用性的瑕疵,而且证明其瑕疵的证据非常充分,克服该瑕疵的可能性几乎为零,那么可以考虑放弃;其二,如果在专利申请以后,企业发现该技术已经被淘汰,即便得到授权,也没有任何市场前景,那么也可以考虑提前放弃。

(2)在专利授权以后,放弃该专利的理由一般是该专利技术已经被淘汰,丧失市场前景,无论是本企业还是竞争对手,都已经无意再生产该专利技术的产品,这时就可以考虑放弃该专利。

(二)专利维持管理的基本方法

专利维持管理需要综合考虑多方面的因素,包括技术的先进性、商业前景、经济成本等。在具体进行专利维持与放弃时,专利管理人员需要寻找合适的切入点,按照一定的流程进行。

1. 专利维持管理的操作流程

参照图7-12,专利维持管理的操作流程如下:

(1)计算维持节点到来的时间。例如,缴纳实质审查费的截止时间、缴纳授权费(年费、登记费、印花税)的截止时间、缴纳年费的截止时间、答复实质审查意见的截止时间等。这些截止时间就是专利维持的时间节点,因为超过这个节点,专利的生命状态即将终止。

(2)分析维持节点的维持措施。也就是说,在上一步骤中不同维持节点所要采取的维持措施可能不同。例如,年费缴纳的维持节点需要采取缴费的维持措施,答复实质审查意见的维持节点需要采取答复审查意见的维持措施。

(3)分析维持的技术成本或经济成本。即在所述的维持节点所要采取的维持措施付出的成本。如果在所述的维持节点需要采取答复实质审查意见的维持措施,这个维持的

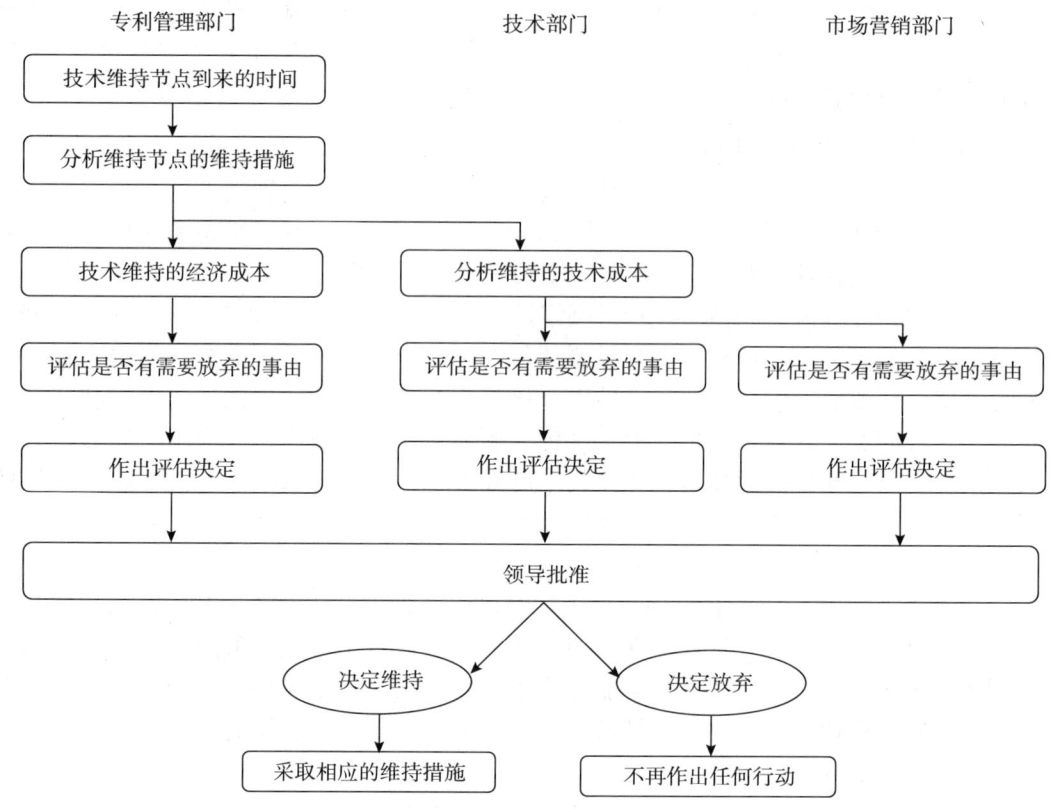

图 7-12 专利维持评估流程

成本主要就是指技术成本,即答复实质审查意见时,是否能够克服审查意见中指出的新颖性、创造性、适用性的缺陷,克服这个缺陷的难度越大,维持的技术成本就越高。技术成本的分析需要专利管理人员和技术研发人员共同进行。如果在所述的维持节点需要采取缴纳相关费用的维持措施,这个维持的成本主要就是指经济成本,即要缴纳的费用有多少,该费用越高,维持的经济成本就越大。经济成本的分析由专利管理人员进行。

(4) 评估不得不放弃的事由是否充分。主要是看前面分析的放弃的事由(专利性、技术的先进性不具备或技术的商业前景丧失、不具备数量价值等事由)是否出现,是否充分。评估工作由专利管理人员、技术研发人员、甚至还要由市场销售人员共同进行。

(5) 作出评估决定。

(6) 如果评估决定维持,则采取相应的维持措施;如果评估决定放弃,则不再作出任何行动。

2. 专利维持管理的要点详解

专利维持管理的要点主要有:

(1) 细心计算维持节点到来的时间,也就是要清楚相应的截止时间。这个时间如果计算失误,导致逾期,那么无论后续工作做得如何完美,也都是无用之功。因此,计算维持节点到来的时间虽然不存在很高的技术难度,但却是非常重要的,需要相关工作人员细心计算。

（2）客观分析维持专利的技术成本和经济成本。如果技术成本很高（例如前面举例的很难克服"专利三性"上的瑕疵），则可以考虑不再维持。经济成本也是另一个考量因素，单独一件专利的维持的经济成本并不会很高，但是如果企业的专利数量较多，累计起来的专利维持成本就不低了。

（3）评估是否出现需要放弃的事由，因为专利维持管理的基本原则就是放弃需有充分的理由，在专利维持管理的操作过程中，需要审慎分析放弃事由是否确实已经存在。否则，一旦错误地评估为放弃，并据此作出决定，未来将很难再恢复该专利的生命状态。

第八章 专利侵权诉讼及应对

导　言

　　无论主动或被动，越来越多的企业正面临或不可避免地将要面临专利侵权诉讼这一法律事务。由于经验的缺乏，有些企业在面对专利侵权诉讼时，付出相当大的精力及较高的经济成本，对企业的经营造成了一定的影响。

　　其实，只要理出头绪，专利诉讼并不比普通的法律纠纷复杂。本章从专利权人的角度出发，介绍了警告函的作用及使用警告函时需要注意的事项，介绍了提出专利侵权诉讼的操作方式；从被控侵权人角度出发，介绍了应诉策略及侵权抗辩方法，同时附以相应的案例以助读者理解；最后，从实践层面介绍了实用性很强的确认不侵权之诉的使用方式。需注意的是，侵权诉讼及其应对只是企业达到其目的的手段之一，这一手段的具体运用方式、法律手段之外的市场手段的配合等因素是更值得企业关注的。

　　本章抛弃繁琐的法律规定及法律实务操作的细节，对专利侵权诉讼攻防双方的实务应对工作的脉络进行梳理，旨在使读者对专利侵权诉讼产生整体的认识。企业专利管理人员、决策者可以结合企业的自身条件以及侵权纠纷的具体情况选择适宜的处理应对手段。

一、专利侵权救济

　　专利侵权救济的方式分为自力救济、行政救济及司法救济三种。当事人自行协商处理的属自力救济行为；不愿协商或协商不成的，专利权人或者利害关系人可以向人民法院起诉，也可以请求管理专利工作的部门处理。

　　与司法救济相比，行政救济最大的优点在于方便、快捷，结案周期短，一般而言数月即可拿到行政处理决定。相对而言，司法程序可能会长达数年甚至更长。除了作出行政决定外，管理专利工作的部门应当事人的请求，还可以对专利纠纷进行调解，实践中调解率较高，结案速度较快。

行政救济的优势还在于管理专利工作的部门能够根据案件情况，依行政职权主动收集、调取证据材料，❶ 这些证据往往是当事人凭借自身力量难以获得的证据。

行政救济的不足也很明显。首先，行政救济的保护手段单一，仅能够责令侵权人立即停止侵权行为，而司法救济的保护手段包括责令停止侵权、赔偿损失、消除影响，保护手段更丰富，力度更大。其次，从效力上说，行政处理决定不具有终局性，对行政处理决定不服的当事人可以自收到处理通知之日起15日内依照《行政诉讼法》向人民法院起诉；侵权人期满不起诉又不停止侵权行为的，管理专利工作的部门可以申请人民法院强制执行，但行政部门并不具备执行停止侵权的职能。

企业应当根据自身状况和案件具体情况来选择不同的救济途径。比如，若纠纷双方熟识，由于某些原因无法达成协商一致的意见，则可申请行政机关介入调解；若以获得侵权赔偿为目的，目前还只能寻求司法救济；若案情简单，想快速制止侵权行为保护市场不被侵蚀，则行政救济是较佳选择；某些情况下，若关键证据已锁定但难以取得，可提供相关信息，通过行政救济途径，请求专利管理部门主动收集证据材料，再考虑是否提出侵权诉讼。侵权的行政和司法救济途径比较如表8-1所示。

表8-1 侵权救济途径比较

保护途径	保护手段	保护效力	速度	证据	综合成本
行政	单一	低	快	主动调取	较低
司法	多样	高	慢	被动接受	较高

二、警告函的运用

（一）警告函的概念及作用

所谓专利权人侵权警告函（以下简称"警告函"），是指专利权人在发现市场上存在侵犯其专利权的现象时，通过律师或自己以律师函或发布广告的方式向侵权人或侵权人的交易方发出侵权警告，指出侵权对象、法律后果、主张请求的法律函件。

警告函是专利侵权纠纷中专利权人方手中的一项有力武器。我国台湾地区威盛公司早于英特尔公司推出P4X266芯片组并可能成为市场主流产品时，英特尔公司向威盛公司及其客户发出专利侵权警告函，威盛公司因此损失了大量客户，纯利润下降近70%。❷

警告函的直接作用在于制止被告知方的侵权行为，同时，侵权警告函还能产生其他的效果，下文将详述之。

---

❶ 民事诉讼程序中，当事人也可申请法院主动调取证据，但这类申请在司法实践中较少被法院接受，因为此处的证据范围、接受申请的前提受到非常严格的限定。

❷ 张玉敏. 知识产权与市场竞争 [M]. 北京：法律出版社，2005.

（二）警告函的优势

1. 迅捷

专利侵权的公力救济（提起民事诉讼或申请行政机关处理）周期长，一般需要几个月甚至几年的时间，难以起到及时保护市场份额的效果，往往出现赢了官司输了市场的情形。而警告函送达对方的时间最多几日。可见，从发出警告函到产生市场影响的时间极短。

2. 成本低

警告函的成本相对于诉讼律师费用或行政调处费而言是极其低廉的，适合资金紧张的中小企业使用。

3. 降低专利维权综合成本

侵权者如果是非故意侵权，在收到警告函后往往会自行停止侵权。那些主观恶意不大或者对侵权法律后果有所顾忌的侵权人，在收到警告函后也有可能会停止侵权。这样可以减轻专利权人的诉累，降低专利维权成本，对中小企业具有积极的意义。

4. 为维权策略的制订起到试探作用

无意停止侵权者可能对警告函作出回应并进行抗辩、提供证据、说明理由。这对权利人判断对手意图、选择公力救济方式以及制订诉讼策略具有积极的作用。

5. 产生有利的法律效果

根据法律规定，侵犯专利权的诉讼时效是两年，自权利人知道或者应当知道侵权行为之日起计算。如果自知道侵权行为之日起超过两年才起诉，专利权人将失去胜诉权。❶

《民法通则》第140条规定："诉讼时效因提起诉讼、当事人一方提出要求或者同意履行义务而中断，从中断时起，诉讼时效期间重新计算。"如果发现侵权后权利人及时向侵权者发送了有确定请求的警告函，则发送警告函的行为应视为请求行为，产生诉讼时效中断的效力。这样，自知道侵权行为之日起超过两年才起诉的，专利权人也不一定会失去胜诉权。

同时，只要发出警告函并确认对方收到，若对方不停止侵权行为，则在日后可能的诉讼中就无法以"非故意行为"的理由来进行抗辩。这样的法律效果无疑会给对方造成压力。

6. 有助于赔偿计算

我国司法实践中，权利人因侵权所受损失及侵权者因侵权所获利益往往难以通过证据证明，法定赔偿是最常见的赔偿额确定方式。对于法定赔偿，侵权的性质、情节、持续时间等是重要的考虑因素，权利人若能证明曾对侵权者发送过警告函，则无疑对法院

---

❶ 《最高人民法院关于审理专利纠纷案件适用法律问题的若干规定》第23条规定："侵犯专利权的诉讼时效为两年，自专利权人或者利害关系人知道或者应当知道侵权行为之日起计算。权利人超过两年起诉的，如果侵权行为在起诉时仍在继续，在该项专利权有效期内，人民法院应当判决被告停止侵权行为，侵权损害赔偿数额应当自权利人向人民法院起诉之日起向前推算两年计算。"

认定侵权人的侵权性质、情节及持续时间具有重要参考价值，会直接影响侵权赔偿额的确定。

（三）警告函的不足之处

1. 打草惊蛇

实践中，专利权侵权者，特别是故意侵权者，其侵权行为都较为隐蔽，造成侵权证据的收集比较困难，而且，专利权诉讼对于证据的要求比较高，常会采用公证证据。如果权利人草率地发送警告函，将使侵权者更为警觉，有时甚至导致关键侵权证据无法收集。

另外，侵权者得知专利权人的警觉后，可能采取一些应对败诉判决、逃避责任的手段，比如抓紧时间加大侵权力度掠夺性地开发市场，销毁或篡改重要证据（如财务账册、合同等）、转移财产甚至宣告企业破产等。即便专利权人最终赢得诉讼，也面临一个难以执行的胜诉判决，导致"赢了官司输了钞票"。

2. 被诉风险

我国《反不正当竞争法》第14条规定"经营者不得捏造、散布虚伪事实，损害竞争对手的商业信誉、商品声誉。"根据这一规定，捏造、散布虚伪事实，损害竞争对手的商业或商品信誉，将构成不正当竞争。如果权利人发送警告函并无充分事实依据甚至捏造事实，并且是通过媒体广告方式发送或者向侵权人的商业合作伙伴等相关人发送，则被警告人可能以不正当竞争为由提起诉讼，要求权利人承担相应的法律责任。另外，被警告人还可能提起"确认不侵权之诉"争取管辖，造成权利人的被动。运用警告函的风险具体如表8-2所示。

表8-2 运用警告函的风险

项目	风险	项目	风险
证据	可能灭失	专利权	可能被提起无效
财产	可能转移	确认不侵权之诉	造成维权被动
市场	被短期内掠夺性开发		

（四）警告函的发送者与发送对象

警告函发送者须有资格以自己的名义制止侵权行为，从这个角度看，发出警告函的主体必须是专利权人或独占被许可人。

发送警告函的对象只能是专利权侵权嫌疑人，包括产品制造者、销售者、许诺销售者、进口者，还包括专利产品的使用者。理论上可以向任何侵权人发布警告函，但向同业竞争者的交易相对人以及普通使用者（消费者）发出警告函则需特别注意，有可能构成侵害商业信誉的不正当竞争行为遭到反诉。因此，从必要性以及降低法律风险的角度考虑，警告函应尽量只发送给侵犯专利权的产品制造者等直接侵权者。

(五) 确定是否发送警告函

在专利侵权之诉中，发送警告函并非必经程序，企业应该根据自身条件和实际案情，参考上述各方面利弊，灵活选择是否需要发送警告函。以下几点仅作为举例建议，并不包含全部情形，也并非必须按此操作：（1）企业资金不够充裕、侵权行为损害不大、不急迫的情况下，可以选择发送警告函。（2）企业资金实力雄厚，并且经评估认为公力救济不可避免时，可以不发送警告函。（3）侵权人可能随时转移财产、销毁关键证据时，可以不发送警告函，直接起诉。（4）已临近诉讼时效截止日期，尚未完全做好诉讼准备，可以选择发送警告函以中断诉讼时效。

(六) 警告函的内容

警告函并无特殊的格式及内容要求，但作为一种行使请求权的法律文件，必须包括一些法律要件：（1）发送者与被发送者姓名或名称，这确定了权利人和义务人；（2）专利权的基本信息（如专利号、专利名称等），这是专利权人所行使权利的权利来源；（3）侵权事实的描述，这是专利权人行使权利的事实依据；（4）具体、明确的请求内容，比如停止侵权、赔偿损失等。

需要注意的是，如前所述，发送警告函可产生中断诉讼时效的效力，这对于侵权赔偿的确定具有重要作用。为达到这个目的，警告函中必须有请求赔偿损失的意思表示，否则并不能认为权利人已就赔偿向侵权者提出过请求。

(七) 警告函的发出形式

如上文所述，警告函可能会成为诉讼中的重要证据，故应当以有效的方式对该警告函予以证据形式的固化。最保险的做法是通过公证的方式确定警告函的内容以及发出途径。为了确保对方收到警告函，最常见的发送途径是挂号信或有签收的快递。

三、提起专利侵权之诉

对于专利行为的侵权责任，其构成要件主要包括以下几个方面：侵犯的对象应当是在我国享有专利权的有效专利；有违法行为存在，即行为人未经专利权人许可，有以营利为目的实施专利的行为；行为人主观上有过错；应以生产经营为目的。侵权诉讼应当围绕上述这些要素展开，下文从操作层面就提起诉讼的工作进行说明。

(一) 确定自身专利权的有效性

一旦专利权人控告他人侵权，被告往往会向专利复审委员会请求宣告该专利无效。此时，专利的有效性至少需经专利复审委员会的再次审查。如果专利权人未对专利有效性慎重评估而直接起诉，也许会带来丧失专利权和侵权诉讼败诉的双重不利后果，对此，专利权人应当有所认识。因此，专利权人应当在提起侵权诉讼之前认真检索及调查现有技术，在此基础上分析专利是否存在被宣告无效的可能性及可能性大小。如果通过检索和分析，认为专利权可能被宣告无效的，采取诉讼的方式需特别慎重。此时，可以考虑通过与对方谈判，适当降低赔偿要求或许可使用费数额，从而既保全专利权又获得适当的赔偿。

（二）查明行为人及被告的选择

提起侵权诉讼的作用是为了让侵权人停止侵权并承担相应的法律责任。如果提起诉讼的被告不正确或不适当，则有可能法院不予受理，或者赢得了诉讼却难以执行判决。因此，查明行为人的工作一方面是确定实际侵权人，另一方面也是寻找适当的诉讼被告。确定诉讼被告的原则是：主体法律地位在司法诉讼中适格并且具备承担赔偿的能力。相关具体工作可由专利代理人或律师代为处理。

在多人侵权的情况下，选择具体被告时应该考虑诉讼的风险、取证的难易、损失的计算等因素。侵权时间最长、侵权行为最恶劣的侵权者不一定必然将其列为被告，而可以选择侵权证据最充分、侵权获利数额较明晰并且实力不强的侵权人。这样一方面能够提高侵权诉讼的可能性，另一方面还能尽量避免自己的专利权被无效掉。这样做的另一个好处是，如果取得一个胜诉的在先生效判决，将对后续的系列诉讼（针对其他侵权人的起诉）起到非常积极的作用。

（三）估算损失

侵犯专利权的赔偿数额按照权利人因被侵权所受到的实际损失确定；实际损失难以确定的，可以按照侵权人因侵权所获得的利益确定。权利人的损失或者侵权人获得的利益难以确定的，参照该专利许可使用费的倍数合理确定。赔偿数额还应当包括权利人为制止侵权行为所支付的合理开支。权利人的损失、侵权人获得的利益和专利许可使用费均难以确定的，人民法院可以根据专利权的类型、侵权行为的性质和情节等因素，确定给予1万元以上100万元以下的赔偿。

（1）权利人因被侵权所受到损失。计算公式如下：

损失 = 专利产品销售量减少总数 × 每件专利产品合理利润

损失 = 侵权产品销售总数 × 每件专利产品合理利润

合理利润一般指营业利润；以侵权为业者是指销售利润。

（2）侵权人因侵权所获得的利益。计算公式如下：

收益 = 侵权产品销售总数 × 每件侵权产品合理利润

（3）参照专利许可费。人民法院会根据专利权的类别、侵权性质及情节、使用费数额、许可性质、范围、时间等因素；确定1~3倍的专利使用费金额作为赔偿金额。

（4）法院酌情判定。没有专利许可使用费可参照或者专利许可使用费明显不合理，定额赔偿范围一般情况是1~100万元，最高上限不超过100万元。此时的参考因素包括专利权的类别、侵权性质及情节等。

（5）赔偿数额还应当包括权利人的其他合理开支。司法实践中一般只限于调查、制止侵权所支付的费用。

以上事实、金额都应在起诉状中列明，相关证据也应在起诉时提交，以期获得法院支持。

（四）收集证据

专利权人在得知自己权利受到侵害时，最重要的一件事情就是及时收集证据。主要包括以下几个方面的证据：（1）有关涉嫌侵权者情况的证据，包括其名称、地址、企业性质、注册资金、人员数、经营范围等情况。（2）有关侵权事实证据，包括侵权物品的实物、照片、产品目录、销售发票、购销合同等。（3）有关侵权损害的证据，包括涉嫌侵权产品的销售量、销售时间、销售价格、销售成本及销售利润等。例如，专利权人可以订购、现场交易等方式购买涉嫌侵权产品，并取得相关发票，从而获得有关侵权事实的证据。

为了增强上述证据的证明力，专利权人还可以请求公证人员在不暴露身份的情况下，如实对专利权人取得的上述证据和取证过程进行公证。

总之，证据收集是一件复杂而技巧性很强的工作，直接影响案件的诉讼结果。专利权人应当在律师和代理人的帮助下，围绕专利侵权构成要件的证明要求，力求收集各种客观、合法的证据，从而有力地支持自己的诉讼主张。

（五）与涉嫌侵权者协商和谈判

专利侵权诉讼是手段而不是目的，通过这一手段，权利人想达到的直接目的一般是侵权者停止侵权、获得侵权赔偿等。如果能够通过协商谈判达到权利人的目的，则可撤诉以节约企业维权成本。

（六）选择管辖法院

根据相关司法解释[1]规定，专利纠纷第一审案件，由各省、自治区、直辖市人民政府所在地的中级人民法院以及最高人民法院指定的部分中级人民法院[2]管辖。另外，最高人民法院还指定了少量试点基层人民法院[3]管辖。

在级别管辖的基础上还要考虑地域管辖，因侵犯专利权行为提起的诉讼，侵权行为地法院以及被告住所的法院都有权管辖。其中，侵权行为地包括侵权行为实施地以及侵权结果发生地。原告仅对侵权产品制造者提起诉讼而未起诉销售者，侵权产品制造地与销售地不一致的，制造地人民法院有管辖权；以制造者与销售者为共同被告起诉的，销售地人民法院也有管辖权。销售者是制造者分支机构，原告在销售地起诉侵权产品制造者制造、销售行为的，销售地人民法院也有管辖权。在司法实践中，为了减少案外因素的干扰，通常是对侵权行为进行分析后，选择相关司法经验丰富和日后判决容易执行的侵权行为地[4]法院起诉。

---

[1] 《最高人民法院关于审理专利纠纷案件适用法律问题的若干规定》（法释〔2001〕21号）。
[2] 分别是深圳、珠海、汕头、佛山、东莞、中山、江门、厦门、泉州、宁波、温州、金华、绍兴、苏州、无锡、南通、常州、镇江、盐城、景德镇、宜春、株洲、宜昌、襄樊、绵阳、青岛、烟台、潍坊、淄博、东营、大连、葫芦岛、包头、齐齐哈尔、柳州等市中级人民法院，以及重庆市第五中级人民法院、新疆生产建设兵团农八师中级人民法院、农十二师中级人民法院。
[3] 浙江省义乌市人民法院、江苏省昆山市人民法院、北京市海淀区人民法院。
[4] 比如，侵权人有大量不动产在该地，便于日后判决的强制执行。

（七）诉前临时措施

当今世界的科技发展迅速，各种技术的更新升级周期很短，相应的专利技术市场生命周期也较短。而专利诉讼的周期却普遍较长，从专利权人或利害关系人提起诉讼到法院作出生效判决往往需要数年甚至更长时间。在此期间，如果不制止侵权行为，轻则专利权人方的损失会不断扩大，重则相应专利技术完全丧失市场价值，造成难以弥补的损失。为此，专利法规定了侵犯专利权的诉前临时措施制度，用于及时制止侵权行为，防止侵权发生或者侵权后果恶化。因此，在提起诉讼前请求法院采取责令涉嫌侵权的行为人停止有关行为的措施。

根据我国法律规定及司法实践，以下几方面内容需要注意：

（1）诉前临时措施的申请人包括专利权人或利害关系人，其中利害关系人包括专利实施许可合同的被许可人、专利财产权利的合法继承人等；在专利实施许可合同的被许可人中，独占实施许可合同的被许可人可以单独向人民法院提出申请；排他实施许可合同的被许可人在专利权人不申请的情况下，可以提出申请。

（2）管辖法院应当是有专利侵权案件管辖权的法院。

（3）申请必须以书面提出，申请的内容包括：当事人的基本情况；请求的具体内容、范围和理由等事项，包括"受到难以弥补的损害"的具体说明。

（4）专利权人应提交证明专利权真实、有效的文件：包括专利证书和专利年费缴纳凭证（或专利登记簿副本）、权利要求书、说明书、检索报告（限实用新型专利）。利害关系人应提交专利实施许可合同及备案的证明材料；没有备案的，提交专利权人的证明或者证明其享有权利的其他证据；排他实施许可合同的被许可人单独提出申请要提交专利权人放弃申请的证明材料；专利财产权利的继承人应提交已经继承或者正在继承的证据材料。

（5）申请人还应提交证明被申请人正在实施或者即将实施侵犯专利权的行为的证据，包括：被控侵权产品、专利技术与被控侵权产品技术特征对比材料等。

特别需要指出，申请法院采取临时措施的，必须提供担保，否则申请将被驳回。担保的形式可以是金钱，也可以是保证、抵押，但必须合理、有效。确定担保金额的考虑因素包括：责令停止有关行为所涉产品的销售收入、仓储、保管费用，被申请人的可能损失及人员工资、合理费用等，由法院确定。

申请有错误的❶，申请人应当赔偿被申请人因停止有关行为所遭受的损失，包括停产停业的直接损失及其他损失。因此，申请诉前临时措施是一把双刃剑，企业在运用时应当充分评估，有侵权诉讼胜诉的把握时再使用。

（八）起诉时机的选择

一般而言，为了将被侵权的损失降到最低，提起诉讼的时机是越早越好。当然，前提是已做好全面的诉讼准备，收集充分的证据。如果将专利诉讼作为达到企业战略目的

---

❶ 一般认为，最终法院认定不侵权则证明申请错误。

的手段，则可选择其他最有利于自身的策略时机，例如对手企业上市申请期间，将专利诉讼当作逼迫对手的筹码或者击退对手的有力武器加以运用。2012年5月15日，朗科科技向广西南宁市中级人民法院递交民事起诉状，起诉旋极信息❶（被告一）、农业银行（被告二）、农业银行北海工业园支行（被告三），侵犯公司名称为"用于数据处理系统的快闪电子式外存储方法及其装置"的发明专利权，并向中国证监会办公厅信访办及创业板部递交实名书面举报材料，要求停止旋极信息上市发行。❷

应当注意的是，侵犯专利权的诉讼时效为两年，自专利权人或者利害关系人得知或者应当得知侵权行为之日起计算。在选择诉讼时机时切勿超出诉讼时效，导致胜诉权的消灭。

如果涉案专利技术市场周期短或者侵权行为非常严重，则首要诉讼目的是尽快制止侵权，应当尽快提起诉讼并视情况申请诉前禁令。如果专利技术的市场尚未饱和且专利权人实施专利的能力也不够，则诉讼的首要目的应当是与侵权人达成许可协议，这种情况下，应当在诉讼前争取与侵权人深入沟通，在无法达成协议并且掌握了充分证据后再起诉。

专利侵权诉讼是一项专业性极强的法律活动，建议在专业律师、专利代理人的协助下完成。关于侵权判定标准的相关内容，已有大量学术专著介绍说明，此处不再展开论述。

四、专利侵权诉讼对策

作为一个发展中的制造业大国，我国的大量企业尤其是中小企业在生产经营中，对于自身行为是否构成专利侵权缺乏认识，自主知识产权积累不足，遇到被控侵权的警告或者诉讼的情形时有发生。以下就专利侵权诉讼发生后的对策进行介绍，企业可结合自身实际情况灵活运用。

（一）总体决策

专利侵权纠纷中的被控侵权方当事人在收到警告函或者法院应诉通知书后，应当冷静、及时应对。总体决策思路如下。

1. 决策摸底准备

首先，由专业人士对以下事实进行评估：
- 被控侵权产品与生成被侵权的专利进行对比分析，评估是否侵权；
- 涉案专利的有效性；
- 侵权诉讼胜诉的可能性；
- 直接诉讼成本，如法律服务费用；
- 间接诉讼成本，如企业可能进行的诉讼可能损失的订单、市场等。

---

❶ 即现北京旋极信息技术股份有限公司，系中国农业银行网银U盾主要提供商之一。
❷ [EB/OL]．[2012-06-06]．http：//tech.163.com/12/0522/08/823K6J4B000915BD.html.

其次，可以视情况与权利人接触，了解对方的意图、底线。

最后，评估、统计己方的资源，例如能够给对方造成压力的手段（如专利、市场行为）、己方商誉的承受力、能够联合的盟友等。

2. 决策考虑因素

专利诉讼决策首要考虑因素不是胜败的几率，而是可能产生的诉讼成本和收益。如果赢得专利诉讼将付出高昂的代价，或者与可能赢得的市场极度不对称，则无论诉讼成败都将是得不偿失的。

若经过评估，当前企业存在特殊情况：如特定时期不能影响重要客户的信心或者企业正在从事其他重要法律活动，必须避免侵权诉讼的发生，则应有理有节地回应权利人，同时展开谈判，尽量在能够承受的成本范围内达成和解。

若经评估，不侵权抗辩胜诉几率较高，但可能付出较大代价，例如可能因侵权风险而损失大量订单和造成损失，或者引发专利战，或者法律服务成本费用远远高于和解代价，则同样不宜贸然选择进行诉讼，而应积极探寻解决问题的非诉途径。

若经过评估，认为确实极有可能被认定为专利侵权，且涉案专利权相对稳定，则一般情况下应立即停止侵权行为，撤出相关市场。但是，如果由此造成的损失极大甚至对企业的生存造成实质影响，则被控侵权企业一方面应当做好尽可能充分的应诉准备，另一方面以最大努力及诚意促进和谈，争取代价最低的的和解条件的达成。

（二）应诉对策

1. 回复警告函

涉嫌侵权人收到警告函后，应当及时进行评估，根据评估结果采取不同应对措施。

如果侵权成立，则应积极与对方谈判，了解对方意图，力争达成和解，避免损失的扩大。其间可视情况通过专利无效程序、公司收购、反诉或者针对性地提出其他诉讼，或与其他企业战略联合采取行政、商业、司法、市场等手段给对方施加各种压力，迫使对方停止威胁。

如果侵权不成立，则应当及时做好应诉准备，收集相应证据，同时向对方回函阐述己方认为不侵权的观点，尽量避免诉讼的发生。需要注意的是，回函阐述观点时不应将具体的抗辩理由、关键证据全盘托出，以防导致日后在可能发生的诉讼中处于被动。

2. 收集证据

在侵权纠纷中，收集证据对涉嫌侵权人同样重要。涉嫌侵权人应当积极收集能够证明自己不侵权或者免除侵权赔偿责任的证据。例如，使涉案专利丧失新颖性、创造性的证据；享有先用权的证据；实施的技术属于公知技术的证据。

3. 调查涉案专利的法律状态

涉嫌侵权人在接到专利权人或者利害关系人的警告函或者起诉状副本后，应当迅速查明该涉案专利的法律状态。一般来说，要查明该专利是否是中国专利，该专利的申请日或优先权日、公开日、终止日，并查明专利年费是否一直缴纳等。然后，根据获得的这些基本信息，采取相应的对策。例如，根据该专利的申请日，判断自己是否享有先用权,如果享有先用权,可以以此进行不侵权抗辩。

显示专利法律状态的是专利证书和专利登记簿。专利证书作为专利权的凭证,记载了发明创造的名称、发明人、专利权号,专利权人等信息。但专利证书一经颁布,无论以后上述信息发生何种变化,专利证书上都不会重新改动和记载。因此,仅仅依靠专利证书来确定涉案专利的法律状态是不够的。专利证书的上述限制可以由专利登记簿得到弥补。专利登记簿包括以下事项:专利权的授予;专利权的转让和继承;专利权的撤销和无效宣告;专利权的终止和恢复;专利实施的强制许可;专利权人的姓名、国籍等。在专利权授予后,如果发生专利权的变化,会随时在专利登记簿上记载。

4. 判断是否属于不视为侵权行为

不视为侵权的行为包括专利权用尽、先用权、临时过境和科学研究与实验性使用四种。涉嫌侵权人应当审查自己的行为是否属于这四种例外情形之一。如果自己的行为确实属于上述情形,就可以不必再对复杂的技术和法律问题进行研究,而是直接提出自己的行为属于专利法明文规定的不视为侵权行为,不应承担侵权责任。

5. 判断涉案专利是否有效

首先,涉案侵权人应当对现有技术进行全面的检索和调查,寻找该专利缺乏新颖性和创造性的证据。同时,分析涉案专利中是否存在其他可能导致专利无效的缺陷。如果找到这样的证据或缺陷,被控侵权人可以向专利复审委员会请求宣告该专利无效。专利检索的范围,包括世界主要国家的专利文献、有关技术领域的专业期刊等。检索工作的专业性较强,最好由专门的专利检索人员进行。对现有技术的调查,主要调查同类产品的说明书、广告、目录等,以确定专利申请日前是否有同类产品在市场销售,以及该专利技术是否已经通过某种方式公开了。

其次,涉嫌侵权人应当审查涉案专利的专利文件,包括该专利的授权文本和该专利在申请阶段、复审阶段、无效阶段的各种专利文件。在专利申请案卷中,通常有审查意见通知书、意见陈述书等原始文件,通过这些文件可以了解原专利申请在审批过程中的修改和变动情况。例如,被控侵权人在查阅专利申请卷宗的过程中,发现专利申请人对申请文件的修改超出了原说明书和权利要求记载的范围的,被控侵权人就可以以《专利法》及其实施细则为依据,向专利复审委员会请求宣告该专利权无效。同时,可以借助审查历史中专利权人的意见陈述和修改限制其对保护范围的不当扩大。

6. 判断审查实施的技术是否落入涉案专利的保护范围

涉嫌侵权人在判断涉案专利是否有效的同时,还应当确定该专利权的保护范围,并根据全面覆盖原则、等同替代原则、禁止反悔规则等专利侵权判定规则,分析自己实施的技术是否落入该专利权的保护范围。运用专利侵权判定规则进行判定后,如果认为并没有落入该专利保护范围的,涉嫌侵权人可以提出自己行为不构成侵权的抗辩。

即使涉嫌侵权人通过分析,判定自己实施的技术落入涉案专利的保护范围,但涉嫌侵权人有证据证明自己实施的技术属于公知技术的,仍可以提出公知技术抗辩。

此外,如果涉嫌侵权人是专利产品的使用者或销售者的,而涉嫌侵权人不知道该产品属于侵权产品,并能举例证明该产品具有合法来源的,可以提出自己只承担停止侵权的责任而免除赔偿损失的责任。

7. 及时与专利权人协商和谈判

被控侵权人收到专利权人的警告函后,一方面要积极收集证据,全面研究分析相关的技术问题;另一方面还要及时与专利权人协商和谈判,争取较低的损害赔偿数额,或者以自己认为有利的其他方式解决纠纷,例如取得专利权人的实施许可或交叉许可等。需要指出的是,涉嫌侵权人在与专利权人进行协商和谈判之前,所做的收集证据和全面研究分析相关技术问题的工作,对于在协商和谈判中争取主动权具有重要意义。例如,涉嫌侵权人通过技术分析,认为涉案专利有可能被宣告无效的,就可以此作为谈判的筹码,从而获得对自己有利的谈判结果。

8. 充分利用程序权利积极应诉

专利权人就侵权纠纷向人民法院起诉的,涉嫌侵权人应当积极应诉,并对相关法律问题进行分析。例如,原告是否合格、起诉是否在诉讼时效内、受理案件的法院是否有管辖权等,从而可以提出诉讼主体资格抗辩、诉讼时效抗辩或者管辖权异议。其次,被告可以在答辩期内向专利复审委员会提出无效宣告请求,并通过在答辩状中对技术问题的详细分析,说服法官裁定中止诉讼。诉讼程序的延缓或中止,通常可以给被告更为充裕的应对准备时间,在对诉讼没有准备或案情复杂工作量大的情况下,这一点尤为重要。

总之,专利侵权纠纷融合了复杂的技术问题和法律问题。无论专利权人还是涉嫌侵权人,都需要大量的取证、调查和研究分析工作,并结合一定的谈判技巧和诉讼技巧,才能更好地维护自己的合法权益。

(三) 专利侵权抗辩

在专利侵权诉讼中,专利权人及其利害关系人对被控侵权人的侵权指控不一定成立。在很多情况下,被指控的侵权行为并不能认定构成侵权。被控侵权人可以针对侵权指控从多个方面进行抗辩,从而得以免除或减轻侵权责任。被控侵权人可以援引的抗辩事由一般包括:专利权无效抗辩、公知技术抗辩、诉讼时效抗辩等。

1. 专利权无效抗辩

专利侵权诉讼中,被告最为常用的抗辩理由之一是专利权无效。一项专利的授权仅仅意味着专利局实质审查部门认为其符合授权条件,但如果该专利遭到无效质疑,专利复审委员会将会根据无效请求的内容对其有效性重新进行审理,以确定专利权是否应被维持(部分)有效。例如,在审查一项发明专利申请是否具备创造性的时候,如果审查员对足以否定申请创造性的文献出现漏检,而被告查询到该文献并据此提出无效宣告请求,专利将被宣告无效。另外,按照我国专利法的规定,对实用新型和外观设计并不进行实质审查,而只进行形式上的审查,其有效性是待定的。在专利侵权诉讼中,只要能证明原告的专利权无效,就不用承担专利侵权的法律责任。

在运用专利侵权抗辩时,可按照以下几点操作:

首先,确认提起侵权诉讼方使用的专利是哪一项专利,查询该专利权的法律状态,比如在被控实施侵权行为之时该专利是否仍然有效。其次，明确对方所依据的权利要求是哪一项或哪几项，以这些权利要求的无效作为无效宣告请求的最低目标，最好是争取专利权的全部无效。再次，委托专业人员对专利文件以及审查过程进行取证和分析，向专利复审委员会提出无效宣告请求，具体内容可参见第九章。此外，在提出无效宣告请求的同时，可以依法申请中止相关侵权诉讼。❶

若专利权被生效的行政决定或司法判决宣告无效，则视为权利自始不存在，权利人主张侵权救济的权利依据丧失，从而侵权之争将不复存在。

2. 主张未落入保护范围

在专利侵权诉讼中，被告经常主张其所实施的技术并未落入原告专利权的保护范围，即被告的行为不构成侵权。这一抗辩理由是否成立，需由人民法院审理确定。主要理由包括：被控侵权物没有使用与原告专利必要技术特征相同的特征，或者是被控侵权物没有使用与原告专利必要技术特征等同的特征。❷ 严格地说，这种主张是一种否认而不是抗辩。

3. 诉讼时效抗辩

为了督促权利人积极行使权利，维护社会关系稳定，法律规定了诉讼时效制度。根据专利法的规定，侵犯专利权的诉讼时效为两年，自专利权人或利害关系人得知或者应当得知侵权行为之日起计算；如果是连续性的侵权行为，则从侵权行为结束之日起算。其中，"得知"指权利人发现侵权行为的确切事实，包括侵权行为人和侵权行为，两者缺一不可，否则权利人将无法提出侵权诉讼。例如，专利权人发现某企业未经许可正在生产专利产品。"应当得知"是指按照案件的具体情况，权利人作为一般人应当知道侵权行为存在。应当知道是人民法院处理案件时的推定，要以一定事实为基础。依据该事实，如果一般人都能够知道，则可以推定权利人也应该知道。例如，侵权产品已经在市场上大规模地销售，或者侵权人利用媒体为侵权产品做了广泛宣传，都可以认定权利人应当得知侵权行为发生。如果自侵权人实施侵权行为终了之日起超过两年，专利权人将失去胜诉权。

需要指出的是，专利权与传统民法上的物权一样，是绝对权。对于停止侵权行为这种具有"物上请求权"性质的请求，不受诉讼时效的限制。而损害赔偿请求这种具有债权性质的请求，则要受诉讼时效的限制。因此，被告基于连续并正在实施的专利侵权行为已超过诉讼时效进行抗辩的，人民法院可以根据原告的请求判令被控侵权人停止侵权。

实践中，知道或者应当知道的确定，关系到诉讼时效的起算，常常成为当事人争议

---

❶《最高人民法院关于审理专利纠纷案件适用法律问题的若干规定》（法释〔2001〕21号）第9条：人民法院受理的侵犯实用新型、外观设计专利权纠纷案件，被告在答辩期间内请求宣告该项专利权无效的，人民法院应当中止诉讼，但具备下列情形之一的，可以不中止诉讼：（一）原告出具的检索报告未发现导致实用新型专利丧失新颖性、创造性的技术文献的；（二）被告提供的证据足以证明其使用的技术已经公知的；（三）被告请求宣告该项专利权无效所提供的证据或者依据的理由明显不充分的；（四）人民法院认为不应当中止诉讼的其他情形。

❷《最高人民法院关于审理专利纠纷案件适用法律问题的若干规定》第17条：等同特征是指与所记载的技术特征以基本相同的手段，实现基本相同的功能，达到基本相同的效果，并且本领域的普通技术人员无需经过创造性劳动就能够联想到的特征。

的焦点问题。司法实践中，对于当事人"知道"或"应当知道"的判断主要依赖于证据体现的案件事实具体分析。与"得知"这一标准相比，"应当知道"的确定在一定情况下体现了法官的内心确认和自由裁量权。"应当知道"其实是一种法律上的推定，不论权利人实际上是否知道自己的权利受到损害，只要客观上存在使其知道的条件和可能，因权利人主观上的过错、本应知道而没有知道的，也视为"应当知道"。

【案例8-1】

在富准精密工业（深圳）有限公司与东莞市龙基实业有限公司等侵犯实用新型专利权纠纷案❶中，2007年3月8日，公证员和富准精密工业（深圳）有限公司（原告）人员到深圳市华强北路赛格广场购买被控产品散热器。该散热器的合格证记载的产品生产日期为2007年1月10日。一审法院认定，起始时间应当从原告购买被控产品的时间计算，即2007年3月8日，而不应当以被控产品的生产时间计算，即2007年1月10日。因此，原告于2009年3月4日向人民法院提起诉讼，未超过法律规定的诉讼时效。在此案的上诉审理中，二审法院支持了一审法院关于诉讼时效的认定。

4. 非故意行为抗辩（合法来源抗辩）

根据专利法规定，为生产经营目的，使用或销售不知道是未经专利权人许可而制造并售出的专利产品，或者依照专利方法直接获得的产品的行为，属于侵犯专利权的行为。但是，使用者和销售者能证明其产品合法来源的，不承担赔偿责任，但应当承担停止侵权行为的法律责任。在运用此抗辩理由时，应注意以下几点：

（1）非故意行为抗辩成立的前提条件是侵权行为确实成立。

（2）应证明相关产品的合法来源，一般需要证明相关产品是在公开市场上合法取得且价格合理，相应证据包括涉及相关产品的购销合同、发票、提货单、送货单等。

（3）要说明主观上"不知道"是未经专利权人许可而制造并售出的专利侵权产品。实践中，"不知道是侵权产品"作为消极事实难以证明；一般由原告举证证明"知道是侵权产品"，例如原告曾经向被告发出过警告函。

【案例8-2】

在中山宝宝好日用制品有限公司与好孩子儿童用品有限公司侵犯专利权纠纷上诉案❷中，判决认定上诉人（被控侵权人）关于其涉案被诉侵权产品有合法来源的抗辩不能成立，原因是从证据的内容来看，被控侵权人提交的证据所记载的产品均与涉案被诉侵权产品不一致。

上诉人提供的证据虽然确认宝宝好公司生产的GL-7332高级豪华婴儿车上的车轮毂均由通达公司生产，其在一、二审提供的送货清单所记载的产品为"5寸梅花外盖深蓝内银灰"、"5寸梅花外黑内盖银灰"、"6寸梅花外盖深蓝内银灰"、"6寸梅花全深蓝"、"5.5寸梅花外盖深蓝"等，通达公司法定代表人在二审作证时也称，其供给上诉人的梅花形轮毂主体部分是银灰色的，轮毂中间的梅花瓣为深蓝色或橘红色，也有整个都是银灰色的，与送货清单所记载的产品颜色基本一致。而被上诉人通过公证提取的涉

---

❶ 参见深圳市中级人民法院民事判决书（2009）深中法民三初字第88号。
❷ 参见江苏省高级人民法院民事判决书（2007）苏民三终字第0102号。

案被诉侵权产品虽然也为 GL-7332 高级豪华婴儿车车轮毂的颜色却为米黄色，被控侵权人所提供的证据中的产品与涉案被诉侵权产品并非同一产品，不能证明涉案被诉侵权产品系由通达公司生产。因此，上诉人声称的使用或销售行为是非故意行为不应承担赔偿责任或不应承担全部赔偿责任的上诉理由均不能成立。

5. 不视为侵权抗辩

为了防止专利权的行使妨碍正常的生产、生活秩序，平衡专利权人与社会公众的利益，《专利法》第69条规定了四种不视为侵犯专利权的例外行为，作为对专利权行使的限制。在这四种情形下，行为人未经专利权人许可而实施其专利的行为，由于法律的特别规定而不具有违法性。这四种例外情形是：专利权用尽、先用权、临时过境、科学研究与实验性使用。

（1）专利权用尽。

根据专利法规定，专利产品或者依照专利方法直接获得的产品，由专利权人或者经其许可的单位、个人售出后，使用、许诺销售、销售、进口该产品的行为，不视为侵犯专利权。这样规定的原因在于，专利权人在经自己同意合法投入市场的专利产品售出后，其专利权已经实现，权利人不应再就同一产品重复获利。同时，这也有利于专利产品的流通和利用。

被控侵权人在主张专利权用尽时需要注意以下两点：一是相关产品投入市场是经权利人同意的合法行为，未经权利人同意的无权处分行为导致的相关产品进入市场不产生专利权用尽的后果。被控侵权人在主张专利权用尽时，必须证明相关产品的合法来源。二是在后行为人的行为仅限于使用、许诺销售、销售、进口相关产品，不包括生产、制造。

【案例 8-3】

济源市王屋山黑加仑饮料有限公司（以下称"黑加仑公司"）与河南维雪啤酒集团有限公司（以下称"维雪啤酒"）侵犯外观设计专利权纠纷上诉案❶中，维雪啤酒享有 ZL2005300082766 号"啤酒瓶"的外观设计专利。黑加仑公司自2007年以来以从市场上回收的维雪啤酒专用瓶空瓶灌装、销售王屋山牌饮料。维雪啤酒针对黑加仑公司提起侵权诉讼，黑加仑公司则以"专利权用尽"抗辩。

判决指出，维雪集团享有"啤酒瓶"的外观设计专利权，其将啤酒瓶灌装啤酒后，啤酒瓶与啤酒作为一个整体出售，啤酒瓶的功能在于作为啤酒的包装物，消费者饮用啤酒之后，啤酒瓶在流通领域的任务已经完成。黑加仑公司回收啤酒瓶，并灌装其生产的黑加仑饮料作为其产品出售，啤酒瓶与其生产的饮料作为一个整体又成为新的产品，黑加仑公司行为的实质是通过对啤酒瓶的回收利用产生新的产品，因此是一种变相的生产制造外观设计专利产品的行为。"专利权用尽"是指专利产品首次合法投放市场后，任何人进行再销售或者使用，无需再经过专利权人同意，且不视为侵犯专利权的行为。因此专利权用尽原则的适用仅限于专利产品流通领域，适用对象限于合法投放市场的专利产品。本案中，啤酒瓶与啤酒作为一个整体进行出售，啤酒被消费后，黑加仑公司回收

---

❶ 参见河南省高级人民法院民事判决书（2010）豫法民三终字第85号。

利用啤酒瓶的行为实质是一种变相的生产制造行为，因此不适用专利权用尽原则，其行为侵犯了维雪啤酒的外观设计专利权，应承担停止侵权并赔偿损失的责任。

(2) 先用权。

根据专利法的规定，在专利申请日前已经制造相同产品、使用相同方法或者已经做好制造、使用的必要准备，并且在原有范围内继续制造、使用的行为，不视为侵犯专利权。这样规定的原因在于，我国专利制度采取"先申请原则"而不是"先发明原则"或"先使用原则"。因此，在专利权人提出专利申请之前，可能有人已经研究开发出同样的发明创造，并且已经开始实施或准备实施，这样的人被称为"先用者"。在这种情况下，如果在专利权授予后禁止先用着继续实施发明创造，显然有失公平。因此，专利法规定上述在先使用行为产生先用权，可以对抗专利权。

关于先用权，还需要注意：先用权必须限于原有的范围之内，超出这一范围的制造、使用行为，构成侵犯专利权。所谓"原有的范围"，一般是指专利申请日前所准备的专用生产设备的生产能力的范围。先用权的转移是受限制的，它只能随同原企业或实施该专利的原企业的一部分一起转移，而不能单独转移。

在行使先用权抗辩时，需要注意以下几点：

- 时间条件：必须证明申请人提出专利申请以前，被控侵权人已经制造相同的产品、使用相同的方法或者已经做好制造、使用的必要准备；
- 独立性：制造或者使用的技术是先用权人自己独立完成的，而不是抄袭、窃取专利权人的；
- 实施限度：先用权的制造或使用行为，只限于原有的范围和规模之内，即制造目的、使用范围、产品数量都不得超出原有的范围；
- 如果在先的制造、使用已构成专利法意义上的公开，则优选宣告专利权无效而不是主张先用权抗辩。

【案例8-4】

阿尔芬纳电工系统公司（以下称"阿尔芬纳公司"）与浙江丽得电器有限公司（以下称"丽得公司"）侵犯外观设计专利权纠纷上诉案❶中，阿尔芬纳公司诉称丽得公司的产品E1506/E1508侵犯了其名称为"配线附件"专利号为ZL200530001462.7的外观设计专利（专利申请日为2005年1月19日）。

法院审理查明，丽得公司曾于2004年12月23日、2005年1月7日分两次共向沙特阿拉伯出口❷了E1506型产品1800只。丽得公司提供了模具加工协议书、设计图纸、模具加工承揽人的证言等，可佐证丽得公司曾独立地为生产E系列产品进行过必要的准备，加之并无证据表明丽得公司超出了其原有范围进行制造、使用，故应认定丽得公司主张的先用权抗辩成立。

(3) 临时过境。

根据专利法的规定，临时通过中国领陆、领水、领空的外国运输工具，依照其所属国同中国签订的协议或者共同参加的国际公约，或者依照互惠原则，为运输工具自身需

---

❶ 参见浙江省高级人民法院民事判决书（2009）浙知终字第138号。
❷ 但未构成专利法意义上的公开。

要而在其装置和设备中使用有关专利的行为,不视为侵犯专利权。这一例外规定的原因是为了保证国际交通运输的自由和畅通。

（4）科学研究与实验性使用。

根据专利法的规定,以研究、验证、改进专利为目的,在专门针对专利本身进行的科学研究与实验中,制造、使用专利产品或者使用专利方法,以及使用依照专利方法直接获得的产品的,不视为侵犯专利权。这一例外的原因,是为鼓励科学研究与实验,促进科技进步。

6. 诉讼主体资格抗辩

在专利诉讼中,被告方应注意原告的诉讼资格,在特定情况下可以原告不具有诉讼主体资格为由提出抗辩。一般来说,以下几种情况,原告不具有诉讼主体资格:

（1）在普通实施许可合同中,被许可人不能单独就侵犯专利权的行为提起诉讼。

（2）在由单位享有专利权的职务发明,发明人仅有署名权和获得物质报酬权。如果侵权纠纷针对的是署名权以外的权利,则发明人无权就此提起诉讼。

（3）在专利权发生转让的情形中,原专利权人无权就转让后的专利纠纷提起诉讼。

（4）在合作或委托完成的发明创造中,若专利权属于某一方,则另一方无权就侵犯专利权的行为提起诉讼,即使其是该发明创造的实际发明人。

7. 现有技术抗辩

现有技术抗辩又称公知技术抗辩,如被控侵权技术属于涉案专利权申请日之前的现有技术,则不构成侵犯专利权。《专利法》第62条规定:"在专利侵权纠纷中,被控侵权人有证据证明其实施的技术或者设计属于现有技术或者现有设计的,不构成侵犯专利权。"公知技术抗辩是一种法定的抗辩权,现有的规定较为原则,争议颇多,以下仅就司法实践中的较统一作法进行介绍,不作理论探讨。

现有技术抗辩中,涉及原告专利、被控技术和引证技术（现有技术）三个对象。被告可以直接将被控技术与现有技术进行对比,如果属于现有技术,则抗辩成功。当然,被告也可以先被控技术与原告专利进行对比,主张未落入保护范围,再进行现有技术抗辩。切忌直接将原告专利与现有技术进行对比以主张原告专利属于现有技术。

关于抗辩成立的标准,也就是在什么情况下被控技术"属于"现有技术,最高人民法院作出了相应的解释:被诉落入专利权保护范围的全部技术特征,与一项现有技术方案中的相应技术特征相同或者无实质性差异的,人民法院应当认定被诉侵权人实施的技术属于《专利法》第62条规定的现有技术。实践中,一般仅能将一份引证技术与被控技术进行对比,不能用多份引证技术组合与被控技术进行对比。

五、确认不侵权之诉

知识产权确认不侵权之诉是我国近年来才得到承认的新的案件类型。最高人民法院将确认不侵权纠纷定义为"利益受到特定知识产权影响的行为人,以该知识产权权利人

为被告提起的，请求确认其行为不侵犯该知识产权的诉讼"。❶

法院受理知识产权确认不侵权之诉的基本依据是 2002 年 7 月 12 日最高人民法院民事审判第三庭作出的《关于苏州龙宝生物工程实业公司与苏州郎力福公司请求确认不侵犯专利权纠纷案的批复》。该批复认为，依据《民事诉讼法》第 108 条的规定，该案符合原告与本案有直接的利害关系、有明确的被告、有具体的诉讼请求和理由的四个条件，属于人民法院受理民事诉讼的范围和受诉人民法院管辖，人民法院应当受理。同时，该批复进一步明确，原告向人民法院提起诉讼的目的，只是针对被告发函指控其侵权的行为而请求法院确认自己不侵权，并不主张被告的行为侵权并追究其侵权责任。

"确认不侵权之诉"的相关法律规定还不甚完善。本节仅就已有的、成熟的规定进行实际操作层面的阐述，并对目前虽无法律相关规定但已取得各方共识或已形成的成熟做法进行介绍。

（一）适用的情形

1. 目的

专利权人发现侵权行为之后，可以先以警告函、律师声明等形式向侵权人发出停止侵权的警告，从而避免被告人再以"非故意"作为抗辩理由，并有可能以较小的代价和较快的速度使得竞争对手或参与侵权行为的其他人停止侵权行为。但有时专利权人仅仅是四处散发律师函、警告信宣称被警告人侵权，但没有任何进一步的法律行动更有甚者，有些律师函的发出甚至没有任何依据，其目的就是逼迫被警告人退出市场或不再使用、销售被警告的"侵权产品"，从而使被警告人因此陷入一种不安定、不确定的状态，正常的生产经营活动乃至商誉受到严重影响。在此情况下，被警告人提起确认不侵权之诉可以有效遏制专利权人意图的实现。

2. 作用

确认不侵权之诉能够使被警告人脱离侵权警告的威胁和纠缠，赢得商业合作伙伴的信任，避免市场开拓中的停滞，取得掌握自身市场发展的主动权。在专业侵权指控泛滥的商业环境中，确认不侵权之诉的运用对企业的稳定发展有极为重要的作用。

（二）受理

1. 受理的实质条件

2009 年 12 月 21 日，最高人民法院发布《关于审理侵犯专利权纠纷案件应用法律若干问题的解释》（下称该司法解释），其中规定了确认不侵权之诉的受理条件是：

⋄ 权利人向他人发出了侵犯专利权的警告。侵权警告的一般形式是向被警告人发出声明其行为构成侵权的律师函、警告信。

⋄ 权利人怠于行使诉讼权利。被警告人或者利害关系人经书面催告权利人行使诉

---

❶ 见 2008 年 4 月 1 日所施行的《民事案由规定》。

权，自权利人收到该书面催告之日起 1 个月内或者自书面催告发出之日起 2 个月内，权利人不撤回警告也不提起诉讼。

2. 原被告适格要求

对于发送警告函的行为而言，发送者是相关利害关系人[1]也视为符合条件，但作为确认不侵权之诉的被告却不适格。被告仅限于专利权人。

原告也不仅仅限于受到警告的一方。比如，专利权人仅仅向销售者发出侵权警告，销售者往往会求助于生产者，生产者属于争议事实的利害关系人，可以作为原告。

3. 管辖

确认不侵权之诉的管辖法院在级别管辖与地域管辖方面均与侵权之诉相同。区别之处仅在于，地域管辖中的侵权行为地为发送警告函一方"声称的"侵权行为地。

实践中，可能出现侵权之诉与确认不侵权之诉被不同法院受理的情况。为了避免就同一事实的案件为不同法院重复审判，侵权之诉应当与确认不侵权之诉合并审理。在司法实践中，通常是后受理的法院向先受理的法院移送案件。

（三）诉讼实体内容

除了受理起诉所需的证据外，涉及确认不侵权之诉的实体证据包括相关专利文件、涉及侵权纠纷的产品或者相关方法的说明文件、证据。起诉书中应列明涉及纠纷的产品或方法与专利技术的对比，以及未侵犯专利权的理由。涉及技术秘密的案件可以申请不公开审理。

---

[1] 如专利权独占许可人。

第九章 专利无效宣告程序的基本运用

导 言

专利无效宣告程序是专利制度体系中的重要制度，是企业专利运用的常用手段。可以说，专利无效宣告程序属于"常规武器"。无效宣告一旦成功，其法律后果是"专利权自始无效"，因此又可以说专利无效宣告程序属于"大规模杀伤性武器"。企业专利管理人员必须对此程序予以充分的重视，掌握其运用及应对方式。

本章除了对该程序进行常规法律知识的介绍外，还专门选取实践中通常使用的七大无效理由，从攻、防两方面，对无效宣告请求人和专利权人两个对立方的具体操作步骤、要点以及举证技巧进行详细的分析，给出可操作的指引。在此基础上，针对无效宣告请求审查决定的司法救济，简要介绍关于"第三人"、"证据"、"司法审查的重点"等方面的内容，对专利无效宣告程序的后续司法程序应对予以点拨。具有初步专利知识的读者在阅读本部分内容后可以快速掌握无效程序的主体内容，对企业专利管理实务工作有较大帮助。

一、专利无效宣告概述

（一）概念及法律后果

专利申请得到国家知识产权局的授权并不意味着专利权一定是稳定的，一项专利授权后，任何单位或个人均可依据法定理由向专利复审委员会请求宣告该专利权无效。❶

无效宣告请求可以涉及一项专利权的全部权利要求，也可以只涉及其中部分权利要

---

❶ 《专利法》第45条规定："自国务院专利行政部门公告授予专利权之日起，任何单位或者个人认为该专利权的授予不符合本法有关规定的，可以请求专利复审委员会宣告该专利权无效。"

求，后者即所谓"请求宣告专利权部分无效"；对发明或者实用新型专利权而言，是指请求仅仅涉及发明或者实用新型专利权的一项或者数项（但不是全部）权利要求；对外观设计专利权而言，是指外观设计专利权涉及若干具有独立使用价值的产品的外观设计的，请求仅涉及其中一部分产品的外观设计。如果某项专利权被宣告无效的决定得以生效，该决定将产生追溯力，该项专利权在法律上被视为自始不存在。也就是说，该项专利权自始至终不具有法律效力。

但是，对于法律特别规定的三类法律文书及两类合同❶，宣告专利权无效的决定不具有追溯力。包括：在宣告专利权无效前人民法院作出并已执行的专利侵权的判决、调解书，已经履行或者强制执行的专利侵权纠纷处理决定，以及已经履行的专利实施许可合同和专利权转让合同。

无效宣告请求的对象是已经公告授权的专利，其中包含已经终止、放弃（自申请日起放弃的除外）或者已被部分无效的专利。

综上，专利无效宣告程序是一种旨在使专利权全部或者部分自始相对❷失去效力的行政程序，是专利法律制度中的一个非常重要的组成部分，也是企业综合运用专利制度参与市场竞争的必备、有效武器。

（二）法律性质

专利无效宣告程序是行政程序。同时，它是当事人❸依法自行启动的，专利行政部门不会自行启动；一般情况下，无效宣告程序由双方当事人参与❹，专利复审委员会处于居中裁决的地位。从这个角度来看，无效宣告程序又具备民事诉讼的特征。因此，无论从审查原则还是证据规则❺等体现的无效宣告程序中的具体操作实务来看，无效宣告程序都具备行政程序和民事诉讼程序的双重特征。这一特征对深入理解并灵活运用无效宣告程序的相关规定至关重要。

（三）专利无效宣告程序的作用

专利无效宣告程序最大的作用是作为侵权抗辩的手段——使专利权无效，然而该程序的作用远远不止于此。专利无效宣告程序还可应用于以下情形：

◇ 欲进入某一市场，经调查，该市场存在专利障碍，运用专利无效宣告程序无效

---

❶ 《专利法》第47条规定："宣告无效的专利权视为自始即不存在。宣告专利权无效的决定，对在宣告专利权无效前人民法院作出并已执行的专利侵权的判决、调解书，已经履行或者强制执行的专利侵权纠纷处理决定，以及已经履行的专利实施许可合同和专利权转让合同，不具有追溯力。但是因专利权人的恶意给他人造成的损失，应当给予赔偿。依照前款规定不返还专利侵权赔偿金、专利使用费、专利权转让费，明显违反公平原则的，应当全部或者部分返还。"

❷ 如《专利法》第47条之规定，专利无效的后果对部分法定情形不具备追溯力。

❸ 在操作实践中，对"当事人"资格的把握同民事诉讼，即请求人应当具备民事诉讼主体资格。

❹ 在专利无效宣告程序中，一方当事人只能是一个主体，而民事诉讼中可以有多数人之诉。此外，满足特定要求的情况下（专利权人针对其专利权提出无效宣告请求且请求宣告专利权全部无效、所提交的证据是公开出版物并且无效宣告请求人是共有专利权的所有专利权人），专利权人也可以请求宣告自己的专利无效。此时，无效宣告程序只有一方当事人。

❺ 比如《专利审查指南2010》中所规定的"一事不再理原则""当事人处置原则""质证、认证的规则"等。

掉该专利，清除专利障碍。
- ◇ 被专利权人威胁提起侵权诉讼时的对抗手段之一。
- ◇ 在侵权诉讼中，专利权人对权利要求的解释过大，通过专利无效宣告程序，有可能使专利权人对权利要求进行缩小范围的解释，从而通过禁止反悔原则达到不侵权抗辩的目的。
- ◇ 在许可谈判或者其他非知识产权商业纠纷中，表明拟针对对手的专利权提起或实际提起无效宣告请求都有可能是有效的施加压力的手段之一。

二、专利无效宣告程序及相关流程事务

专利无效宣告程序依据《专利法》第 45 条提出，具体流程如图 9-1 所示。专利无效宣告请求人请求宣告专利权部分无效或全部无效的，应当向专利复审委员会提交专利无效宣告请求书，说明理由，必要时应当附具有关证据。经形式审查合格，无效请求案件进入合议组审查阶段。合议组会将双方的书面意见、证据转交对方当事人，听取对方意见。合议组将视情况进行书面审理或口头审理并最终作出审查决定。

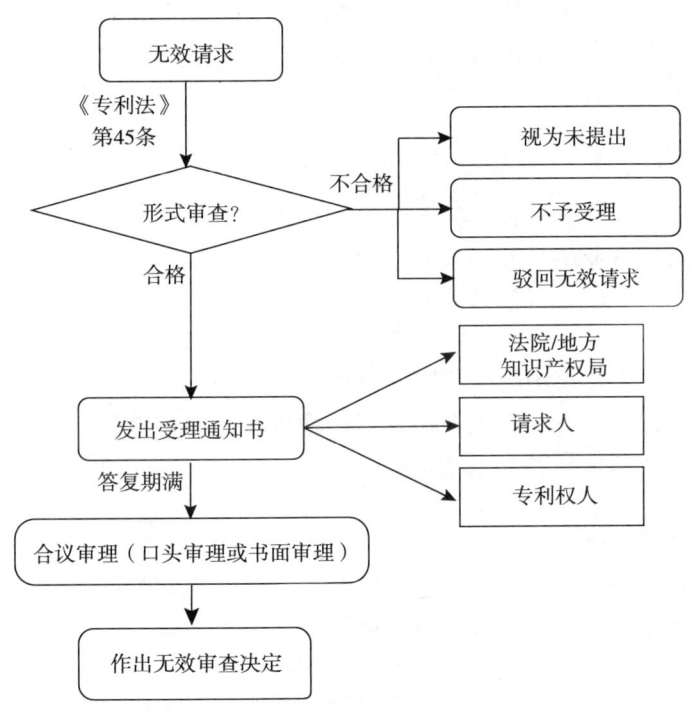

图 9-1 专利无效宣告程序简化流程

（一）无效宣告请求文件的形式要求

请求人应当提交无效宣告请求书和证据各一式两份，使用国务院专利行政部门制定的专利权无效宣告请求书表格，并对其提交的证据材料逐一分类编号，要求与无效宣告

请求书附件清单内容一致。

（二）无效宣告请求范围、理由和证据

请求人应当在无效宣告请求书中明确无效宣告请求范围，以《专利法》及其实施细则中有关的条、款、项作为独立的理由提出。

在专利复审委员会就一项专利已作出无效宣告请求审查决定后，请求人不得针对同一专利再以同样的理由和证据提出无效宣告请求，但所述理由或者证据因时限等原因未被所述审查决定考虑的除外。请求人应当具体说明无效宣告理由，提交证据的，应当结合提交的所有证据具体说明，否则专利复审委员会不予受理。

在专利复审委员会受理无效宣告请求后，请求人可以在提出无效宣告请求之日起1个月内增加无效宣告理由，并且应当在该期限内对所增加的无效宣告理由具体说明。特殊情况下，请求人可在提出无效宣告请求之日起1个月后增加无效宣告理由，具体参见《专利审查指南2010》的规定。

（三）无效宣告请求费用

请求人应当在自提出无效宣告请求之日起1个月内缴纳无效宣告请求费。无效宣告请求费具体为：发明专利3 000元，实用新型专利1 500元，外观设计专利1 500元。无效宣告请求费不可以减缓。

（四）委托手续

在无效宣告程序中，当事人委托专利代理机构的，应当提交委托书原件一份。在中国没有经常居所或者营业所的外国人、外国企业或者外国其他组织作为当事人的，必须委托专利代理机构。代理权限仅涉及提交请求书、意见陈述书、证据和其他相关资料，参加口头审理以及处理其他相关事宜，而不涉及权利处分的，代理权限为一般代理。涉及权利处分的，须在委托书中特别注明，具体情形参见《专利审查指南2010》的规定。当事人委托公民代理的，参照有关委托专利代理机构的规定办理。公民代理的权限仅限于在口头审理中陈述意见和接收当庭转送的文件。

（五）举证期限

请求人可以在提出无效宣告请求之日起1个月内补充证据，并且应当在该期限内结合该证据具体说明相关的无效宣告理由。请求人在提出无效宣告请求之日起1个月后补充证据的，专利复审委员会一般不予考虑，但下列情形除外：针对专利权人以合并方式修改的权利要求或者提交的反证，在专利复审委员会指定期限内补充证据，并在该期限内结合该证据具体说明相关无效宣告理由；在口头审理辩论终结前提交技术词典、技术手册和教科书等所属技术领域中的公知常识性证据或者用于完善证据法定形式的公证书、原件等证据，并在该期限内结合该证据具体说明相关无效宣告理由。请求人提交的证据是外文的，提交其中文译文的期限适用该证据的举证期限。

专利权人应当在专利复审委员会指定的答复期限内提交证据，但对于技术词典、技术手册和教科书等所属技术领域中的公知常识性证据或者用于完善证据法定形式的公证

书、原件等证据,可以在口头审理辩论终结前补充。专利权人提交或者补充证据的,应当在上述期限内对提交或者补充的证据具体说明。专利权人提交的证据是外文的,提交其中文译文的期限适用该证据的举证期限。专利权人提交或者补充证据不符合上述期限规定或者未在上述期限内对所提交或者补充的证据具体说明的,专利复审委员会不予考虑。

(六) 回避

合议组成员有以下情形之一的,当事人有权请求其回避:(1)是当事人或者其代理人的近亲属;(2)与专利权有利害关系;(3)与当事人或者其代理人有其他关系,可能影响公正审查;(4)曾参与原申请的审查。当事人请求合议组成员回避的,应当以书面方式提出,并且说明理由,必要时还应当附具有关证据。

(七) 口头审理

专利复审委员会根据当事人的请求或者案情需要可以决定对无效宣告请求进行口头审理。无效宣告程序中,当事人可以以书面方式向专利复审委员会提出进行口头审理的请求,并且说明理由。对于尚未进行口头审理的无效宣告请求,专利复审委员会在审查决定作出前收到当事人以书面方式依据上述理由提出口头审理请求的,合议组应当同意进行口头审理。

(八) 当事人的权利

当事人有权请求审案人员回避;有权与对方当事人和解;有权在口头审理中请出具过证言的证人就其证言出庭作证和请求演示物证;有权进行辩论。请求人有权撤回无效宣告请求,放弃无效宣告请求的部分理由及相应证据,以及缩小无效宣告请求的范围。专利权人有权放弃部分权利要求及其提交的有关证据。

三、专利无效理由的运用与应对要点

即便是已授权的专利也可能存在各类缺陷,一些较严重的缺陷被法律明确规定为无效理由,❶ 如表9-1所示。无效宣告请求人在提出无效宣告请求时,无效宣告请求中涉及的具体无效理由的数量不受限制,但特定的一些无效理由需要有必要的证据支持,并且应当结合证据阐述理由。❷

大部分无效理由都需要或者可能需要证据的支持。对请求人而言,提出无效宣告请求时要特别注意具体理由与证据的结合。一方面,若未结合证据阐述无效理由,则有可

---

❶ 《专利法实施细则》第65条第2款规定:"无效理由包括:发明创造不符合专利法第2、第21第1款、第22条、第23条、第26条第3款和第4款、第27条第2款、第33条或者本细则第20条第2款、第43条第1款的规定,或者属于专利法第5条、第25条的规定,或者依照专利法第9条规定不能取得专利权。"

❷ 《专利法实施细则》第65条第1款规定:"请求宣告专利权无效或者部分无效的,应当向专利复审委员会提交专利权无效宣告请求书和必要的证据一式两份。无效宣告请求书应当结合提交的所有证据,具体说明无效宣告请求的理由,并指明每项理由所依据的证据。"

能无效请求不被受理或者相应的无效理由不被合议组接受;另一方面,只有紧密结合证据,才能增强无效理由的说服力。而对于专利权人而言,驳倒请求人的证据则是釜底抽薪、四两拨千斤之法,失去证据的支持,无效理由将成为无源之水、无本之木。

需要特别指出的是,专利无效宣告程序是一种专业性、技术性非常强的行政程序,企业在运用这一手段时有必要委托专业律师或专利代理人,以求最佳效果。

实践中,相当一部分无效理由并不会经常用到。下面主要针对实践中常用无效理由,从专利无效程序的当事人双方的不同视角,分别简要介绍无效宣告请求人运用相关无效理由的方式、举证要求及技巧,以及专利权人的应对要点。

表9-1 专利无效理由

分类	条款	法条规定内容简介	是否需要证据[1]	使用频率
客体问题	法第2条	是否属于保护客体	无需	一般
	法第20条第1款	是否按要求经保密审查	无需	很少
	法第5条	发明创造不得违反法律、社会公德、妨害公共利益	无需	很少
	法第25条	法定不授予专利权的客体	可能需要	经常
撰写及程序缺陷	法第26条第3款	说明书清楚、完整,公开充分	可能需要	经常
	法第26条第4款	权利要求保护范围清楚、得到说明书的支持	可能需要	经常
	法第27条第2款	外观设计图片或照片清楚	无需	经常
	法第33条	申请文件的修改不得超出原始申请的范围	可能需要	经常
	细则第20条第2款	独立权利要求不得缺少必要技术特征	可能需要	经常
	细则第43条第1款	分案申请不超出原始申请的范围	可能需要	一般
实质性缺陷	法第23条	外观设计专利应当不属于现有设计;与现有设计及其组合具有明显区别;不与在先权利相冲突	必须	经常
	法第22条第2款	新颖性要求	必须	经常
	法第22条第3款	创造性要求	必须	经常
	法第22条第4款	实用性要求	可能需要	很少

(一) 缺乏新颖性

1. 法律依据

《专利法》第22条第2款规定:"新颖性,是指该发明或者实用新型不属于现有技术;也没有任何单位或者个人就同样的发明或者实用新型在申请日以前向国务院专利行政部门提出过申请,并记载在申请日以后公布的专利申请文件或者公告的专利文件中。"

2. 无效宣告请求人的运用要点

无效宣告请求人在依据该无效理由提出无效请求时,需要注意以下几点。

(1) 为了证明某专利不具备新颖性,无效宣告请求人需要举出的证据是现有技术以

---

[1] 此处分为必须证据支持、无需证据支持以及可以有证据用于支持无效理由三种情况,这里的证据不包括涉案专利申请文件及其审查案卷本身。

及抵触申请专利。抵触申请的获取渠道简单唯一，即通过对专利数据库检索获得。而现有技术来源多样，包括在申请日（有优先权的，指优先权日）以前在国内外出版物上公开发表、在国内外公开使用或者以其他方式为公众所知的技术。

（2）现有技术证据的收集应当注意以下几个渠道：①检索国内外专利技术。②检索网络资料。一般而言，有价值的网络信息要通过公证方式加以固化再用于诉讼或专利无效宣告请求。③图书馆馆藏书籍资料。④专利技术已经制造、使用、销售、进口、公开演示、公开展出的相关记录。要获得此类记录，一方面要求请求人充分运用各方面资源开展收集工作；另一方面，企业应当对自身的生产、销售情况做好备案和资料留存工作。⑤会议发言、广播、电视等途径公开的记录。

（3）采用抵触申请或出版物公开类证据时，应当先说明该证据的公开日期符合抵触申请或现有技术的定义；若采用使用公开以及其他方式公开❶的证据，则应结合证据说明技术方案是如何公开的、公开日期是何时、公开的技术方案具体是怎样的。然后将公开的技术方案与涉案专利的技术领域、欲解决的技术问题以及预期效果进行对比，得出二者在这三个方面完全一致的结论。继而将涉案专利的权利要求所记载的方案与现有技术的技术方案进行逐一的特征对比，得出二者的技术方案完全一致的结论。

（4）具体方案对比时应当注意"单独对比"原则，即不得将其与几项现有技术或者申请在先公布或公告在后的发明或者实用新型内容的组合或者与一份对比文件中的多项技术方案的组合进行对比。

3. 专利权人的应对要点

针对无效宣告请求人依据新颖性无效理由提出的无效请求，具体流程如图 9-2 所示。专利权人在具体应对时需要注意以下几点。

（1）专利权人应当从关联性、合法性、真实性三方面对证据进行质证❷。与本案待证事实无关的证据不具备关联性。合法性的考察主要关注证据是否符合法定形式、证据的取得是否符合法律法规规定，一般不考虑证据的内容是否符合相关法律的规定。证据的真实性主要从以下五个方面考察：①证据是否为原件、原物，复印件、复制品与原件、原物是否相符；②提供证据的人与当事人是否有利害关系；③发现证据时的客观环境；④证据形成的原因和方式；⑤证据的内容。

（2）专利权人应当从证明效力角度对证据一一发表意见。对证明效力的调查可以从多方面进行。比如，证据的公开日期是否满足现有技术或抵触申请定义的要求；请求人所提的证据能否证明现有技术已在申请日前确实被公开，证据链是否完整有效；或者即使被公开，公开的情形是否属于《专利审查指南2010》所规定的不丧失新颖性的情形等。

（3）专利权人应当将现有技术/抵触申请与涉案专利进行细致对比，从技术领域、欲解决的技术问题、技术效果、技术方案等方面找出二者的差异，论述涉案专利具备新颖性。

---

❶ 此处的"其他方式公开"是一专有概念，即除了使用公开以及出版物公开以外的公开方式，具体参见《专利审查指南2010》第二部分第三章。

❷ 从真实性、合法性、关联性三方面对证据进行质证的步骤是专利权人的必做工作，在下述法条的相应部分就不再列出。

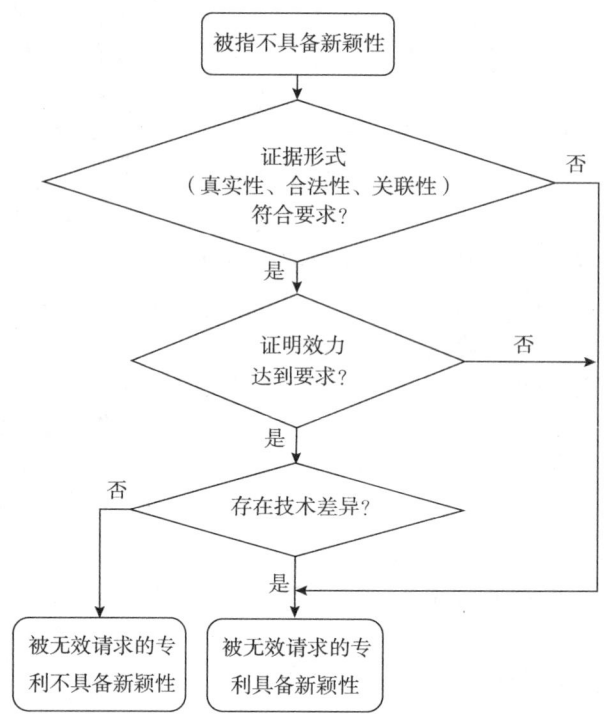

图 9-2 新颖性无效理由的应对流程

（二）缺乏创造性

1. 法律依据

《专利法》第 22 条第 3 款规定："创造性，是指与现有技术相比，该发明具有突出的实质性特点和显著的进步，该实用新型具有实质性特点和进步。"

2. 无效宣告请求人的运用要点

与新颖性相比，用于评述创造性的证据类型更单一，仅为现有技术证据。关于证据的收集，与上述新颖性中相应的内容大体相同。

特别要指出关于公知常识性证据的问题。"公知常识"是权利要求创造性评价中的重要概念。关于公知常识的举证责任，《专利审查指南 2010》规定：主张某技术手段是本领域公知常识的当事人，对其主张承担举证责任。该当事人未能举证证明或者未能充分说明该技术手段是本领域公知常识，并且对方当事人不予认可的，合议组对该技术手段是本领域公知常识的主张不予支持。从以上规定来看，这里的举证责任基本原则仍是"谁主张，谁举证"。当然，关于某一技术手段属于公知常识的主张也可以不举证，但应当予以充分说明。

当事人可以通过教科书或者技术词典、技术手册等工具书记载的技术内容来证明某项技术手段是本领域的公知常识。以上三种形式的证据是《专利审查指南 2010》所列举的公知常识性证据。当然，公知常识性证据不限于以上三种，但这三种类型以外的公知常识性证据需要举证者在提出该证据时加以说明,为何它是公知常识性证据。例如,关于初中物理教学方面的论文中涉及的内容很可能属于公知常识,举证者应当结合该论文的性质、内容、受众等因素来说明其公知常识属性,以期合议组接受。

在此基础上,无效宣告请求人在依据创造性无效理由提出无效请求时,需要注意以下几点。

(1)应说明证据的公开性及公开日期,对其"现有技术"属性进行陈述。

(2)理清证据的组合方式。在提出无效宣告请求时,现有技术证据少则数篇,多则可能数十篇。考虑从属权利要求的引用关系的复杂因素,证据的结合可能会出现相当多的方式。如果不理清这些证据在评述创造性时所用的具体组合方式,不仅合议组不能明了请求人的诉求,甚至请求人自身在口审或者答辩中也会把自己弄糊涂。因此,最好的方式是在无效宣告请求书开篇就列出所有的证据组合方式以及各组合方式对应哪些权利要求。

(3)用"三步法"来评述某一权利要求不具备创造性,具体内容可参见《专利审查指南 2010》的相关规定。

3. 专利权人的应对要点

针对无效宣告请求人依据该无效理由提出的无效请求,专利权人在具体应对时除了上文新颖性应对部分提到的证据的共性问题以外,专利权人的应对主要还包括以下几个方面。

(1)最接近的现有技术与涉案专利是否存在较大的领域差异。一般而言,最接近的现有技术应当与涉案专利领域相同或相近,若领域差异较大,则对主张涉案专利具备创造性比较有利。

(2)将涉案专利的相应权利要求与最接近现有技术相比,是否存在请求人未指出的区别特征。

(3)结合整体方案,判断所有区别特征实际起到的作用、解决的问题分别是什么,判断其他对比文件是否公开了相应的技术特征,相应特征在其他对比文件中所起作用是否与本专利中的一致;如果不一致,则很可能不存在将这些现有技术相结合的技术启示。如果对方声称区别技术特征属于公知常识,则判断对方的证据是否属于公知常识证据,或者判断对方的说理是否充分。如果能够说明或证明对方的举证或说理不充分,则可以否定对方关于公知常识的主张。

(4)说明本专利权利要求所记载的方案的技术效果,尤其是区别技术特征所带来的技术效果。

此外,专利权人还可以从别的角度❶来考虑涉案专利是否具备创造性,比如是否克服了技术偏见,是否取得了商业上的成功等。需要注意的是,相应的举证一定要充分、有针对性。比如,一定要举证证明商业上的成功不是商业策略的改进或者其他因素带来的,而是由技术的改进带来的。不可否认,该事实的举证及证明都比较难。

另外还需要指出的是,如果是实用新型专利,专利权人应当密切注意无效宣告请求

---

❶ 即《专利审查指南 2010》所规定的判断发明创造性时需考虑的其他因素。

方使用的对比文件数量。如果涉案专利并非现有技术的简单叠加,则评述其创造性时一般不应使用超过两篇现有技术。

(三) 外观设计与他人在先权冲突

1. 法律依据

《专利法》第 23 条 3 款规定:"授予专利权的外观设计不得与他人在申请日以前已经取得的合法权利❶相冲突。"

2. 无效宣告请求人的运用要点

与该无效理由相关的证据包括:版权登记证明、商标注册证明或商标注册证、企业工商注册证明或营业执照、个人肖像照以及确认当事人享有某项在先权利的生效判决文书等。关于知名商品的特有包装或者装潢,需要从两方面举证:一是相关商品的市场销量、消费者认知度等相关证据;二是能够具体体现相关商品的包装或者装潢具体外观的相关证据。

无效宣告请求人在依据该无效理由提出无效请求时,需要注意以下几点。

(1) 要结合证据说明请求人是在先权利的权利人或利害关系人❷。比如,请求人与商标、著作权登记权利人一致,请求人姓名与实名发表的作品作者姓名一致。具体流程如图 9-3 所示。

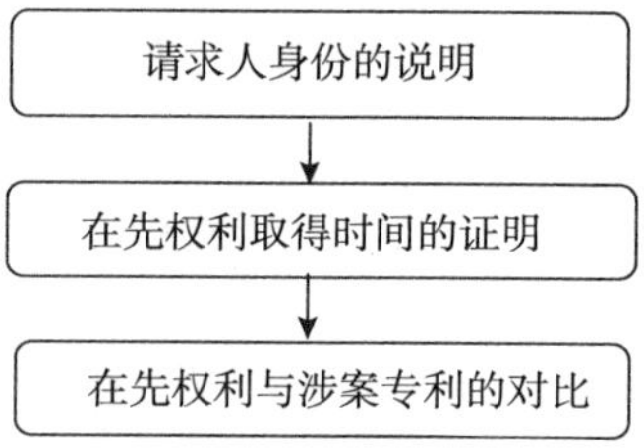

图 9-3　与在先权利冲突的无效理由的使用流程

(2) 要说明在先权利的取得时间早于本专利的申请日。例如,各种在先权利的登记日期要早于涉案专利的申请日,作品的创作日期早于涉案专利的申请日等。

(3) 要举证证明在先权利仍处于有效的法律状态。

(4) 要进行在先权利与涉案专利的对比。具体而言,一是要进行所属类别或领域的对比。比如,在先商标所注册的类别与涉案专利的产品是否属于相同或相近种类,企业生产的产品与涉案专利的产品种类是否相同或相近等。二是要针对涉案外观设计专利本身与在先权利的相同或相近似进行对比,具体对比参见《专利审查指南 2010》的规定。

3. 专利权人的应对要点

如图 9-4 所示,针对无效宣告请求人依据该无效理由提出的无效请求,专利权人在具体应对时需要注意以下几点。

(1) 要分析无效宣告请求人在请求主体资格上是否存在瑕疵,并尽量证明请求人不是声称的在先权利的权利人或利害关系人。

(2) 要核实对方所声称的在先权利的权利形成时间,明确该在先权利的形成时间是

---

❶ 《最高人民法院关于审理专利纠纷适用法律问题的若干规定》第 16 条规定:"专利法第 23 条所称的合法权利包括:商标权、著作权、企业名称权、肖像权、知名商品特有包装或者装潢使用权等。"

❷ 利害关系人是指有权根据相关法律规定就侵犯在先权利的纠纷向人民法院起诉或者请求相关行政管理部门处理的人。

否早于本专利申请日。

（3）要核实在先权利的合法性、有效性。例如，相关商标是否已被商标评审委员会裁定撤销。

（4）要针对在先权利与涉案专利进行对比，尽量找出二者的区别，尤其是要关注二者所属的类别或领域是否属于相同或相近种类。

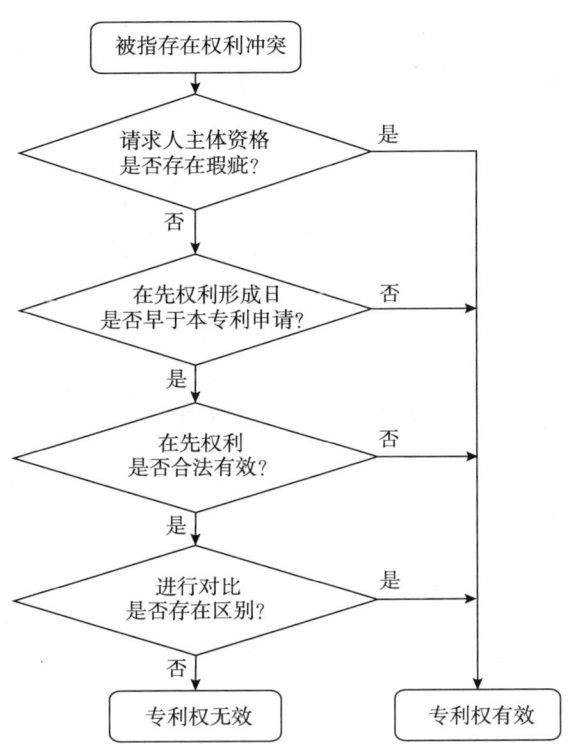

图 9-4　权利冲突无效理由的应对流程

（四）说明书不清楚、不完整

1. 法律依据

《专利法》第 26 条第 3 款规定："说明书应当对发明或者实用新型作出清楚、完整的说明，以所属技术领域的技术人员能够实现为准；必要的时候，应当有附图。摘要应当简要说明发明或者实用新型的技术要点。"

2. 无效宣告请求人的运用要点

无效宣告请求人在依据该无效理由提出无效请求时，需要注意以下几点。

（1）专利保护范围以权利要求的限定为准，而《专利法》第 26 条第 3 款所涉及的是说明书的缺陷，因此依照此法条提出具体无效理由时，首先要明确的是说明书公开不充分（不完整）这一缺陷涉及的权利要求有哪些。如果说明书仅是部分公开不充分，如某一个实施例未充分公开，则涉及的权利要求可能是一组权利要求或是数个从属权利要求；如果说明书整体公开不充分，则该缺陷涉及的是该专利的全部权利要求。

(2) 直接阐述说明书缺少哪些内容，为什么缺少相应的内容则说明书是不完整的，所属技术领域的技术人员按照说明书记载的内容无法实现该发明或者实用新型的技术方案、无法解决其技术问题、无法产生预期的技术效果。

无效宣告请求人可以举出与本专利类似方案的专利文献，对比说明其他专利文献均记载了哪些技术手段但本专利未记载，进而导致技术方案无法实施、发明目的无法实现。

3. 专利权人的应对要点

针对无效宣告请求人依据该无效理由提出的无效请求，专利权人在具体应对时需要注意以下几点。

(1) 仔细分析本专利的技术方案，客观地判断说明书的记载是否缺少相应的内容。如果不缺少，则明确指出相应的内容记载在说明书的何处。

(2) 如果确实缺少相应内容，则应当尽量说明相应的内容是说明书中无需记载的。《专利审查指南2010》规定：凡是所属技术领域的技术人员不能从现有技术中直接、唯一地得出的有关内容，均应当在说明书中描述。因此，专利权人在答辩时仅说明缺少的内容属于现有技术是不够的，还应说明缺少的内容是能够从现有技术中直接、唯一地得出的有关内容。例如，在特定领域中，技术人员熟知某一加工步骤是另一步骤的必然预处理步骤，即使不记载，该步骤也是必然存在。必要时可用证据加以证明。

（五）权利要求得不到支持

1. 法律依据

《专利法》第26条第4款规定："权利要求书应当以说明书为依据，清楚、简要地限定要求专利保护的范围。"

2. 无效宣告请求人的运用要点

《专利法》第26条第4款规定的无效理由并不一定需要证据的支持。请求人可以举证包含但不限于以下证据：技术词典、技术手册、教科书，以说明对某一特定功能的含义的理解。本法条无效理由涉及角度较多，而其中与功能性限定相关的问题是实践中普遍认为较难把握好。

如果无效宣告请求人基于功能性限定相关问题依据该无效理由提出无效请求时，需要注意以下几点。

(1) 纯功能性的权利要求是不允许的，例如"一种某产品，具备某功能"必然得不到说明书的支持。

(2) 评估涉案专利的产品权利要求是否符合采用功能性限定方式撰写的前提条件。具体而言，只有在某一技术特征无法用结构特征来限定，或者技术特征用结构特征限定不如用功能或效果特征来限定更为恰当，而且该功能或者效果能通过说明书中规定的实验或者操作或者所属技术领域的惯用手段直接和肯定地验证的情况下，使用功能或者效果特征来限定发明才可能是允许的。因此，如果涉案专利的产品权利要求能够清楚、恰当地用结构特征加以限定时却使用了功能性限定，则不符合本法条规定。

(3) 评估功能性限定的技术特征概括是否恰当。这里首先要明确权利要求书中记载的相应功能的具体含义，如果权利要求中限定的功能是以说明书实施例中记载的特定方式完成的，并且所属技术领域的技术人员不能明了此功能还可以采用说明书中未提到的其他替代方式来完成，或者所属技术领域的技术人员有理由怀疑该功能性限定所包含的一种或几种方式不能解决发明或者实用新型所要解决的技术问题，并达到相同的技术效果，则权利要求中不得采用覆盖上述其他替代方式或者不能解决发明或实用新型技术问题的方式的功能性限定。

3. 专利权人的应对要点

针对无效宣告请求人依据该无效理由提出的无效请求，专利权人在具体应对时需要注意以下几点。

（1）专利权人应当说明涉案专利权利要求中的功能性撰写方式限定满足这类撰写方式的前提条件。具体见上文，此处不再赘述。

（2）应当说明功能性限定概括的范围是合理的，能够得到说明书的支持。同样，专利权人需要在此先对相关的"功能"作一解释，然后再引用说明书中的相关实施例加以阐述，证明实现该功能的方式并非"特定的方式"。

（3）如果说明书中实施例说服力不足，则应该举证说明本领域技术人员在涉案专利的申请日之前均明了还存在其他的方式能够实现相关的功能。

（六）修改超范围

1. 法律依据

《专利法》第33条规定："申请人可以对其专利申请文件进行修改。但是，对发明和实用新型专利申请文件的修改不得超出原说明书和权利要求书记载的范围，对外观设计专利申请文件的修改不得超出原图片或者照片表示的范围。"

2. 无效宣告请求人的运用要点

无效宣告请求人在依据该无效理由提出无效请求时，需要注意的是，请求人首先应当调取涉案专利的审查历史文档，通过翻阅文档，查看是否存在以下法定的修改超范围情形：（1）删除独立权利要求中的技术特征，扩大该权利要求请求保护的范围。（2）改变独立权利要求中的技术特征，导致扩大请求保护的范围。（3）将仅在说明书中记载的与原来要求保护的主题缺乏单一性的技术内容作为修改后权利要求的主题。（4）增加了新的独立权利要求，该独立权利要求限定的技术方案在原权利要求书中未出现过。

如果不存在上述的明显修改超范围情形，无效宣告请求人则应进一步判断是否存在修改增加、改变和/或删除申请文件部分内容，致使所属技术领域的技术人员看到的信息与原申请记载的信息不同，而且又不能从原申请记载的信息中直接地、毫无疑义地确定的情况。

《专利法》第33条规定的无效理由并不一定需要证据的支持。可以利用技术词典、技术手册、教科书等证据证明专利权人在修改申请文件的过程中对技术内容的重新概括。例如，一个新的上位技术名词的使用，导致概括后的内容比原始记载的内容范围更大。

3. 专利权人的应对要点

针对无效宣告请求人依据该无效理由提出的无效请求，专利权人在具体应对时需要注意以下几点。

（1）应当核对申请过程中是否存在对方指出的修改过程。

（2）审视修改超范围之处是否涉及权利要求的保护范围，如果修改不涉及权利要求保护范围的变化，则应当以此为理由进行答辩，要求合议组维持专利权有效。

（3）如果申请文件确实存在请求人指出的修改，且修改内容与全部或部分权利要求保护范围有实质联系的，则专利权人应当尽量证明该修改未超出申请文件原始记载的范围。

（4）核对修改后的内容在原始申请文件中是否有相应的记载或对应的表述。

（5）如果修改后的内容在原始申请文件中没有对应的表述，则属于申请文件的

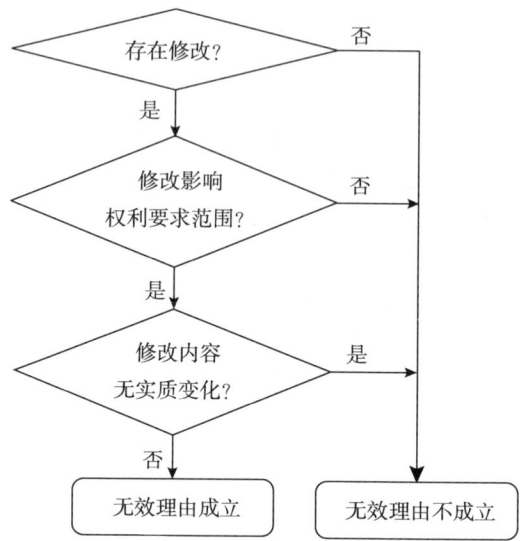

图9-5 修改超范围无效理由的应对流程

重新概括，应当证明相应的内容能够从原申请记载的信息中直接地、毫无疑义地确定。此时，专利权人也可举证证明所属领域技术人员必然能够从原申请所记载的信息中得到修改后的内容，相关证据可以是技术词典、技术手册、教科书等公知常识性证据。

（七）缺少必要技术特征

1. 法律依据

《专利法实施细则》第20条第2款规定："独立权利要求应当从整体上反映发明或者实用新型的技术方案，记载解决技术问题的必要技术特征。"

2. 无效宣告请求人的运用要点

无效宣告请求人在依据该无效理由提出无效请求时，需要注意以下几点。

（1）根据说明书的记载，分析涉案专利要解决的技术问题是什么。

（2）分析涉案专利的各个实施例，寻找其中哪些技术特征是解决上述技术问题所不可缺少的。

（3）对照涉案专利的独立权利要求，是否记载了上述技术特征；如果没有，则该独立权利要求缺少必要技术特征。

需要进一步说明的是，在无效宣告程序中，独立权利要求被宣告无效后，直接引用该独立权利要求的从属权利要求就上升为一项新的独立权利要求。因此，虽然《专利法实施细则》第20条第2款中规定针对的对象是独立权利要求，但在无效宣告程序中，可以针对任意权利要求提出该项无效理由，但前提是已针对该权利要求所引用的全部权

利要求均提出了相同的无效理由。本无效理由并不一定需要证据的支持，但也可以举出按照涉案专利权利要求记载的方案实施，无法解决技术问题、达到预期技术效果的相关实验数据。

3. 专利权人的应对要点

针对无效宣告请求人依据该无效理由提出的无效请求，专利权人在具体应对时需要注意以下两点。

（1）从技术问题角度出发，判断请求人指出的本专利所要解决的技术问题是否准确，如果请求人指出的技术问题仅是本专利所要解决的技术问题之一而非主要技术问题，则相应缺少的特征就极有可能并非必要技术特征。

（2）从所要解决的技术问题出发并考虑说明书描述的整体内容，层层分析即便缺少相应技术特征，权利要求所记载的方案也能解决技术问题和达到预期技术效果。

四、专利无效宣告程序的救济

（一）救济途径

专利复审委员会作出无效决定的行为属于具体行政行为，是可诉的。专利复审委员会无效宣告请求审查决定并不具有终局效力。因此，无效宣告程序中当事人如对专利复审委员会作出的无效宣告请求审查决定不服，可通过行政诉讼程序寻求司法救济。[1] 具体而言，无效宣告请求人中的请求人或专利权人，对专利复审委员会的无效决定不服的，均可以自收到决定之日起3个月内向北京市第一中级人民法院起诉。北京市第一中级人民法院作出判决或裁决后，如各方当事人不服，可在判决书送达之日起15日内或裁定书送达之日起10日内向北京市高级人民法院上诉。

（二）关于第三人

一方当事人不服无效决定起诉的，另一方当事人由于与此行政诉讼存在利害关系，故应当作为第三人参加诉讼。第三人具有当事人的诉讼地位。为了维护自己的权益，第三人除了不能以本诉中的原告或被告作为被告而另行起诉外，其他诉讼方面的主要权利都可以享有。第三人可以发言、辩论，有权提出与案件相关的诉讼主张。对一审判决不服的，第三人也有权提出上诉。

（三）关于证据

在无效宣告程序中，专利复审委员会已经要求双方当事人就自己的主张充分举证。无效宣告程序不仅对举证规则有详细的规定，而且还要求当事人必须充分结合证据对无效理由进行具体的说明。然而，实践中还是有一些当事人对无效宣告程序未给予充分的重视，认为行政程序只是专利确权纠纷解决的第一步，无效程序之后还有两级司法程

---

[1] 参见《专利法》第49条。

序，进而在无效宣告程序之前、之中对证据的收集、使用未给予充分的重视，却在行政程序结束之后又找到大量能够支持其主张的证据并提交给法院。

根据最高人民法院的相关规定❶，当事人在无效宣告程序中不提供证据，却在行政诉讼中提出相应的证据，人民法院一般是不予采纳的。❷ 这便是学理上所称的"案卷外证据排除规则"。这一规则提醒无效宣告请求的双方当事人，必须对自己的举证责任充分重视，如果在无效宣告程序中举证工作存在缺失，可能造成后续司法救济程序无法弥补的后果。

（四）关于司法审查的重点

行政诉讼中，法院仅审理具体行政行为，即涉案无效宣告请求审查决定的合法性，不承担对涉案专利权有效性的审查工作。因此，诉讼参与各方均应当把精力放在无效宣告审查决定的作出是否违反法定程序、事实认定是否清楚、法律适用是否正确这几个方面，而不应当把精力放在探究专利权是否有效这一问题上。

---

❶ 《最高人民法院关于行政诉讼证据若干问题的规定》第59条规定："被告在行政程序中依照法定程序要求原告提供证据，原告依法应当提供而拒不提供，在诉讼程序中提供的证据，人民法院一般不予采纳。"

❷ 因为当事人在所提供的证据本应进入无效宣告行政程序，而行政程序是法律设定的程序，行政管理相对人必须尊重行政程序。如果无视行政程序而在诉讼程序中搞证据突然袭击，必然损害行政程序应有的价值、降低行政效率。

第十章 美国337专利侵权调查及应对

导　言

本章对美国337调查的内容、程序、救济措施进行简要介绍，并对近年来针对我国企业的337调查进行了统计分析。

归根结底，337调查是美国贸易保护的产物。随着中国经济的崛起，尤其是随着我国制造业重心从原材料粗加工领域向高附加值领域的转移，越来越多的中国企业势必面临美国337调查。应对337调查对企业的人力、资金的耗费是巨大的，调查结果关乎整个美国市场的得失。因此，337调查的应对策略是首要问题，它包括例如是否应该应诉、是否应该主动参与调查等宏观策略问题。同时，337调查流程也是独特的，本章针对调查流程的应对作出了较具体的说明，包括抗辩理由、主要调查程序的应对等操作说明及相应的技巧。除了宏观层面的阐述，本章还对一些国内企业比较关注的细节问题给出了实务操作建议，最后为中国企业如何主动防范337调查给出了措施建议。

一、337条款概述

（一）背景概述

337条款最早是美国1922年《关税法》中的第316条，现被汇编在《美国法典》（U.S.C）第19编1337节。1930年《关税法》制定时美国正面临经济大萧条，337条款通常被认为是一项贸易保护主义的立法。

根据337条款，美国国内厂商发现进口产品侵犯知识产权的不正当竞争行为时，可向美国国际贸易委员会（ITC）提起调查，这就是337条款调查，简称337调查。

（二）作用范围

根据337条款的规定，凡进口到美国的外国产品，不论以何种形式比如销售、出租、寄售等进入美国,若其侵犯美国本土现有或正在建立中的产业的合法有效的具有执行力的专利权、注册商标、著作权或半导体掩膜设计、专有技术等,即构成对337条款的违反,美国国际贸易委员会都可进行调查。

虽然这一条规定包括了专利、商标、著作权及外观设计等,但实践中美国国际贸易委员会的调查大多是与专利权有关。根据美国国际贸易委员会官方网站的数据,从1975年1月3日至2012年5月1日,美国国际贸易委员会立案调查案件840件,其中涉及专利侵权案件720件,占总数的85.7%,而中国近十年❶涉及专利侵权的337调查案件占所有337调查的91.5%。

(三) 救济措施的类型

337调查程序中,美国国际贸易委员会能够提供的救济措施有排除令(Exclusion Orders)、停止令(Cease or Desist Orders),还有在调查程序中作出的临时救济措施。美国国际贸易委员会不能给予申请人损害赔偿的救济。如果申请人的目的是想获得损害赔偿,则选择向美国联邦地区法院起诉。申请人向美国国际贸易委员会提起调查的目的并不是获得损害赔偿,而是利用美国国际贸易委员会排除令、停止令等有力的侵权救济措施排斥对方产品在美国市场上的竞争。有关337调查救济措施情况如表10-1所示。

表10-1 337调查救济及执行总结

救济类型	名称	内容
排除令	有限排除令	禁止被列名企业的侵权产品进入美国市场
	普遍排除令	禁止所有同类侵权产品进入美国市场
停止令	停止令	要求侵权企业停止侵权行为,包括停止侵权产品在美国市场上的销售、库存、广告宣传
执行措施	扣押和没收令	在排除令发布后,相关企业仍试图出口同类产品,则海关依据此令扣押并没收相关侵权产品
	罚款	违反停止令,每天10万美元罚款或等同所涉商品每日销售额两倍的罚款,两者取高者

1. 排除令

排除令分为有限排除令(Limited Exclusion Order)和普遍排除令(General Exclusion Order)。

有限排除令是列明指出禁止哪些公司、企业的侵权产品进口。一旦这些产品被要求禁止进口,那么,通常情况下,采购这些受排除的产品为零部件组装的下游产品也在禁止之列。此外,该公司、企业未来生产的存在侵权行为的所有类型的产品也包括在禁止之列。从执法实践来看,美国国际贸易委员会发布的排除令中大部分属于有限排除令形式。

普遍排除令是针对某一侵权产品进口的全面禁止,不论该产品生产者为谁,来自何

---

❶ 根据ITC网站公开的数据统计,2002~2011年,美国国际贸易委员会立案的337调查涉及中国的有153起,其中涉及专利侵权140起。

方,不论其生产者是否被列为被申请人。普遍排除令是威力最大的救济措施,适用于侵权者为数众多难于列举的调查案。

2. 停止令

停止令是针对已经进入美国的产品,命令其所有人停止销售。停止令是一种对人的命令,发布停止令的前提是美国国际贸易委员会知道该产品在谁手中、由谁所有或控制,并且美国国际贸易委员会对其拥有管辖权。申请人要获得停止令的救济,需要向美国国际贸易委员会证明进口产品的库存在数量上较大,具有显著商业意义。如果数量不大,对市场不可能产生有意义的影响,则美国国际贸易委员会可能不会签发停止令。

3. 临时救济措施

临时救济措施是在调查程序进行过程中,为防止潜在的侵权损害进一步扩大而临时采取的对被申请人产品禁止进口、禁止销售或扣押等措施。主要包括临时排除令和临时禁止令。

对于临时救济措施,美国国际贸易委员会会考虑如下因素以决定是否批准:申请人胜诉的可能性,不发布临时排除令可能造成的损害,发布临时排除令对被申请人可能造成的损害,对公共利益的影响等。申请人申请临时排除令,还须缴纳保证金或以其他方式进行担保。

被申请人对申请人提出的关于临时救济措施的请求,应在接到通知之日起10日内进行答辩。对申请人的申请和被申请人的异议,美国国际贸易委员会行政法官进行综合衡量后作出裁决。在申请人按要求缴纳保证金或提供足够担保后可以获得临时排除令,而被申请人也可以要求以缴纳保证金为条件继续进口产品。

临时救济措施顾名思义是临时采取的,当初步裁决作出后,根据裁决的结果,临时救济措施将予以修改或撤销或以永久排除令代替。永久排除令的有效期限与相关知识产权的存续期间相关。如果侵犯的是专利权,则排除令一直到专利有效期限届满为止;如果侵犯的是商业秘密、专有技术等无固定期限的权利,则排除令将永久有效。

实践中,337调查申请人申请临时救济措施的情况并不常见。

(四) 救济措施的执行

虽然美国国际贸易委员会能命令发出停止令、排除令等救济措施,但其自身并无执行权。这些救济措施均有其他公权力部门负责执行。比如,停止令由美国国际贸易委员会提请法院执行,排除令则由美国海关与边境保护局执行。海关执行的方式是禁止被调查产品进入美国各港口或对入港产品进行扣押。停止令则是以罚金方式来强制执行,违反停止销售令而出售的,可处以每天10万美元以内或销售额的两倍的罚款,二者以较高者为准。

2009年,美国国际贸易委员会以拒不履行裁决停止令为由,对珠海纳思达公司违规销售187天的行为开出罚单,金额高达1 100万美元。我国企业应当引以为戒。

（五）337 调查的特点分析

337 调查与联邦地方法院诉讼相比有许多特点。除了反应速度快之外，它可以发布排除令禁止侵权产品的继续进口，对市场的保护力度极大。337 调查的时间短、申诉门槛低、制裁措施严厉，所以很多美国厂商乐于选择 337 条款发起调查。

1. 申请调查的门槛低

经过多次对法条的修改，337 调查申请的门槛大大降低，由此成为美国重要的贸易保护手段之一。比如，1988 年《综合贸易与竞争法》对 337 条款的修改使得以专利受侵害为由的申请不再需要以"有损害"为前提，便利了申请人的发起调查❶；对"必须具备国内产业"的申请人认定范围也扩大了，凡是在美国进行工厂或设备投资、劳动力的雇佣及资本的投入等，均视为有国内产业，无须在美国实际销售产品。

2. 制裁严厉

与联邦法院不同，美国国际贸易委员会不仅具有对人的管辖权，而且拥有对物的管辖权。当进口产品的来源难以查清时，美国国际贸易委员会可以发出普遍排除令的救济措施，不区分来源把所有侵权产品排除出美国市场。而对于来源可以查清的产品，美国国际贸易委员会可以发布有限排除令，排除指定企业的产品进口，甚至可以将侵权产品的下游产品以及上游的零部件产品一并排除在美国市场之外。

3. 准司法性质

美国国际贸易委员会是美国专门负责国际贸易管理的一个行政机构，其职责主要是调查和监督国际贸易行为，执行有关国际贸易法律，防止和处罚国际贸易中的不公平竞争行为。由美国国际贸易委员会负责监督实施的法律有 14 部，337 条款调查在美国国际贸易委员会的职能中占有重要地位。美国国际贸易委员会的地位是独立的和非党派的，具有准立法、准司法和行政的职能，在进行国际贸易调查时，美国国际贸易委员会拥有极大的权力。其负责调查案件审理称为行政法官（ALJ）。

与美国的法院不同，美国国际贸易委员会的行政法官审理案件时不使用陪审团。由于 337 调查案件有很强的专业性，行政法官可向技术专家请求帮助。美国国际贸易委员会审理案件时，遵守《联邦民事诉讼规则》以及《联邦证据法》，在有自身特色的问题上则遵守《行政诉讼法》以及《美国国际贸易委员会调查程序规则》。例如，对于传闻证据，法院不予采用，但美国国际贸易委员会行政法官可以酌情采用。

在调查中具体代表美国国际贸易委员会的是不公平进口调查办公室（Office of Unfair Import Investigation，简称 OUII），秘书办公室（Secretary's Office）负责文件接收，总顾问办公室（General Counsel's Office，简称 GCO）负责向美国国际贸易委员会委员提供建议。美国国际贸易委员会还有可能作为行政诉讼的被申请人而被告上法庭，此时总顾问办公室代表美国国际贸易委员会出庭参加诉讼。

4. 用时短，应对时间少

337 调查案件的审理期限一般为 12 个月，复杂案件可以延长至 18 个月。与此相比，

---

❶ 337 调查与知识产权侵权诉讼相比，后者需要申请人证明存在"损害"，并且侵权行为与损害有关。

美国联邦法院的专利诉讼案件一般要花去 3~5 年才能审理完成。被申请人要在文件被送达的 20 日内进行书面答辩，并在 5 个月内完成证据收集和披露。由此可见，337 调查的时间安排紧张，并且作为被申请人的一方，准备时间尤为紧张，如果仓促应战，很容易在证据收集和进行答辩时处于被动地位。

5. 337 调查和美国法院知识产权诉讼的区别

从管辖权看，337 调查不要求国际贸易委员会具有属人管辖权，因此外国公司即使没有在美国直接设立分公司，而是通过中间商将产品销售到美国，也可能因为进口产品涉嫌侵权而成为 337 调查的被申请人；美国联邦法院由于受到属人管辖权的严格限制，要求被告必须能够以法律规定的方式被送达，并且在美国境内有可执行的资产。因此，权利人往往较少通过联邦法院对此类外国公司提起诉讼。

从审理时限看，337 调查的程序比较快捷，一般在 12~18 个月内结束；法院诉讼则一般需要耗时 3~4 年。

从救济措施看，337 调查可以针对特定被申请人发布有限排除令，也可以不针对特定被申请人、不区分产品来源地而发布普遍排除令；法院诉讼中只能禁止特定被申请人停止侵权行为。另外，337 调查不会对被申请人处以金钱制裁；而法院诉讼中，败诉的被告可能会被要求向原告支付因侵权行为造成的损害赔偿，以及支付申请人的律师费用。

从程序看，337 调查程序中设置了为期 60 天的总统审查期，如美国总统未在 ITC 裁决作出后 60 日内基于政策因素予以否决，则 ITC 的裁决将成为终局裁决；法院诉讼中没有这一程序。

此外，二者在立案标准、调查程序、反诉等方面也存在一些区别。

（六）涉及我国企业的 337 调查统计分析❶

2002 年开始，我国已连续九年位居 337 调查涉案国家（及地区）的首位，并且最近几年被调查的数量上升明显，具体数据如表 10-2 所示。

表 10-2 2002~2011 年 337 调查数量统计

年份	2002	2003	2004	2005	2006	2007	2008	2009	2010	2011
涉及中国的 337 调查案件总数量	5	8	10	9	13	20	14	15	31	28
涉及中国的因专利（包括外观设计专利）侵权而被调查案件数量	4	5	9	9	11	20	11	14	31	26
美国国际贸易委员会立案 337 调查总量	17	18	26	29	33	35	41	31	56	69

在 2002~2011 年的所有调查中，其中针对商标和其他类型知识产权的有 15 起，针对外观设计专利的有 7 起。针对发明专利的调查为 133 起，这 133 起调查共涉及 435 项专利和 3 项再颁专利。

"中国制造"以低成本的优势行销全球。据国家海关总署统计，2010 年和 2011 年中

---

❶ 本部分涉及的所有数据均来源于 ITC 网站（www.usitc.gov）所公开的信息。

国贸易顺差分别为 1 845 亿美元、1 551 亿美元。❶ 按美国国家统计局披露的数据，美国对中贸易逆差在 2010 年和 2011 年分别达到 273 亿美元及 295 亿美元。❷ 中国企业的出口对美国本土企业造成了很大的冲击，从而容易成为美国企业攻击的对象。

客观地说，中国企业对国外先进技术或知识产权的依赖依然存在，技术层面上受制于外国企业。并且，我国企业知识产权储备普遍不足，专利的缺失使得我国企业缺少在知识产权纠纷中谈判的筹码，既不能通过专利交叉许可达成和解，也不能通过针锋相对的侵权诉讼或其他方式约束对手，处于尴尬的地位。综合以上因素，中国企业频繁成为 337 调查的对象就不足为怪了。

在短时间内我国企业的转型难以立即实现，对外出口尤其是对美出口的顺差也不会有太大改观。在这些因素的共同作用下，可以预见，337 调查密集针对我国出口企业的现状还将延续下去。

据美国国际贸易委员会公布的数据统计，337 调查针对我国的行业比较集中，重点突出。了解 337 调查的行业分布对我国出口企业规避出口风险、提前准备应对 337 调查都有重要的意义。

十年来（2002～2011 年），针对我国企业的 337 调查共涉及 435 项美国专利。❸ 对它们进行国际专利分类（IPC）的统计分析，可以直观地看到 337 调查所涉及的技术领域，也就是相应的中国企业出口商品的领域。

经统计，针对我国的 337 专利侵权调查涉及最频繁的领域是电学领域（H 大类），共涉及 171 项专利；其次是物理领域（G 大类），涉及 163 项专利；然后是作业运输（B 大类），涉及 71 项专利。化学冶金（C 大类）、人类生活必需（A 大类）、机械工程（F 大类）、固定建筑物（E 大类）等传统工业领域涉及的侵权纠纷不多，仅占所有被控侵权专利的 8%。而纺织、造纸领域（D 大类）从未发生过 337 专利侵权调查。

在 337 调查最密集的电学、物理领域中，电通信技术及基本电气元件领域涉及的 337 专利侵权调查数量最多。尤其是电通信技术领域，337 调查所涉及的该领域的专利占所有产生纠纷专利的近 1/4，达 81 件。在基本电气元件领域中，涉及半导体器件专利的侵权纠纷非常突出。在物理领域中，涉及计算机技术的专利为 50 件，占所有 337 侵权调查专利的 1/9 左右。

劳动力密集型的轻工业产品❹、高污染高能耗的重工业产品很少甚至从未面临过美国国际贸易委员会的 337 调查，显然，这些行业不是美国贸易保护主义针打压我国出口企业的重点。真正能产生高附加值、高利润的行业，如以计算机和通讯技术为代表的 IT 业、以半导体技术为代表的新能源行业，是我国企业面临 337 调查的重灾区，是美国利用 337 条款保护国内产业的重点。

---

❶ [EB/OL]. [2012 - 07 - 10]. www.customs.gov.cn/publish/portal10/tab1/info348275.htm.

❷ [EB/OL]. [2012 - 07 - 10]. www.census.gov/foreign-trade/balance/c5700.html.

❸ 美国再颁专利无法查询到准确的分类号，在统计过程中未考虑。另外，如果一项专利在多个调查中均涉及，仍仅计一项专利。

❹ 例如，纺织类产品是我国出口产品的传统重要组成部分，但最近十年内，针对纺织类产品未发生一起 337 调查。

二、应对策略

（一）判断是否应该应诉

毕竟 337 调查是一场耗费时间和金钱的消耗战，在被美国国际贸易委员会立案调查后，企业应当从自身实际出发，客观评估，对可能消耗的成本、美国现有及潜在市场情况，综合评判，作出是否应诉的判断。

一旦决定应诉，则应积极答辩、跟进调查程序。不应诉的后果是美国国际贸易委员会将在程序和证据方面作出对不应诉方不利的推定。如果对案件整体不应诉，行政法官可以作出整体不应诉的裁决；如果只是对某一部分诉讼请求或主张不应诉，则可以作出部分不应诉的裁决。虽然不应诉未必一定导致被认定违反 337 条款，但结果对被申请人不利却是肯定的。

如 337 - TA - 650 案中，John Mezzalingua Associates 公司向美国国际贸易委员会提出申请，对邗江飞宇电子设备厂、中广电子有限公司、扬州中广电子有限公司、扬州中广对外贸易公司等八家企业进行 337 调查，而这四家中国企业未应诉。美国国际贸易委员会最终认定，八家企业中应诉的两家企业不存在侵犯专利权的行为，而未应诉的这四家中国企业侵犯了该公司的专利权。

（二）判断是否应该主动参与调查

申请方往往有意遗漏某些潜在的被申请人，此时被遗漏的潜在被申请人为维护自己的利益和权利可以请求加入调查。如果没有第三方介入调查程序，排除在调查程序之外的潜在被申请人只能在与调查并行的联邦地区法院的诉讼中成为被告，这也是起诉方遗漏潜在被申请人的策略性目的所在。介入（Intervention）是指 337 调查程序的申请人和被申请人之外的其他人，如果认为案件的处理结果与自己有利害关系，可以向行政法官提出申请参加调查程序，维护自身利益。此调查程序中的潜在被申请人类似于中国民事诉讼中的诉讼第三人。

（三）抗辩总体方向

对于涉及专利侵权的 337 调查，应对思路与应对普通的侵权诉讼大体相同。首先应当质疑权利的正当性和有效性，其次考虑己方行为是否侵权，最后考虑是否有合法的免责事由，具体思路如图 10 - 1 所示。

具体而言，被调查方首先应考虑对方的专利权是否有效，能否通过无效手段将其无效掉。如果其专利权合法有效，则需检查己方是否确实侵权。将被控侵权产品与涉案专利进行对比，首先检查是否存在字面侵权，如果不存在字面侵权，则还需考虑是否存在等同侵权。如果确实存在侵权行为，还可看对方是否有不正当行为或者滥用专利权的行为。

1. 专利无效质疑

通过专利无效质疑，将对方提出 337 调查的根本依据消除，是釜底抽薪之法。

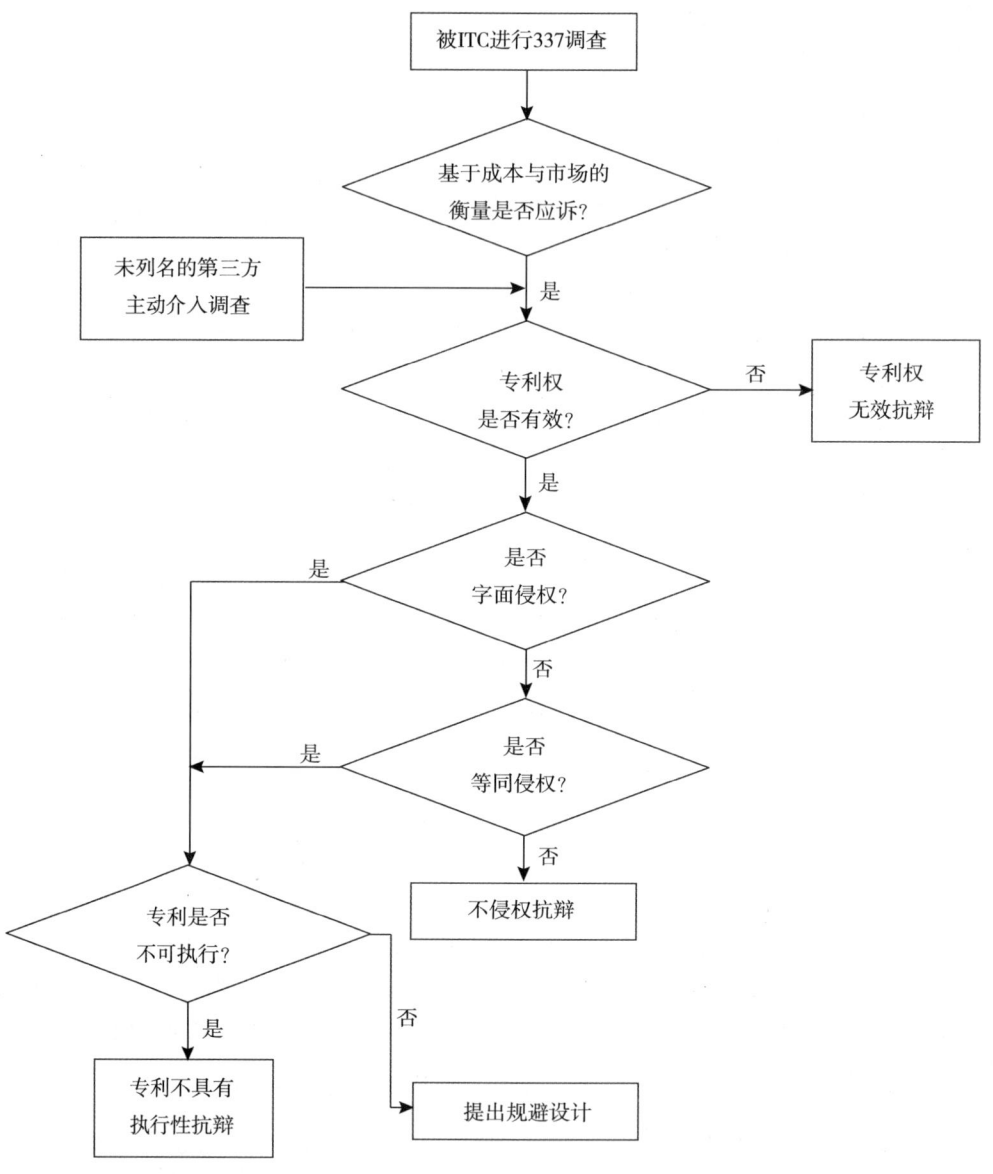

图 10-1 337 调查总体抗辩思路

从严格意义上说,美国专利法中并不存在一个类似我国的明确的"专利无效"制度。一项专利在获得美国专利商标局(USPTO)授权后,任何人要求公权力对专利权的效力进行重新审查的途径有两种:美国专利商标局的专利再审程序❶与司法系统❷的专利诉讼。

在337程序中,允许被申请人提出反诉,但只能向联邦地区法院提出,而且此种反

---

❶ 包括单方再审程序、授权后重审程序和双方重审程序,规定授权后12个月内可以提出任何无效理由,而12个月后只能提出新颖性、创造性的无效理由。

❷ 包括美国国际贸易委员会这样的"准司法部门"。

诉不影响美国国际贸易委员会调查程序的进行；而被申请人在美国国际贸易委员会和联邦地区法院同时被诉时，如果被诉基于同一诉因，可以申请法院中止审理，等美国国际贸易委员会裁决作出后再进行，美国国际贸易委员会程序不会因平行诉讼而中止。

由于《美国国际贸易委员会调查程序规则》规定所有的调查和相关程序都必须"快速"进行，所有当事人及其律师或代表、行政法官都"必须在调查或相关程序的各阶段尽量最大努力不延迟。"为督促快速裁决，337条款要求国际贸易委员会预计终裁日期。通常，终裁目标日期是调查通知书发表后的12～16个月，较复杂的案件所需时间会再长一些。美国国际贸易委员会的这一快速调查特征也使得很少产生因等待美国专利商标局复审而导致案件中止。❶ 因此，337调查中，一项专利权是否真的有效，通常是由美国国际贸易委员会来最终判定的，无效请求需在337调查程序中进行。❷

《美国专利法》第282条规定的专利权无效的理由主要包括：第112条、第251条以及整个第二章的规定。其中所称的第二章是指《美国专利法》第101～103条有关于保护客体、新颖性、创造性（非显而易见性）的规定；❸ 第112条和第251条分别是关于说明书及权利要求书撰写的要求、再颁程序（reissue）的规定。

美国专利法关于保护客体、新颖性、创造性、说明书及权利要求书的撰写要求等主要原则与我国专利制度中的相关规定无太大差异，但无效及诉讼程序、对证据的处理等方面与我国有巨大的差异。我国企业在提起美国专利无效请求时，应尽量聘用具备专利无效实务经验的美国专利律师处理相关事务。

2. 不存在侵权行为

在337调查中，判断是否存在有侵犯专利权的行为主要是通过将涉案产品或方法与相关专利的权利要求相比较，如果相关专利的权利要求中的所有技术要素都被包含在涉案产品或方法中，那么就认为涉案产品或方法侵权。需要注意的是，相比较的不是产品，而是产品包含的技术信息。在337调查中，侵犯专利权的行为主要可以分为字面侵权和等同侵权。

（1）被指控的产品并不"完全"符合专利保护要求的范围。

首先应当明确被控侵权产品的技术方案。被申请人方可以提供产品实物样品、产品设计图纸等证据说明技术方案，列出所有技术特征。其次是明确权利要求的保护范围。由于文字的描述往往并非精确，权利要求保护范围往往难以明确，因此必须解释权利要求。权利要求解释不同，就会导致判决结果不同。在337调查中，企业必须积极为美国国际贸易委员会解释权利要求提供建议，尽量缩小权利要求的保护范围，以使美国国际贸易委员会作出对自己有利的权利要求解释。

在以上工作的基础上，将被控侵权产品的每项技术特征与权利要求所记载的技术特

---

❶ 《〈美国发明法案〉对国际贸易委员会337条款案件的影响》[EB/OL].［2012－05－07］www.steptoe.com/publication－newsletter－371.html.

❷ 在实践中，如果相关专利正处于美国专利商标局的复审程序中，也可以成为要求美国国际贸易委员会行政法官推迟目标日期的一个理由，尤其是复审的决定很快就要作出时。这要求337程序的被调查对象有一定的预见性，在337调查程序启动前或启动之时就已做好充分的专利无效准备并向美国专利商标局提出复审请求，较难操作。

❸ "美国专利无效之诉讼及复审制度之研究"，刘国赞；《智慧财产权月刊》；第89期，1996年5月；第28页。

征进行对比,如果权利要求中的每一个技术特征都清楚而具体地见于侵权产品或方法中,就属于"字面侵权"。如果二者存在区别,则不属于"字面侵权"的情形,需要进行等同侵权判断。

(2) 被指控的产品与要求保护的专利并不"等同"。

等同侵权则较为复杂,如果被控侵权或方法虽然没有完全落入申请人权利要求的范围,或者说虽然没有字面侵权的发生,但该产品或方法与专利权覆盖的产品或方法相比,以实质相同的方式发挥着实质相同的作用并且达到实质上相同的效果,则属于等同侵权。

判断等同侵权时,有以下三个原则应该受到重视:一是"逐一技术特征"原则,判断等同侵权时,不是把涉案技术的整体方案与专利技术整体方案进行比较。等同对比的对象是权利要求中的具体技术特征。二是"功能—方式—效果"一致原则,比较涉案技术特征与权利要求的技术特征时,要考虑功能、方式、效果三个方面的因素,也就是说,是否以实质上相同的方式发挥着相同的功能并达到实质相同的效果。三是"禁止反悔"原则,在专利审查的过程中,专利申请人为区别现有技术而放弃的内容,不能在侵权诉等同原则的方式重新纳入受保护范围。

如确实存在字面侵权或等同侵权情形,则需考虑专利不具备执行性抗辩。

3. 申请人的专利不具备执行性

专利不具备执行性是美国专利法中的一项特殊制度,我国专利法并无此类似规定。这项制度是美国联邦巡回上诉法院在近年的大量判例中形成的,是一项有力的抗辩理由。

被法院判定为不具备可执行性的专利虽然继续有效,但不可执行,权利人无法据此专利行使权利。证明337调查申请人的专利不具备可执行性是一项重要的应诉抗辩点。可以从以下几个方面证明相应的专利不具备执行性。

(1) 授权过程中存在不正当行为。

从20世纪40年代起,联邦最高法院在一些案件中❶认可了专利申请人在获取专利权的过程中存在的不公正行为可以被侵权人用作抗辩的理由。在侵权诉讼中,被告如有证据证明专利权人或其专利律师、专利代理人在申请过程中具有上述意图通过实质性失实陈述和疏漏欺骗美国专利商标局以获取专利授权的行为,就可以根据"不正当行为"理论提出抗辩,而司法机关一经调查核实,则作出专利不可执行的判决。此时的专利权仅在理论上存在,由于其永久地丧失了对抗被控侵权人的能力,实际效果与专利无效无异。

不正当行为的含义相当宽广,比如向美国专利商标局提交错误信息(如错误的对比文献或者发明日等)、提交误导性的信息、歪曲或者虚报实验或者其他数据、谎报某种信息以及不公开相关信息和虚假宣誓等行为。

如,在337-TA-300调查案中,被申请人找到证据证明专利权人在申请专利前故意隐瞒了其已经对相关专利技术发表论文并且对美国专利商标局隐瞒了相关事实。美国

---

❶ *Hazel-Atlas Glass Co. v. Hartford Empire Co.*, 322 U. S. 238 (1944).

国际贸易委员会行政法官据此判定申请人具有不正当行为，该专利不具可执行性，因此不存在侵权行为。

在 Semiconductor Energy Lab. Co. v. Samsung Elecs. Co. 案❶中，专利申请阶段，专利申请人向美国专利商标局提交了一份日文现有技术文件，但是该申请人只翻译了其中的一部分，而未将其中与专利性相关的重要部分（material to the patentability）予以翻译，但该部分内容可显示该专利是显而易见的（obviousness）。因此，法院认为，因为专利申请人自己知道现有技术中未翻译的部分却未披露上述内容，属于尝试对审查员隐瞒上述对己不利的内容，构成不当行为。

在目前的诉讼实务中，"不正当行为"抗辩已成为与专利无效及不侵犯专利权并列的第三大抗辩理由，以专利权人的不公正行为进行抗辩有时会比其他抗辩理由更具实际意义。

（2）专利权的滥用。

专利权的滥用以及恶意垄断同样可以使专利权不可实施。专利权滥用是基于衡平法的一项原则，即专利权人应正当的行使专利权，不应超出法定的专利权范围。在实践中，专利权滥用主要适用于专利权人的特殊行为，如专利侵权诉讼和专利许可。常见的专利权滥用的行为包括：搭售行为、价格限制协议等，这类行为属于本身违法行为。

还有一类行为是需要根据合理性的原则（Rule of Reason）进行深入分析，例如专利许可中的地域限制、交叉许可、一揽子许可、专利池协议（patent pool）、再出售限制等行为。此类抗辩难度较大，诉讼法律服务费用成本较高。

4. 提出规避设计

提出规避设计是指被调查对象向美国国际贸易委员会提出重新设计方案供美国国际贸易委员会审查是否构成对申请人专利的侵犯。如果美国国际贸易委员会认定规避设计不侵权，则被申请人可采用这种新的设计重新进入美国市场。

【案例 10 – 1】

337 – TA – 503 案中，美国国际贸易委员会作出终裁判定产品侵权后，两家败诉公司向美国国际贸易委员会申请出具咨询意见，半年多后，裁决结果有利于被申请人，认定其重新设计的产品不构成对申请方专利的侵权。

【案例 10 – 2】

在 337 – TA – 545 案中，圣象集团、菲林格尔、升达三大中国地板制造公司联合在答辩阶段同时提出专利权无效抗辩并且提出若干个规避设计方案，提交给美国国际贸易委员会行政法官几十套规避设计产品。在初裁中，美国国际贸易委员会认定部分专利有效、部分专利无效，对侵犯专利权的产品签发了普遍排除令，同时认定其中一项规避设计不构成侵权。

可以说，提出规避设计并非是一种免责的抗辩，而是为了保住市场所采取的预先措施。一旦被申请方最终被美国国际贸易委员会认定为侵权，相关出口产品全部被排除出美国市场，其仍能通过规避设计的产品卷土重来，通过原有的销售渠道争取在最短的时间内重新占领市场。

---

❶ 204 F. 3d 1368 (Fed. Cir. 2000).

三、主要程序及应对[1]

337条款历史悠久,历经多年的实践与不断修正完善,已非常成熟。337调查程序是典型的行政法程序,正当程序(Due Process)原则的满足是程序实施的基本要求。在此原则指导下,337调查主要程序包括:起诉、应诉、披露(发现程序)、预备听证会、听证会、初裁、终裁、总统审查、司法审查等环节,如图10-2所示。

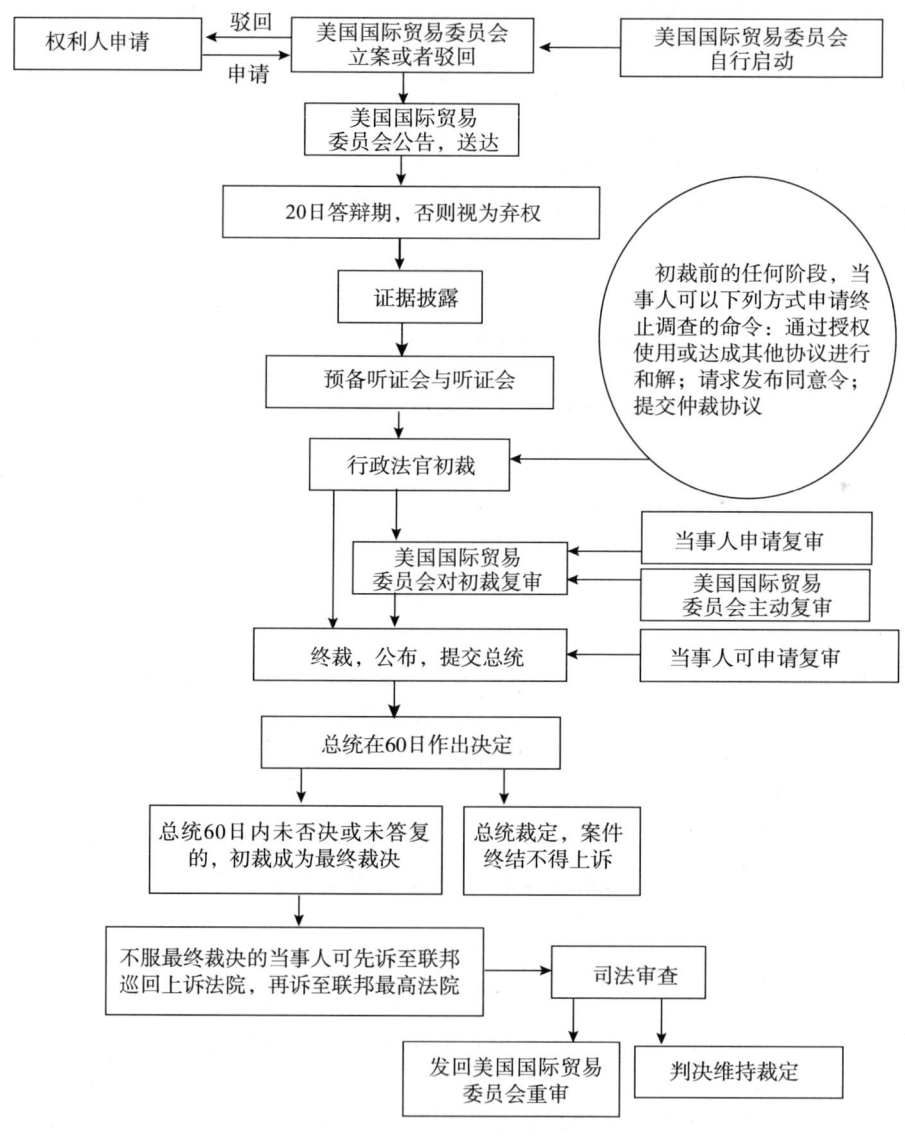

图10-2 337调查主要流程[2]

---

[1] 部分内容参见:薄守省,等. 美国337调查程序实务[M]. 北京:对外经济贸易大学出版社,2006:19-24.
[2] 张平,等. 产业利益的博弈——美国337调查[M]. 北京:法律出版社,2010:119.

（一）起诉及应对

1. 337 条款调查程序的启动：申请调查

申请人认为进口产品侵犯了其专利权时，可以向美国国际贸易委员会提出 337 调查申请。

起诉状需要详细说明侵权的事实、自己的主张、相应的证据分析报告等。起诉状向美国国际贸易委员会的书记官提交，然后由书记官转交给美国国际贸易委员会的不公平进口调查办公室进行审查。实践中的做法往往是申请人在向书记官提交起诉状之前先将一份诉状提交该调查办公室以探询立案调查的可能性。调查办公室如果认为 337 调查申请有不合要求之处，会提出修改建议，认为合格后再按照程序由申请人向书记官起诉。这个探询与修改的过程是秘密的，被诉的外国企业在此阶段无从知道事实真相。由于事先进行了探询和修改，一旦起诉，不予立案的可能性很小。

不公平进口调查办公室接到书记官转来的起诉材料后立即进行审查，看是否符合美国国际贸易委员会程序规则要求。如果答案是肯定的，即提交国际贸易委员会，并提出自己的建议，认为应当启动第 337 条款调查程序。只要起诉状及相关材料形式上符合要求，委员会几乎不会拒绝启动调查程序。按照规定，从申请人向书记官提交起诉状开始，美国国际贸易委员会应在 30 日内作出是否展开调查的决定。这个时间是非常紧凑的。一旦决定调查，将在美国《联邦公报》（Federal Register）❶ 上公布，同时将起诉状送达相应的被申请人。针对外国被申请人，一般通过其本国驻美使领馆代为送达。调查由一位美国国际贸易委员会行政法官主持进行。

2. 应对

（1）答辩。

被申请人必须在收到诉状后 20 日内提出答辩（defense）。答辩状要尽可能地详尽，最好提交被控产品并没有侵权的分析报告。图形、文字、照片、鉴定书、权利证书等均可以使用。对自己的每项主张或认为对方的某项主张无效，均应有具体的证据。

如果被申请人声称自己进口或销售的产品没有被起诉书中的专利或专利方法覆盖，必须证明涉案专利没有覆盖涉案产品，该证明可以声明方式作出，适当情况下可以用图表演示涉案专利与涉案商品样品或涉案商品生产方法的关系。图纸、照片或其他关于涉案商品或涉案商品生产方法的示意图、照片等材料的相应部分应当着重标记出来，以便与图表一起查阅。如果以专利无效或专利不可执行抗辩，应当提交相关证据材料，比如现有技术证据。

在短短 20 日内提出有力的答辩材料，对于被申请人并非一件容易的事情。因此有被调查之虞的公司，最好多关注美国《联邦公报》及相关产业信息，以便能早做

---

❶ 《联邦公报》是美国政府发布官方信息的期刊，每日一期（节假日除外），可见 http://www.archives.gov/federal-register/。

准备。

(2) 反诉。

经过修改之后的 337 条款允许被申请人提出反诉 (counterclaim), 但反诉不能由美国国际贸易委员会审理, 而只能由联邦地区法院进行审理。反诉并不影响 337 调查程序的进行。如果被申请人因为同一诉因在联邦法院和美国国际贸易委员会同时被诉, 为避免两线作战, 被申请人可以请求中止法院的诉讼。这种中止审理的请求, 必须在调查发起之日起 30 日内提出。

(3) 第三方介入调查。

第三方如果想在 337 调查程序中取得被申请人的地位, 必须提供充分证据证明, 一旦起诉状要求的救济成立, 第三方所供应的产品将在事实上被认定违反 337 条款并因此被禁止进入美国市场。但是, 如果第三方所供应的产品不是 337 调查程序的标的并且不会被禁止进入美国市场, 而仅仅是会受到申请调查方救济措施的间接影响, 第三方在 337 调查程序中只能作为一般调查参加人而不得享有被申请人的地位。

【案例 10 - 3】

337 - TA - 604 案中, 捷康公司为了主动参与 337 调查, 向美国国际贸易委员会提供了如下理由和相关证据:(1) 捷康公司已经实际出口到美国市场;(2) 美国市场有捷康公司已有和潜在客户;(3) 由于生产工艺不同, 其他被申请人企业不能代表捷康公司的利益;(4) 泰莱公司 (本案申请人) 申请的普遍排除令已经严重损害捷康公司的市场利益;(5) 捷康公司可以按美国国际贸易委员会的法定程序, 在规定时间内完成证据递交和辩护, 不会申请法律程序延期。

(二) 披露程序及应对

1. 披露程序

披露或称发现程序, 这是美国诉讼规则中颇具特色的一个审理前置程序。这个程序是在正式审理前由法官主持进行的。目的是提高正式审理的效率。披露程序简单说就是要求对方向自己提供证据, 主要包括请求告知、质询、传唤、取证和出示文件等。

通过这一程序, 当事人可以要求对方披露与案件有关的事实与信息, 或从对方获取必要的证据, 披露的方式包括要求对方提供文件、作出书面证词、向对方进行书面质询请求对方就某些问题进行承认等。可见, 美国法上的披露程序与我国诉讼中的质证有根本区别。美国国际贸易委员会调查中的披露, 与法院的披露程序类似。要求披露是双方当事人都可以行使的权利, 诉讼过程中及早要求对方披露可以给对方造成很大的压力。要求披露的材料通常有: 通讯记录或会议记录文件, 专利分析报告, 诉争请求的分析文件, 证明侵权或合法性的意见书或报告书, 以及内部分析、研究、测试文件等。

2. 披露程序的应对

因为对披露要求的答复期限为 10 日, 所以申请人一般应在申请调查前就着手准备对方可能要求披露的材料, 而被申请人相对而言就没有那么充足的时间, 他至少应在得知被诉或可能被诉时就着手准备, 以免过于被动。披露并不排斥商业秘密的保护, 在调查开始时, 可提出应予保护的商业秘密的清单, 获得行政法官准许后, 这些资料就可以不予披露。披露程序中，如果一方不配合，将可能导致行政法官作出对该方不利的推断，所以不能掉以轻心。

【案例 10-4】

337-TA-604 案中，申请人泰莱公司甚至进入捷康公司的车间，把车间地面的灰尘都采样带回美国化验，希望从中找到对捷康公司不利的证据，捷康公司对披露程序予以了充分的配合与执行。

（三）预备听证会

预审会议（Prehearing Conference）是正式听证会之前的一个准备程序，可能不止一次。预审会议之目的在于简化和明确争议点和调查请求，确保需要听证的范围，对证据或事实、文件的真实性予以确认，进行证据的互换等。总之，预审会议是为了提前解决某些程序性的争议或证据方面的问题，以免正式听证时再在这些问题上浪费时间。

（四）听证及应对

1. 听证会

听证会（Evidentiary Hearing）就是审理程序。在听证会上，当事人提出证据，质询对方，进行辩论。听证会与联邦法院审理案件一样，是公开进行的。不公平进口调查办公室作为第三人参加听证会。

听证会的主要程序及内容如下：开场陈述、申请人陈词、被申请人陈词、公共律师陈词、申请人的反驳、被申请人的反驳、结束陈词及辩论、结束听证会。

听证会结束后，当事人必须重新向行政法官提交所有证据以及辩论状，主要是为了作诉讼记录使用。

2. 听证会的应对

开场陈述阶段，被申请人如果得到行政法官的发言允许，应当简单地陈述涉案专利，这可以帮助主持审理的行政法官作出准确判断，避免对涉案技术问题带有情绪化的理解。必要时对案件中所涉及的技术背景进行相当程度的陈述，不过陈述不能涉及双方争议的焦点。总之，开场陈述是为了使行政法官对案情形成一个基本的、大概的认识。

被申请人陈词阶段，被申请人的主要工作是直接询问证据并对对方的每个证人进行交叉询问。被申请人反驳阶段，被申请人可对申请人的证据进行反驳，反驳只能针对申请人的陈词和反驳进行。

（五）初裁

初步裁决（Initial Determination，简称初裁或 ID），是行政法官在听证会后审查完毕当事人提交的证据和辩论书状，根据听证会所达成的结论，对当事人调查争议作出的初步裁决，也就是对被申请人产品是否违反第 337 条款，是否应当给予申请人救济作出决定。

通常的要求是初步裁决必须在调查程序开始后 15 个月内作出，最长不超过 18 个月。初步裁决认定侵权事实成立回应给予申请人救济的，法官应就给予何种救济作出决定。

(六) 复审及终裁

当事人对初步裁决不服，可以向美国国际贸易委员会提出复审请求，复审请求书必须详细提出己方不服的裁决争议点以及理由，凡是在复审请求书中未列举的争议点，都视为接受，日后不得再向美国国际贸易委员会或联邦法院提起。通常允许复审的理由有：初裁对重要事实的认定或判断有明显错误或者在适用法律上有错误，比如未遵循先例或规则和法律，或滥用自由裁量权；认为裁决与立法目的不符。美国国际贸易委员会接到复审请求书后进行审查决定是否准许复审，如果未在法定期间内（通常为 30 日内或 45 日内）作出复审决定并发出复审通知，视为拒绝复审请求，初步裁决即成为最终裁决（终裁）。如果美国国际贸易委员会同意复审，则会在通知中明确指出对哪些争议点进行复审。复审的结果，可以是维持原裁决，或者撤销原裁决，改判、驳回或发回重审。

(七) 总统审查

如果美国国际贸易委员会的复审裁决被申请人违反第 337 条款，它将向总统提交一份裁决副本并将裁决结论在《联邦公报》上公布。总统有权对裁决进行审查，但不是从法律角度，而是从政策角度，来衡量这一裁决的利弊。如果总统审查后不同意执行该裁决，则美国国际贸易委员会在接到通知之日起应停止裁决的执行。总统审查的期限为 60 日，如果未在期限内作出否决，则视为批准了美国国际贸易委员会的终裁。

(八) 司法审查

司法审查就是向联邦巡回上诉法院上诉。对美国国际贸易委员会终裁的上诉，由联邦巡回上诉法院管辖。上诉的期限根据裁决的结论而不同。如果美国国际贸易委员会的裁决认为被申请人并未违反第 337 条款，申请人上诉必须在裁决作出后 60 日内提出；如果裁决确认被申请人违反第 337 条款且命令采取救济措施，则应在总统审查期限届满前 60 日内提起。

当事人向联邦巡回法院提起上诉的争议事项，以在美国国际贸易委员会申请复审时所提出的为限，凡复审中未提出的事项，在向法院上诉时也不得再提起。上诉的被上诉人，不是 337 调查程序中的对方当事人，而是美国国际贸易委员会，这在性质上属于行政诉讼。美国国际贸易委员会作为行政机关以被上诉人身份参加诉讼，代表其进行诉讼的是美国国际贸易委员会检察官，其任务是维护美国国际贸易委员会的裁决。

法院审理对美国国际贸易委员会裁决的上诉，可分为事实方面的审理和法律方面的审理，与接受来自联邦地区法院的上诉有所不同，联邦巡回上诉法院对美国国际贸易委员会所作出的事实方面的判断，给予更大的尊重。联邦巡回上诉法院将依据"一个合理的人能够接受"的标准对事实的证据进行审查。对法律问题，联邦巡回上诉巡回法院可依自己的见解作出判断，不受美国国际贸易委员会结论的约束。

四、操作实务的技巧性建议

(一) 团队的组建与律师的选择

企业一旦决定应诉 337 调查，则应当在第一时间高效地启动应诉工作，应诉工作的第一步就是组建律师团队。

337调查有独立的程序规则，而且给予被申请人的准备时间很少，因此对律师事务所的应诉经验要求比其他普通案件高。同时，代理337调查案件对律师事务所所在相关产业方面了解、专利技术的掌握也有很高要求，如果律师事务所的应诉经验与委托人所在行业接近，会减少很多律师了解背景的时间。

337调查案件律师工作内容如下：与企业有关技术人员进行探讨，了解涉案产品及知识产权的所有信息；帮助企业收集描述涉案产品的技术的所有文件；进行侵权分析，帮助企业寻找抗辩点；对专利有效性进行分析，找出所有现有技术；帮助企业获得其他当事人提交的法律文件；帮助企业提交法律文件；帮助企业寻找和聘请专家证人；帮助企业分析诉讼风险并确定最佳应诉策略等。

可见，337调查案件需要律师同时具备相关专利技术背景知识、贸易知识、知识产权案件诉讼能力及经验。同时具备这些素质的律师无疑是凤毛麟角的。这就需要团队成员业务方向上形成互补关系。一般而言，337调查应诉团队有数名专利律师、数名337调查案件美国律师以及更多的助理律师组成。

在聘请美国律师时可以考虑以下因素：
- ◇ 是否具有337调查案件代理经验；
- ◇ 在所代理的337调查案件中是否是主办律师；
- ◇ 是否曾代理过与本起337调查案件涉案产品同类或类似产品的337调查案；
- ◇ 是否熟悉专利法和相关技术；
- ◇ 以往代理案件胜诉的比例及经验；
- ◇ 资深律师能否亲自参与案件代理工作；
- ◇ 对于国内企业没有偏见，能理解中国企业文化；
- ◇ 代理费用定价是否合理。

（二）降低费用的合理措施

337条款应诉调查代理费用高昂，少则数百万美元，多则上千万美元，是国内企业的沉重负担。代理费用主要包括：律师服务费、业务开销（差旅、越洋长途电话、传真、复印等）、专家证人费、辅助类法律服务费（翻译、电子版文件证据制作、图表制作等）等。这些费用中很大一部分是可以合理压缩的，合理降低费用的措施主要包括以下几方面。

1. 合理搭配律师团队、才尽其用

应诉团队应由数名专利律师、数名337调查案件律师以及更多的助理律师组成。337调查业务在美国也属于高端律师业务，加之337调查案件数量较少，真正有实践经验的律师并不多。企业应当精心选择搭配，合理利用，人尽其才，才尽其用；不必贪多求全或者非大牌律师不请。务必将诉讼费用用好、用足，做到"好钢用在刀刃上"。

2. 选择中国律师事务所参与应诉团队

总的来说，聘用美国律师的费用较中国律师更为昂贵，而337调查应诉工作中很多工作都是中国律师能够胜任甚至能做得更好、效率更高的。比如，在企业所在地调取证

据、寻找文件、调取证人证言等工作无疑更适合由中国律师来完成。同时，聘用中国律师还能减少沟通障碍，降低翻译成本及综合事务处理成本。

3. 与其他立场相同的涉案企业联合应诉、分摊成本

美国国际贸易委员会的救济措施针对产品，普遍排除令一旦作出，将针对某一侵权产品进口全面禁止，不论该产品生产者为谁，来自何方，不论其生产者是否被列为被申请人。因此，不利裁决必然波及国内同行业厂商。

337调查程序允许案外企业（第三方）出于维护自身权益的原因主动介入调查。实践中，有行业协会牵头，多家企业联合诉讼，分摊成本的做法。

【案例10－5】

337－TA－493案中，被诉中国企业只有7家，但在中国电池工业协会的组织协调下，最终共有18家中国企业参与调查。这18家企业按照被诉企业承担70%，主动参与企业承担30%的比例分别承担了律师费，达到共赢的效果。

4. 聘请专人核实账单

由于法律体系不同、地域不同，美国律师事务所为中国企业提供综合法律服务的机会不多。337调查案件的数量极为有限，同一企业多次应诉337调查的情况更是少见。因此，美国律师事务所为中国企业代理337案件调查过程中会自然而然地会更多为自身利益考虑。此时，有必要设置专人对美国律师事务所开具的律师账单逐一审核、监控、评估账单工作小时数。实践中，这一手段曾为国内企业节省了大笔律师服务费。

5. 控制电子取证成本

在337调查的取证过程中，各方都被要求提交技术资料、销售记录、财务记录、电子邮件等证据，这些证据都必须附有原始信息。❶ 此外，美国国际贸易委员会还要求，所有电子证据都必须是可检索的，必须作OCR识别。在337－TA－538案中，被申请人提交的纸质文件多达一吨，相应的扫描、识别工作量之大，可见一斑。在美国，此类工作大都由电子取证服务公司提供，价格昂贵，一件337调查案件的电子取证服务费上百万美元也屡见不鲜。在明确要求、保证质量的情况下，将此类工作交由国内事务所或专业公司处理能够节省大笔费用。

五、337调查的规避和预防

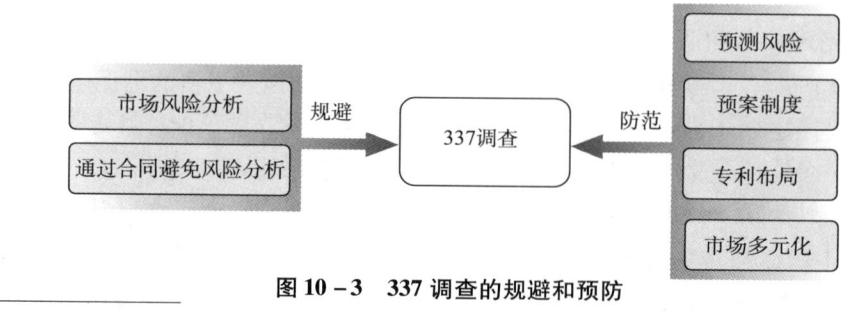

图10－3 337调查的规避和预防

---

❶ 如文件路径、文件名、创建日期、文件作者、邮件接收人名单等。

应对337调查成本高,侵权救济措施严格;无论胜败,被诉企业都会付出沉重代价。因此,除了被动应对337调查,企业也应当把工作做到前面,主动地防范、避免337调查。在企业发展到一定规模、具备相应的资金与实力时,可以通过苦练内功提升能力,不给对手提出337调查的可能性与机会。

(一) 进入美国市场前的侵权风险分析

出口企业应当注意,在进入美国市场前,应当进行市场调查,弄清竞争者或潜在的竞争者是谁,他们的专利有哪些,自己的产品是否会侵犯他们的专利权。聘请专家对出口产品进行专利预警分析,如果发现有可能侵犯美国公司专利权的情况,则及时对产品进行修改,以免成为侵犯专利权的被申请人。如果无法避免使用相关专利,则应提前与专利权人协商,获得其许可。

(二) 通过合同避免风险

我国企业的出口贸易中,贴牌、代工贸易占很大比重。对于从事这类业务的出口企业,应当特别注意下单的外商是否拥有该产品的知识产权。在签订外贸合同时,要特别规定知识产权条款,约定若因知识产权问题发生纠纷、造成损失,由委托加工方承担责任。

(三) 预测及预案制订

337调查作为贸易保护的手段,主要用于维护美国市场上高附加值、高利润产业中企业的利益。对于低附加值的普通商品,美国乐于进口廉价的外国产品以降低国内通胀压力、弥补国内产业分布不平衡带来的商品缺口。因此,传统工业领域、生活必需品等轻工业领域很少涉及337调查。

在337调查所涉及的专利分类的基础上可分析看出,近十年来,针对中国企业的337调查主要涉及的商品(或技术方法)类型包括:喷墨打印器材、扫描/打印设备、计算机硬件、显示设备、半导体器件制造方法及设备、通讯设备、图像处理装置及方法等。如果我国某企业的主要出口产品在上述范围内,在美国无自主知识产权,出口产品在美国市场份额较大且有本土竞争者,则可以认定为被337调查高风险企业。

337调查程序时间紧凑,企业必须快速应对,因此337调查高风险企业必须制订应急预案。预案的内容应当至少包括:
- ◇ 确定决策人员的范围,决策人员应当包括公司核心管理层、技术专家、法律专家;
- ◇ 明确需要将相关案件情况上报的行业协会及政府部门;
- ◇ 如何评估受影响的出口订单、市场前景及对企业的影响;
- ◇ 如何评估涉案专利稳定性及实际侵权可能性;
- ◇ 以下重要事实的评估方法:胜诉可能性、应诉必要性,包括应诉成本以及放弃相关产品的美国市场所带来的直接损失和潜在损失;
- ◇ 律师团队构成候选人名单,专家证人候选人名单。

预案应当根据企业情况每隔一段时间进行调整、更新。

（四）专利布局

在 337 调查问题上我们之所以受制于人，确实是因为企业的出口产品缺少自主知识产权。拥有自主知识产权才是解除 337 条款威胁的根本途径。我国企业应当主动在美国构建自己的知识产权布局，做好专利申请，建立自己的专利组合，积累专利筹码，真正形成与国外企业抗衡的能力。这样，一方面能够保持足够的威慑力，让国外企业不敢轻易发起包括 337 调查在内的知识产权诉讼；另一方面也有助于维护自身的知识产权，在美国市场上由被动转向主动。

（五）市场多元化

337 条款的程序设计对被诉厂商明显不公❶，其实质是美国贸易保护主义的武器。面对贸易保护主义，我国出口企业的另一选择是实施出口多元化战略，分散风险。除了对美国、欧盟、日本等传统市场的关注外，也应当加大对金砖国家等新兴市场的开拓力度，改变市场过于集中的状况。同时，还要注意扩大国内市场的需求，从而减少对单一市场的过度依赖，降低市场风险。

---

❶ 337 调查程序与司法程序在审理程序、时限、救济措施等各方面存在明显差异，使得外国被申请人陷入不利地位，有违 WTO 倡导的国民待遇原则。加拿大、欧盟等国家和地区对此均向 WTO 的前身 GATT 提出过起诉。

第十一章 专利运用管理

导 言

取得专利是企业经营的手段而不是目的,专利运用才是企业实现专利技术的价值尤其是经济价值的必由之路。企业专利管理工作进入较高层次的时候,专利运用就逐步变成企业自觉、内在的需求。

实践中,常见的专利运用手段包括专利许可、专利转让、专利侵权保护、专利无效利用等。此外,专利也可以用作出资、用于标准化或者作为质押品用于融资等。

专利的运用行为不仅涉及《专利法》、《侵权责任法》、《合同法》、《物权法》、《公司法》、《证券法》等诸多法律的规定,而且与企业的市场策略、企业的发展规划紧密相连。不同行业、不同成长阶段的企业对专利的运用必然会有不同的侧重点、不同的模式。

本章将对各种专利运用手段以及企业如何管理这些运用手段进行介绍,企业在具体运用时应当结合自身的具体情况作灵活处理。

专利既是一种法律上的权利,又是一种具有高附加值的经济资源。企业专利运用是指企业充分利用专利这种经济、法律的属性,将专利作为一种经济工具、法律工具加以运用,以期为企业带来经济效益和法律保护效果的一种专利管理行为。

企业专利运用的基本思想是:在符合企业发展战略的前提下,积极寻求专利运用的机会。

首先专利的运用手首先必须在遵守企业发展战略的前提下进行,破坏企业发展战略而运用专利的行为往往会是弊大于利的不可取的行为。例如,通过对外专利的许可或转让,虽然为企业带来了经济利益,但同时也有可能"培养出"竞争对手,甚至在未来削弱企业在该领域的竞争优势,从而与企业的长期发展战略相冲突。其次,企业要以"积极作为"的态度对待专利运用,时刻关注专利运用的各种机会,积极使用专利作为获得合法经济利益的手段。

在企业灵活运用专利的过程中，需要注意如下要点：

（1）注意对专利权的维护，避免专利在运用过程中失效。专利一旦失效，没有人愿意再为失效的专利"埋单"，自然更谈不上对该专利的运用。

（2）谨慎设计与专利运用有关的合同，确保企业在专利运用过程中的权益最大化，并尽可能减少潜在的风险。

（3）注重对专利组合的运用。单独一个专利类似于狙击手，与之相比，专利组合更像是一个集团军。在企业专利运用的场合，狙击手固然重要，但是集团军更能发挥专利的综合能量。此外，由于无效一群专利的难度要比无效一个专利的难度高很多，因此对于专利组合而言，其整体上的权利稳定性要比单个专利强，这对企业的专利运用具有很重要的实际意义。

图11-1给出了常见的专利运用手段，其中的专利侵权保护和专利无效已经在前述章节中进行了详细介绍，本章将重点介绍其他的几种专利运用手段及其管理内容。

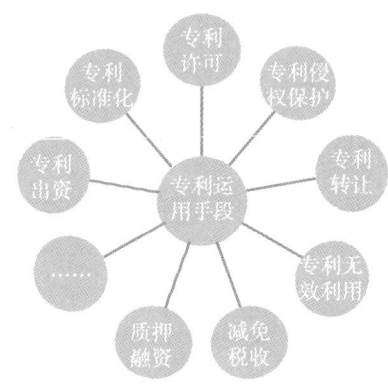

图11-1 专利的运用手段

一、专利尽职调查

尽职调查（due diligence），又称审慎调查，一般是指对指定企业的规模、资产负债、信用状况、社会评价、出资人情况等进行调查、分析等的一系列活动。尽职调查主要是在收购、投资等资本运作活动时进行，但企业上市发行时，也会需要事先进行尽职调查，以初步了解是否具备上市的条件。开展尽职调查的目的在于保证决策正确并有效防范风险，避免无谓的损失。

而在各类与专利有关的商业活动中，确认自身或相关方的专利资产状况，了解专利的有效性与稳定性、专利权的归属情况、专利权行使的受限情况、专利的价值等，对于企业顺利开展该商业活动、降低风险，有着重大的实践意义。为此，需要开展专利尽职调查。例如，在买入专利或接受专利许可时，需要调查出让方或者许可方的有关专利的商业价值，避免被对方搭售一些与企业需求不一致或与对方声称的内容有差异的专利；在企业筹备上市的过程中，需要调查自身专利的有效性和稳定性等状况，以免上市过程中因专利信息披露有误、被他人提起专利无效等情况而影响上市进程，给企业带来不利影响。

总之，通过专利尽职调查，完整收集所调查对象的有关专利，全面调查和核实与这些专利有关的法律、技术、产业等各方信息和相关文件，确认其真实的法律状态、权属状况和实际价值等，可以使企业在各项专利运用活动中充分做到知己知彼，为其正确地作出相关决策、减少不必要的风险损失、提高专利运用工作的效率和效果提供有力支撑。

(一) 专利尽职调查的类型

根据专利运用活动的差异,以及专利尽职调查的目标的不同,专利尽职调查的对象也有所差异。总体上,根据调查对象的不同,可以将专利尽职调查分为两类:对自身的专利尽职调查和对他人的专利尽职调查。

对自身的专利尽职调查主要是为了摸清企业自身的专利资产状况,了解专利的分布状况、整体价值以及布局上的不足。这种尽职调查为企业确定发放专利许可或出让专利的范围、方式、对象提供信息支撑;为确定谋求专利许可或买入专利的目标提供参考指引;并且,有效避免企业在各类专利运用行为中因为对自身专利资产的认识不足和疏漏而导致其专利价值被低估、专利作用未得到充分发挥或对外公布的信息不实等风险。

对他人的专利尽职调查,主要是为了核实在专利交易中所涉及的他人专利是否与对方声称或之前商定的情形一致,确认对方是否具有合法的专利权人资格并拥有处分权;评判这些专利所覆盖的技术、产品、地域范围是否与企业预期的需求相符合,交易价格是否被高估,以及企业获得相应的专利权或专利许可后,能否实现其预期的商业目的等。通过这种专利尽职调查,可以有效地保证专利交易的合法、合理和公平,避免企业买入不需要的或是价格远高于其实际价值的,甚至是已经失效或过期的专利或者这类专利的许可。

(二) 专利尽职调查的内容

无论是针对企业自身展开的专利尽职调查,还是针对他人展开的专利尽职调查,其调查内容大体上相同,主要包括:调查专利是否有效且稳定、对方是否为合法的专利权人并拥有处分权、专利权的行使是否会受到限制、评估专利的价值等。其中,有关专利价值的评估,可以参加本章第五节的相关内容。

1. 专利是否有效且稳定

一项已经无效或失效的"专利",将完全失去交易的价值,如果误将这类"专利"当做有效的专利来对待,则会给企业的专利运用活动带来巨大损失。此外,如果某项专利的专利权存在不稳定的可能,则将在后继的专利运用过程中带来风险,进而影响对该专利价值的评估。因此,首先要针对专利权的有效性和稳定性展开调查。

专利有效性的调查,主要包括确认专利权在法律状态上的有效性,专利权有效的保护国家/地区,以及其有效的时间和保护范围。

(1) 专利权在法律状态上的有效性。

在法律状态上有效的专利,应该是已被授权且处于维持阶段的专利。

专利授权后,可能会因为到达法定的保护期限、被提起无效、未及时缴纳相关费用、专利权人主动放弃等情形而导致其专利权终止或丧失,而仅通过专利授权证书并无法获得完整、准确的专利权法律状态信息。因此,需要通过查阅专利权证书、必要的缴费凭证、专利主管部门的相关有关登记和备案文件等来综合确认专利权在法律状态上的有效性。

(2) 专利权有效的保护国家/地区。

由于专利权的地域性特点,必须对同一技术方案的专利在哪些国家/地区已经获得授权并维持有效,以及专利交易是否涉及这些地域的专利权进行调查。否则,很可能发生企业买入的专利在其目标市场地域并不存在有效的权利,或者企业仅买入了某一技术方案在个别市场地域的专利权而并未获得在其他市场地域的专利权,这都会对企业未来拓展其市场地域范围带来不利影响。

(3) 专利权有效的保护时间。

不同类型的专利,其法定的保护期限不同;而距离其法定保护期限届满所剩余的时间长短,决定着专利还可能在多长时期内有效发挥其权利作用,进而也会影响到该专利的价值高低。因此,需要通过查验专利的类型、专利申请的时间以及相关地域的法律规定,确定专利权有效的保护时间。

(4) 专利权有效的保护范围。

与最初的申请文件相比,专利在审查过程中,其权利要求的保护范围往往会发生变化;甚至在授权之后,还可能因为无效程序而被迫通过缩小其保护范围或放弃某些权利要求来寻求专利权的维持。另外,由于权利要求要以说明书充分公开的内容为依据,并且说明书可以用来解释权利要求,因此还需要综合说明书的内容来考虑授权专利的实际保护范围。此外,不同国家在相关法律规定上的差异,也会导致对同一内容的权利要求的保护范围产生不同的解释。为此,需要通过确认其有效的授权文本,收集授权后的无效、诉讼历史,分析说明书的公开内容,研究所在地域涉及和影响保护范围解释的法律法规和相关判例等,综合判断专利权有效的保护范围。

在核查并确认专利权的有效性后,还需要关注该专利权的稳定性。对专利权稳定性的调查,一方面,可以结合该专利的类型,该专利在审查、无效、诉讼都等过程中的相关文件和结论,第三方曾提出的异议理由和证据等进行判断;另一方面,还可以通过针对该专利有效的保护范围的再次检索过程,重新评价其相对于现有技术的区别,进一步确认该专利的新颖性和创造性。

一般而言,由于实用新型专利在授权前没有经过新颖性、创造性审查,其稳定性要弱于发明专利;并且,对于实用新型专利稳定新的判断,必须通过检索确认。而对于发明类型专利,在交易标的额较大时,也建议对新颖性、创造性再次进行检索判断,以减少交易风险。

2. 相对方是否为合法的专利权人并拥有处分权

所调查的相对方是否为合法的专利权人以及其对该专利是否拥有处分权,都将会影响专利转让、专利许可等专利交易活动的合法性和有效性,如果对此未做充分调查,而相对方在专利权属或专利的处分权上存在瑕疵甚至有所欺瞒时都可能会给企业带来潜在的商业风险。

对专利权人合法性及其处分权的调查,主要包括以下方面:

(1) 所调查的相对方是否为当前的专利权人,或者通过相关合法协议获得专利权人的授权而拥有相应的处分权。

(2) 是否存在其他的共同专利权人,以及专利交易是否已经得到这些专利权人的书面授权。

(3) 所调查的相对方获得专利权人资格以及相应处分权的过程是否符合相关法律的

规定，与关联方之间是否存在合法有效的协议。例如，对于专利权人为个人的，需要确认其是否为非职务发明，否则该专利权人所在单位可能会对专利权的归属提出异议；又如，专利权发生过转移的，转移的过程是否存在明显的欺诈、不合法行为。

此外，还需要关注，在专利交易中，发明人等有关的其他关联方的利益是否能够得到合法、合理的照顾。例如，当前的专利权人是否与发明人签订了合法的收益分配协议，并在过往历史中进行了良好的履行。否则，可能会由于关联方对专利收益的争议而影响到专利交易的顺利进行。

对于上述调查内容，可以通过收集专利权人与发明人之间的相关协议，共同专利权人之间的相关协议，技术开发委托发和受托方之间的相关协议，曾经发生过的专利权属纠纷及裁决结果，该专利的转让历史，以及转让过程中产生的协议文件等确认和判断。

3. 专利权的行使是否会受到限制

由于在先权利或其他专利权的存在，可能会使企业在行使所获得的专利权时受到限制，不能达到其预期的商业目的。为此，要对与该专利权有关的在先权利和其他专利权进行调查。

（1）在先权利的调查。

对于某项专利权而言，如果其之前已经对其他人发放过许可，或者进行过质押担保，或者有过以专利权入股的行为发生等，都可能会使该专利权的实际效力大打折扣。企业在接受了该专利的许可或买入该专利后，在行使专利权的过程中会受到这些在先权利的限制。

对于这些在先权利，可以通过收集该专利的交易历史等资料来确认。

实际上，由于获取完整的相关资料具有一定的难度，企业很难通过自身的调查行为了解到所有的在先权利。为此，企业可以通过在和相对方签订的专利交易合同中针对上述情况设立相应的条款来有效避免专利交易的风险。

（2）其他专利权的调查。

这里的其他专利权，主要是指所调查的相对方所拥有的其他专利权。如果企业实施所获得专利权的技术方案时，必需使用相对方的其他专利中的技术，或者相对方已经围绕该专利设置了一系列的外围专利来限制企业对其技术方案优化和改进可能，则该专利权对于企业而言其实用价值非常有限。企业在实践生产经营中可能仍然会受制于对方，需要向相对方继续谋求其他专利的许可或转让。

对于这种情况，可以通过围绕相对方在该领域所拥有的所有专利或专利申请开展检索和分析，辨识出其保留的可能对企业带来限制的其他专利权，从而作为企业与之谈判专利交易价格的依据。

二、专利许可的管理

（一）专利许可概述

专利许可，是指专利权人以订立专利实施许可合同的方式许可被许可方在一定的时间和一定范围内使用其专利，并获得使用费的行为。

一般而言，专利许可实施方式主要有以下几种：

（1）独占许可：是指在一定的地域内，被许可人在合同有效期内对被许可的专利技术独占实施，许可人不得在该地域实施，也不得再许可第三人实施。

（2）排他许可：是指在一定的地域内，被许可人在合同有效期内对被许可的专利技术的实施享有排他权，许可人不得再许可第三人实施，但可以自己实施。

（3）一般许可：是指许可人允许被许可人在指定的地域内使用其专利技术，同时许可人自己有权在该地域内使用该专利技术，也可以再许可给第三人实施。

（4）分许可：是指许可人允许被许可人在指定的地域内使用其专利技术，并允许被许可人在一定的条件下再许可第三人使用该技术。

（5）交叉许可：协议双方采用相互许可专利使用权的方式来代替相互支付专利使用费。

专利许可方式的运用，对提升企业的技术优势和竞争力具有深远影响：一方面，通过谋求和接受他人的专利许可，将他人新技术运用于生产和流通过程，可以大规模地降低生产技术研发时间和成本，更快向市场推出新产品，从而使企业获得较大的商业利益、提升市场竞争力。另一方面，通过许可他人使用专利，可使企业获得可靠的、较高的投资回报，有利于鼓励创新，刺激对研究和开发的更多投入。再者，在企业专利许可实践中有些技术是相互关联的，使用其中的一项可能还要求同时合用另外一项或几项相关技术。通过许可合同作出安排，可以更好地协调相关技术的利用关系，取得最佳技术经济效益。而通过交叉许可、专利联盟等方式，可以交换使用更多的专利技术，并免除企业的侵权风险。

总之，企业在发展的过程中总是两个角色的综合体，一个是专利的许可人，另外一个是专利的被许可人。企业在发展的过程中，并不是每项技术都要通过自主研发来获得，因此专利的许可与被许可就成了必不可少的一项日常工作。

（二）企业专利许可的模式和策略

1．一般模式

一般情况下，专利权人通常会出于以下目的对外发放专利许可：

（1）纯粹的获取许可费收益。

出于自身的发展战略调整或遭遇到激烈的市场竞争等原因，一些企业特别是一些老牌企业在主动或被动地退出某些业务领域后，往往会将其在这些业务领域所积累的专利对外尤其是对那些新兴企业发送许可，收取许可费收益，将其作为公司的利润来源之一。

（2）遏制市场竞争对手发展。

为了遏制竞争对手的市场增长态势，保持其市场优势地位，企业会选择可以致使某些竞争对手的主营产品和方法构成侵权行为的专利，通过向对方发送警告函、提起专利侵权诉讼等方式要求对方接受自身的专利许可，从而凭借高昂的专利许可费用削弱对方的成本优势，甚至迫使对方放弃该领域的市场。

(3) 技术输出与合作。

企业在向外输出技术或者与对方开展业务合作时，往往同时会将与该技术相关的专利向对方发出许可。

相应地，被许可人通常会由于以下一些原因主动或被动地接受专利许可：

(1) 消除专利侵权风险。

有时候，一些新兴企业或企业在其新兴领域中，往往会面临市场份额增长迅速而其专利储备不足的状况。此时，通过主动向一些专利所有者谋求专利许可，可以尽早地消除其市场发展中的专利侵权风险，避免未来的更大损失。

(2) 和解专利侵权纠纷。

当企业遭受他人提起的专利侵权诉讼后，为了避免高额赔偿，并确保其产品能够继续销售，往往会被迫以一定的许可费率接受对方的专利许可，以此换取双方的和解。

(3) 获得技术支持。

当企业产品需要更好的技术支持时，可以选择寻求他人的专利许可，从而达到节省研发资源、短时间内提高企业产品的技术优势和市场竞争力的目标。

2．专利联盟模式

对许多企业来说，建立专利联盟是一种促进技术沟通和交流、共享专利成果和专利收益、共同对抗寡头企业专利攻击的有效手段。联盟的成员企业之间，基于共同的战略利益，以一组密切相连的专利技术为纽带形成专利池。在联盟内部，各成员可以就专利池中的专利相互进行交叉许可，或者优惠使用彼此的专利技术。而且，联盟可以共同对外部发布联合许可声明，多以商业交换为条件，以统一许可条件向第三方开放进行横向和纵向许可，许可费率由联盟中的专利权人协商决定后通过一定的机构来实施。

3．交叉许可模式

交叉许可模式在以复杂的综合技术为对象的领域中，作为有力的专利经营模式被广泛运用。一个企业不可能开发所有的技术，也不可能保证所有开发的技术都能获得专利权。如果本企业拥有自主开发的优秀专利，而竞争对手的专利对本企业的生产经营又构成妨碍时，就可实施交叉许可模式。

交叉许可模式在国外企业运用得非常普遍，并且被作为一种实现双方战略合作的有效途径，也是全球高技术企业努力避免代价高昂的知识产权纠纷的重要举措。一方面，一些专利联盟内部的交叉许可非常普遍；另一方面，随着企业所在产业领域的专利权的增多和复杂化，及自身市场份额和经营地域的不断扩大，与其他企业之间的交叉许可也在不断增多，通过这种交叉许可，可以有效地降低专利纠纷风险，免受其他企业的侵权诉讼，并促进彼此间的技术交流、引进新技术等。

4．专利回授模式

企业在接受技术输出方的专利许可后，如果能重视引进技术后的再开发工作，在改进创新过程中积极进行专利挖掘和专利布局，将可能会在一些极具市场价值的改进方案或重要的技术改进方向上取得专利权，尤其是在一些基础专利过期以后，这些改进方案的专利将发挥重要的技术控制作用。拥有这些专利，将有效增加企业与技术输出方的谈判筹码，而通过将这些专利回授给对方，将有可能在一定程度上不再完全受制于对方的专利控制，提升市场竞争优势，并进一步争取到更多的合作机会。

5．专利许可代理模式

中介公司把专利作为一种商品来经营，从大学、科研院所或者企业购买专利，并寻找合适的购买对象销售出去，进而从中获利的一种经营模式。这种模式往往存在于具有以下特点的市场中：技术研究主体具有较强的知识产权意识，对研究成果积极申请专利；专利技术交易市场活跃；具有技术成果评估水平较高的专业队伍。

（三）专利许可前的准备工作

企业在开展相关专利许可工作前，一般需要提前做好专利许可前的若干准备工作。

1. 专利许可对象的初步调查

（1）许可方对被许可方的选择：一是确认被许可方是否具备进行许可贸易的主体资格；二是评估被许可方的实施条件和资信状况。其中，实施条件是指被许可方具有与使用专利技术相适应的生产工艺、原材料、厂房设备、必要的生产操作技术人员，以及有效的经营机制和销售市场网。资信状况是指被许可方的实施诚意和履约信誉。

（2）被许可方对许可方的选择：要求许可方保证自己是所许可专利技术的真正所有权人或者持有人；分析许可方所提供的专利有效性、技术本身的价值以及市场大小和长远的需求；明确许可方为实施专利技术所提供的技术协助、服务和其他方面的范围；调查许可方的技术实力、经营作风和商业习惯。

2. 可行性研究

可行性研究是对项目的所有内容进行个别的和综合的深入调查、分析和研究，提出具体的而且是可行的项目实施方案。该部分的内容非常重要，应当重点研究自己本身的及涉及许可的专利技术及外围技术、对方所在地的法律环境、文化环境等因素，如考虑：

（1）梳理企业本身的技术积累、核心技术、优势技术，建立核心技术或优势技术保护体系，不仅防范国外公司，还得防范国内企业侵权风险；

（2）不仅重视核心和优势，还得重视外围技术；

（3）如何避免触犯美国的反垄断法而引致美国的行政和诉讼等法律风险；

（4）专利许可的回授因素；

（5）争端协调机制的可行性。

3. 评价与决策

所谓评价与决策，就是把拟议中的项目放在企业整体发展战略层面加以分析，由公司决策层作出实施或放弃项目的决策。

4. 谈判与签订合同

谈判是签订合同的前提，签订合同是谈判的结果。谈判过程是双方努力寻求对方都能接受的妥协点的过程。在谈判前，要拟定谈判方案，确定总体目标、具体策略、可能发生的分歧和解决的办法；对在哪些条款上寸步不让，哪些条款可以做些交换等，都应做到心中有数。在谈判时,要充分运用好各种资料数据,采用灵活的谈判技巧,争取更多的利益。在起草合同条款时,要求做到文字简洁、结构严谨、内容完整、责任分明、引用法律条款准确。正式签字前,要反复对合同文本进行审核,确保万无一失。

5. 合同的准备

每个专利许可合同情形都视情况有所不同,但大致应当具备如下条款:

(1) 前言;
(2) 定义;
(3) 合同的标的:即技术范围的确定和说明,需写明专利的种类、名称、申请日、批准日、有效期等;
(4) 费用的支付:一次总算支付;提成费(按销售金额或利润确定提成比例);入门费加提成费(签订合同后,预付一笔费用,然后每年再按销售金额或利润来提成);技术入股(专利权人以其专利技术作为股份投入,利益共享、风险共担);
(5) 技术资料的支付:规定技术资料的范围、交付时间、地点、验收方法;
(6) 技术改进:签约后一方对该专利技术的改进,其成果归谁所有及另一方的利益问题;
(7) 技术服务和人员培训:被许可方获得技术资料后可能无法制造出合格产品,还需许可方提供培训、指导等;
(8) 保密条款:主要涉及技术秘密,被许可方应对许可方负有保密的义务;
(9) 担保条款:双方各自互相给予对方履行合同的许诺;
(10) 争议的解决:规定双方发生争议后的解决办法;
(11) 违约:对不履行或不按时履行合同等违约的处理;
(12) 合同的生效日、有效期限、终止及延期。

(四)签订专利实施许可合同的要点

1. 必须进行专利法律状态检索

专利法律状态检索是指对一项专利的有效性、地域性,以及自该项专利授权之后所产生的权利人变更等进行的检索,分为专利有效性检索、专利地域性检索和权利人检索。

(1) 专利有效性检索。是指对一项专利或专利申请当前所处的法律状态进行的检索,其目的是了解该项专利申请是否被授权,授权的专利目前是否仍然有效,或者是因何种原因导致失效。

(2) 专利地域性检索。是指对一项发明创造在哪些国家和地区申请专利,并获得授权的检索,其目的是确定该项专利获得保护或提交申请的国家范围。

(3) 权利人检索。是指对一项已经获得专利授权的发明创造,在授权之后,权利人是否发生变更的检索,即在当前情况下谁才是该项专利的真正权利人。

专利法律状态检索能够有效保障合同效力,明确双方应当如何安排权利义务,如合同约定的专利的实施范围超过法律状态反映的地域或其他限制,则必然损害企业利益。企业应对此类合同时,若缺乏必要的专利法律状态检索流程,虽然并不直接体现为签订的具体合同存在法律风险，但一种不规范的行为模式为发生法律风险提供了条件。

2. 审查专利实施许可合同的有效性

审查专利实施许可合同的有效性时，需要重点关注的是：是否被授予专利权并保持有效，转让方是否为合法的专利权人，是否有共有权人以及是否取得共有权人的同意。

3. 许可的专利和许可范围应当约定清楚

许可专利有关情况应当在合同中详细规定，便于履行。技术的有关情况包括：技术项目的名称，技术的主要指标、作用或者用途，关键技术，生产工序流程，注意事项等。这些数据表明了技术的内在的特征，同时也是当事人计算使用费的依据。

还需注意约定转让方的一些特定义务。比如，提供实施专利技术的有关资料和必要的技术指导；承担对专利权的完整性的担保义务；承担如实向受让方说明订立合同前专利实施情况义务等。许可他人实施技术都应当明确范围，合同中可供选择的条款包括专利许可要明确在什么区域内可以使用该专利，超过的就构成违约。

4. 许可费用的约定

在实施许可的情况下，根据使用的范围和生产能力以及许可方式等因素考虑约定使用费的数额。

需要关注的是，在接受许可专利时，应当确认许可专利包中确被实施的专利，以防止许可人利用非实施专利延长收费期限，增加许可费率。

5. 保密条款的约定

虽然专利代表的是一种公开的技术，但合同中还需要就一些事项通过保密条款进行约定。专利许可合同通常会涉及的保密事项包括：

（1）与专利相关的技术秘密。即使申请了专利，一项发明创造的实施，同样可能需要专利以外的一些技术秘密，这些都构成保密内容。包括专利文件中没有提到的其他与发明创造相关的说明、图纸、流程等资料，也包括专利产品除专利以外的其他采用技术秘密方式保护的内容。对于这些内容，被许可方必然需要知悉，如果缺乏约定，很难有效保护信息安全。

（2）与经营、管理有关的商业秘密。需要特别注意的是，在专利实施许可过程中，合同双方会有较为密切的接触，必然了解对方部分经营、管理秘密，同样需要保密条款给予恰当的保护。在实际评估活动中，保密条款的法律风险需要结合企业实际需要保密的内容进行衡量。若需要保密的内容价值较低，则缺失保密条款的法律风险值也较低；若需要保密的内容价值很高，则即使是保密条款约定严密的法律风险也可能属于严重风险。

6. 后续改进回授条款及法律风险

专利技术可能存在后续改进，而且一旦有新的改进技术，原技术的价值可能大幅下降，因此双方对后续改进问题的约定非常重要。该条款约定的法律问题较为复杂，约定不当将给企业带来各种法律风险。

（1）后续改进申请专利权归属问题。在专利许可中，被许可人获得与原专利同样多的信息，包括一些企业申请专利时未公开的商业秘密信息，因此被许可人同样具有进行后续改进的基础。在双方没有明确约定的情况下，发明创造申请专利的权利应当归发明人所有。被许可方因改进获得新的自主专利权,许可方不仅难以维持许可关系,同时自己的专利价值大幅降低,这种法律风险损害十分严重。

(2) 后续改进的使用问题。由于后续改进极可能导致原专利技术使用价值降低,在出现这种情况时,被许可方希望能够获得新的改进技术的许可。若双方没有约定有关后续改进的使用,或者仅原则地规定被许可方可以优先获得许可,都可能导致被许可方权利难以实现。在被许可方未获得后续改进许可时,面临原技术价值贬损,而已经确定的许可费用不变,这同样是被许可方的法律风险。

(3) 后续改进程度的界定。通常在约定该条款时,双方区分实质性改进和非实质性改进,非实质性改进往往互相免费提供。然而,实际履行时,实质性改进和非实质性改进很难界定。约定不明增强发生纠纷的法律风险。

另外,有时双方在确定特殊的后续改进使用条件时,应当针对后续改进费用承担作出约定,否则实施改进方将承担过重的技术研发费用,这种法律风险也应当予以关注。

7. 专利许可争端解决机制

在签订专利许可合同时,应当充分考虑到将来出现争端的解决方式,应当将细节约定清楚。如果合约是跨国合作,还需对管辖权约定清楚,不要给将来的专利诉讼等争端解决造成障碍。

(五) 发放专利许可的管理要点

1. 发放专利许可的基本原则

从专利许可方的角度来看,发放专利许可的基本原则是:不应损害企业的产品、技术和专利战略,不应因此而"培养"出竞争对手。

被许可人在获得使用专利的许可后,就可以合法地进入该专利的技术领域,这通常是会提高被许可人的竞争实力的,但专利权利人不能让被许可人在专利权利人所从事的技术、产品领域中大幅提升竞争实力,否则就将在自己的领域内"培养"出竞争对手,这是任何一个专利权利人不愿看到的。因此,专利权利人在许可专利的时候,要仔细评估许可的后果。

2. 发放专利许可的对象选择

一般而言,发放专利许可时,交易对象最好不是与许可方在该专利所属的技术领域内有着正面市场竞争关系的对手。否则,就违背了发放专利许可的基本原则,即不能因此"培养"出竞争对手。因此,许可方最好是选择和自己在该专利所属的技术领域内没有直接竞争关系的交易对象来交易。交易对象甚至还可以在具有上下游产业链关系或者技术互补关系的企业中寻找。例如,当企业实施某项专利的能力和规模有一定限度,而该专利长期来看对企业又具有较高战略价值时,可以考虑采取向产业链的上游或下游企业进行对外许可。

【案例 11-1】

G 公司拥有在智能手机领域内的操作系统的一系列专利技术,然而 G 公司是一家以软件和互联网见长的公司,缺乏手机硬件经营资源,尽管有与自己合作的手机生产线,但是规模太小,短时间之内无法满足市场的巨大需求。为此,G 公司选择了将该操作系统专利许可给大型智能手机设备制造商 H 公司的专利运营方式。由于 H 公司有非常成熟的手机制造和营销体系，G 公司在向其发放了专利许可以后，其智能手机操作系统借用 H 公司的营销网络迅速得到推广，市场占有率大幅提高，并很快在市场终端培养了一大批 G 公司智能手机操作系统的忠实用户。

上述智能手机操作系统的专利许可案例中，拥有智能手机操作系统专利的 G 公司和拥有手机制造和销售平台的 H 公司之间就具有上下游产业链关系，即 G 公司为下游的 H 公司提供手机操作系统。其至 G 公司和 H 公司之间也可以说具有技术互补关系，G 公司拥有操作系统方面的长处和硬件设备的短处，而 H 公司恰好拥有硬件设备的长处和操作系统方面的短处。两者通过 G 公司操作系统的许可，实现技术互补，使各自都在迅速进入智能手机市场领域方面实现双赢的格局。

3. 发放专利许可的基本管理流程

发放专利许可的基本流程如下：

（1）清点自己的专利清单，分析哪些专利值得许可，被许可人使用许可专利后是否可能造成对许可方自己的不利影响；

（2）与被许可人协商专利许可事宜；

（3）签署专利实施许可合同；

（4）收取许可使用费；

（5）履行专利实施许可合同。

4. 发放专利许可的要点详解

发放专利许可的要点如下：

（1）明确权限：必须明确约定许可权限，尤其是专利权利人自己是否可以继续使用该专利、专利权利人能不能再许可给第三人使用、被许可人能否将该专利分许可给第三人等。

（2）侵权免责：在专利许可合同中，发放专利许可的一方应在合同中约定，被许可方在未来使用许可专利时，如出现侵犯第三人专利而导致需要承担相应的侵权法律责任，所有责任均由被许可方自行承担，而一概与许可方无关。

（3）后续改进：被许可人对许可而来的技术能否进行技术改进，以及改进后的技术创新成果的专利权属由谁享有，许可人和被许可人能否无偿使用改进后的技术的专利等，也应在发放专利许可时予以明确。

（六）获取专利许可的管理要点

1. 获取专利许可的基本原则

获取专利许可的基本原则有二：

（1）谨慎接受许可：这包括三方面的内涵，其一，只有在确实需要接受许可的情况下才接受专利许可；其二，谨慎审查专利权利的稳定性；其三，谨慎付款，最好将许可款项分两部分支付，即首付一部分，余款如在若干年之内该专利未被无效再支付。之所以强调"谨慎"，是因为专利权利的不稳定。一旦许可而来的专利被宣告无效，那么接受这样的专利许可显然就没有价值。

（2）打包许可：被许可人获取专利许可通常是为了保护自己的产品和市场，但有时候产品可能需要多件专利的保护，而这几件专利恰好又都为专利许可方所有。如果只获取其中一件专利的许可，那么被许可人虽然受到这件专利的保护，但却可能侵犯那些还没有许可出来的专利。另外一种情况则存在于专利族中，许可方如果只将中国专利许可给被许可方，未来被许可方在售卖相关产品到该专利族所在的其他国家/地区时，就有可能又要面临侵权的情况。因此，获取专利许可时，应当将保护被许可人产品所需的全部专利、专利族打包许可获取。

2. 获取许可的专利的特征

通常情况下，获取许可的专利的特征是：该专利对于被许可人来讲无法规避或者规避的成本极高，是公司的产品、技术和专利战略发展道路上必须使用的专利。假如该专利对于被许可人来讲可以轻松地规避，显然被许可人不会再要求获得该专利的许可，而是使用自己规避设计过的技术。

在前述 G 公司智能手机操作系统专利许可案例中，作为被许可方的 H 公司意图进入智能手机产品领域，操作系统是必须逾越的一关。然而，H 公司在单独开发智能手机操作系统方面显然能力有限，周期可能很长，在智能手机快速而敏感的市场里根本不可能采用"自主知识产权"的道路，因此采用"拿来主义"，从 G 公司那里获取专利许可，无疑是更为经济和更具效率的务实选择。

3. 获取专利许可的对象选择

获取专利许可的交易对象可以选择那些技术研究机构或者与被许可人具有技术互补关系或者上下游关系的专利权利人。技术研究机构自己本身不从事产品的生产，主职工作是研发，几乎不参与市场竞争活动，因此他们更倾向于将研发成果以转让或者许可出去的方式来快速而方便地回收研发成本。而有产业链或技术互补关系的专利权利人则非常愿意进行专利许可领域的合作，因为这很容易确保双赢的局面。在上述 G 公司和 H 公司在智能手机操作系统的案例中已经很明确地说明了这一点。

当然，在企业遭受专利侵权纠纷而被迫接受专利许可时，将不再拥有选择的主动权。

4. 获取专利许可的基本管理流程

被许可人获取专利许可的基本流程如下：

（1）分析该专利是否确实无法规避，是否为企业本身战略发展所需，是否存在需打包获取许可的其他专利；

（2）审视该专利的法律状态，并对其是否具备"专利三性"进行深入分析，尤其是对实用新型专利要特别关注"专利三性"问题；

（3）与该专利的权利人协商许可事宜，签署专利许可合同；

（4）支付专利许可使用费。

5. 获取专利许可的要点详解

被许可人获取专利许可的要点如下：

（1）分析拟获取许可的专利是否无可规避。一旦结果表明某个专利并不是必须获取许可，而是有其他成本更低廉的替代方案，那么就不再花费更多的金钱来获取该专利的许可并承担该专利权利不稳定的风险。

（2）是否存在需打包获取许可的其他专利。这主要包括两类情形：一类是如果只获取其中一件专利的许可，虽然受到这件专利的保护，但却可能侵犯那些还没有许可出来的专利；另一类是国际申请的专利族。因此，获取专利许可时，应当将保护被许可人产品所需的全部专利、专利族打包获取许可。

（3）对拟获取许可的专利进行"专利三性"的深入研究，以确保专利效力的稳定。

（4）明确自己的许可使用权限，能否对该技术进行技术更新，以及更新后的知识产权权属如何分配。

（5）在签署专利许可合同时，要注意对相关合同风险进行规避，其中最起码的一点是要确保被许可人在实施专利时，不应再遭到许可人任何的专利侵权追究。这是因为，作为被许可人来讲，由于信息不对称的原因，其难以确保许可方是否将所有的相关专利都打包许可给被许可人。因此，在商谈许可合同的签署时，许可人最好在许可合同中约定类似于如下内容的条款："许可方保证，在将合同约定的专利许可给被许可方以后，在被许可方使用该等专利生产、许诺销售、销售产品期间，许可方不再以许可之前申请的、未许可给被许可方的任何专利对被许可方生产、许诺销售、销售产品的行为提起任何关于侵权的追究。"

三、专利转让的管理

（一）专利转让概述

专利转让是专利权利人将其专利申请权或者专利权转让给其他机构或个人的行为，受让人为此需支付专利转让费用给转让人，从而使专利转让人从转让行为中获得收益，实现专利的经济价值。专利转让是最常见的专利运用手段之一，需经过专利局登记和公告，才能发生转让的法律效力。

其中，专利申请权的转让是指转让人将其申请的但尚未获得授权的专利（这是转让人仅拥有专利申请权）转让给受让人；专利权的转让则是指转让人将其已经获得授权的专利转让给受让人，可以是专利权的全部转让，也可以是专利权的部分转让。两种转让形式中，对于受让人而言，风险最大的显然是专利申请权的转让，因为这时候的专利还处于审查状态，如果在转让完成后，该专利无法得到专利局的授权，受让人受让而来的就是一份"无效"的专利，尽管程序上还可以申请复审，但各种成本显然会大很多。

（二）专利转让的类型及特点

1. 转让

专利转让，一般是专利拥有者以实现经济价值为目的而对将一些"非重要专利"进行转让。需要说明的是，此处的"非重要专利"并非是指专利本身的价值不大，而是相对于企业而言其与企业的主营业务和发展战略关联不大，即对于企业自身的运营和发展已经"不再重要"，例如企业已退出业务领域的专利。企业通过定时例行的专利清仓，清理出可供转让的"非重要专利"，可以避免不必要的财政负担，并获取经济收益。

2. 受让

（1）以核心/基础/重要专利储备为目的的转让。

国际化的公司，尤其是新兴国家企业面临欧美地区激烈的海外竞争和专利壁垒，核心/基础/重要专利的储备势在必行。其中，专利的受让是储备的一条捷径。这类专利必须满足专利质量指数（Patent Quality Index，PQI）各类指标和标准的要求。

（2）以应诉为目的的快速转让。

即以应对突发的诉讼，开展反诉行为为目的而迅速受让专利的转让。相较于上述以核心、基础、重要专利储备为目的的专利转让，寻找该类受让专利的工作要求更加苛刻；在有限的时间内，不仅需要满足 PQI 的各种规定，还需分析拟被诉方产品或方法，寻求最大可能容纳拟被诉方产品或方法的拟诉专利及其权利要求。

相应地，转让人（assignor）的定位还更应着眼于有过丰富专利诉讼经验，有过与拟被诉方直接交锋历史，熟悉本行业或持有行业公认的优质专利资产的实体/个人。

（三）专利转让中的常见情形及应对

因在专利许可一节对国内企业在国内许可遇到的情形已经有详细描述，考虑转让和许可之间有许多可参照的共性，本节将侧重于国内企业进口专利技术的问题和对策。需说明的是，国内企业受让专利来自美国的情形较普遍，所以特以美国通行规范为例进行说明。

1. 关于专利权属

《美国专利法》第 261 条规定："为证明专利权或专利申请权的转让、授予或交付，在外国，由美国的外交官或领事馆官员或有权监督宣誓的官员（其权限需有美国的外交官或领事馆官员的书面证明）签字并盖有正式印章的认可证书，即为形式上确凿的证据。一项转授、赠送或转移的行为，如不在成立后 3 个月内，或在以后的转售或抵押之先在专利与商标局登记，则以后如有销售或抵押情节，无需事先通知，以前的转授、赠送或转移对以后的购买者或抵押债权人不发生效力。"由此可见，登记并非是法定义务，❶ 这就造成了许多专利权属不清、名义上的专利权失权的现象发生。

所以，购买美国专利时，除了聘请律所进行相关的尽职调查工作外，受让人还应当要求出让人作出权利担保。❷

2. 关于专利技术的进出口控制

（1）美国对专利技术进出口的控制。

---

❶ 目前，许多美国国内的业内人士已呼吁建立专利转让信息库供公众或利害相关人查询。

❷ 示例条款原文如下：The assign or convenants with the assignee that it has the right to assign to the assignee the full legal and beneficial title in the Patent (including the benefit of all applications for registration). The Patent (including the benefit of all applications for registration) shall be sold free from any charges, mortgages, pledges, liens, restrictions, third party rights or interests or other encumbrance.

美国商务部依据《出口管理法案》（Export Administration Act）制定了关于商品、技术资料和软件（再）出口的法规（Export Administration Regulations，EAR），该法规的执法部门为出口管理局（Bureau of Export Administration，BXA）。在该法规下，未经许可的情况下，不适当地出口技术或软件到被禁止的国家将会致使出让人被处以罚金，导致交易无法进行。

因此，出让人和购买人都需要了解 EAR 的一些基本内容。如商品、软件和技术，除非其中美国的原创内容微小或不重要（de minimus），都适用美国 EAR 而在 BXA 的管理之下。在再出口（基本技术自美国以外初次进口）到特定的禁运或支持恐怖分子的国家时，美国软件或技术的内容不应大于总价值的 10%；在再出口到其他国家时，不应大于 25%。

具体而言，购买人可以结合美国商务部的商业控制清单（commerce control list）、出口控制分类号（export control classification number）和国家清单（country list）查询拟购买行为是否需要获得商务部门许可，从而确保自己的购买专利行为合法和顺利。

（2）中国对专利转让进出口的控制。

在目前企业专利运营的现实背景下，中国专利的转出方面，企业管理人员尤其需要关注关于跨国专利权转让的有关规定。

针对跨国专利权转让，我国《专利法》第 10 条、《专利法实施细则》第 14 条以及《专利审查指南 2010》中对中国单位或者个人向外国人转让专利申请权的行为都有明确规定和约束。

当我国企业面对跨国专利权转让时，要获得《技术出口许可证》，首先需依照《技术进出口管理条例》相关规定向国务院外经贸主管部门提交技术出口申请，国务院外经贸主管部门会同国务院科技管理部门于 30 个工作日内对申请出口的技术作出决定后，由国务院外经贸主管部门下发技术出口许可意向书后，方可对外进行实质性谈判，签订技术出口合同。之后，企业再向国务院外经贸主管部门提交技术出口许可意向书、技术出口合同副本、技术资料出口清单及签约双方法律地位的证明文件等文件，申请技术出口许可证，由国务院外经贸主管部门于收到上述文件之日起 15 个工作日内对技术出口合同的真实性进行审查作出相关许可决定，最后由国务院外经贸主管部门颁发技术出口许可证。

要获得《自由出口技术合同登记证书》，同样需依照《技术进出口管理条例》相关规定，向国务院外经贸主管部门办理登记，并提交技术出口合同登记申请书、技术出口合同副本、签约双方法律地位的证明文件。经由国务院外经贸主管部门自收到所述文件之日起 3 个工作日内，对技术出口合同进行登记后，才颁发《自由出口技术出口合同登记证》。

（四）签订专利转让合同的要点

企业在订立有关专利转让、许可合同时，首先要注意专利保护期。投资前要看其专利保护期限，防止其技术相对陈旧或转让后出现大批同类生产跟进者。

其次，要区分合同中转让是专利还是专有技术。转让项目可以是专利，也可以是技术或者生产诀窍。非专利技术一般不受法律保护（受保密合同保护的技术秘密除外），如果从其他渠道了解并掌握此技术，完全可以自行使用并进行模仿或进一步改进，反之则需要出资购买。因此，找到一项适合自己发展的技术，一定要弄清是专利还是非专利技术。为降低市场风险并获得更广泛和更长时效的法律保护，企业应更多使用有经济效益的专利技术加以作利用。

再次，在签订有关转让合同时应注意合同细节。对所有的协议的可知性包括审计条款、争端处置等问题要约定明确，并且对将来的争端处理有利。

另外，在双方合作方式上也可采取一次或多次性转让、签订研发协议或技术入股等不同形式。一般而言，技术的转让许可与协议研发两种合作方式主要针对具体某项专利或技术，科研单位与企业的强强联合则更适合双方的长期合作。在实践中，企业可根据具体情况选择不同的合作方式，从而提高专利技术的转让率，实现专利的经济价值，研发出高科技含量的产品，增强企业实力、提高总体技术水平，在国际市场竞争中占据优势。

综上，在对外技术合作与转让过程中，企业应遵循国际惯例和现有的知识产权法律法规，采取积极措施保护自己的技术和产品不被侵犯、维护企业合法权益的同时，还要在现有的世界知识产权法律所允许的游戏规则内采用多种方式大力引进国外先进的核心技术。

（五）专利买入的管理要点

1. 专利买入的基本原则

从专利受让人的角度来看，专利买入的基本原则如下：

（1）谨慎买入。这包括三方面的内涵：其一，只有在确实需要买入的情况下才买入专利；其二，谨慎审查专利权利的稳定性；其三，谨慎付款，最好将转让款分两部分支付，即首付一部分，余款如在若干年之内该专利未被无效再支付。之所以强调"谨慎"，是因为专利权利的不稳定，一旦买来的专利被宣告无效，那么这样的专利买入显然没有任何价值。

（2）打包买入。受让人买入专利通常是为了保护自己的产品和市场，但有时候产品可能需要多件专利的保护，而这几件专利恰好又都为专利转让方所有，如果只买入其中一件专利，那么受让人虽然受到这件专利的保护，但却可能侵犯那些还没有转让的专利。另外，同族专利是否需要一起购买也需要慎重考虑，如果只买了中国的专利但是没有买其相关的外国同族专利，那么当专利受让人需要将产品销售到相关的外国时，就有可能会侵犯转让人没有转让的外国同族专利，这对专利受让人显然是不划算的交易。因此，专利买入时，应当将保护受让人产品和市场所需的全部专利打包购买。

2. 准备买入的专利的特征

一般而言，准备买入的专利的特征有二：其一，该专利在受让人的战略发展道路上无法规避，或者虽然可以规避，但是规避成本高昂，因此买入的专利对于受让人来讲至关重要，符合公司的产品、技术和专利战略；其二，该专利对于转让方来讲已经没有使用价值，要么转让方已经不想再生产该专利所保护的产品，要么转让方认为专利维权成本过高而直接选择将该专利卖掉的方式来快速地获得专利收益。

在前文关于北电网络出售其 6 000 多件专利的案例中，竞买这些专利的 IT 巨头显然看中了这些专利对于丰富自己的专利布局、填补自己在移动互联领域内的专利短板、进入更高级别的移动通讯市场有重大的战略意义，如果由这些 IT 巨头自己亲自去进行专利的规避设计，那么工程无疑是浩大的，因为要绕开一个专利也许容易，而要绕开规模高达千件量级的专利群，可行性可以说几乎为零。尽管竞买这些专利的成本不菲，但与未来可得的利益相比，这些专利仍然值得高价投资、收入囊中。而对北电网络来讲，由于其自身已经到了破产清算的边缘，已无再实施、运用甚至哪怕是维护、保护这些专利的能力，通过拍卖这些专利迅速获取收益以降低北电网络投资者、债权人的损失，对于北电网络来讲无疑也是个极为务实的选择。因此，在北电网络专利拍卖的案例中，参与竞买的 IT 巨头买入的这些专利显然符合上述提到的两个特征。

3. 买入专利的交易对象的选择

一般而言，买入专利的交易对象通常选择那些技术研发机构或者与买受人竞争不太激烈的竞争对手。因为技术研发机构自己本身不从事产品的生产，主职工作是研发，几乎不参与市场竞争活动，因此他们更倾向于将研发成果转让出去的方式来快速而方便地回收研发成本。如果竞争对手与企业自己的竞争关系非常激烈，那么这种竞争对手通常不会将其专利转让给自己的直接对手，否则无异于放虎归山，"纵容"直接竞争对手的发展。

4. 买入专利的基本管理流程

受让人买入专利的基本流程如下：

（1）买入专利前的分析：如前所述，买入专利需秉持谨慎的原则。因此，企业在决定买入他人的专利之前，应当进行谨慎的分析，主要包括两方面的分析：首先，分析拟买入的专利是否确实无法规避，是否为企业本身战略发展所需，同时分析是否有其他相关专利需要打包购买；其次，应当审视拟买入专利的法律状态，并对其是否易被无效进行深入检索和分析。

（2）专利转让合同的签署：企业在决定买入专利以后，应与该专利的权利人协商转让的具体事宜，将自己作为受让方最关注的要点明确地写入合同，并在此基础上签署转让合同。

（3）专利转让合同的履行：在签署完专利转让合同以后，应办理专利转让登记，将买入的专利登记在受让方名下，以确认完成对买入专利的拥有权利。此外，受让方还应依据转让合同的约定支付专利转让款。

5. 买入专利的要点详解

买入专利的要点在于：

（1）对企业是否确需买入某个专利进行必要性的分析，尤其针对拟买入专利是否符合企业发展战略、是否无可规避等。一旦结果表明某个专利并不是必须买入，而是有其他成本更低廉的替代方案，那么就不再在花费更多的金钱来买入专利并承担该专利权利不稳定的风险。

（2）对拟买入的专利进行"专利三性"的深入研究，以确认拟买入的专利申请是否可能被驳回或者拟买入的专利权是否可能被无效。如果一个专利被驳回或者被无效的可能性较大，那么是否还要买入该专利就需三思而后行了。

（3）在签署专利转让合同时，要注意对相关合同风险进行规避。其中，最起码的一点是要确保受让人在实施该等买入的专利时，不应再遭到转让人任何的专利侵权追究。这是因为，作为受让人，其尚无法确信所有的相关专利都被打包，转让人仍有可能潜藏相关专利的"地雷"。因此，在商谈转让合同的签署时，受让人最好在合同中加入类似于如下内容的条款："转让方保证，在将合同约定的专利卖给受让方以后，在受让方使用该等专利生产、许诺销售、销售产品期间，转让方不再以转让之前申请的、未转让给受让方的任何专利（如有）对受让方生产、许诺销售、销售产品的行为发起任何关于侵权的追究。"

（4）需要办理转让登记手续。这是因为，专利申请权或专利权的转移以专利局的登记为生效要件。

（5）买受人买入专利以后，如果遭遇任何人提起的宣告该专利无效的行动，那么买受人应当邀请转让方予以协助。这是因为，转让方对于专利的内容及与该专利内容相关的技术背景、技术创新点最为了解，拥有足够的与该专利相关的技术数据和人力资源（即发明人），所以让其参与未来可能发生的专利无效程序中，对于维护专利权利的稳定性具有重要的作用。当然，转让方在将其专利转让给受让人以后，并没有当然的配合义务来协助受让人，因此受让人最好在专利转让合同中明确约定转让方的这种配合义务。例如，可以约定类似于如下内容的条款："转让方在将合同约定的专利转让给受让人以后，在转让登记之日起 8 年之内，如果任何第三方对该等专利提出任何理由的专利无效请求，转让方应积极配合受让人，参与相关的专利无效应对程序，并积极提供其拥有的任何数据、资料、实物等证据，论证该等专利的有效性。转让方参与相关程序、调查收集相关证据的费用由受让方予以适当补偿。"

（六）专利卖出的管理要点

1. 专利卖出的基本原则

从专利转让方的角度来看专利卖出的基本原则是：不应损害企业的产品、技术和专利战略，不应因此而培养出竞争对手。

这是因为，专利转让以后，转让人将丧失对该专利技术的任何权利，即便是转让人自己未来也不能再进入该专利技术的保护范围。因此，只有在确认转让专利不会因此损害到转让人自己的产品、技术、市场和专利战略的前提下，才可以考虑转让。如果转让人销售势头极好的产品还依然受到某件专利的有效保护，这时候该专利就最好不要转让，除非转让费的金额大大高于转让人对该产品的销售所得的期望值。此外，专利转让也不应因此而"培养"出竞争对手。受让人在受让专利后，将可以合法地进入该专利的技术领域，这通常是会提高受让人的竞争实力的，但转让人不能让受让人在转让人所从事的技术、产品领域中大幅提升竞争实力，否则就将在自己的领域内"培养"出竞争对手，这应当是任何一个转让人所不愿看到的。因此，转让人在卖出专利的时候，要仔细评估转让的后果。

2. 准备卖出的专利的特征

一般而言，转让人准备卖出的专利具备如下特征：该专利对于转让方来讲已经没有多大的使用价值，要么转让方已经不生产该专利所保护的产品，要么转让方觉得专利维权成本过高而直接选择将该专利卖掉的方式来快速地获得专利收益。

【案例 11-2】

B 公司是一家医疗技术公司，旗下拥有在冠状动脉血管、肾动脉血管、大动脉血管、脑血管等不同部位的医疗技术产品，并在这些技术领域申请了大量的专利保护。其中，冠状动脉血管医疗技术产品销售最好，是 B 公司的主营产品，而在脑血管领域的产品则由于该血管部位的发病和治疗机理不同以及销售渠道不健全，市场销售额有限，每年为 B 公司贡献的销量不超过 50 万元，只能大约占到 B 公司全部销售额的 1%，并且还有继续下降的趋势。于是 B 公司有意砍掉脑血管领域的产品线，专攻冠状动脉领域的产品。尽管如此，市场中还是不时出现个别国内的竞争对手仿冒 B 公司脑血管医疗技术产品的侵权案例，B 公司开始也曾为了维权而展开专利打击行动。但是，尽管维权取得一定成效，但是 B 公司发现市场中开始出现对 B 公司一些不利的言论，即认为 B 公司自己很少生产脑血管领域的医疗技术产品，又不允许国内其他机构生产这些产品，导致市场中此类产品较为缺乏，不得不更多地依赖更高价格的进口产品，评论认为 B 公司是一家不为患者负责的技术垄断的公司，其中有些评论甚至倡议国内医生减少对 B 公司销售最好的冠状动脉医疗技术产品的使用。面对这些负面的评论，B 公司重新审视了自己的专利管理政策，发现在脑血管领域的专利维权行动虽然有直接的效果，但是却可能误伤公司的总体发展策略。在权衡利弊之后，B 公司决定将自己在脑血管领域内的一组专利技术以人民币 150 万元的价格出售给一家专门从事脑血管领域医疗技术产品开发和制造的 J 公司。

3. 专利卖出的交易对象的选择

一般而言，转让方在卖出专利时，交易对象最好是不与转让方在该专利所属的技术领域内有着正面市场竞争关系的对手。否则，就违背了专利卖出的基本原则，即不能因此"培养"出竞争对手。因此，转让方最好是选择和自己在该专利所属的技术领域内没有直接竞争关系或者虽有竞争关系但竞争不是很激烈的交易对象来交易。

4. 卖出专利的基本管理流程

转让人卖出专利的基本流程如下：

（1）卖出专利前的分析：在企业决定卖出专利以前，应做好卖出前的分析和论证工作：首先，清点自己的专利清单，分析哪些专利值得卖出，确保将专利卖出不会破坏企业自身的技术和产品发展战略；其次，对是否可以将专利卖给某个受让方进行论证，确保受让方买入专利以后不会成为转让方的有威胁的竞争对手。

（2）合同的协商和签署：转让方应与受让方协商转让的具体事宜，将转让方自己关注的要点明确写入合同，在此基础上签署专利转让合同。

（3）合同的履行：转让方签署专利转让合同以后，应按合同的约定办理转让登记手续，并收取专利转让款。

5. 卖出专利的要点详解

卖出专利的要点如下：

（1）卖出专利的最主要的要点是，要分析企业自己哪些专利对公司已经没有使用价值，值得卖出。这一点如果没有做好，有可能在转让后转让方反而要获得受让方的许可方能再用该专利技术，而且也有可能因此"培养"出竞争对手。

（2）卖出专利的第二个要点是，要在专利转让合同中明确约定在转让方办理专利转移登记手续之前，受让方应当先支付全部或部分的专利转让费。否则，如果没有收取任何的转让费就将专利转移给受让方，可能会导致受让方在未来支付专利转让费的时候出现不及时支付甚至是不付的情况。

（3）卖出专利的第三个要点是，在专利转让合同中要明确约定"侵权免责"条款，即受让方在未来使用转让方转让过来的专利时，如出现侵犯第三人专利而导致需要承担相应的侵权法律责任，所有责任均由受让方自行承担，而一概与转让方无关。

四、专利标准化

（一）专利与标准的关系

1. 什么是标准

标准是指由一些技术规范或其他明确的准则所组成，被用作规则、指南或特征的定义的文件，其目的是要求产品、工艺等达到一定的要求。

标准的制定和推行能够对规范产业秩序、降低互通成本、整合产业链的运作、促进产业的整体发展、方便消费者享用技术进步成果等起到积极作用。

尤其在电子、信息技术等高新技术领域，存在技术解决方案种类多，研发和产业化的投入成本高、产业分工细且厂商多、对产业链的配套和支撑性依赖高等特点，使得单一企业或少数几个企业难以完全承担一项技术从提出到真正得到市场化应用中的各类风险。在这些领域中，对于依靠标准的制定和推行来协调不同技术解决方案之间的差异和竞争、引导和明确研发方向、整合产业链的技术和生产资源、推动技术的市场化应用等的需求愈加强烈。因此，在这些领域中，其标准往往更是先于技术的产业化而出现并主导产业的发展，而且还很可能出现多个标准相竞争的现象。

根据标准制定人的性质可以把标准分为两类：

（1）法定标准：法定标准是政府标准化组织或政府授权的标准化组织建立的标准。

在这类标准的制定中，企业通过参与国际、国家、行业标准制定工作，将企业自身的专利技术纳入标准中，如 WCDMA、TDS-CDMA 等移动通信技术标准，并在标准实施过程中，通过专利许可费用获得收益。

法定标准一般又分为强制性标准和推荐性标准两类。

（2）事实标准：事实标准是单个企业或者具有垄断地位的极少数企业建立的标准。

在这种情况中，企业通过市场开拓，使得企业的产品和相关技术的市场容量不断扩大，直至控制或垄断市场，企业技术成为了行业的事实标准，如微软的 Windows 操作系统、Intel 的芯片标准，因此，这种类型也被称为"Win – Tel 模式"。

当今社会，技术更新日新月异，市场竞争已趋于白炽化，已经没有任何一家企业能够轻易实现某一技术的绝对垄断，"Win – Tel 模式"已经逐渐淡出历史，多家企业联盟合作模式成为主流趋势。因此，在此主要是在前者模式框架下进行探讨。

2. 什么是专利的标准化

专利标准化，即某些专利中的技术被标准所采纳，成为标准中的一部分。其实质是在各类技术被普遍专利化后，在对有关产品或技术制定标准时一种难以避免的现象，是技术标准化和技术专利化的结合产物。

在技术的掌握者大多寻求以专利权进行技术保护的时代，当需要对某类技术或产品的共性的性能、规格、操作工艺以及不同产品之间的互联互通要求作出规范、制定标准时，部分性能、要求的实现往往无法完全回避现有的专利或专利申请中的技术，或者某些规范本身就是已有的专利或专利申请中的技术方案，因而其中的一些技术最终会被纳入标准中，相应的专利也就成为了标准中的专利，形成专利标准化。尤其在电子、信息技术等高新技术领域，技术研发和专利申请活动异常活跃，任何一个技术点、任何一项小的改进上都可能已存在大量的专利或专利申请，使得在标准制定中对技术的选择范围非常有限，因而在这些领域中专利标准化的现象更为普遍。

在通行的国际规则中，并不排除标准中纳入专利，我国在推荐性国家标准中也不反对含有专利。事实上，作为对有关技术的整体规范，有关标准需要充分考虑现时的技术现状和发展趋势，吸收已有的优秀技术成果，最终形成的标准也需要得到产业界的广泛支持才能得以有效地实施推广。因此，在标准制定过程中，往往要依赖众多企业参与提案，鼓励有关企业贡献相关的技术方案，因而在最终的标准中往往会纳入参与制定的企业的一些专利。

专利标准化将市场准入和专利权的许可有机地联系在一起。由于标准本身所具有的对产业引导和规范的特性，相应的产品或技术需要按照标准中的规定来制造或实施，否则将无法获得普遍的支持和认可，进而将难以在市场中立足；与此同时，对于标准中的规定或技术方案的执行，势必也会涉及相应的专利权。即，一件产品或一项技术必须遵照相应的标准，并同时获得相应专利权人的许可，才有可能进入市场并被市场接受。

对于企业而言，专利标准化为其技术的推广和获利提供了一条捷径。同时，专利标准化也在某种程度上促进和鼓励技术拥有者将其优秀的技术成果在整个产业中进行普及，促进产业的整体技术进步。

（二）专利标准化对企业的意义

一般而言，企业要想通过技术的创新来获利，需要两方面的保证：一方面，该技术以及含有该技术的产品被市场广泛认可；另一方面，企业对技术拥有独占权，能够有效遏制他人的恶意模仿。而技术的标准化为其在产业中的推广提供了便利的捷径，专利制度则为该技术提供了充分的权益保证。将二者有机结合即形成专利标准化，这为企业通过技术创新获利提供了充分的保证，是企业专利运用中的一种比较高级的运用形态。企业专利标准化工作的意义如图 11 – 2 所示。

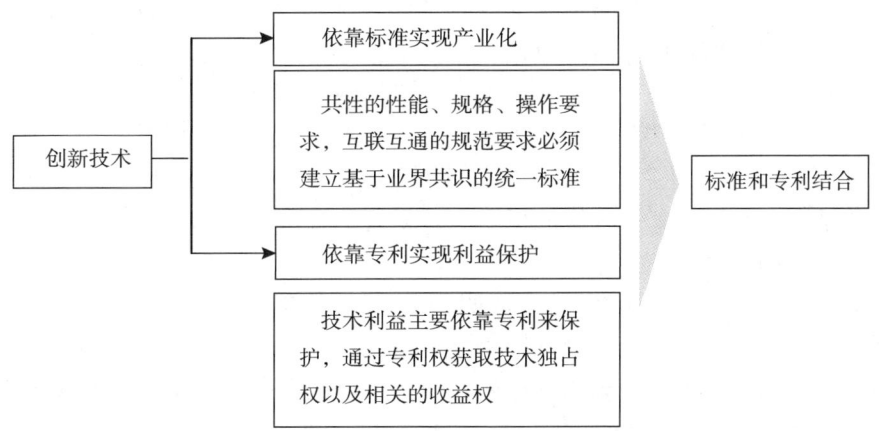

图 11-2 企业专利标准化工作的意义

当企业的某些专利技术被标准采纳后,由于产业中的每个厂商为了获得市场认可,势必要围绕标准来开发相应的终端产品,并会因应标准而提供配套的支撑技术和产品,使得相应的技术借助标准的推行和实施而得以在产业界和市场中得到迅速、强有力的推广和应用。在技术的推广和应用中,作为技术的拥有者,企业将占据有利的产业主导地位,而专利所赋予企业的技术独占权和收益权,使得企业能够在市场竞争中处于优势地位,并通过相关专利的许可而坐享超额的专利收益。

相反,即使企业拥有优秀的技术和相应地专利保护,但如果没有被标准所采纳,为适应整个产业和市场环境,其将被动地接受别人的技术控制而可能在市场上居于不利地位。一方面,由于缺乏产业链的支持和市场的认可,企业的技术难以通过市场获利,企业为之付出的大量先期研发投入甚至部分生产资料投入将无法收回成本;另一方面,为了适应标准的要求,企业将不得不对其研发规划重新作出调整,并因此而可能丧失市场先机,沦为市场的后入者,在市场竞争中处于被动地位。进一步而言,企业还将被迫去谋求标准中专利拥有者的许可,为之付出额外的费用,使得其产品在成本上失去与之竞争的优势,并可能在市场上受到对方的制约。

因此,专利标准化是确保企业在市场竞争中有效地占据优势位置甚至控制地位的有力保障。通过形成"技术专利化—专利标准化—标准许可化"的链条,企业可以凭借着标准的产业影响力和专利的私权保护制度,使其技术创新的收益最大化。

另外,在这种标准的推行过程中,往往会伴随着相关"专利池"的建立和"专利池"管理机构的成立。通过"专利池"以及相应的管理机构进行专利许可,也为专利权人提供了便捷、稳定的专利许可途径,在一定程度上降低了其行使专利权的成本和风险。

(三) 标准对专利和专利权人的要求

但并非所有的专利都能被纳入标准中。一般而言,能够被纳入标准的专利为"必要专利"。所谓"必要专利",是指实施标准时,该专利的某一权利要求被侵犯,无法通过采用另一个商业上可行的不侵权的实施方式来避免。换言之,某个标准只能以某些技术方案实现，而这些技术方案不可避免地落入某些专利的保护范围，即使这些专利的保护范围可能很窄或者创新程度也可能较低，它们也称之为"必要专利"。

此外，在标准制定过程中，企业还要遵守以下两点要求：

（1）及时披露有关的专利/专利申请信息。企业需要及时将标准提案中可能涉及自身的专利/专利申请信息进行披露和说明，确保标准制定组织在确定最终方案前能够及时了解有关情况。否则，如果存在故意隐瞒的情况，在标准推行后，企业将可能失去通过专利许可获利的权利。

（2）作出合理且无歧视的许可的声明。一旦企业的某些专利将被确定纳入标准，企业必须声明其愿意以合理且非歧视的条件许可使用该标准的任何人实施其专利。如果不愿作出有关声明，标准制动组织将可能会考虑其他的替代技术方案，或者在标准实施中无法获其他拥有"必要专利"的专利权人的许可。

（四）企业的专利标准化工作流程

1. 前期筹备工作

为了在标准制定中获得主动地位和话语权，企业的专利标准化工作应该是有备而来而不是仓促上阵，否则，其在标准制定中很可能成为被动的跟随者甚至是被动的接受者。为此，企业要将专利标准化工作纳入日常研发、专利挖掘和专利布局规划中，充分做好前期的筹备工作。

这些筹备工作主要包括：

（1）从外界信息中发掘可能会成为被提议设立标准的技术领域和技术点。包括关注技术和产业的发展趋势以及潜在的市场需求，跟踪技术领先者和产业主导者的研发动向。

（2）从自身研发成果中发掘可能会成被纳入标准中的技术。包括检视自身的研发成果中可能对产业进步产生重要影响的共性技术，或有可能引领产业发展和市场需求的技术等。

（3）对已预判可能设立标准的技术领域和技术点进行技术信息和专利信息分析。包括：筛查出已有的各类技术解决方案，比较各类方案在技术效果、产业应用上的优劣势，分析各类方案的主要拥有者的市场地位、专利布局情况，确定标准制定中的可能的合作伙伴和可能的竞争对手。

（4）结合企业自身技术优势、研发能力、专利储备情况，确定企业的技术和专利位置，确定企业的标准战略。如果企业在某个解决方案上具备技术和专利优势，则可以考虑在该方向上加大研发投入，力争成为标准制定中的主导者；如果企业的技术和专利优势并不明显，一方面可以和类似方案的主要拥有者保持沟通，力争至少成为标准技术的支持和跟随者，另一方面则可以在多个方向上同时开展研发，减少其成为完全的被动接受者的风险。

（5）对与预期的标准有关的研发成果，强化专利挖掘和专利布局工作。包括开展进行多角度的专利挖掘工作，确保专利申请文件的撰写质量，围绕核心方案进行专利布局，构建专利组合。

2. 围绕标准框架积极提案

在标准的制定工作启动后，标准制定组织往往会事先提出总的技术框架，向各企业征集提案。提案工作的启动，意味着企业的专利标准化工作正式进入实质阶段，而提案质量的高低，会直接影响到企业专利标准化工作的成败。为此，企业需要围绕标准的技术框架，结合自身的技术实力，筛查与企业的技术优势领域、企业研发的重点投入领域相一致、适宜的技术点筹备提案，并注重以下几方面工作：

（1）在提案撰写前，针对这些技术点进行专利分析。包括：梳理此方面专利分布情况、主要的专利权人和主要的技术解决方案的内容；结合其他方面的市场、产业和技术信息等，预判各可能的提案方及其可能的提案方向。

（2）根据预判结果，结合自身的技术优势和特色，确定企业竞争力较强的技术点，重点在这些技术点进行提案撰写。另外，对于其他一些具备一定竞争力的技术点，企业也可以参与提案或与合作伙伴联合提案。其中，对于竞争对手很可能参与提案的技术点中，无论企业是否具备竞争优势，都应保持对这些技术点的关注，并可以通过积极地参与提案来影响标准的走向。

（3）针对筹备提案的各个技术点，在企业的研发成果和专利储备中进行筛查相应的技术解决方案，撰写提案初稿。已有技术解决方案和相应的专利或专利申请的，需要注意将专利的内容写入到提案中；要对技术解决方案进行小幅修改或进行组合的，需要关注相应的专利申请的内容是否具备修改的可能，是否有必要提交新的专利申请；尚未形成完整的技术解决方案的，应在现有成果基础上快速开发，启动应急专利申请流程，并且申请文件的撰写要和提案的撰写相结合，确保专利的内容写入到提案中。

（4）对提案初稿进行核查。包括核查自身的专利或专利申请是否被写入提案中，核查提案初稿中是否写入了他人的专利。对自身专利的核查，其方法是制作专利标准对照方分析表；对他人专利的核查，其方法是针对提案中的技术方案进行检索，并制作专利标准对照分析表。

（5）根据核查的结果进行提案初稿的修改。修改的方向是尽可能避免写入他人尤其是竞争对手的专利，并确保自身的专利中方案的纳入。提案初稿修改后，需要关注相应的专利申请的内容是否需要修改，或者是否有必要提交新的专利申请。

（6）围绕写入提案的专利或专利申请，进行外围专利的布局。外围专利布局中，需要重点关注的是，针对未来在草案讨论阶段对提案作出的可能的修改或妥协方向提前布局。

针对提案制作专利标准对照分析表时，可参照表11-1的形式进行。

其中，此表中专利权利要求技术特征与对应的标准文本对比关系主要有相同、等同、上位、下位以及不同几种。当存在相同、等同、和下位三种关系时，判定为标准文本包括相应特征。当标准文本包括独立权利要求所有技术特征，则可以判断为专利写进标准。另外，因为专利在答复过程中，可能为了授权进行修改或缩小独权保护范围，可能将从属权利要求的附件技术特征加入独立权利要求。因此，从属权利要求的附加技术特征也应尽量写进相关的标准中。

表 11-1　专利标准对照分析

专利信息	标准信息	对比分析结果
专利名称： 专利申请号： 专利状态： 发明人：	标准名称： 标准状态： 标准起草人：	
1. 独立权利要求全部特征	标准名称	
特征 1	对应的标准文本内容（可列出具体章节、页码及具体对应标准内容叙述）	
特征 2	……	
特征 3		
……		
2. 从属权利要求附加或限定特征		
特征 1		
特征 2		
特征 3		
……		

3. 根据草案的讨论和编撰结果进行专利申请

在各方提案提交上来后，经过多次讨论，标准草案的大致方向会初步确定，并进入标准草案的编撰阶段。在此阶段，企业需要及时关注标准草案的走向和编撰结果，随时对其专利申请内容和申请方向作出调整，包括：

（1）对于自身的提案被采纳或经过修改后被采纳成为标准草案的，企业需要再次检视其已有专利和草案中技术方案的对照情况。经过检视，确定哪些已有的专利或专利申请与标准草案一致，以及是否需要根据修改情况对已提交的专利申请进行主动修改或启动应急专利申请工作来申请新的专利。此外，企业还需要及时围绕标准草案来补充、完善相应的专利组合，形成对标准中基本方案的延伸保护。

（2）对于竞争对手提案被采纳或经过修改后被采纳成为标准草案的，对其制定专利标准对照分析表，确认对方哪些专利可能会被写入到标准中，并及时围绕这些专利的各类可能的改进、应用扩展等方向进行包围式专利布局，以期未来利用企业和对方专利之间的制约关系来减少其对企业未来市场的威胁度。

（3）需要注意的是，专利申请必须在标准草案对外提出以前递交国家专利局，以免因为标准的公开而丧失专利的新颖性。

4. 跟踪标准制定进程

标准草案对外公布后，一般会经过征求意见、送审、报批、标准发布阶段。在征求意见阶段及送审阶段，标准文本发生变化的可能性很大，企业对此期间的标准和专利的状态需要密切关注。

(1) 如果由于标准草案可能发生变化而导致自身专利未能写进标准的，企业可以通过主动修改或者提优先权的方式及时进行修改。而在专利答复审查过程中，为了应对专利局审查意见，可能需要修改专利才能授权的，需要注意修改要保证修改后的独立权利要求内容仍然写进标准文本。

(2) 如果无论是主动修改或被动修改的结果都将是无法和标准内容形成对应，企业可以通过对标准草案的修改施加影响，通过修改标准文本，使自身专利与标准重新对应。

(3) 如果采纳竞争对手提案的草案发生了变化，企业需要及时针对新出现的专利空白点进行布局，并根据修改后的草案内容及时调整其包围式专利申请的内容或提交新的专利申请，以达到包围其标准方案的效果。

在标准、专利的跟踪与修改阶段，不论是标准或专利进行的修改，都需要及时更新自身以及竞争对手专利标准对照分析表，这样才能保证对标准、专利的及时跟踪。

5. 标准化成果的维护

标准发布以及专利授权后，需要根据标准发布的内容及授权的专利权利要求制作最终的专利标准对照分析表，并进行评估分析。分析的内容包括：

(1) 企业自身的哪些专利成功地纳入标准的哪些技术点中。

(2) 围绕企业纳入标准中的专利，所构建的专利组合是否能够达到对其延伸保护的效果，竞争对手是否已经开始对该专利开展包围式专利布局，以及企业对该专利组合需要做哪些补充和完善。

(3) 竞争对手的哪些专利成功地纳入标准的哪些技术点中。

(4) 竞争对手对纳入标准中的专利的延伸保护状况如何，在哪些改进方向上重点进行了后继专利申请工作，企业是否在这些方向上已进行了专利布局，以及企业需要对其包围式专利布局做哪些补充和完善。

除了对已写入标准中的各方专利进行评估分析，保护自身专利标准化成果，以及减少对方专利标准化成果对企业的影响外，企业还需要随时跟踪现有标准可能发生的修订和更新，以及随着技术的演进可能出现的新的标准制定领域，进行相应地研发和专利挖掘，确保其专利标准化成果的延续性。

6. 其他注意事项

在整个专利标准化工作流程中，标准工作人员与专利工作人员应当建立良好的沟通机制。在标准项目的立项、标准草案的起草、征求意见、送审、报批等阶段，标准工作人员应当将其负责的标准项目以及其进展情况和状态变化及时告知专利工作人员，共同商讨专利标准化的工作，专利工作人员也要将与标准相关的专利工作进展及时告知标准工作人员。

由于专利标准化工作的特殊性，以及其专利对企业的重要性，企业需要建立标准专利的应急申请流程。该流程包括：标准相关信息的记录、专利与标准的对照分析、后续的专利与标准的跟踪维护，同时，该流程在专利申请的评审及审批环节应当尽量简化，对专利申请要有时间限制，以保证专利的快速申请。

此外，企业标准工作人员应当积极参加与企业相关的国内、外标准组织活动，了解产业内标准制定的动向，在标准相关会议上积极发言，争取其他企业的认可。同时，必要的时候，需要跟其他企业进行良好的合作，寻找共同的利益点，争取使得有利于自己的提案获能够得到其他公司的支持，为专利标准化工作创造良好的外部环境。

（五）企业在标准中的专利运用

1. 在参与标准制定过程中的运用

标准往往对未来一段时间内技术和产业走向具有指引作用，标准的制定往往是不同技术的拥有者针对未来市场的先期博弈。专利的挖掘和布局，则是企业基于自身的技术能力和对未来技术、市场方向的判断，对其未来可能利益的预先保护以及未来可能风险的预先防范。因此，企业如果能将其专利的挖掘和布局策略与标准的制定过程有机地结合起来，将实现对未来利益的最大保护和未来风险的尽可能防范。

不同技术的拥有者都希望自己的技术方案以及相关专利能够被纳入最终的标准中，因此伴随标准的制定过程的是一系列的讨论、修改、相互的妥协，究竟哪些技术会被标准所采纳，是一直动态变化的。在这个过程中，企业可以通过以下一些方面的措施来尽可能的维护、扩大其利益。

（1）影响标准走向。

标准的走向决定了技术和产业的走向。被纳入标准中或者对标准中规定的性能、参数等要求的实现起到支撑作用的技术方案，将成为未来一段时期的主流技术，与之相关的一系列产品将占据市场的主要份额，而提供这些技术和产品的企业将在产业中占据主导地位。因而，为了确保能够在未来一段时期内的市场竞争中占据有利地位，企业需要在标准制定过程中积极发挥其影响力，力争使标准方案的走向有利于自身，或者至少不使竞争对手占据过多的优势。

① 影响的途径。

在标准制定过程中，企业可以通过以下方式来积极影响标准方案的走向：

（a）通过技术比较分析、产业配套分析等，让标准制定组织充分了解到其技术方案的优越性。例如，与其他的方案相比，企业的方案在技术层面上具有优异的实施效果并能充分满足标准中的性能要求，具有良好的实施稳定性和良品率保证，具有一定的前瞻性，在未来一定时期内难以被替代等；在产业层面上，对产业中已采用的技术、相关联的周边设备和产品等具有良好的兼容性，具备合理的或较低的实现成本，具备较好的产业配套支持基础等。

（b）通过专利信息披露和专利分析，让标准制定组织充分认知到使用该方案的标准在推行时，潜在的专利风险足够小且处于可控范围。例如，企业可以充分披露其自身专利组合的分布及授权情况、审查中的审查意见倾向以及其合作伙伴的专利拥有状况，并针对企业的技术提案进行专利分析、提供专利分析结果。以此表明，对于该技术提案，企业及其合作伙伴在专利上具备控制力，相关专利被他人掌握的数量及可能性均较小。

（c）积极作出有利于该标准推行的承诺。例如，企业可以承诺在标准实施后，对于相关专利进行低费用的许可，促进技术在产业中的扩散；企业还可以承诺为产业链中其他配套企业积极地提供技术支持，在技术开发、原料和设备供应以及产品销售等方面为上下游企业提供帮助，促进标准在整个产业中的实施。

（d）扩大其技术方案的产业支持阵营。企业可以通过技术合作、技术支持、专利共享、市场联营、作出优先采购保证或物料供应保证等方式，与相似技术的拥有者以及产业链上下游相关企业达成合作或联盟关系，并可以适时地在方案的修改方面作出一定的让步来积极争取相关企业的支持，从而使得企业的技术提案得到更广泛的产业认同。

② 争取的结果。

通过这些努力，企业应该力争依序达到以下的结果。其中，当较为理想的结果难以实现时，企业可依序寻求次优的结果：

（a）企业自身的提案被采纳。

这种情况对于企业而言是最为理想和有利的。其结果将使得标准的方案与企业及其合作伙伴的前期的技术研发、专利布局和产品规划方向完全一致，企业的技术优势将得到最大的发挥，并藉此获得对产业的控制力，在未来的市场竞争中占据有利地位。

（b）在自身提案的基础上进行小幅修改后被采纳。

如果在各个提案方的竞争实力相当时，企业可以寻找与其方案较为接近、存在合作可能的提案方，分析企业与对方各自的专利、技术和市场优势，藉此寻找彼此共同的利益点和互补之处，并在此基础上与对方进行沟通，力争双方能够达成一致意见，通过方案的小幅修改换取对方的支持，从而增强己方的竞争力。

此外，企业也可以主动作出小幅修改，满足标准制定组织对方案中有关性能、参数等的更高要求，或降低标准制定组织以及其他提案方对于企业在专利、技术上完全垄断的担心，从而提高其被采纳的可能性。

藉此，在上述（a）的理想结果难以达成的时候，作出这种小幅让步，将不会对企业及其合作伙伴的技术研发和产品规划方向产生较大影响，依旧能够保证企业对于产业的控制力，并在未来的市场竞争中占据有利地位。

在对提案就行修改后，围绕这些改动，企业要及时补充专利挖掘和布局工作。

（c）支持对企业有利的提案被采纳。

如果企业及其合作阵营的提案被采纳的可能性不大时，企业可以通过对各类提案内容以及提案方的分析，找到企业能够在其中发挥其已有的技术优势或具备一定技术开放能力，并且有可能和提案方达成合作的提案，转而对这种提案进行支持，争取该提案被标准所采纳。

藉此，企业虽然无法保证其在技术以及专利上的控制地位，但通过对提案方的支持可以在一定程度换取与对方进行合作、获得技术支持和专利共享的可能。并且，凭借其自身的技术能力，企业也可以围绕该提案快速地完成技术开发和专利挖掘工作，一方面可以力争后续在个别技术点上能够有专利被标准采纳入，另一方面也能保证其在未来的市场中保持一定的竞争力。

（d）使竞争对手方案不被完全采纳或者需要大幅的修改。

如果标准的走向已经大致确定，竞争对手所提出的不利于企业的方案很可能被最终采纳，企业可以联合部分对该方案的反对者，对方案的技术优势性、产业实现性等提出质疑，以及对其未来在技术和专利垄断的可能性提出担忧等，迫使对方放弃其中的部分方案或作出大幅修改来换取普遍的支持。

藉此，为企业赢得了一定的技术开发的时间和专利挖掘的空间，可以有效地避免企业在未来的市场竞争中完全限于被动和受控的地位。

(2) 调整技术研发、专利挖掘方和专利布局方向。

在标准的制定过程中，标准草案需要历经多次修改，最终方案的确定往往是经过多方博弈、相互妥协后的结果，并很可能与最初的各类提案都存在一定的区别。在此过程中，围绕标准进行博弈的背后是各方为了争取对未来市场的控制力而对其技术研发、专利挖掘方向的不断调整。提案或者提案中的大部分方案被标准所采纳的一方固然有可能成为市场的主导者，然而，在技术和专利上及时跟上标准走向的企业，同样会在未来的市场竞争中占据有利的地位。

企业参与到标准制定过程中，为其及时了解标准方案的走向提供了便利的条件。为了积极利用标准来增强其市场竞争力，尽可能减少标准方案中某些要求或规范对企业的不利影响，企业需要及时根据标准走向的变化，有针对性的调整其技术研发投入的方向和重点，并开展相应的专利挖掘和专利布局工作，围绕标准方案来扩展自身的技术优势、防御对手的竞争威胁。而对于前面提到的四种应力争的标准走向结果，企业可以有不同的调整重点：

(a) 企业自身的提案被采纳。

在这种情况下，企业应重点围绕其技术进行深度开发工作，包括在其技术方案的完善、优化、改进、产业化应用以及应用领域扩展方向投入研发资源。在此基础上，企业需要重点针对各类可能的专利规避方案，各类技术改进、性能提升方案，与具体生产过程、具体产品、具体技术应用场合相结合时衍生的各类解决方案，与其他相关技术结合时衍生的各类方案进行专利挖掘，并及时结合重点市场区域进行专利布局。藉此，不断扩大其技术和专利优势，从而在标准推行后真正实现其对技术的控制以及对产业和市场的主导。

此外，企业还需要关注一些具有发展潜力的新兴替代技术，并适当投入研发力量跟踪这些新技术的发展，必要时采取合作、并购等方式来避免其技术拥有者成为企业的对立方，以此在未来可能出现的标准修订或新标准制定中延续其优势地位。

(b) 在自身提案的基础上进行小幅修改后被采纳。

在这种情况下，企业首先应重点针对修改部分快速地进行技术开发和专利挖掘，完成对修改后方案的专利布局，保持其在技术和专利上的优势地位，避免其他人借此机会占据过多的布局空白点。其次，由于标准的总体走向还是和企业之前的技术研发方向相一致，企业应继续进行技术的深度开发工作以及相应地专利挖掘和布局工作，扩大其技术和专利优势，成为产业主导者。

另外，围绕竞争对手利用这种修改机会而布局的专利，企业应开展防御性专利挖掘和布局工作，减少这些专利对企业的威胁可能，维持企业相对于竞争对手的优势地位。

(c) 支持对企业有利的提案被采纳。

在这种情况下，企业首先应重点围绕其在提案中具备优势的技术点进行深度开发，并对其专利布局情况进行强化，争取在某些技术点上占据控制地位，从而部分地延续其已有的技术优势。在此基础，企业还应及时对其他技术点进行跟踪研发，增强其整体技术开发能力，并适当地进行防御性专利挖掘和布局工作；尤其可以考虑在其优势技术点和其他技术点的结合方案上投入研发力量，对其中创新成果及时进行专利挖掘，以此扩展其优势技术的影响范围。

藉此，凭借在某些技术点上的技术和专利优势，企业能够提供有特色的技术解决方案而在市场竞争中占据一定的位置，并可能通过与其他优势地位企业的技术合作而进一步巩固其市场地位，成为产业主导阵营的成员之一。

（d）竞争对手方案不被完全采纳或者需要大幅的修改。

首先，企业可以利用这种修改带来的缓冲期，在其放弃的部分或大幅修改后的提案中，寻找一些企业具备技术优势的点集中力量进行突破，力求能够迅速地在一些技术点上获取成果并形成一定的专利布局，降低竞争对手对企业的技术控制力，并为企业在后续的标准讨论中赢得一定的话语权。

其次，企业需要针对竞争对手在某些技术点或某些市场区域中的暂时的专利布局薄弱点，有针对性地开展专利挖掘，形成防御性专利布局。例如，对方在某些技术点上还未来得及进行外围专利的布局，在某些新兴市场上专利布局的数量还较少，这些都可以成为企业的防御性专利的布局点。

藉此，企业力争能够与对方在专利形成一定的相互制约可能，从而尽量地减少竞争对手的威胁度，并为其未来的市场竞争赢得一定的空间。

此时，企业还可以着手针对替代方案或下一代技术开展研究，力争未来能够在标准修订或新的标准制定中占据有利地位。

（3）围绕标准构建专利组合。

标准中被纳入的往往只能是有限的"必要专利"，这些"必要专利"所代表的技术方案一般只是体现了标准对于性能、规格、参数、互联互通规范等方面的基本要求，而在实际产业应用中，依然存在各种优化、改进、应用扩展的可能，以及与其他技术相结合产生创新的可能，并相应地产生各类衍生方案。因此，无论企业是否拥有"必要专利"，都并不绝对意味着其竞争优势的确立或丧失。无论是积极通过专利标准化来实现优势市场地位，或是防御标准中他人专利的威胁，企业都需要围绕标准的方案有意识地构建相应的专利组合。适当的专利组合将有力地维护、巩固、甚至扩大其技术控制优势和市场竞争优势，并有效地增强其应对专利风险的能力、保护市场行动自由。

这种组合从其目的上可以分为三类：

（a）围绕自身"必要专利"的保护性专利组合。

如果竞争对手在某些重要的衍生方案中占据技术和专利优势地位，其可能将影响企业的市场获益甚至动摇其市场地位，企业意图通过专利标准化达到的技术独占优势和产业控制优势将难以实现或维持。因此，企业需要围绕纳入标准中的"必要专利"为中心，建立保护性专利组合，保护专利标准化的成果，巩固和扩大其技术独占优势地位，真正实现对产业的控制力。

这种专利组合需要以"必要专利"的技术方案为核心，结合各种实际应用可能和现实需求，构建包含各类优化、改进、应用扩展、技术组合等衍生方案的外围专利保护圈，形成对该技术的延伸、扩展保护。尤其在企业的重点产品和重点市场区域，需要加强其外围专利保护圈中的专利密集度。通过这种专利组合，企业得以保持并强化其对技术以及相应产品的控制力，从而能够有效地应对来自竞争对手的挑战。

对于这种专利组合，不仅包括企业自身的专利，同时也可以包括企业的合作或联盟伙伴的专利。藉此，可以有效地扩充其专利组合的内容和范围，减少专利组合中的空白和薄弱点，增强对技术的整体控制力。企业尤其要充分利用其与产业上下游伙伴的合作关系，通过彼此间的技术合作开发和专利联盟等，实现全产业链的专利布局，构建能够对整个产业链具备影响力甚至控制力的专利组合。通过这种合作或联盟，企业及其合作伙伴可以形成产业主导阵营，共享市场利益。

另外，对于这种专利组合，除了在企业自身的市场区域范围内进行不断强化外，还要注意在标准竞争中失利一方的主要市场区域及时进行布局，为抢占对方市场做好专利准备。

（b）围绕竞争对手"必要专利"的防御性专利组合。

一旦竞争对手的专利被纳入标准成为"必要专利"，由于其已有的技术和专利优势，企业将不可避免地在未来的市场面临来自对方的威胁和控制企图。为了有效地消除这种威胁和控制，企业可以构建以下的几种专利组合，来防御标准中他人的专利。

对竞争对手的"必要专利"建立包围式专利组合。围绕对方的"必要专利"，在其外围保护圈中，寻找其尚未来得及完成完整专利布局的空白点和薄弱点，在这些空白点和薄弱点中，结合对方的技术发展动向以及对未来的技术趋势和市场需求的判断，选择其中最具发展潜力的点开展专利挖掘，及时占据相应地专利空白点，或在其薄弱点上形成专利包围，从而对其技术方案的改进、优化、应用延伸和扩展等形成专利上的钳制。对于这种专利组合，企业还需要随时关注对方的专利布局进展情况，及时发现其新的技术改进动向，对其新的布局点进行包围。藉此，将有效降低对方在该技术上的影响力和控制力，限制其"必要专利"在市场竞争中的实际效用。

对自身的优势技术点建立保护式专利组合。对于企业在标准方案中的某些优势技术点，可以围绕其自身的核心方案以及影响的核心专利来构建外围专利保护圈，对与该技术点有关的各类优化、改进、应用扩展、技术组合等方案的形成完整保护，遏制竞争对手在该技术点上的专利渗透，从而在该技术点上形成竞争优势、对竞争对手构成一定威胁。藉此，将与竞争对手在技术上形成一定的相互依赖、相互控制、相互制约的关系。

通过以上这些专利组合，企业能够有效地降低竞争对手在标准推行后对企业的威胁和控制，并有可能迫使对方在某些方面作出让步、与企业进行合作或进行专利交叉许可。

（c）储备性专利组合。

专利标准化仅是为专利权人提供了有限时间内控制共性技术、主导产业发展方向的可能。随着技术的进步、新技术的出现、新需求的产生、新产品的涌现，产业的标准也会出现修订、更新和替代，或者在一些之前并未进行过标准规范的技术点上产生制定标准的必要，与之相伴的将是新一轮的围绕标准进行的技术和专利博弈。为此，企业需要提前构建储备性专利组合。

在构建储备性专利组合时，企业可以重点关注以下几类技术或技术点：
- ◇ 对现有产品的一些关键性能起到大幅提高的技术；
- ◇ 对现有工艺的稳定性、环保性、操作简便性、实施成本等有大幅改进的技术；

◇ 应新的市场需求而出现的新技术；
◇ 带来革命性进步、未来能够引领市场需求的新技术；
◇ 解决方案多样化，或产品类型多样化、存在互联互通要求的技术点；
◇ 技术研发密集的技术点，与新的性能需求、功能需求相对应的技术点。

对于这些技术或技术点，企业一方面需要及时在其已有的专利储备库中找到与之相应的专利，研究和判断其内容是否与这些技术或技术点的发展要求相一致，以及是否能够产生技术控制或竞争防御作用，并相应地开展研发和专利挖掘工作，补充、完善和强化企业在此方面的专利组合；另一方面，企业可以通过自主研发、合作开发，或通过专利购买或企业并购等其他方式，积极占据其中的一些核心专利位置，并围绕这些核心专利重点在技术优化及应用等方面进行专利挖掘，形成初步的储备性专利组合。依赖这种专利组合，企业将有可能在在未来的标准修订、更新和制定中占据有利地位，获取新的竞争优势。

由此可见，企业在参与专利标准的制定过程中，不仅仅是争取在标准中获得话语权，将自身的专利纳入其中，通过该过程其还可以有效地了解产业动向从而降低研发风险和市场风险，并与相关企业有效地形成合作从而充分利用产业链资源来巩固和扩展市场。此外，通过该过程还可以及时地了解整个技术上的专利分布尤其是竞争对手的专利布局情况，从而及时结合企业自身情况寻找突破点，并及时作出应对防范措施从而有效地降低未来的风险。

2. 在标准实施中的运用

一旦企业的专利被纳入标准，并围绕这些专利构建了强大的保护性专利组合，其无疑将成为企业参与市场竞争的强有力的武器，并可以有力地影响到竞争对手的发展。对这些专利以及相应专利组合的运用，将为企业带来巨大的收益。

（1）占领市场先机，占据主导地位。

在企业的专利中的技术方案被标准采纳后，企业可以凭借其已经积累的技术优势，快速地推出相应的产品，从而获得市场先发优势。

在此基础上，企业进一步可以通过技术扩散、建立产业联盟和产业生态系统来谋求市场主导地位。通过向其友好合作伙伴尤其是上下游合作企业的快速技术扩散、技术共享等，及时推进该标准的产业普及进程，促使其成为产业主导标准，扩大市场影响力。利用其技术和专利控制优势，企业可以通过技术合作、专利许可等方式积极地争取产业链中相关企业的支持，建立产业联盟，并依靠联盟的集群效应，迅速占据市场主导地位。而以企业的核心技术为主导，通过支持相关企业的延伸技术开发和外围产品开发，可以建立产业生态系统，保持该标准的市场活力，巩固和加强其市场主导地位。藉此，有力地保证和扩大企业的技术收益，并影响竞争对手的市场进入和发展。

企业还要积极利用竞争对手在标准博弈中失利后在研发跟进过程中的空白期以及其在主要市场区域上的专利布局空白，及时通过专利许可、生产和销售合作、自有产品布局等方式及时抢占对方市场，扩大企业的市场优势，增加对方的市场竞争成本。在这些主要市场上，企业还需要围绕其"必要专利"建立专利组合，消弱竞争对手的专利博弈能力。

（2）获取专利许可收益，影响竞争对手发展。

随着标准的技术获得产业广泛的接受和市场推广后，将有众多的跟随者进入该领域，竞争对手也可能被迫推出采用该技术的产品。为此，企业可以分别采取不同的专利战术，有效地保证其技术收益、影响竞争对手的发展。

对于众多的跟随者，企业可以通过其"必要专利"的许可，以及部分外围专利的许可，坐享广泛的专利许可收益，而保留对某些重要改进专利的独占权，来保持其技术控制优势。

对于竞争对手或者跟随者中具备较强的实力而可能发展成为竞争对手的，一方面，可以通过"必要专利"的许可费用有效地保持企业在成本上的优势地位；另一方面，企业可以充分利用其专利组合中的外围专利来限制对方的产品改进和技术优化方向，提高其规避设计的研发成本，从而延缓其新产品的推出、遏制其市场的发展或者迫使其成为自身的合作者。

其中，对于专利许可的方式，对于自身专利实力和专利管理能力较强的企业，可以通过自己单独许可的方式获取收益，而对于一些专利数量有限的企业则可以通过建立专利联盟的方式来有效地保证其专利许可收益的稳定获取。

另外，企业通过对其核心技术保持积极地专利许可态度，在一定程度上可以延续其技术的生命力，有效地防止竞争对手的替代技术的出现和应用，从而为企业继续在新的技术发展中谋求主导地位创造有利的外部环境。

（3）深度开发、延续和扩大优势。

在已有的竞争优势的基础上，企业可以对纳入标准中的技术继续进行深度开发，不断推出改进和优化方案，并进行应用上的延伸扩展研究，扩大技术应用范围，并相应地进行专利挖掘和布局。藉此，不断强化其技术领先优势和专利控制优势，从而持续主导产业发展方向、引领市场需求。

在依靠现有标准获取足够市场收益后，凭借技术的领先优势，企业还可以适时地推动和主导标准的修订、更新，通过标准的更新换代来提高产业的技术门槛，主导产品的发展，保持其产品的高利润率。

另外，在其依赖标准取得的强大获益能力的支撑下，企业可以在新兴技术和可能的替代技术上投入更大的研发资源，扩大研发广度，或通过购买、并购等方式成为这些技术的实际拥有者，以此争取在未来的多个技术方向上占据控制力。藉此，企业可以未来在更多的标准制定中获得主导权，从而使得企业能够持续保持其竞争优势，并扩大其优势领域和影响范围。

五、专利质押融资

（一）专利质押融资概述

在1995年的《担保法》中，质押被确立为一种担保方式，并规定了动产质押和权利质押两个质押种类。专利权质押是权利质押的一种形式，权利质押是指以特定权利作为担保物的质押形式。[1] 专利权质押作为担保物权的一种重要形式，在现代社会中发挥着越来越重要的作用，它不仅是专利权自身价值的体现，同时，从整个担保与融资市场上来看，它还具有担保价值与融资价值。

专利质押融资是指债务人或者第三方担保人依法以其合法拥有的专利权中的财产权利出质，将该财产权作为债权的担保。债务人不履行债务时，债权人有权依法以该财产权折价或者以拍卖、变卖该财产权的价款优先受偿。专利质押融资实质上是企业或者个人通过拥有的专利作为质押物，从银行获取贷款的一种信贷产品。

专利质押融资作为贷款融资市场中的一种新的融资形式，在欧美发达国家已十分普遍，但在我国仍处于起步阶段。从国内各地方的知识产权质押融资运作模式来看，质押融资实现方式各不同。根据政府承担的角色及参与程度不同，主要分为自由型专利质押融资、政府主导型专利质押融资、政府服务型专利质押融资三种类型。这三种类型可以由北京模式、上海浦东模式和武汉模式分别代表，如表11-2所示。

表 11-2 三种不同模式代表的专利质押融资类型对比

模式	北京模式	上海浦东模式	武汉模式
代表的专利质押融资类型	自由型	政府主导型	政府服务型
特点	银行与企业直接对接，政府不参与其中	政府参与并主导，成为专利质押融资成功与否的关键	政府参与并服务，对专利质押融资的结果起不到决定作用
参与主体	企业、银行	浦东生产力促进中心、浦东知识产权中心，企业及银行等多方主体	企业、银行、政府、担保公司等多方主体
融资方式	企业直接向银行申请专利质押贷款	上海浦东生产力促进中心向银行提供担保，由银行向企业发放贷款，同时企业向上海浦东生产力促进中心提供专利权质押反担保，浦东知识产权中心等第三方机构则负责对申请知识产权贷款的企业进行评估	企业向银行申请专利质押贷款，同时银行可要求企业提供其他补充担保方式
政府是否贴息	是	是	是

在不同的类型中，政府的参与程度、质押模式、担保模式等方面有所区别，企业根据对应的模式进行材料准备、条件审查和申请。三种模式中，企业可以将自身的专利权作为质押物，从银行获得相应贷款，并获得政府的贴息和补偿，以缓解或解决中小企业融资难的问题。

◇ 自由型的专利质押融资中，政府以出台政策引导为主，避免过多的行政干预，主体由市场进行，基本实现市场化操作，由银行承担主要风险，质押率会受到一定影响。

◇ 政府主导型的专利质押融资中，政府起到担保和分担风险的作用，降低担保的

---

[1] 《担保法》第79条规定："以依法可以转让的商标专用权、专利权、著作权中的财产权出质的，出质人与质权人应当订立书面合同，并向管理部门办理出质登记。质押合同自登记之日起生效。"

成本，但是政府承担较大的风险。
- ◇ 政府服务型的专利质押融资中，以政府推动为主，引入专业担保机构，减轻政府的负担，一定程度上降低银行的风险，但企业相应地增加融资成本，融资速度也受到影响。

（二）专利质押融资的操作流程

由于各地政府部门在专利质押融资过程中扮演的角色与参与程度不同，各银行办理专利质押融资对企业的要求及办理流程也不尽相同。下面以北京、上海浦东、武汉为代表，详细介绍专利质押融资的贷款条件、期限、额度与流程。

1. 专利质押融资贷款的条件、期限、额度

专利质押融资贷款的条件、期限、额度以北京、上海浦东、武汉为例，具体情况如表 11-3 所示。

表 11-3　北京、上海浦东、武汉专利质押融资贷款情况

地域	北京	上海浦东	武汉
企业条件	（1）资产总额在 4 000 万元 （2）或年营业收入在 3 000 万元以内	（1）注册地在浦东新区，属于浦东新区税务局负责征管的科技型中小企业； （2）经营期在 1 年以上	（1）依法在武汉市注册登记并从事经营活动的企业； （2）主要为科技型中小企业
专利条件	（1）企业的核心专利，处于实质性的实施阶段，形成产业化经营规模，具有一定的市场潜力和良好的经济效益； （2）发明专利现有有效期不得少于 8 年； （3）实用新型现有有效期不得少于 4 年	专利权有效期尚存年限在 5 年以上	专利权处于法定有效状态，出质的专利权已处于实质性实施阶段，并能获取较好的经济效益与社会效益
贷款期限	（1）贷款期限一般为 1 年； （2）一般不超过 3 年	单笔担保期限最长不超过 3 年	（1）一般不超过 1 年； （2）特殊情况下不超过 2 年
贷款额度	（1）贷款额度一般控制在 1 000 万元以内； （2）最高不超过 5 000 万元	单笔担保额度为人民币 200 万元以下	一般不超过该专利权的市场公允价值或评估值的 50%

其中，北京模式专利质押融资中有多家银行参与，目前大部分贷款是由交通银行北京分行推出的"展业通"产品来完成业务。上海浦东模式主要通过上海银行浦东分行完成，银行承担风险为 1%~5%，在控制风险方面较为谨慎，发放贷款方面较为被动。武汉模式中，武汉金融机构较为积极，交通银行武汉分行已经办理部分质押融资贷款业务，人民银行武汉分行正在尝试，其他的小额贷款公司也表现了极大的兴趣。

2. 专利质押融资操作流程

专利质押融资的流程一般包括：评估专利价值、签署融资合同和专利质押合同、办理专利质押登记手续、收到融资款项、清偿融资金额和办理专利质押解除登记手续。以

北京模式、上海浦东模式、武汉模式为例,分别介绍专利质押融资流程。

(1) 北京模式专利质押融资流程。

北京模式专利质押融资主要通过交通银行北京分行的"展业通"❶业务完成,具体的质押融资流程如图 11-3 所示,主要包括:

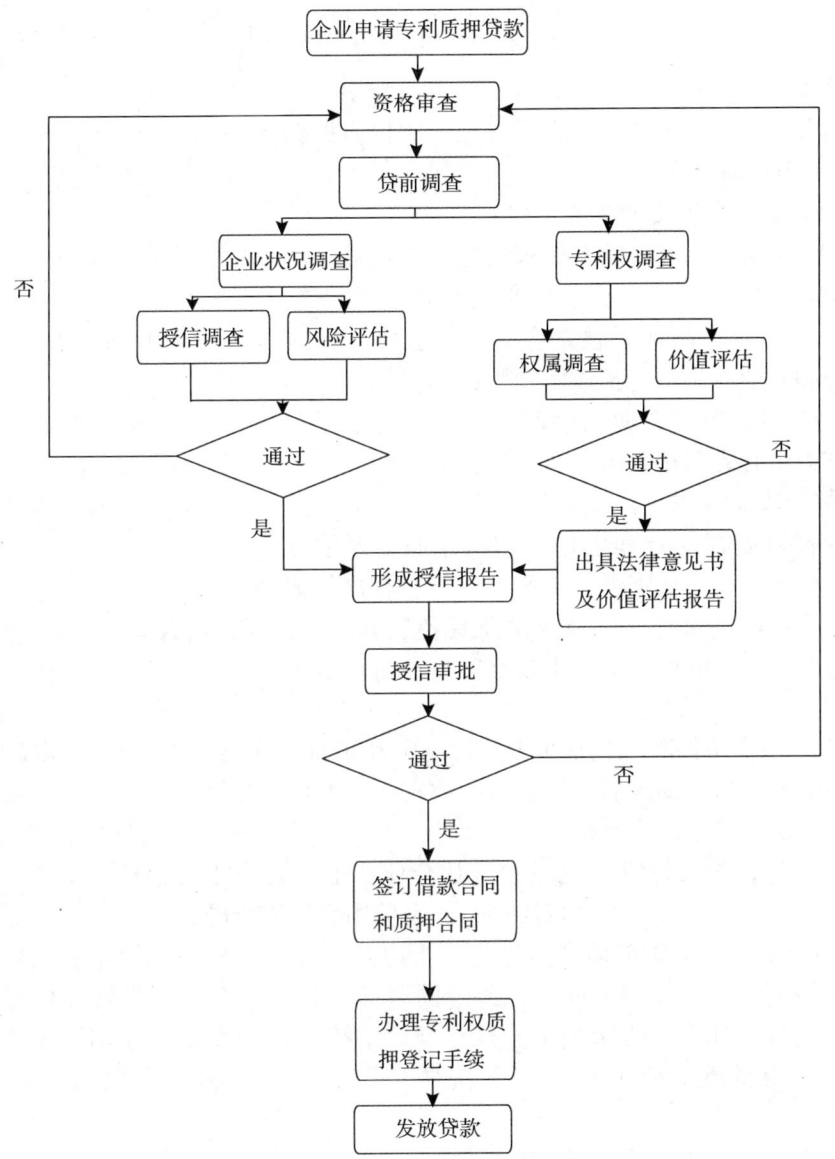

图 11-3 北京模式专利质押融资流程

① 申请阶段。首先企业要完成专利权权利登记,在申请阶段,企业向交通银行北京分行申请专利质押贷款。

---

❶ 交通银行北京分行"展业通"业务网址:www.bankcomm.com/;h/cn/newRecommend/zyt.html.

②审查评估阶段。银行审查阶段分两步进行，一是银行进行资格审查，审查申请专利质押贷款的企业是否满足申请条件；二是银行进行贷前初步调查、企业状况调查、专利权调查及专利价值评估，根据企业状况、专利权法律意见书及专利权价值评估形成授信报告。

③授信审批及贷款发放阶段。首先，根据授信报告，如果审批通过，则由分行审查审批，企业与银行签署借款合同及专利权质押合同；企业办理专利权质押登记手续❶后，银行向企业发放贷款。

（2）上海浦东专利质押融资流程。

如图11-4所示，上海浦东模式的专利质押融资流程主要参与者包括上海浦东生产力促进中心（以下简称"生产力中心"）、新区科技基金管理办公室、新区科委、银行和企业。具体包括以下步骤：

①申请阶段。申请企业向生产力中心提交申请资料以及生产力中心受理接收申请企业提交的申请资料。

②评估阶段。首先，由上海浦东知识产权中心等单位对企业提供质押的专利进行评估，并提交评估意见。其次，生产力中心从资料、现场、银行、客户、政府等方面审查企业是否符合申请条件及具备还款能力，并结合评估单位出具的评估意见出具经所在部门负责人审核的审查意见。

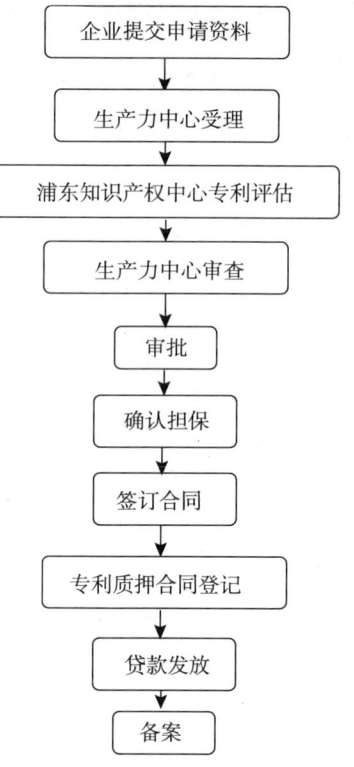

图11-4 上海浦东模式专利质押融资流程

③担保阶段。担保阶段包括担保方案制定和审批，先由生产力中心拟定担保方案，经科技基金管理办公室复核后，报新区科委审批；然后，生产力中心根据科委审批的决定作出担保确认，向银行出具担保确认文件，但担保的额度不超过质押的专利权评估价值的80%；最后，对银行审查通过的贷款企业，生产力中心与银行、企业签订担保合同，同时与企业和业主签订专利权质押和业主信用反担保合同。

④合同登记及贷款发放阶段。首先，上海浦东知识产权中心为企业向生产力中心提供质押的专利权办理质押合同登记或合同鉴证。其中，企业不得转让经过质押登记或鉴证的专利权。其次，银行与企业办理贷款手续，企业按要求使用资金。最后，生产力中心将获得贷款的企业担保资料按要求报浦东新区科技发展基金管理办公室备案。

（3）武汉专利质押融资流程

如图11-5所示，武汉模式结合了北京模式和上海浦东模式的特点，引进专业的担保公司作为担保主体，在进行专利质押融资时，担保公司也是参与的主体之一。具体的质押融资流程如下：

---

❶《专利权质押登记办法》［EB/OL］.［2012-07-09］. http：//www.sipo.gov.cn/2wgs/ling/201008/t20100827_533721.html.

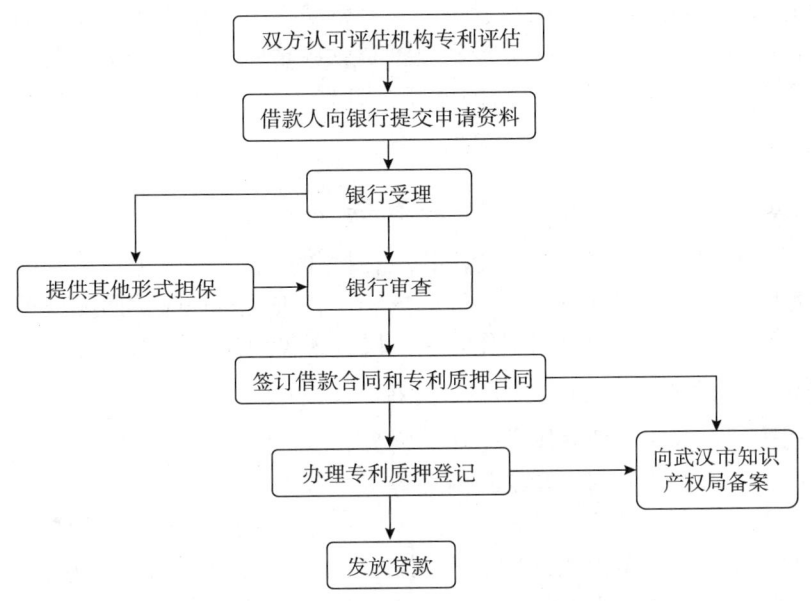

图 11-5　武汉模式专利质押融资流程

① 申请阶段。借款人向贷款人提交专利质押融资贷款申请资料以及贷款人受理借款人申请。

② 担保阶段。贷款人在受理借款人专利权质押贷款申请时，还可寻求其他形式的担保作补充，包括：

（a）贷款人可要求借款企业法定代表人及其他高级管理人员以其个人资产为该项贷款提供补充担保，当出现贷款风险，处置质押专利权不足以弥补贷款人损失时，借款企业法定代表人及其他高级管理人员应承担相应担保责任。

（b）贷款人可寻求专业担保机构提供补充担保支持。鼓励和支持武汉科技担保有限公司等担保机构为专利权质押贷款业务提供担保服务。对于担保机构担保的专利权质押贷款，当出现贷款风险，处置质押专利权后仍有损失的，贷款人应与担保机构协商合理确定最后损失的分担比例。

③ 审查阶段。银行对专利质押融资贷款进行审查，一般考察借款人的还款能力和资信状况，注意审查专利权的有效性及市场价值等。

④ 合同签订及贷款发放阶段。首先，经审查拟批准质押贷款的，贷款人必须与借款人签订书面的借款合同及专利权质押合同，明确借贷双方、质押双方当事人的权利义务。其次，专利权质押合同签订后，借款人（或出质人）应向国家知识产权局办理专利权质押登记手续，并将借款合同、专利权质押合同、专利权质押合同登记情况等报送武汉市知识产权局备案。最后，贷款人应当按照专利权质押合同及借款合同约定及时办理发放质押贷款手续，向出质人发放贷款，并妥善保管出质人移转的专利权证书及其他相关资料。

综合上述三种模式的专利质押贷款流程可以发现，三种模式各有利弊，参与主体也有所差别。企业在进行相应模式下的专利质押贷款申请时，应当结合模式的相应特点，对企业自身的专利数量、质量、核心竞争力、经营状况、未来发展需求进行分析，对企业的专利进行有效管理，从而在提交专利质押贷款申请时建立有利的地位，争取获得最大程度的贷款支持。此外，政府部门的贴息、补偿等措施也是企业可以借助和利用的方式。

（三）企业中的专利质押融资管理工作

国内专利质押融资分为多种不同的模式，在操作和参与主体上有所差别。对于企业而言，不管是哪种模式，都具备一些共性的内容，在进行管理时按照相应的流程逐步地推进。同时，针对企业所处的专利工作发展阶段，还需要注意一些要点。

1. 企业的专利质押融资管理工作主要流程

企业专利质押融资的管理主体是企业的财务管理人员和专利管理人员，对接受质押的贷款人来讲，其管理主体则主要是其内部的法律事务管理人员。

实施专利质押融资，主要有三大工作：评估、签署质押合同、质押登记。

评估，就是要评估拟作为质押物的专利的价值，这是贷款人接受专利质押的基础。如果某专利评估的结果是分文不值，显然贷款人是不可能接受该专利作为质押物的；如果专利评估的结果是价值连城，甚至大大高于贷款人贷款给借款人的金额，那么贷款人的贷款意愿和接受专利作为质押物的意愿就会增强。

签署质押合同，就是双方要在专利价值评估的基础上，签署专利质押合同。这是因为，专利质押将会涉及较为复杂的权利和义务关系，这些权利义务如果没有书面的合同来记载，很容易引起纠纷，而且在办理专利质押登记手续时，质押登记机关也会对专利质押合同提出书面合同的要求。

质押登记，就是签署专利质押合同以后，双方应前往专利质押登记主管机关办理专利质押登记手续，以使专利质押行为生效。

具体的企业专利质押融资的管理工作开展，可按照如图11-6所示的流程进行。

2. 企业专利质押融资管理工作要点

企业专利质押融资管理工作的要点涉及企业的专利数量、质量、企业所在地以及在申请过程中的相关程序和文件处理。企业在内部需要对专利进行选择和排查，保证以最佳的专利形式进行申请，在相关程序和文件处理方面注意查漏补缺，防范程序性失误导致的不利因素的出现。

（1）加强专利管理，注重专利质量。

企业首先应当加强专利管理，把专利工作的重点放在"专利质量"上，按照产品或技术类别进行分类管理，按照专利的重要等级进行分级管理。尤其是企业应当重视发明专利的申请和维护，重点挖掘高质量的发明专利，形成有效的专利组合，为价值评估和质押工作奠定良好的基础。

（2）熟悉企业所在地相关规定，掌握企业情况。

企业应当认真调查企业住所地的专利质押融资的相关规定，没有规定的，应调查当地目前的专利质押融资状况。审查企业是否满足专利质押融资的条件，审查企业是否有满足专利质押融资条件的专利。

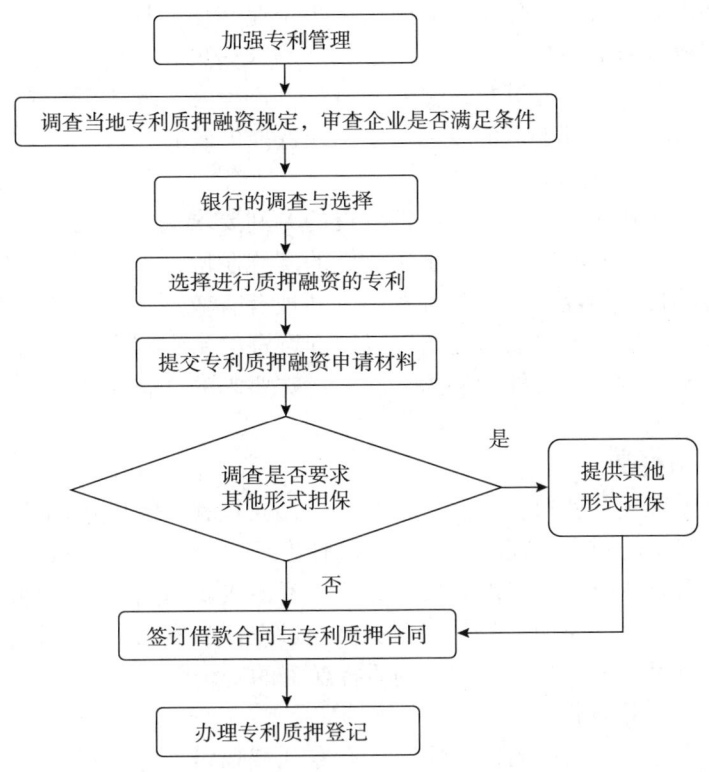

图 11-6　企业专利质押融资管理工作流程

(3) 调查与选择企业住所地银行。

目前，很多银行还没有开展专利质押融资业务，所以企业要调查清楚各银行是否开展此项业务以及各银行的贷款条件、流程及目前此项业务的现实状况，选择专利质押融资成功案例较多且专利质押融资比较优惠的银行。

(4) 精心选择进行质押融资的专利。

在选择进行质押融资的专利时，企业应当从专利权质押融资的风险出发，精选优选专利，这些风险包括经营风险、法律风险、估值风险和处置风险，尽量减小以上风险，可以尽快地完成金融机构的评估和授信，并获得较好的贷款条件，如较高的贷款额度、较长的贷款期限以及较高的质押率等。

为了尽量减小风险，在具体操作时，企业从如图 11-7 所示的几个因素予以考虑并采取相关措施着手进行：

(a) 确保专利权维持有效。

进行质押融资的专利必须获得专利局颁发的专利证书，且仍

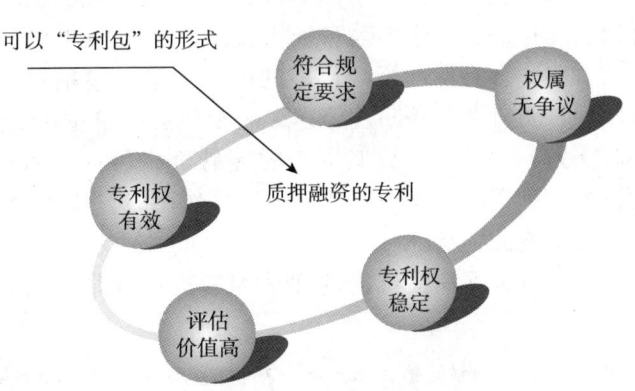

图 11-7　专利质押融资考虑因素示意图

处于专利有效期内。在实务操作中，有时会由于企业知识产权管理疏漏而发生未缴纳专利年费致使专利权终止的情况，专利权终止后专利权灭失，申请专利质押融资便无从谈起。企业应加强专利维护，尤其是重要专利维护，避免发生此类低级错误。企业应在有效的专利权中选择进行质押融资的专利，绝不能选择失效的专利。

（b）符合企业所在地规定要求。

企业应当按照企业住所地对进行质押融资的专利要求选择专利，如北京要求进行质押融资的专利是企业的核心专利，处于实质性的实施阶段，形成产业化经营规模，具有一定的市场潜力和良好的经济效益；且发明专利现有有效期不得少于8年，实用新型现有有效期不得少于4年；上海浦东要求进行质押融资的专利权有效期尚存年限在5年以上。另外，如果银行对进行质押融资的专利有特殊要求的，企业还须遵照银行的要求选择专利。

（c）确保专利权属无争议。

企业应当事先理顺专利权属关系。若专利权存在权利归属关系的争议，或者存在潜在的权利归属不确定的因素，权利的背后不同程度地隐含着现实的或后续潜在的权属纠纷的可能性，那么企业应当首先理顺权属关系，确保权属申请专利质押融资时或者申请质押期间没有权属争议。因为专利质押融资要经过全体权利人的同意方能进行，若专利权本身存在权属争议，势必会影响到专利质押融资的安全性。

（d）保证专利的稳定性。

企业应当事先分析专利权的稳定性。只有专利权稳定，它的运用、经营、价值实现才会成为可能。如果专利权缺乏稳定性，如专利权本身由于无效等原因而丧失，那么专利权价值即不存在。若专利权在申请专利质押融资过程中被宣告无效，势必导致专利质押融资的失败。若专利权在银行发放贷款以后被宣告无效，因质押的专利权灭失，银行本身要承担很大风险，可能会采取其他救济措施，如让企业提供其他相应担保，这势必给企业造成不利影响。❶

（e）提前进行专利价值评估。

企业应当事先对专利进行价值评估，专利质押的贷款金额跟专利评估价值成正比关系。而评估机构一般对专利进行评估的因素包括：专利类别；专利剩余期限；专利的权利限制；专利的保护范围；专利以往的许可及转让情况；专利的法律状态；涉及专利的诉讼状况；是否处于无效宣告状态；企业生产的产品技术特征与权利要求记载的技术特征的对比；影响专利资产价值的技术因素，包括可替代性、先进性、创新性、成熟度、实用性、防御性、垄断性等；影响专利资产价值的经济因素包括专利资产的取得成本、获利能力、许可费、类似资产的交易价格等；经营条件等对专利资产作用和价值的影响；当专利资产与其他资产共同发挥作用时，应当分析专利资产的作用，并考虑其对专利资产价值的影响。

企业可根据评估机构的评估因素进行评估，选择价值较大的专利进行专利质押融

---

❶ 我国《担保法》第70条规定："质物有损坏或者价值明显减少的可能，足以危害质权人权利的，质权人可以要求出质人提供相应的担保。出质人不提供的，质权人可以拍卖或者变卖质物，并与出质人协议将拍卖或者变卖所得的价款用于提前清偿所担保的债权或者向与出质人约定的第三人提存。"

资，以争取获得更高的贷款金额。

（f）专利打包进行质押融资。

企业可以将技术上或产品功能上相关联的专利打成"专利包"进行专利质押融资。一方面，"专利包"更能形成有效的保护，所以打包后的专利价值往往大于若干单件专利价值的简单累计相加。另一方面，银行在进行贷款前调查时会要求企业的专利进行整体质押，整体质押可以减少银行的操作风险，对于企业而言可以获得更高的质押率和贷款额度。

（5）按照规定提交专利质押融资申请材料。

企业应当注意的是，各地受理申请材料的单位可能有所不同，自由型及政府服务型的受理单位一般是银行，而政府主导型的受理单位一般是政府机关，如上海浦东专利质押融资的受理单位是上海浦东生产力促进中心。企业需按照受理机关的要求提供申请材料。

（6）根据要求提供其他形式的担保。

企业在办理专利质押融资过程中，有时还会被要求提供其他形式的担保，如武汉专利质押融资，银行可要求借款企业法定代表人及其他高级管理人员以其个人资产为该项贷款提供补充担保或专业担保机构提供补充担保支持。所以，企业应事先调查清楚有无此项要求，有要求的，做好提供其他形式担保的准备。

（7）签订借款合同与专利质押合同。

经审查拟批准质押贷款的，一般由签订主体企业与银行签订借款合同。专利质押合同的签订主体一般也是企业与银行，但也有例外，上海浦东专利质押融资由于其流程的自身特点，导致专利质押合同的签订主体是企业与上海浦东生产力促进中心。所以，企业应当注意专利质押合同的签订主体问题。

（8）办理专利质押登记。

专利质押合同签订后，企业应当办理专利质押登记。办理专利质押登记应当按照国家知识产权局的要求提交材料，对于需要补正的，应当在指定期限内予以补正。专利质押登记办理完毕后，银行就可以发放贷款了。

一般情况下，专利质押登记是由企业来办理的，但也有例外，上海浦东在办理专利质押融资过程中，是由上海浦东生产力促进中心来办理专利质押登记的。此时，企业就无需办理专利质押登记了。

六、专利资本化

（一）专利资本化的含义

专利资本化，通俗而言，就是指把专利价值化，使专利转化成资本。对于专利资本化的概念，目前主要有两种观点。

一种观点认为，专利资本化是专利拥有者以专利权作为资本投入企业，与企业其他资本共同经营、共担风险、共享利润，形成新的经济实体的过程。专利资本化是专利权作为一种特殊的投资形式转化为产业资本。

另一种观点则在前种观点的基础上并入专利商品化的概念，专利商品化，是指专利技术成果拥有方以获取一定报酬为目的，将技术成果的相关权益通过技术市场转让给另一方的过程；交易发生后，转让方和受让方按照合同约定履行各自的义务后，不再存在任何经济联系。该观点认为专利资本化是指专利权人将其知识产权量化为资本进行投资或转让等活动，和其他生产要素一起直接参与到生产、投资和分配等经济活动的全过程中，是将专利权物化为实物财产的重要方式。这是一种广义的专利资本化。

下面的内容主要是就第一种观点的情形进行介绍。

（二）专利资本化的方式和意义

1. 专利资本化的方式

根据我国相关法律规定，现阶段我专利资本化的方式一般包括以下几种形式，如图11-8所示。

专利资本化的主要方式：

（1）以专利权作为资本投资建立新的企业。

（2）以专利权作为资本增加公司注册资本。我国《公司法》、《合伙企业法》、《中外合作经营企业法》，《中外合资经营企业法》，《促进科技成果转化法》等法律均规定专利权可以作为注册资本出资。

在其他情况下，也有可能实现专利的资本化，主要包括以下两种情形：

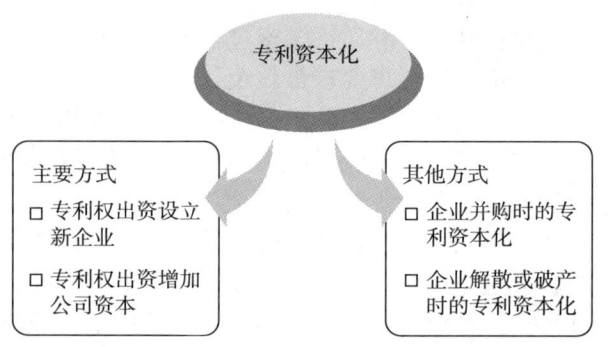

图11-8 专利资本化的方式示意图

（1）企业间的并购可能涉及专利资本化，在并购过程中要确定并购后合理的产权结构，这其中就涉及专利权的资本化。

（2）企业解散或破产时的清算，需要对企业现存资产进行清算，以便剩余资产分配或在破产的情况下作为清偿债务的一部分，对其中的专利权需要通过资本化评估作价并进行处置。

2. 专利资本化的意义

专利资本化的意义主要表现在以下几个方面：

（1）解决了企业以全部货币资金出资的难度，这样企业可以腾出部分货币资金进行企业日常经营或者研发新技术；

（2）对于拥有专利但没有充足资金对其进行运作的法人或自然人可以通过与别人合资、合作的形式将自己的专利投入公司，实现对自己专利的市场化运作和对公司股权的控制；

（3）解决企业进行项目招投标时市场对注册资本金的要求；

（4）解决企业在申请科研项目或申报专项资金时，对技术资产价值的要求；

（5）由于专利资本化致公司注册资本的增加，以使得公司在对外经济活动中展示企

业规模和实力,增强客户对企业的直观印象;

(6)专利权的资本化对发明创造人员具有物质和精神上的多重激励作用,从而激发相关科技人员和管理人员创新动力,有利于企业形成创新型文化。

(三) 如何实现专利资本化

1. 实现资本化的专利客体

要实现专利资本化,首先要搞清楚哪些专利适合进行资本化。一般而言,专利出资方要保障专利稳定性及其价值,这样才能真正转化与其价值相当的资本,并得到其他股东及相关各方的认可,那么,就需要从以下方面对专利进行分析:

(1)该专利是否与成立的新公司业务紧密联系:实现资本化的专利必须是与公司业务紧密相关的,最好是公司业务所依赖的专利技术,同时需要考虑该专利所创造的收益或者是预期收益,收益越大,越适合进行资本化。

(2)分析该专利技术的实施条件:如果该专利技术的实施条件非常苛刻,较难实现,则该专利技术面临实施的可能性小,也就不能创造价值。所以专利技术实施条件越容易越适合进行资本化。

(3)分析专利的法律因素:主要包括专利类别、专利剩余期限、专利的权利限制、专利的保护范围、专利以往的许可及转让情况、专利的法律状态以及涉及专利的诉讼状况,是否处于无效宣告状态,可以按照表11-4进行综合分析作出判断。

表11-4 资本化专利法律因素分析

法律因素	判断条件	资本化适宜程度	法律因素	判断条件	资本化适宜程度
专利类别	发明	高	许可转让费用	高	高
	实用新型	低		低	低
	外观设计	低			
专利剩余期限	长	高	专利法律状态	有效	资本化的必要条件
	短	低		丧失专利权	无资本化可能
专利权利限制	有	低	专利诉讼	胜诉	高
	无	高		败诉	低
专利保护范围	大	高	是否处于无效宣告程序	是	低
	小	低		否	高

(4)对比公司生产的产品技术特征与权利要求记载的技术特征:分析公司产品是否落入专利的保护范围,如果公司产品落入专利保护范围,则该专利能很好地保护产品,防止他人仿制,这样的专利更适宜进行资本化。

(5)分析专利的市场应用前景:分析专利技术目前及未来的市场应用前景,市场应用前景越大,越适合进行资本化操作。

(6)分析该专利技术获得的难易程度:一般从专利技术的创新性,专利技术成果的资金投入,时间投入与人力投入等几方面进行分析。专利技术获得越困难,越适宜进行资本化。

2. 以专利权作为资本投资建立新的企业

(1) 以专利权作为资本投资建立新的企业的流程。

专利权可以通过货币估价作为企业设立的一种出资形式,专利权作为资本投资建立新企业必须按照法律法规规定的流程办理。

虽然各地工商行政管理部门有可能要求略有不同,但如下图所示,一般会包括以下步骤:

① 根据《公司登记管理条例》,设立公司应当先向当地工商行政管理部门申请名称预先核准。

② 股东共同签订公司章程,约定彼此出资额和出资方式,约定的出资方式中包括以专利权出资。

③ 选择具有评估资格的资产评估机构对拟出资的专利权进行评估。

④ 签订专利权转让合同,办理专利权转移手续,在国家知识产权局进行专利权转让登记。

⑤ 交由验资机构进行验资。验资证明应当说明股东办理专利权转移手续的情况及评估情况。

⑥ 向当地工商行政管理部门提交相关资料,办理公司登记。牵涉到专利出资的文件包括已办理专利权转移手续的证明文件及验资证明。其他法律文件,诸如设立登记申请书;全体股东或董事会指定代表或者共同委托代理人的证明;公司章程;说明其他资产情况的验资证明;股东首次出资是专利权以外的非货币财产的,需提交已办理其财产权转移手续的证明文件;发起人或股东的主体资格证明或者自然人身份证明;载明公司董事、监事、经理姓名、住所的文件以及有关委派、选举或者聘用的证明;公司法定代表人任职文件和身份证明;企业名称预先核准通知书、公司住所证明等,也要在办理公司登记前准备好并在办理公司登记时提交,如图11-9所示。

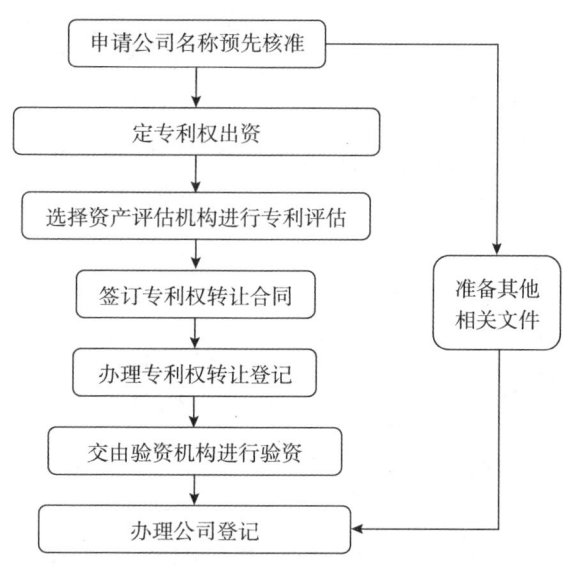

图11-9 专利权作为资本投资建立新的企业的流程

(2) 企业在新公司设立过程中如何做好专利资本化工作。

企业在新公司设立过程中的专利资本化工作,如图11-10所示,应当注意以下几个层面:

① 企业首先应当加强专利管理。

(a) 企业应当提升专利质量。企业应当把专利申请质量作为专利工作的重点。可以通过专利规划、专利布局,内部专利评审机制,专利质量监控等方面着手进行,争取产

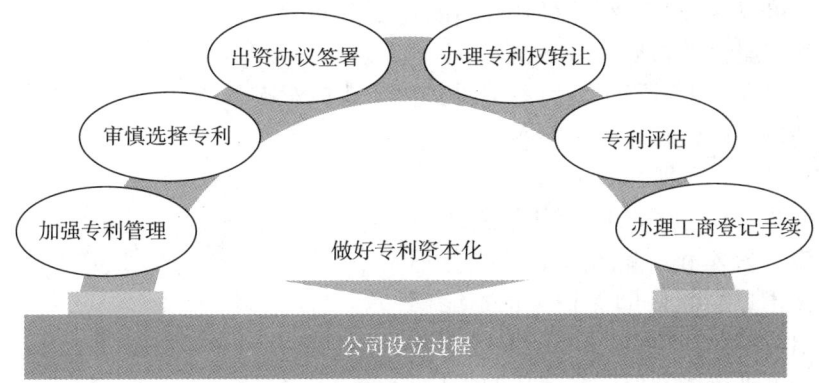

图 11 -10　企业在新公司设立过程中的专利资本化工作

出高质量、高价值的专利,这是企业进行专利资本化运作的前提。否则只能是"巧妇难为无米之炊"。

(b) 企业应当加强对专利的梳理、管理与维护。如图 11 - 11 和图 11 - 12 所示,企业可以按照产品功能或技术将专利进行分类,从大到小按照类别进行管理,做到可以"提上来、放下去"。

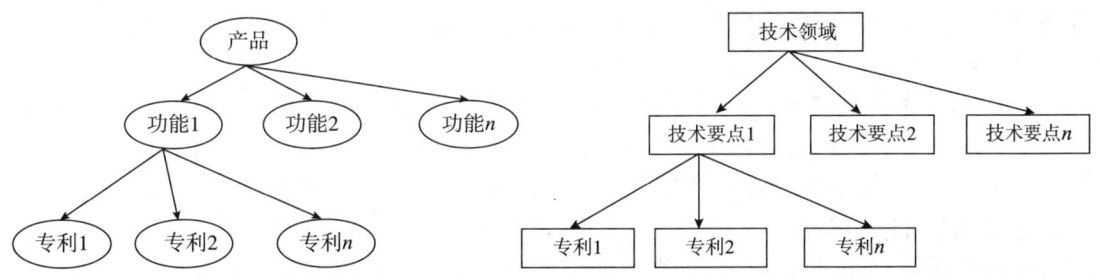

图 11 - 11　按产品进行专利分类示意图　　**图 11 - 12　按技术进行专利分类示意图**

(c) 对专利划分等级,如核心专利、外围专利。对于核心专利,需要重点关注、重点维护。

核心专利虽然不同企业有不同标准,但一般不会超过下述范围:实现产品基本框架或基本功能的专利,写入标准的专利,无替代技术方案的专利,效果优于其他替代技术的专利。外围专利是在核心专利的基础上通过纵向或横向的延伸,进行二次创新而形成的专利。企业可参考上述对核心专利和外围专利的界定,确定企业自身核心专利与外围专利的标准,对专利进行分析,划分专利等级。通过提升专利质量,加强专利梳理与管理,以及对专利划分等级,不仅使企业具有可以进行资本化的专利,也方便企业在其中选择可以进行资本化的专利。

② 企业应审慎选择进行资本化的专利。

(a) 进行资本化的专利必须获得专利局颁发的专利证书,且仍处于专利有效期内。

(b) 应综合从专利与新公司业务的紧密联系程度、专利技术的实施条件、专利的法律因素、专利的实施条件、专利技术获得的难易程度、专利的市场应用前景等方面综合分析,按照法律属性无瑕疵且专利价值与适宜程度成正比的原则,选择进行资本化的专利，优先的，可以从按照专利等级划分出的核心专利中挑选。需要注意的是，因为进行资本化的专利权属会转移到成立的新公司，未经新公司许可，企业不能再实施该专利，所以企业应确保专利进行资本化后不会对其业务造成影响。当然，企业也可以跟新公司通过签署专利许可协议解决这一问题。

（c）如图11-13所示，企业可以通过专利组合的形式，将相关联的专利打成"专利包"进行专利资本化。单件专利往往并不能对产品或技术进行较好的保护，也不能创造很大的价值。但是专利组合可以很好地对一件产品或技术进行多方位、多层次的保护，从而可以大大提升专利价值。企业可以按照前述的专利类别，对某一产品功能下的专利组合或某一技术要点下的专利组合进行分析，挑选出适合进行资本化的专利组合。

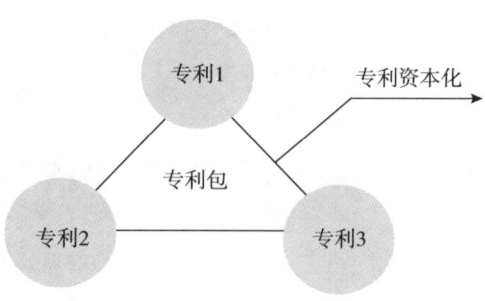

图11-13　专利组合式资本化示意图

③ 出资协议的签署。

（a）专利权出资一方在签订出资协议时，应当明确技术资料的交接和权利的移交、专利权出资方的技术培训和指导、后续改进成果的权属和各方的违约责任等合同条款，避免以后发生纠纷。

（b）出资协议也应当明确公司成立以后专利权出资方在治理公司方面的权利与义务，并明确获取公司利润的方式。否则可能会因《最高人民法院关于审理技术合同纠纷案件适用法律若干问题的解释》的规定丧失股东地位。该解释规定，当事人以技术入股方式订立联营合同，但技术入股人不参与联营体的经营管理，并且以保底条款形式约定联营体或者联营对方支付其技术价款或者使用费的，视为技术转让合同。也就是说，专利权出资一方若不想丧失股东地位，就尽量在协议中约定自己参与公司的经营管理，并且获得利润的方式不是公司或股东向其支付技术价款或使用费。

（c）专利权出资方应当与其他股东事先协商并签署协议，约定关于专利权出资方如何撤资或转让股权的问题。因为以技术入股，出资额是经过专业人士评估出来的确定价格，日后以技术入股一方如想转让股权或撤资，如何确定该股权转让的价格将会是很重要的问题。

④ 办理专利权转让。

（a）办理专利权转让手续前应当先签署专利权转让合同。办理专利权转让手续时，应当按照专利转让申请书、专利权转让合同的要求提供专利转让申请书、专利权转让合同。所述专利转让合同条款应包括合同名称、发明创造名称、发明创造种类、专利权授予号、发明人或者设计人等，转让人与受让人之间的法定义务一定要明确。

（b）办理专利权转让手续，若受让方是外国人的，视不同情形予以处理：待转让的专利申请权或者专利权涉及禁止类技术的，不得转让；待转让的专利申请权或者专利权涉及限制类技术，应当办理技术出口审批手续；获得批准的，当事人凭《技术出口许可证》到国家知识产权局办理转让登记手续；待转让的专利申请权或者专利权涉及自由类技术，当事人应当办理技术出口登记手续；经登记的，当事人凭国务院商务主管部门或者地方商务主管部门出具的《技术出口合同登记证书》到国家知识产权局办理转让登记手续。

⑤ 专利评估。

（a）应当选择具有评估资格的资产评估机构，专利评估机构应当具有财政部门颁发的资产评估资格证书。

（b）应当向专利评估机构提供专利的基本信息及相关资料，一般包括：专利名称；专利类别；专利申请的国别或者地区；专利申请号或者专利号；专利的法律状态；专利申请日；专利授权日；专利权利要求书所记载的权利要求；专利使用权利；由国家知识产权局出具的专利登记簿副本；评估对象为实用新型专利的，需提供实用新型专利检索报告。

（c）为了让专利评估机构对专利的评估价值更利于企业，应当尽力向专利评估机构以下提供信息或资料：

- 专利产品的销售及财务数据，用于证明该专利所带来的较大利润空间；
- 有关专利市场应用前景的信息或资料，用于证明专利具有较好的市场应用前景；
- 有关技术介绍，用于根据专利技术自身特点有选择地证明专利技术的先进性、创新性、成熟度、实用性、防御性、垄断性或不可替代性等；
- 专利的经济因素介绍，通过提供专利的取得成本、许可费，类似资产的交易价格等，用于证明专利具备较高的经济价值及获利能力；
- 专利的实施经营条件，用于证明该专利具备可实施性。

⑥ 办理工商登记手续。

在向当地工商行政管理部门提交已办理其财产权转移手续的证明文件及验资证明时，验资证明中应当说明其评估情况和评估结果，以及专利权属转移情况。

3. 以专利权作为资本增加公司注册资本

以专利权作为资本增加公司注册资本的流程如图 11-14 所示，一般包括以下步骤：

（1）形成同意增资的股东会决议，增资的方式包括以专利权进行增资。

（2）修改或补充公司章程。

（3）选择具有评估资格的资产评估机构对拟出资的专利权进行评估。

（4）签订专利权转让合同，办理专利权转移手续，在国家知识产权局进行专利权转让登记。

（5）交由验资机构进行验资。验资证明应当说明股东办理专利权转移手续的情况及评估情况。

（6）向当地工商行政管理部门提交相关资料，办理公司变更登记，牵涉专利出资的文件包括已办理专利权

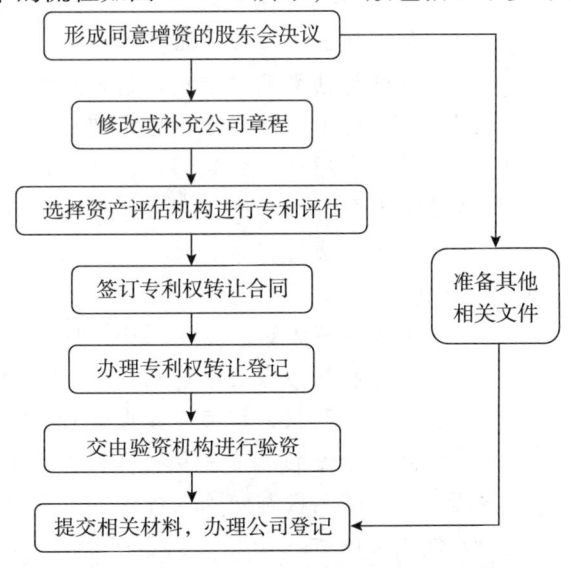

图 11-14 专利权作为资本增加公司注册资本的流程

转移手续的证明文件及验资证明。其他法律文件，诸如变更登记申请书、依照《公司法》作出的变更决议或决定、修改或补充的公司章程等，也要在办理公司登记前准备好并在办理公司登记时提交。

可见，以专利权作为资本增加公司注册资本的流程与以专利权作为资本投资建立新的企业的流程近似。所不同的是：

（1）专利资本化所依赖的流程不同，一是在公司增资过程中进行专利资本化，一是在公司设立过程进行专利资本化。

（2）专利权出资的依据不同，前者是股东大会决议，后者是出资协议。

（3）专利资本化的判断依据不同，在公司增资过程中，因为公司已经成立并已经运营，专利权人可以参考公司的业务及运营情况作出判断专利资本化的效果及收益，从而决定是否进行专利资本化，选择哪些专利进行专利资本化；而在公司设立过程中，因为公司尚未成立，一切均存在变数，专利权人的参考依据不多，对专利资本化的效果及收益很难判断。

企业在公司增资过程中的专利资本化的工作要点与企业应在公司设立过程中基本一致，在此不再赘述。

4. 企业并购的专利资本化

企业间的并购，其中可能涉及专利资本化，以确定并购后合理的产权结构，保障双方的合法权益。在并购中，专利作为无形资产进行资本化的主要方式是被购买兼并企业将自己所拥有的专利申请及专利权随同其他财产一并转让给兼并方。经双方商业谈判，对专利申请及专利权转让达成一致协议后，向国家知识产权局办理转让手续即可。

（1）作为被并购方，应当做好以下工作：

◇ 对于重要的专有技术，务必要申请专利保护。部分企业在利用外资时，为了扩大生产规模，将技术投入作为引资的条件，但对该技术既未申请专利保护，在并购过程中也未在合同中以及实际的操作中将其作为专有技术加以强有力的保护，从而使这一部分无形资产白白流失。

◇ 应当科学评估自己的专利申请及专利权，计算专利的回报，并合理地把它们体现在企业的财务状况上，这是使专利有序进入市场进行交易的基础。

◇ 向并购方介绍专利的经济价值，可以提供专利技术的取得成本、获取的专利许可费、专利诉讼带来的利益，或类似专利创造的价值等，以使专利技术从并购方处换来更多的资本。

（2）作为并购方，应当做好以下工作：

◇ 应当对被并购方进行专利调查，对专利尽职调查包括：目标企业拥有哪些专利申请及专利权，专利申请及专利权是否持续有效，研究专利的保护范围等。对于重要的专利权，还要对其被宣告无效的可能性作出分析。

◇ 要注意区分专利申请及专利权，因为专利申请并未获得授权，是否会得到授权及专利保护范围都是不能确定的，专利申请是否具有价值及具备多大价值，要进行认真评估。

◇ 应当对专利权的价值进行有效评估，从而确定合理的收购价格。专利权价值的评估一般从专利权的法律因素,实施条件,市场应用前景,专利权曾经创造的利润,专利产品的销售,专利技术的成熟性、创新性、可替代性等进行考量与分析。

5. 企业解散或破产清算时的专利资本化

(1) 企业解散或破产清算时专利资本化的流程。

企业解散或破产清算时,清算组织需要对企业现存资产进行清算,以便剩余资产分配或在破产的情况下作为清偿债务的一部分,对其中的专利权需要通过资本化评估作价。流程如图 11-15 所示,一般包括以下步骤:

① 清查专利、核定资产:核查专利,制作专利清单;收集、整理专利证书,许可协议及相关文件;对专利进行价值评估。

② 审查专利权属、状态及法律关系:审查专利的权属及法律状态;理顺专利在母、子及关联公司复杂的法律权属关系;清理各种错综复杂的法律及事实上的许可与被许可的使用关系等。

③ 专利权的处置:制订处置方案;根据处置方案选择专利交易市场买卖,拍卖,成立新公司或折现等方式来处置专利。

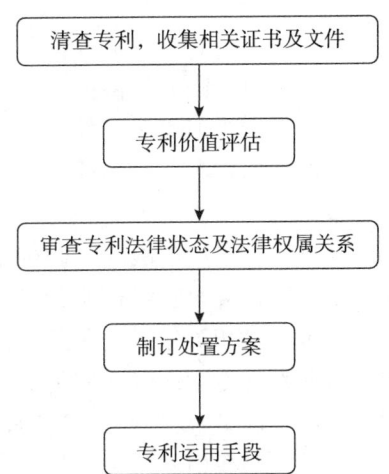

图 11-15 企业解散或破产清算时专利资本化的流程

(2) 企业解散或破产清算时专利资本化的工作要点。

① 企业解散时,清算组织偿还债务后,会对剩余财产进行分配。因此,专利换来的资本越多,股东获得的财产分配越多。股东应当通过清算组织积极寻求专利购买方,选择合理的专利交易方式,并向清算组织提供能够证明专利价值的文件与资料,如专利产品的销售量,专利技术成熟性、先进性或不可替代性的有效论证,收取的专利许可费用,专利诉讼获得的利润,专利有较好的市场应用前景的依据等。

② 企业破产时,因为企业的所有财产用来偿还债务,股东不能从专利资本化中获得利益,但也需尽到配合清算组组织进行专利资本化的义务。

七、专利联盟

(一)专利联盟概述

专利联盟通常是指相关企业之间基于共同的战略利益,以一组密切相连的专利技术为纽带而达成联盟。在该联盟内部,各成员可以就联盟中的专利相互进行交叉许可,或者优惠使用彼此的专利技术;而且,共同对联盟外部发布联合许可声明,多以商业交换为条件,以统一许可条件向第三方开放进行横向和纵向许可,许可费率由联盟中的专利权人协商决定后通过一定的机构来实施。根据美国有关法律规定,由两家以上的公司组成,对某一特定技术的相关专利及其他知识产权进行共同管理的协会或联盟，被称为专利联盟。

专利联盟可分为开放式专利联盟和封闭式专利联盟两大类，开放式专利联盟成员间可以交叉许可各自的专利，也可以制定统一的许可费标准统一地对外许可。而封闭式专利联盟则只限于成员内部互相的交叉许可，不统一对外许可。专利联盟的本质就是一个协议，形象地说，我们可以把它看做一个池子，参与这个池子建造的人往里面投入各自的专利，然后所有的建造人都可以共享里面的各项专利，整个专利池也可以整体或者部分地向外许可。随着经济社会的发展，开放式专利联盟已经成为主流。

科学发展观要求我们的经济主体转变经济增长方式，这就把增强自主创新能力作为国家发展战略摆在了经济社会发展的突出位置，为重塑我国企业竞争优势，提升我国企业竞争力指出了新的方向。但是我们应当看到，我国企业技术水平薄弱的现状决定了自主创新是一个长期的战略，我国企业在短期内没有足够的技术力量与跨国公司进行正面的对抗。以世界500强企业为代表的跨国公司正在利用这一有利时期，大量申请专利以建立或维持在相关领域的垄断地位。这些跨国公司在中国完成他们的专利布局后就会向国内企业发起专利攻势，使为数不少的中国企业掉入"专利陷阱"，赔付价值不菲的专利费。如我国DVD行业在遭遇此惨痛教训后，中国企业认识到要冲破跨国公司的技术封锁，只能是模仿其做法，强强联合，组建行业专利联盟，利益共享，合力寻求行业的发展。近十年来，诞生了中彩联、LED专利联盟等诸多全行业专利联盟。尽管如此，本土企业专利联盟的良好运营依然任重而道远。

专利联盟对企业的提高竞争力具有重要的作用和影响，主要体现在：

（1）有利于国内企业专利技术的合作与推广。企业通过专利联盟，一方面使有限的专利技术能够在更大范围内得到共享与推广；另一方面，又能够获得更多的技术创新资源。

（2）应对跨国公司层出不穷的专利进攻。虽然国内企业的专利技术实力难以在短期内大幅提升，面对实力悬殊的跨国公司的专利进攻态势，建立专利联盟，可以加强企业之间的技术协作。企业在实力弱小的情况下，凝聚集体的力量发挥现有专利资产的效能，去对抗实力强大的跨国公司。例如，2007年国内TCL、长虹、彩信等彩电集团组建的中彩联公司，通过行业的专利池有效运用，代表彩电行业进行集体谈判，把不合适的专利收费降下来同时促进联合创新，使行业拥有自主的知识产权。经过三年多的艰苦努力，应对专利收费取得了胜利，大幅降低了国外公司的专利使用费。

（3）为企业带来可开发的商业利益，有效提升企业竞争力。专利联盟的建立有利于推动技术标准的建立，增强在未来国际产业标准中的发言权。通过技术标准的垄断性，企业就可以在市场竞争中占据有利地位，从而将企业的技术研发转化为现实的竞争力，为企业带来商业利益。

（4）通过产业联盟，以及对专利池的良好运作，国内企业可以利用自身优势与跨国公司展开产业标准主导权的争夺。如3G通讯领域的TD-SCDMA标准。

（二）专利联盟的运作与管理

1. 专利联盟的运作

在专利联盟的形成阶段，运作的总体目标在于做好基础性的管理工作，为后续专利联盟规范、有序、有效的运作做准备。主要内容包括，规范加盟企业的知识产权管理，比如规范联盟内部的专利许可活动；积累专利筹码，加大专利联盟的技术开发力度，把专利数量的积累和扩充放在首位，通过量变形成质变；建立企业技术交流平台，发挥各成员技术上的互补作用，产生协同效应。

在专利联盟的发展阶段，联盟的规模得到迅速扩大，行业影响力得到显著加强。此时，一方面，联盟应尽力迅速形成技术方面的"市场支配地位"，争取行业标准、事实标准的制定权和控制权。这需要联盟成员企业更广泛、深入的合作与交流，并且建立联合对外的默契。在此阶段，各成员应当在专利规范管理的基础上完善情报收集、信息分析、技术发展预测等工作，并共享成果。另一方面，广泛发展专利联盟成员企业间的专利交叉许可。

在专利联盟的成熟阶段，联盟的市场影响力极强，能够控制相关标准的制定与修改。该阶段专利联盟对外许可行为普遍，联盟成员企业间的利益分配、战略决策及日常管理等工作比较繁重。此阶段，专利联盟企业积极参与标准制订和修改，实现对行业和市场的控制，成为规则的制定者，实现以技术控制市场。对专利联盟本身的维系方面，要不断评估，剔除无用专利和过时专利，吸纳新的专利，保持专利联盟的创新性。在对外许可方面，专利联盟可以利用技术优势、市场优势积极对外进行许可活动，快速收回技术研发成本并为整个联盟带来丰厚的利润。除此之外，此阶段专利联盟的运作还需要注意平衡各联盟参与企业的利益平衡，避免联盟内部矛盾的发生；对外要注意法律风险的防范，包括应对专利侵权诉讼、专利权无效诉讼等。

2. 管理模式[1]

独立于专利权人之外的专利联盟公司管理模式——这种公司的主营业务就是专利联盟的营运和管理。索尼、飞利浦、哥伦比亚大学等相关机构和 Cable Television Laboratories 公司共同组建了独立于专利权人之外的 MPEG LA 公司就是这种专利联盟管理公司。MPEG 专利管理公司既不是专利权人也不是被许可人，它在专利权人和被许可人的利益之间寻找平衡点，让用户以合理的方式使用专利，使用户从多方专利权人手中以单一交易的方式，获取必需的适用于专门技术标准或平台的专利权而无需单独与每一方谈判。

某一专利权人设立全资子公司从事专利联盟管理模式——参与联盟的专利权人委托某一专利权人管理专利联盟，该专利权人为了更充分地发挥管理职能，特设立一全资子公司，负责日常管理工作。时代华纳、日立、松下等公司组建的 6C 专利联盟就是把专利都委托给东芝公司管理。东芝公司设立 6C LA 公司负责 6C 专利联盟的日常管理工作。

各专利权人委托其中某一专利权人管理专利联盟的模式——有些专利联盟并未组建独立公司，而是把所有专利共同授权给其中某一个专利权人，由该专利权人对外从事一揽子许可并负责分配许可收益。比如，在 3C 专利联盟中，飞利浦公司拥有的专利最多，一家独大，因此，索尼、先锋和 LG 等三家企业将其所有的光存储和视频专利向飞利浦授权，飞利浦整合全部专利，向用户提供一揽子许可。

专利联盟的管理模式各有优劣，企业应当根据自身及联盟者的具体情况、专利联盟

---

[1] 部分内容参见：胡远. 国内外专利池管理模式比较研究［J］. 科技成果管理与研究, 2010（2）.

的不同发展阶段进行选择。但是对于成熟的专利联盟而言，独立的专利联盟管理公司的模式适用面更广，因为这种模式可以以更客观、公平的视角进行专利联盟管理、保障法律的安全、符合市场化的运营、避免联盟内部的矛盾。

（三）国内专利联盟的主要薄弱环节

从实践来看，影响我国企业有效组建专利联盟的共性问题主要体现在如下几个方面：

（1）非核心专利多、必要专利少、体系性较差，是我国企业组建专利联盟实践中共同面临的主要问题。我国企业迄今为止所组建的专利联盟均以防御为主，总体来说仍处于被动应对的地位，联盟专利组合力量薄弱、缺乏核心竞争力。

（2）专利联盟造血机能尚未有效形成，联盟经费主要依赖成员企业的资金投入，迟迟见不到专利联盟投入产生收益，导致各企业对扩大投入存在疑虑，专利联盟运营因经费短缺捉襟见肘，陷入恶性循环。因此，在所组建的专利联盟尚不能形成自主造血机能的阶段，尤其需要成员企业高层尽快达成共识，由成员企业共同提供必要的经费投入，保障专利联盟的有效运营。

（3）难以形成多方认可共赢的有效的协调管理机制和成本分担、利益分配机制。一方面，我国企业有效运用专利制度的经验匮乏，在属于专利运用高端实务的专利联盟运营上，实践经验更是少之又少；另一方面，由于我国企业组建专利联盟往往出于被迫不得已而为之，而非主动行为。因此，企业的利益诉求层次不一、分歧较大，并进而导致成员企业间在管理协调、成本分担、利益分配等诸多方面存在较大的协调难度。

（四）对国内专利联盟运作的几点思考

从现阶段的中外❶专利联盟实践对比来看，二者存在较大差异。

就建盟出发点而言，国外专利联盟旨在建立主导产业技术发展走向的技术标准；国内专利联盟主要是希望形成专利合力、改善国内企业在与跨国公司专利技术对抗中显落下风的不利竞争地位，或是希望能够形成与国外跨国公司主导产业技术发展走向的技术标准相抗衡的自主技术标准。

就专利联盟的攻击性而言，国外专利联盟一般而言产业攻击性较强，往往会主动出击寻求获取专利许可授权受益；国内专利联盟则一般不具有攻击性，往往是作为加入联盟企业藉此与国外跨国公司相对抗的战略性防御武器。

就专利规模而言，国外专利联盟一般均掌握相当规模的必要专利，在多个关键技术点上拥有相关专利族，专利联盟对特定产业技术领域的控制力和影响力较强；国内专利联盟则往往缺乏足够的必要专利，多基于大量外围专利在特定产业技术领域形成一定的专利实力。

可见，我国企业要想成功构建专利联盟，不可脱离现实基础强行追求一蹴而就、一

---

❶ 此处的外国专利联盟主要是指发达国家的成熟专利联盟，如 MPEG-2 专利联盟、DVD 6C 专利联盟等。

步到位。必须充分认识这些客观差距，立足自身实际逐步探索建立符合现阶段我国企业现状特点的专利专利联盟。

国外专利联盟构建有如下经验值得学习借鉴：

（1）联盟企业的挑选方面，如果各企业的技术和产品要求相互兼容、可互操作，则这些企业更适合并易于构建专利联盟。互兼容和互操作的产业技术要求使得相关企业之间在有关技术和产品上相互渗透、相互依赖，这种技术交叉融合和紧密衔接的关系决定了产业内各企业之间既相互竞争又相互合作的关系。无论是 MPEG－2 专利联盟、DVD 6C 专利联盟、AVS 专利联盟，还是 WiMAX 专利联盟、W－CDMA 专利联盟，都集中体现了这一特点。

（2）必要专利的占有程度，直接决定了相关专利联盟攻击性的强弱。必要专利由于其在特定产业技术上的基础性、必需性、不可替代性而对产业技术发展具有一般专利难以比拟的影响力。一个拥有占据显著优势比重的必要专利的专利联盟，往往会因为其在相关产业技术领域难以撼动的专利控制力而具有强大的攻击力和显著的攻击倾向。以 MPEG－2 专利联盟为例，它凭借其所拥有的超过 90% 的 MPEG－2 标准必要专利，成员企业先后向康柏、戴尔、SAGEM 等业界优秀企业提起专利诉讼并迫使其接受专利许可。迄今为止，MPEG－2 专利联盟已成功向全球一千多家企业进行了专利授权，其中包括佳能、时代华纳、诺基亚、先锋等顶尖企业。反之，W－CDMA 专利联盟则因为仅拥有 W－CDMA 技术全部必要专利的约 17%，难以抵消诺基亚公司、摩托罗拉公司、高通公司等诸多未加入专利联盟的重要专利权人对业内企业的影响，所有专利权人收取的总专利费实际上远高于 W－CDMA 专利联盟作出的累计专利费最高不超过净售价 5% 的承诺，导致 W－CDMA 技术在全球范围进展缓慢，在一定程度上未达成该专利联盟建立的目的。

（3）保持开放性是专利联盟成功运作的重要因素。保持开放要求一方面开放吸纳新的必要专利，另一方面开放吸纳新的重要企业。必要专利的储备对于一个专利联盟的成功至关重要。但即便是在特定产业技术领域的必要专利上占据压倒性优势的专利联盟，也需要紧紧跟随产业和技术的发展，不断地吸纳新的关键技术点上的必要专利，以实现专利联盟入联盟专利组合的新陈代谢和持续发展。以 DVD 6C 专利联盟为例，其 1999 年 6 月对外许可公告涉及的必要专利包括 DVD－Video 播放、DVD－ROM 驱动、DVD 解码、DVD－Video 和 DVD－ROM 盘片等方面的技术；2003 年 9 月，其对外许可的范围进一步新增了 DVD 刻录机、DVD－音频播放器、DVD－R、DVD－RW、DVD－RAM 驱动器及 DVD－音频、DVD－R、DVD－RW、DVD－RAM 光盘以及包装等发方面的必要专利。开放吸纳产业内重要企业加入专利联盟，有利于显著减小专利联盟成功发展的外在障碍。对于一个专利联盟来说，如果联盟外存在持有相当分量的必要专利组合的重量级企业，其造成的不利影响轻则会减少可能获取的专利许可受益，重则会妨碍有利于专利联盟成员企业的市场竞争格局的形成和发展，甚而有可能会影响相关技术产业化发展的进程和走向。MPEG－2 专利联盟、DVD 6C 专利联盟得以成功的因素之一，就是有效吸纳相关重要企业的加入。前者自 1997 年建立起十年间，成员数量从最初的 9 家增加到 25 家，入联盟专利从最初的 27 族增加到 142 族；后者自 1999 年发布对外许可公告起，在 7 年内先后吸纳 IBM、夏普、三星等顶级企业加入该专利联盟。与 MPEG－2 专利联盟相比，WiMAX专利联盟和W-CDMA专利联盟不够"成功"的原因，正在于有太多的重要专利权人没有加入专利联盟而是充当联盟外授权人。在WiMAX领域，有350多家厂商拥有核心IP，而WiMAX专利联盟的成员企业仅13家；而在W-CDMA领域，联盟外授权人中不仅包括世界上最大的两家手机制造商诺基亚公司和摩托罗拉公司，也包括通信业最重要的纯授权人美国高通公司。这种状况决定了WiMAX、W-CDMA产业领域所有专利权人累计收取的专利权利金总额过高，产业技术成本难以预测控制，导致其技术在全球范围内进展缓慢。

八、企业上市过程中的专利管理

企业上市过程中的专利管理是指在企业针对上市过程中必须符合的专利条件进行的准备、布局、维护和运用等相关方面的工作。

在上市的过程中，专利对企业的意义不仅表现为企业能够获得审查机构的认可并顺利上市，更为长远地，企业具有核心竞争力的专利可以体现出企业具备核心竞争力和持续盈利的能力，从而获得投资者的认可，企业的股票也能成为绩优股，更加有利于企业的持续健康发展。

（一）专利在企业上市过程中的意义和作用

1. 专利在IPO中的积极作用

（1）有助于获得审查机构对企业的认可。

是否拥有专利及专利管理水平的高低是判断一个公司是否具有核心技术、是否具备发展潜力及是否具有可持续的盈利能力的重要标志。同时，专利是公司投入大量人力物力的智慧结晶，是公司的重要无形资产。随着知识经济的不断深入和发展，专利对企业的发展起着越来越重要的作用，已经成为企业的核心战略资源。公司若拥有大量的专利有利于上市审查机构对企业的认可，进而有利于企业上市的审批。根据企业上市过程中相关管理办法的规定，❶ 对于在创业板上市的自主创新企业，自主创新能力是必要的审查环节，而专利是创新能力的标志，对于拟在创业板上市的企业来说，专利在其上市过程中的作用显得更为突出。

（2）有利于询价。

由于很多拥有专利核心技术的公司上市后成为证券市场的"龙头股"和"指标股"，所以资本市场上广大投资者青睐于拥有专利核心技术的企业，这样在询价环节，对发行人就很有利，专利促使发行人获得更为有利的发行价格。

（3）是招股说明书中的亮点。

企业申请公开发行并上市的申报材料中的主要文件是招股说明书，招股说明书中一般会有发行人主要固定资产及无形资产的部分，专利作为重要无形资产，往往会在此部

---

❶ 《首次公开发行股票并在创业板上市管理暂行办法》第32条："保荐人保荐发行人发行股票并在创业板上市，应当对发行人的成长性进行尽职调查和审慎判断并出具专项意见。发行人为自主创新企业的，还应当在专项意见中说明发行人的自主创新能力。"

分予以披露。专利并非公司上市的必要条件,也非招股说明书必须说明的事项,但公司在招股说明书中披露专利信息,会证明公司拥有核心技术,显现公司的创新能力。况且,资产是企业拥有或控制的资源,该资源预期会给企业带来经济效益,专利作为重要的无形资产进行披露,能很好地说明公司掌握充足的资源,可以预期为公司创造更大价值。我国专利的申请量和授权量一直在迅速提升,与之相适应,越来越多的公司开始拥有专利权,并日益认识到专利权作为无形资产一部分的重要价值。因此,在上市过程中进行专利披露的企业也日益增多,如汉王科技、朗科、比亚迪等众多企业都会在招股说明书中用大量篇幅介绍专利状况,专利从而成为招股说明书中的一大亮点。

2. 专利有利于企业获得市场上投资者的认可

(1) 专利使企业更能吸引资本市场上投资者的眼球。

纵观全球的领袖企业和著名的跨国公司,不管是传统行业还是高科技公司,其中很多是因为拥有核心技术或不断创新的能力才使得企业持续获取利润并在市场处于垄断地位,而专利是企业是否拥有核心技术,是否具有创新能力的重要标志。在广大投资者眼中,拥有核心专利技术的公司,才能有稳定持久的利润来源,这些公司的股票才是真正的优质股。因此,使得拥有专利等无形资产优势的公司在资本市场上备受投资者的重视。

(2) 专利可以向投资者展现核心竞争力。

企业拥有自主知识产权的专利,尤其是具有核心专利,能够向市场上的投资者证明其具备核心竞争力,保证企业在市场竞争中处于优势地位,因此能够具备持续盈利的能力,吸引投资者将更多的资金投入到企业的股票中,助推企业更好地研发、开拓市场,从而形成良性循环。

(二) 企业上市过程中专利管理工作的要点

按照企业上市的阶段分布,企业上市专利工作的主要环节及内容如图 11-16 所示。在企业进行上市前的准备工作中,专利管理方面需要把握好以下要点:

(1) 企业上市前,应当进行专利分析、专利规避设计、控制专利诉讼风险,并预先建立专利侵权处置方案。同时,需要核查专利权属状况、发明人资格及奖金报酬状况,对于有问题的,要及时予以处理。

(2) 企业在制作招股说明书时,将发行人及发行人关联公司的专利权及专利申请进行梳理,制作清单;然后统计专利申请及专利权的法律状态,务必做到专利信息的准确,保证披露的专利为有效的专利申请或专利权。对于可能对企业产生较大影响的专利诉讼,要予以披露。

招股说明书中的专利说明属于无形资产,在制作清单时披露企业的专利信息可以起到锦上添花的作用,促进了企业顺利上市,有利于企业的价值评估。在招股说明书中的专利信息披露需要注意以下几点:

◇ 专利信息需要准确披露,严禁作假和虚报现象;
◇ 上市过程中的专利相关问题,如专利法律状态变化、无效、诉讼等纠纷,需要及时更新披露信息;

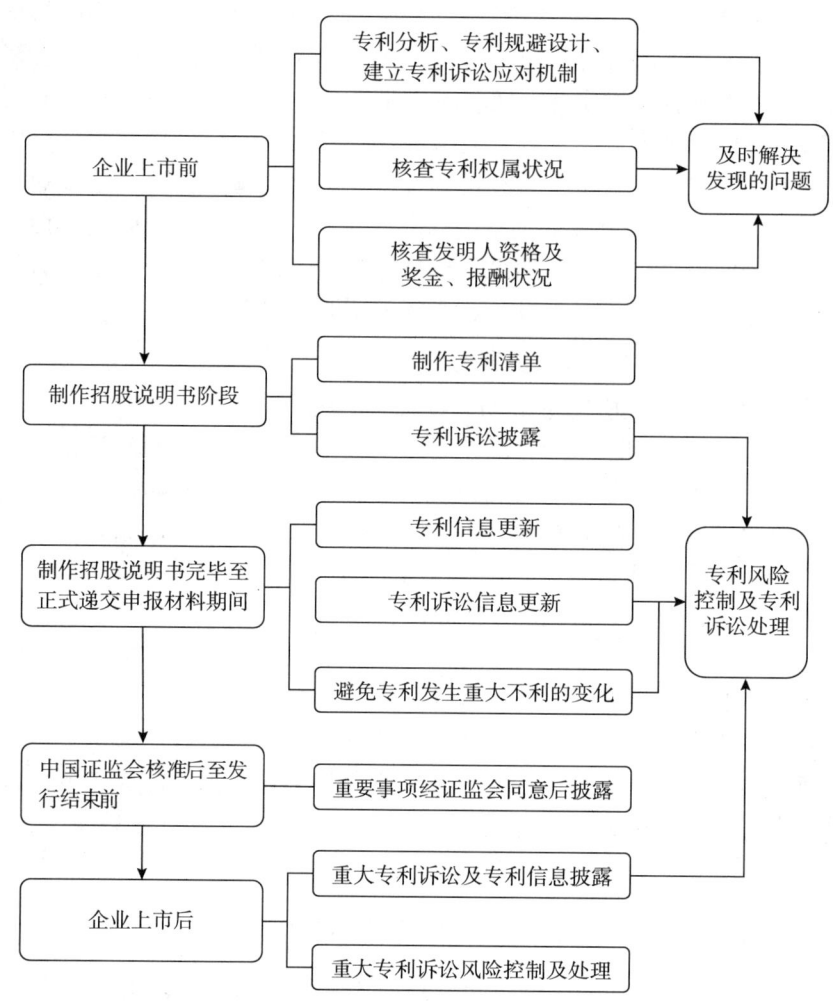

图 11-16 企业上市专利工作的主要流程

◇ 对已有专利信息的披露要条理清晰，分清主次，将核心技术的专利作为重点，优先进行介绍和披露；
◇ 在披露专利信息时体现专利组合思想，以族群方式将专利作为整体对象进行披露，充分展现企业实力。

制作招股说明书完毕至正式向中国证监会递交申报材料期间，要加强专利申请及专利权的维护与状态监控，并对招股说明书中的专利信息予以及时披露；同时，对于专利诉讼发生变化的要及时更新，对于新发生的有可能对企业产生较大影响的专利诉讼要及时披露。在此期间，企业应当采取有效措施，避免在用专利发生重大不利变化的风险。

在企业上市过程中，需注意避免发生以下行为：
◇ 为了体现自身技术实力，上市前不顾专利质量，紧急申请一批专利，尤其是以不正当的手段申请专利；
◇ 刻意隐瞒重要的专利诉讼，或者虽然披露了专利诉讼，但刻意使专利诉讼信息不准确、不完整；
- 轻易主动发起专利诉讼，因为在企业上市过程中若主动发起专利诉讼，往往会导致对方采取相应措施，例如对方也反过来发起诉讼或者寻找企业其他问题进行反击，这对上市过程中的企业往往不利。

公司经中国证监会核准后至发行结束前，发生重要专利事项的，企业应当向中国证监会书面说明，并经中国证监会同意后，修改招股说明书或者作相应的补充公告。

公司上市后，无需再列举专利清单，也无需对公司影响甚微的专利诉讼、仲裁及其他专利信息进行披露。对公司有较大影响的专利诉讼、仲裁或者是重大专利事件要予以披露，专利工作不必过于顾虑上市公司属性，而是切实根据公司的发展需要确定专利战略和开展专利工作。同时，将主要精力投放在重大专利风险的控制及重大专利诉讼的处理上，以免给公司造成不利影响。

（三）与企业上市相关的专利信息披露

1. 企业上市过程中的专利信息披露

企业上市过程中会涉及专利信息的披露，此阶段专利信息通过招股说明书予以披露，需要做好以下几个方面的工作：

（1）企业必须保证专利信息披露的准确性，否则会严重影响上市。[1]

（2）专利信息披露一般在准备制作招股说明书时就要开始准备，首先将发行人及发行人关联公司的专利权及专利申请进行梳理，制作清单；然后统计专利申请及专利权的法律状态，专利申请若被撤回、视为撤回、驳回以及因期满未办理授权登记手续而视为放弃取得专利权的，要予以删除，专利权若被宣告无效、因年费未予缴纳或专利权期限届满等原因而导致专利权终止的，要予以删除。

（3）专利信息披露一般在招股说明书的主要固定资产及无形资产部分。在制作招股说明书时，专利权与专利申请分开，分别制作清单。

专利权清单一般包括：
- 专利权专利号；
- 专利名称；
- 专利类型（发明、实用新型、外观设计）；
- 申请日；
- 授权公告日等信息。

专利申请清单一般包括：
- 专利申请号；
- 专利申请名称；
- 专利申请类型（发明、实用新型、外观设计）；
- 申请日等信息。

---

[1] 《首次公开发行股票并上市管理办法》第4条及《首次公开发行股票并在创业板上市管理暂行办法》第4条均规定："发行人依法披露的信息，必须真实、准确、完整，不得有虚假记载、误导性陈述或者重大遗漏。"

因企业往往想更多体现自身实力,往往也披露与其紧密关联的子公司的专利信息。在披露子公司专利信息时,应注意与发行人分开,并标明是子公司的专利信息。至于其他关联公司的专利信息是否需要披露,可与协助上市的律师事务所协商确定。

(1) 专利信息的更新。申报材料由主承销商与各中介机构分工制作,然后由主承销商汇总并出具推荐函,最后由主承销商完成内核后才将申报材料报送中国证监会审核。招股书制作完毕至正式提交中国证监会的时间间隔可能较长,专利信息每天都有可能发生变化,因此专利信息要定期更新,直至正式递交申报材料。为表述准确,更新时要写明专利信息统计的截止日期。在进行专利信息更新时需要注意,及时收取并查阅国家专利局的通知书、证书及相关文件,对于委托专利代理机构的,企业务必要求专利代理机构将收到国家专利局的通知书、证书及相关文件要及时通知并转交企业,否则有可能造成专利信息更新不及时而导致专利申请或专利权法律状态错误。

(2) 专利诉讼事项的披露。❶ 在企业上市过程中,涉及可能对公司造成影响的专利诉讼要予以披露,根据专利诉讼案件的进程,披露专利诉讼案件的受理情况、基本案情、诉讼请求、判决结果、执行情况,以及专利诉讼对发行人的影响。在企业上市过程中专利诉讼案件的进展、专利诉讼所处的审判程序等可能会发生变化,所以要对专利诉讼案件状况进行定期更新,直至正式递交申报材料。此外,如果发行人控股股东或实际控制人、控股子公司,发行人董事、监事、高级管理人员和其他核心人员作为一方当事人发生重大专利诉讼,也需要进行披露。

(3) 公司经中国证监会核准后至发行结束前,招股说明书的内容一般不得修改。如果发生重要事项,企业应当向中国证监会书面说明,并经中国证监会同意后,修改招股说明书或者作相应的补充公告,就专利信息披露而言,所述重要事项一般包括:发生重大专利诉讼或企业依赖的重要专利权灭失等。

2. 企业上市后的专利信息披露

公司发行结束后即成为上市公司。上市公司的专利信息披露主要注意以下三点:

(1) 按照《上市公司信息披露管理办法》规定❷,上市公司披露专利信息有以下几点义务:

① 年度报告应当记载报告期内重大事件及对公司的影响;

② 中期报告应当记载报告期内重大诉讼、仲裁等重大事件及对公司的影响;

③ 临时报告应当披露公司可能对公司证券及其衍生品种交易价格产生较大影响的重

---

❶ 《公开发行证券的公司信息披露内容与格式准则第1号——招股说明书》第118条及第119条,《公开发行证券的公司信息披露内容与格式准则第28号——创业板公司招股说明书》第120条及第113条均规定:"发行人应披露对财务状况、经营成果、声誉、业务活动、未来前景等可能产生较大影响的诉讼或仲裁事项,主要包括:(一)案件受理情况和基本案情;(二)诉讼或仲裁请求;(三)判决、裁决结果及执行情况;(四)诉讼、仲裁案件对发行人的影响。发行人应披露控股股东或实际控制人、控股子公司,发行人董事、监事、高级管理人员和其他核心人员作为一方当事人的重大诉讼或仲裁事项。"

❷ 《上市公司信息披露管理办法》第21条规定:年度报告披露的内容应当包括:(八)报告期发生的所有重大事件;第30条规定:发生可能对上市公司股票及衍生品种交易价格产生较大影响的重大事件,投资者尚未得知时,上市公司应当立即披露,说明事件的起因,目前的状态和可能产生的影响。前款所称重大事件包括:(十)涉及公司的重大诉讼、仲裁、股东大会、董事会决议被依法撤销或者宣告无效。

大诉讼、仲裁。

目前，我国尚无完善的上市公司专利信息披露制度，也没有明确的专利信息披露内容与格式准则，上市公司需要做到的是专利信息披露务必真实、准确，完整，并按照《上市公司信息披露管理办法》的规定，对公司有较大影响的专利诉讼、仲裁或者是重大专利事件，相对应地分别在临时报告、中期报告及年度报告中予以披露。

（2）上市公司无需再列举专利清单，也无需对公司影响甚微的专利诉讼、仲裁及其他专利信息进行披露。

（3）上市公司可以有选择性的将有利于公司的重要专利信息进行披露，如专利诉讼获胜、获取高额专利许可费，公司重要专利获得授权等。该类信息的披露有利于投资者增强对公司的信心，成为股价的利好因素。

（四）现有法规下企业上市的专利风险控制

我国证券监管法规体系中现有的涉及知识产权的规定❶主要关注企业知识产权的独立性、对企业持续盈利的保障、是否存在重大风险以及相关信息的如实披露。若企业专利工作在以上几个方面存在重大问题，则存在无法通过证监会审核的风险。

1. 潜在风险的内容

专利的独立性要求申请上市企业的专利必须完整❷、企业应用的主要专利不依赖于他人、企业具有独立面对市场的能力。

《首发管理办法》和《创业板首发管理办法》第37条第1款第（5）项和第14条第1款第（3）项分别规定："发行人应当具有持续盈利能力，不存在下列情形：……发行人在用的商标、专利、专有技术、特许经营权等重要资产或者技术的取得或者使用存在重大不利变化的风险……对于创业板创新型企业而言，专利技术是其盈利的主要手段，若企业主要发展方向的专利技术存在不稳定因素，将对其盈利能力造成巨大的影响。"

《首发管理办法》、《创业板首发管理办法》分别在第35条和第16条规定："发行人不存在重大偿债风险，不存在影响持续经营的担保、诉讼以及仲裁等重大或有事项。"如果企业主要产品不具备自主知识产权或者存在侵权风险，在未来可能的侵权诉讼中，轻则付出高昂的代价寻求和解、进行赔偿，重则被勒令退出相关市场，给股东造成极大损失。因此，证券监管机构对诸如专利侵权一类的风险也是极为重视的。

申请上市企业的信息披露应当真实、准确、完整，不得有虚假记载、误导性陈述或者重大遗漏，这是一个基本原则，目的是打破投资者与上市公司之间的信息不对称现象，保证投资者投资决策的科学与理智。同时，信息披露也有利于监管机构对公司进行监管，从而有利于维市场稳定健康发展。信息披露存在重大过错的申请有可能被暂缓甚

---

❶ 包括《公司法》《证券发》《首次公开发行股票并上市管理办法》《首次公开发行股票并在创业板上市管理暂行办法》《中小企业板上市公司控股股东、实际控制人行为指引》《深圳证券交易所创业板上市公司规范运作指引》《保荐人尽职调查工作准则》《公开发行证券的公司信息披露内容与格式准则第1号——招股说明书（2006年修订）》等规定。

❷ 《首次公开发行股票并上市管理办法》第15条要求发行人的资产必须完整，其中资产包括商标、专利、非专利技术的所有权或者使用权。

至被否。

要想实现成功上市，必须规避上述风险。

2. 企业上市过程中的专利风险控制

（1）专利侵权风险控制。

一方面，企业在上市过程中，往往会备受竞争厂商的关注，不排除有竞争厂商借企业上市之机采取相应措施予以打压，而直接有效的手段之一就是发起专利侵权诉讼。当然，也不排除其他专利权人借企业上市之机向企业索要高额的专利许可费用。对于涉及的可能对公司造成影响的专利诉讼要予以披露，所以一旦发生专利诉讼，对上市的企业无疑是一个致命的打击。这就要求企业在上市前做好充足的准备，进行专利分析、专利规避设计及建立专利侵权处置方案。

首先，企业应当就产品检索相关专利，并分析产品是否侵犯他人专利，尤其需要关注的是竞争厂商的专利。因为会不断有新授权的专利出现，所以企业上市准备阶段及企业上市过程中，专利分析要定期更新。

其次，若经过分析，发现侵犯他人专利，要进行专利规避设计，分析产品是否能够绕开专利。若经分析产品无法绕开专利，就要想办法获得专利权人的许可或者考虑是否放弃生产、销售该产品。

最后，如获得专利权人许可或者放弃生产、销售产品的方式均不可行，要建立专利侵权应急处置方案，提前把相关的准备工作做好，分析专利被宣告无效的可能性，收集可以提出专利无效或者证明并未侵权的证据，选择好可以应对专利侵权诉讼的律师事务所或者专利代理所，建立专利侵权应急处置的流程，以至于在真正发生专利侵权诉讼时，可以快速有效的应对。

另一方面，企业在上市过程中应当尽量避免向他人索要专利许可费或者发起专利诉讼，这可能会引起他人进行专利反击，从而使得企业发生专利侵权诉讼风险。

（2）避免发生专利权属纠纷。

企业披露的专利，尤其是企业依赖的重要专利，一旦产生权属纠纷，将会严重影响企业上市。所以企业上市前，应当对其拥有的专利申请和专利权进行梳理，理清权属关系，确保权属无争议，以避免发生权属纠纷。对于合作开发或者委托开发产生的专利，需要保存合作开发合同或者委托开发合同，合同中应明确专利申请权或专利权的归属，专利权实施或者专利权许可带来的利益的分享，以及在专利基础上后续的改进技术的权利归属，以此明确权属关系，避免发生权属争议。对于企业申请专利的职务发明创造，审查是否确属相关规定❶的职务发明创造的范畴。对于不属于职务发明创造的，尽早将专利权属转移给发明人，不作为企业拥有的专利予以披露；对于是否职务发明创造界定不清的，尽快与发明人协商，签订合同或承诺书，明确专利的权属关系。总之，企业上市披露的专利必须是应当由企业所拥有，且毫无权属争议的。

（3）避免专利权发生重大不利变化。

---

❶ 《专利法》第6条规定："执行本单位的任务或者主要是利用本单位的物质技术条件所完成的发明创造为职务发明创造。"

根据相关规定❶，企业应避免专利的取得或者使用存在重大不利变化的风险。

企业在用的专利申请若被专利局驳回，在用的专利权被宣告无效，或者其他原因导致在用专利的获得或者使用出现重大不利变化，将会影响企业上市。因此，企业对于在用的专利应当重点关注。处于审查过程中的在用专利申请，尽力答复，如果被驳回，要仔细分析是否能通过专利复审程序争取获得专利授权；对于发出授权通知的在用专利申请，应在期限内办理授权登记手续；对于已经获得的在用专利权，要及时缴纳年费；企业在上市期间尽量避免用企业在用的专利权去威慑或者起诉他人，因为一般而言，当专利权威胁到他人时，他人才会提出专利的无效宣告请求。若专利权已经被他人提出了无效宣告请求，专利权人应当尽力维持该专利权的有效性，以免影响上市。

（4）避免发生发明人资格及奖金报酬纠纷。

企业应当审查专利申请或专利权的发明人是否符合专利法实施细则的规定❷。对于有可能产生资格纠纷的，企业尽快与真正的发明人协商解决。

企业应当按照《专利法》❸ 及《专利法实施细则》❹ 的规定发放专利奖金及报酬。

企业首先应当审查是否颁布了关于专利奖金报酬的规章制度或与发明人签署关于专利奖金报酬的约定，若是，则按照规章制度或约定进行发放。如企业没有颁布上述规章制度或没有签署约定，则需要审查是否按照《专利法》及《专利法实施细则》规定的金额与比例发放了专利奖金与报酬。若没有，则按照法定金额与比例进行发放或者与发明人尽快协商约定专利奖金及报酬并签署合同，按照合同约定发放专利奖金与报酬。

企业应尽量避免发生发明人资格及专利奖金报酬纠纷，这会对企业上市产生不利影响。

3. 企业上市后的专利风险控制

公司上市后，也需要进行专利的风险控制。主要注意以下三点：

（1）专利风险不像上市过程中那么敏感，无需为了尽快解决面临的专利纠纷及诉讼进行商业上的妥协，而是以公司争取更大利益或避免更大损失为主要目的，不必过于顾

---

❶ 《首次公开发行股票并上市管理办法》第37条及《首次公开发行股票并在创业板上市管理暂行办法》第14条中均有规定，发行人不得有影响持续盈利能力的情形，而影响持续盈利能力的情形之一便是发行人在用的商标、专利、专有技术、特许经营权等重要资产或者技术的取得或者使用存在重大不利变化的风险。

❷ 《专利法实施细则》第13条规定："专利法所称发明人或者设计人，是指对发明创造的实质性特点作出创造性贡献的人。在完成发明创造过程中，只负责组织工作的人、为物质技术条件的利用提供方便的人或者从事其他辅助工作的人，不是发明人或者设计人。"

❸ 《专利法》第16条规定："被授予专利权的单位应当对职务发明创造的发明人或者设计人给予奖励；发明创造专利实施后，根据其推广应用的范围和取得的经济效益，对发明人或者设计人给予合理的报酬。"

❹ 《专利法实施细则》第77条规定："被授予专利权的单位未与发明人、设计人约定也未在其依法制定的规章制度中规定专利法第十六条规定的奖励的方式和数额的，应当自专利权公告之日起3个月内发给发明人或者设计人奖金。一项发明专利的奖金最低不少于3 000元；一项实用新型专利或者外观设计专利的奖金最低不少于1 000元。由于发明人或者设计人的建议被其所属单位采纳而完成的发明创造，被授予专利权的单位应当从优发给奖金。"《专利法实施细则》第78条规定："被授予专利权的单位未与发明人、设计人约定也未在其依法制定的规章制度中规定专利法第十六条规定的报酬的方式和数额的，在专利权有效期限内，实施发明创造专利后，每年应当从实施该项发明或者实用新型专利的营业利润中提取不低于2%或者从实施该项外观设计专利的营业利润中提取不低于0.2%，作为报酬给予发明人或者设计人，或者参照上述比例，给予发明人或者设计人一次性报酬；被授予专利权的单位许可其他单位或者个人实施其专利的，应当从收取的使用费中提取不低于10%，作为报酬给予发明人或者设计人。"

虑上市公司这一属性。

（2）没有必要像上市过程中那样避免向他人进行专利威慑或者发起专利诉讼，而是可以从公司发展的角度出发，分析专利打击的必要性，选择性地利用专利打击竞争对手。

（3）公司上市后要对公司有影响的重大专利诉讼、仲裁及专利事件予以披露，而该类信息的披露会影响投资者的心理，从而成为影响股价的因素。所以上市公司需要将主要精力放在进行重大专利诉讼、仲裁及专利事件的风险控制及处理上。

（五）企业上市案例中暴露的专利问题

近年来，有不少企业在上市中暴露了一些专利问题，并因此对上市造成了不利影响，主要包括以下几种情况。

1. 专利信息披露错误

【案例 11-3】

A 公司拥有的多项专利在上市之前因未缴年费被国家知识产权局终止了专利权；而申请中的多项发明专利申请在实质审查生效后，被宣告为"发明专利申请公布后的视为撤回"。但该公司依然在招股说明书中宣称自己拥有专利技术，坚称已被视为撤回的两项发明技术依然处于专利申请过程中，而对相关专利申请的实质法律状态只字不提。随后，中国证券监督管理委员会依法决定，撤销关于 A 公司首次公开发行股票的行政许可，并注销证监许可文件。根据《证券法》规定，A 公司将公开发行募集资金按照发行价并加算银行同期存款利息返还给网上中签投资者及网下配售投资者。

【案例 11-4】

由于发行人 B 公司相关部门工作人员的疏忽，未能及时向公司证券事务部告知有关情况，导致部分专利法律状态与招股意向书内容存在差异。其中部分专利存在因未续缴年费等原因已被终止。此外，还有多个在审的发明专利申请发生变化，部分已取得授权和进入实审阶段的专利在招股意向书中却分别披露为实审和受理。由于 B 公司的部分专利的法律状态与招股意向书内容存在差异，决定暂缓本次 A 股发行。

上述两个案例均表明了在企业上市过程中准确披露专利信息的重要性。企业在招股说明书中披露专利信息时要对企业的专利的状态进行核实，并真实、准确地披露信息，不可虚假记载。同时，企业在上市过程中务必做好专利的监控与维护工作，防止程序性失误导致专利权的失效或申请被认为视为撤回。

2. 涉嫌专利侵权而引起诉讼

【案例 11-5】

C 公司发布了招股书并确定每股价格开始网上申购，但在上市前夕，C 公司发布公告称，鉴于本公司尚有相关事项需要进一步落实，暂缓上市。起因是 D 公司以 C 公司生产的产品侵犯其某产品专利权为由向地方中级人民法院提起诉讼。此后 C 公司公告称，C 公司与 D 公司签订承诺书，其中 D 公司承诺不再就此专利权事项向 C 公司提起诉讼或通过任何其他方式向 C 公司主张权利；C 公司承诺不就此争议的解决及相关事项向 D 公司主张权利。

该案例表明在企业上市过程中出现专利诉讼纠纷会对企业上市造成严重阻碍,虽然C公司经过谈判解决了专利诉讼问题,但因为谈判所处时机为关键时期,公司有可能为此付出极大的代价。企业上市前应当进行专利分析、专利规避设计及进行相应的处理,把问题解决在上市之前,上市过程中避免专利侵权诉讼的发生。

3. 专利权稳定性受到无效风险的影响

【案例 11-6】

F公司原定上市创业板,但在上市前被证监会临时取消审核。起因是G公司向证监会递交的材料表示,F公司取得的多项专利以多种方式抄袭该公司相关专利并向国家知识产权局申请宣告F公司相关专利无效。同时,G公司一直以律师函等形式,与F公司沟通来解决相关纠纷,但F公司对此一直不予理会,致使纠纷一直未得解决。

从该案例中虽然无法确知F公司是否抄袭他人技术申请专利,但可以肯定的是,专利权以非正常方式申请(如抄袭他人技术方案等)会对企业上市产生不利影响。企业申请专利,应该建立专利评审机制,对于经评审符合《专利法》及相关法律法规的,才予以申请,不能以不正当的方式申请专利,这样即使专利获得授权,也会被宣告无效。企业上市披露的专利在企业上市过程中,若专利被宣告无效,不仅损坏公司形象,而且会使投资者对公司的技术实力产生怀疑。同时,该案中,F公司在上市前就专利纠纷一事置之不理的做法也值得商榷,毕竟专利纠纷在上市过程中爆发对F公司是极为不利的。该案例启示我们,企业应当尽量保证专利权稳定性、杜绝非正常专利申请,尽量将专利纠纷在上市前予以解决。

第十二章　企业专利管理信息化系统建设

导　言

随着专利信息的海量出现、企业技术创新成果的不断积累以及专利竞争环境的日益复杂，为了更为高效地开展专利管理工作，建立信息化系统是企业规模发展到一定阶段后的必然选择。

本章从信息化系统的建设内容、组织实施方式以及相关数据库的建设流程对专利管理信息化系统建设进行介绍。针对企业在起步发展、战略制订、战略实施阶段的管理特点，推荐不同的信息化建设方案，对企业专利管理信息化解决方案进行全景式的描述，并对国际上先进的专利管理信息化系统进行简要介绍；对企业专利管理信息化系统、专利数据库的组织实施要点进行说明；最后对面向未来、具有前瞻性的信息化系统走向进行分析。

一、企业专利管理信息化概述

专利管理信息化是根据企业的发展战略目标，利用计算机和通信网络等现代科学技术对企业专利创造、运用、保护和管理过程中的信息进行的系统规划、收集、处理、加工、存储、传输、检索、分析、利用、更新、维护等一系列活动。专利管理信息化全面支持企业专利管理工作，为实施企业知识产权战略、增强企业核心竞争力提供基础保障。

（一）专利信息的概念与作用

专利信息是指以专利文献作为主要内容或以专利文献为依据，经分解、加工、标引、统计、分析、整合和转化等信息化手段处理，并通过各种信息化方式传播而形成的与专利有关的各种信息的总称。

专利信息集中反映了以下主要信息：谁，什么时候，在哪里，就什么技术，提出了哪些权利要求。专利信息中包括了技术信息、法律信息、经济信息。专利信息中披露与该发明创造技术内容有关的信息，记载与权利保护范围和权利有效性有关的信息，反映与国家、行业或企业经济活动密切相关的信息。经过对上述信息进行检索、统计、分析、整合而产生的具有战略性特征的技术信息和/或经济信息，可以为企业制定技术研发计划提供可靠依据。

专利本身就是市场竞争的产物，它通过法律形式对某项技术或某个产品的市场进行保护，体现其商品价值，而取得这种回报的代价则是付出保护费去申请有限的保护。企业诞生与生存的首要目的就是获取利润，企业的决策无不是围绕获取市场回报进行。因此，对集中反映了竞争对手商业动向的专利信息进行综合分析，必然成为企业竞争决策的重要参考。尽管所有的竞争秘密未必都会在专利信息中体现，但已经申请的专利已经形成足够的威胁。因此，企业技术创新的战略决策需要专利信息分析作为重要参考。

（二）专利管理信息化的作用和意义

专利管理信息化具有非常重要的作用和意义，主要表现在以下几个方面：

（1）企业实施知识产权战略，引领科技创新，涉及研发、知识产权、法务、营销等跨部门工作推进，涉及人员众多，专利管理业务流程复杂，管理时间跨度长，法律期限和法律文件众多，信息安全要求高，这些都为专利管理带来挑战。信息化建设能够帮助企业构建起支撑知识产权战略、业务运作、信息安全的管理平台，将高效、规范的管理通过IT手段"落地"，从而达到知行合一。

（2）企业专利信息化管理分为对外部专利信息的利用和内部专利信息的管理两个方面。其中，对外部专利信息利用的主要目的是获取技术情报和防范风险，对内部专利信息化管理的目的是促进发明创造和有效的专利管理，打造企业进攻的武器，内外兼修，从而达到进攻和防御的平衡。

（3）信息化建设中最重要就是IT规划，根据企业的实际需求会从业务流程、数据、模块接口等多方面进行系统、总体的建设规划，形成整体专利管理信息化建设方案，系统、全面支撑企业专利管理。

（4）专利管理信息化建设会对专利相关业务流程进行系统、总体规划，识别流程，规范流程，优化流程，并用IT工具固化流程，固化和加速业务运作，强化执行力，提高响应速度和决策水平。

（5）专利管理信息化建设需对数据流进行统一规划，对数据产生、数据流向、不同阶段的不同属性、属性维护、统一性的保证等进行系统设计，从而保证数据标准化、规范化，实现数据统一有序存储、完整准确及时、易传递易共享，达到不断累积内外专利信息，协同高效利用专利情报；专利管理信息化建设还需对数据的安全性进行统一规划，保密优先，安全共享，避免重复劳动，信息流动顺畅，提高企业管理决策的效率和水平。

（6）专利管理信息化建设能提高专利管理与研发、人力资源、企业经营的融合度，提高其管理的附加价值。通过与企业产品生命周期管理系统（PLM）的连接，实现研发项目立项、设计、研发、总结、实施各阶段专利全过程电子化流程管控，达到项目研发和专利管理的"双线并行，同步管理"，提高知识产权资产的规划、产出、运用水平；

与人力资源系统（HR）的连接，优化创新型人才的绩效管理体系；与 ERP 系统融合，规范无形资产价值的量化管理，提高企业的创新管理水平。

（7）由于 IT 的开放性和无边界性，专利管理信息化建设通过 IT 手段将专利管理渗透到企业的方方面面，提高各层人员的知识产权意识和对专利管理的参与程度。系统的应用能充分挖掘研发人员的聪明才智，激发创新，不断累积内外智慧，提高创新能力；为专利管理人员提供专业的管理工具，将他们从事务性工作中解脱出来，使知识产权管理部门的人员成为知识产权管理专家、数据分析专家、专利战略研究专家，提升专利管理工作的高度，更密切配合企业经营战略达到进攻和防御的平衡。信息化系统的应用还能为企业决策层提供及时准确的专利数据信息，为决策提供有力支持。

（8）国内外成熟的专利管理信息化系统，融合了众多用户先进的专利管理经验。系统的上线将快速导入先进的知识产权管理理念，快速提高管理水平，提高专利情报利用效果，提高发明品质，削减不必维护费用，发掘利用有效知识产权资产，提高知识产权管理的投入回报。

（三）专利管理信息化的建设内容

企业在知识产权创造、运用、保护和管理运行过程中，会产生不同的信息化系统需求，如表 12-1 所示。因企业所处行业、规模、管理模式、专利管理所处发展阶段、人员 IT 能力等会各有不同，基本建设内容分析如下。

表 12-1　企业不同发展阶段的专利信息化建设需求

	起步发展阶段	IP 战略制订阶段	IP 战略实施阶段
IP 战略	IP 战略的重要性低 与经营成果没有直接关系	经营中开始利用知识产权 专利浸透经营活动中	经营、研发、IP "三位一体"
IP 业务	事务管理 - 零星、无目的专利申请 - 申请事务管理 - 专利检索	对经营有所贡献 - 系统性、目的性权利保护 - 数量快速有效积累 - 为企业经营、研发提供相关 IP 情报	技术管理的核心 - 全面的技术、IP 管理 - 跨部门 IP 活动推进
系统建设	关注事务处理效率 - 专利检索系统 - 专利事务管理系统	关注支持企业经营 - 企业专利数据库 - 专利检索分析系统 - 专利流程管理系统 - 专利风险管理系统	关注经营决策支持 - 全球化流程管理平台 - 与业务系统融合 - 经营决策支持系统
使用人员	专利管理部门人员	研发部门：研发人员、研发管理人员 专利管理部门：专利工程师、专利流程管理人员	研发部门：研发人员、研发管理人员 专利管理部门：专利工程师、专利流程管理人员、专利经理 法务部门：法务管理人员

1. 起步发展阶段

当企业在起步发展阶段，开始有人专门负责专利工作，初步建立知识产权管理制度，通过培训普及知识产权基本知识，提高领导和研发人员的知识产权意识。但是，知识产权工作与经营成果没有直接关系，主要是无系统性、无目的性、零星的、自发的专利申请。这个阶段企业专利信息化系统建设需求主要有专利检索系统、专利事务管理系统。

这个阶段企业专利管理人员对外部专利信息利用的需求主要为专利检索，如专利申请前公知技术检索、竞争对手技术动向检索等，开始通过各国专利局官方公开网站可完成专利检索，利用 Excel 软件通过手工完成数据收集、数据积累。随着检索范围的不断扩大，数据的不断积累，逐渐对专利下载软件产生需求，主要实现各官方网站专利检索结果的批量下载，分类整理，专利量化统计分析功能。

随着企业知识产权意识的提升，专利申请量的增加，内部专利事务管理开始面临挑战。专利从提案、委托代理、提出申请、公开、实审、授权、年费到放弃全过程流程复杂，时间跨度长；申请期限、优先权期限、实审期限、审查答复期限、年费期限众多，如果遗漏将造成损失；专利申请过程中外部法律文件、事务所往来文件、内部文件众多，版本管理复杂；各种费用缴纳烦琐、不能延误；数据安全要求高，需要控制访问权限，定期进行备份。刚开始可采用 Excel 等办公软件编制台账进行管理，当手工台账逐渐不能满足要求，专利流程管理人员开始对专利事务管理软件产生需求，主要是专利著录项目信息的录入、期限监控、文件、费用、奖励金、统计报表等事务管理。

2. 战略制订阶段

当企业发展到一定阶段，知识产权意识和知识产权管理能力得到明显提升，开始意识到企业经营需要利用知识产权，开始考虑知识产权的定位和发展方向，着手制定知识产权战略发展规划。企业的知识产权业务开始进行有系统、有目的性的权利保护，健全知识产权管理体系，专利部门内部人员得到充实，国内专利申请量迅速增加；专利工作浸透到经营活动中，越来越多的研发人员、研发管理人员等参与到专利工作中来，开始关注专利质量管理；为支持企业经营需要向企业经营层、研发人员提供专利相关情报。

这个阶段信息化建设开始成为专利管理的一项重要工作，为提高管理效率，需要针对不同使用人群提供有针对性的信息化支持。企业内部不同用户在知识产权活动流程中的信息化建设内容具体分析如图 12-1 所示。

这个阶段企业对外部专利信息利用的建设内容主要为以下两个方面：

（1）专利检索分析系统。

当研发部门制订研发战略、确定研发方向时，或者进行合作研发、并购时，需要专利管理部门进行专利检索分析，把握行业技术发展动向，竞争公司强弱对比，技术发展趋势，专利分析软件的主要功能是各国专利数据采集、数据整理、分类标引、专利量化统计分析、引证分析、同族分析、公知技术分析、专利实质技术分析等。

（2）企业专利数据库。

专利信息利用伴随产品开发的整个生命周期，在构思、企划、研发、基本设计、详细设计、试用、制造、销售等阶段，都需要进行专利检索。随着企业研发、管理、营销

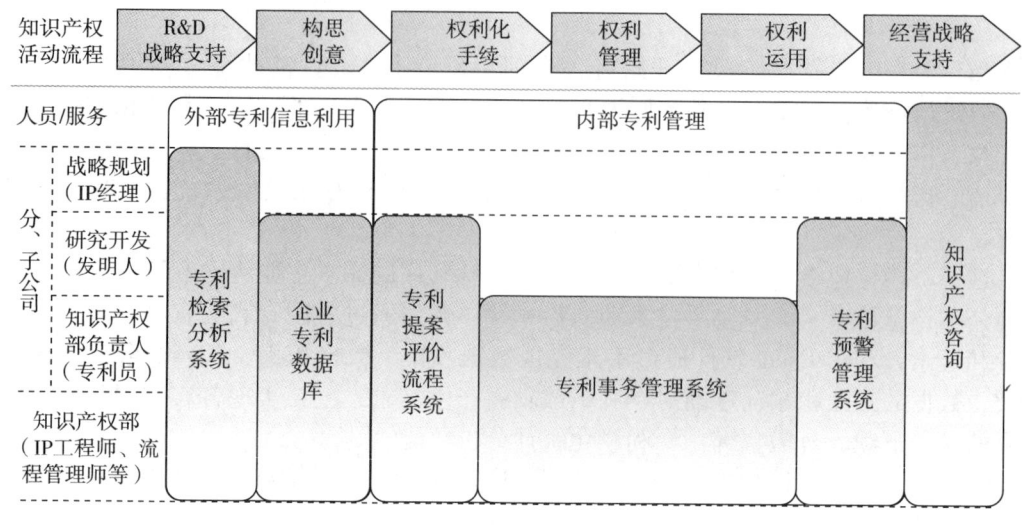

图 12-1　企业专利管理信息化解决方案

等越来越多的人员参与专利工作，需要在企业内部为他们提供方便的专利检索的环境，提供经营和研发相关的专利技术情报，这时建立适应企业自身产品技术发展需求的企业专利专题数据库成为必要。通过对专利数据进行系统规划，建立科学合理的分类体系，方便研发人员使用，启迪研发思路，提高研发创新起点，防范侵权风险，提高发明品质，保护创新成果；专利工程师在日常专利检索、专利分析中，不断积累数据，反复验证专利检索策略，经过长期逐步累积，最终形成企业技术创新的资料库，并在企业内部实现安全共享。另外，数据库要能定期及时更新，能实现跟踪竞争对手动态，防范知识产权风险，定期监控、及时发布信息，及早应对，提高企业专利风险管控的能力。

这个阶段企业内部专利信息管理的建设内容主要为以下三个方面：

（1）专利提案评价流程系统。

随着专利申请量迅速增加，越来越多的研发人员参与专利申请，为充分挖掘员工的聪明才智，方便收集公司内部创新提案，提高申请审批的效率，提高专利申请的质量，专利申请流程的电子化管理成为必要。实现研发人员在线提交创新提案，商务、技术和法律专家可在线进行评审，可逐步建立统一的专利提案评价指标体系，如可从创新性、可规避性、侵权证据获得性、市场价值、标准相关性等维度进行评估，最终确定保护策略，如申请专利或者作为企业商业秘密，或者进行技术公开等。发明人通过系统也可方便地了解评审进度，及时跟踪专家的评审意见，提高发明质量。另外，与专利代理机构的交流、审查答复、维持评价等流程可逐步实现电子化，最终将实现企业专利业务管理全流程的电子化管理，固化和加速业务运作，强化执行力，提高响应速度和决策水平，提高效率，降低成本。

（2）专利事务管理系统。

该系统目标用户为专利管理部门的流程管理人员、子公司的专利管理员，主要对专利申请、权利维持、实施运用等的事务进行管理。系统支持发明部门的提案受理、委托申请、提出申请、公开、实质审查、授权、权利维持、实施许可直到权利终止的全过程管理;对专利在申请、实质审查、维持期间的各种期限进行监控;对专利申请过程的中间文件、内部管理文件进行管理;对专利申请的状态变化实时进行跟踪管理,准确把握企业专利的状况;对专利申请、维持等过程中发生的各种费用进行管理;对发明者奖励金的计算、发放、统计等管理。利用它可以方便地进行专利事务的日常管理,全面、及时、准确把握企业知识产权现状,推动企业技术创新的发展。另外,专利事务管理工作是一项费时费力但又不能有所闪失的繁重工作,通过 IT 系统的上线将专利流程管理人员从繁重的事务性工作中解脱出来,降低劳动强度,降低成本。

(3) 专利预警管理系统。

近年来,国际、国内关于知识产权的诉讼急增,诉讼的赔偿额度呈现高额化趋势,专利战争将成为未来商战的主题,甚至可以说规避侵犯他人专利的风险更甚于保护自己的创新技术。为了在风险专利的发现、判断、对应、监视过程中,实现协同、迅速、准确的专利风险管理,专利风险预警系统的建设非常重要。系统可针对企业面临风险的重点技术领域和重点关注的竞争对手建立预警分析数据库,设定监控检索式,定期自动监控,向研发、知识产权部门负责人发布新公开或法律状态发生变化的专利;通过设定风险评估模型,可以从可规避性、实施发现难易程度、对手诉讼偏好、标准涉及、竞争合作关系等多角度进行评估,确定风险等级;对风险等级高的专利及时向企业决策层发出警报,预先制定应对方案;应对进展情况进行跟踪管理,防止遗漏;系统的上线能对风险评价、对应策略等信息统一管理,在研发、专利管理等相关部门间共享,提高全公司的风险意识,协同应对;风险评价、对应策略等管理标准化、流程化,科学规范进行预警,提高管理水平,辅助企业建立科学有效、长效稳定、定时监控、及时预警的专利预警分析管理机制。

3. 战略实施阶段

随着企业的不断发展,特别是在走向世界的过程中,知识产权人才团队在实战中成长起来,知识产权管理能力得到很大提升,知识产权战略发展规划逐步明晰,开始进入知识产权战略实施阶段。此时,知识产权管理成为提升企业技术经营能力的重要手段,知识产权战略与经营战略、研发战略"三位一体"架构成形。企业的知识产权业务开始全面融入企业经营中,针对企业重点产品和服务的专利申请布局结构逐步合理,国内申请量逐步稳定,针对主要国外市场进行有系统、有目的性的权利保护。企业的专利管理开始与法律业务结合,逐步由法务主导,管理范围涉及专利、商标、著作权、商业秘密等企业所有知识产权业务,深入企业市场和内部管理的方方面面,企业开始跨部门推进知识产权活动,知识产权管理成为经营战略的核心。

这个阶段信息化建设成为非常迫切的管理工作,特别是内部专利信息的管理。由于目前中国大部分企业还没有发展到这个阶段,这个阶段的信息化建设内容还需要探索。根据发达国家的经验在这个阶段基于工作流(work flow)模式的专利流程管理系统需求突显。工作流模式是多个用户按照某种预定义的规则传递文档、信息或任务,从而实现专利业务过程的部分或整体在计算机应用环境下自动化运行,达到提高工作效率、更好地控制过程、减少人为差错和延误、有效管理业务流程等目的。

系统支持发明提案从概念形成到权利运用的整个生命周期的工作流管理,提供可配置的工作流和操作界面，以满足用户特定的业务流程。相对于专利事务管理系统是面向功能而设计的，工作流专利管理系统是面向用户的，用户是直接的任务分派对象，可以直接看到自己的"任务清单"，跟踪每一项任务的状态。系统支持各种复杂流程，支持组织结构级处理者指定功能，处理过程可跟踪、管理，与 E-mail 系统集成，把原来点对点的邮件流转改进为依照流程来流转。

IBM 专利管理系统实现了从创意电子披露、专利申请决策、商业秘密管理、技术公开管理、专利管理、许可与维护管理、专利组合管理、许可管理等覆盖专利全生命周期的电子化管理。其中，IBM 全球专利跟踪子系统 WPTS（Worldwide Patent Tracking System）通过流程引导发明人完成更加深入的专利挖掘，通过一步一步地向导来提高信息披露的质量，如技术背景、发明概要、说明、是否已商业化、如商业化其产品原型、哪些产品中有可能用到这项发明、哪些竞争对手指出过这项发明、如何轻松地把发明应用于工业等等。

华为技术有限公司公司 2009 年导入 ANAQUA 企业级知识资产管理 IAM（Intellectual Asset Management）解决方案，系统支持发明、专利、商业机密、品牌、商标等各类知识资产从概念形成到货币化的整个知识资产生命周期，如图 12-2 和图 12-3 所示。该系统具备如下特色功能："专利规划工具"来驱动发明创造，制定预算和目标；"专利组合管理工具"促进每个业务单元的知识产权战略实施，辅助投资决策。系统由发明提案、专利管理、专利组合管理、知识产权评估、知识产权事务、知识产权许可和知识产权财务等子系统组成。通过自动化的工作流程和基于网络的安全控制，使企业知识产权管理人员、代理人、发明人和外部律师能够协同工作。为支持用户的国际化发展，系统整合世界各国家的专利法律制度，对主要国家实质审查请求期限、中间期限、专利权期限、年费期限等进行设定。同时，支持内部期限日、法定期限日，融合 Outlook 软件，方便信息传递、工作流运行和预警。系统提供强大的文档中心，将知识产权管理过程的全部沟通、决策文件都上传到服务器统一保存。全文检索技术，可对文件内容进行检索，使用户可以快速地查找到关心的数据，阅读、下载、打印等。

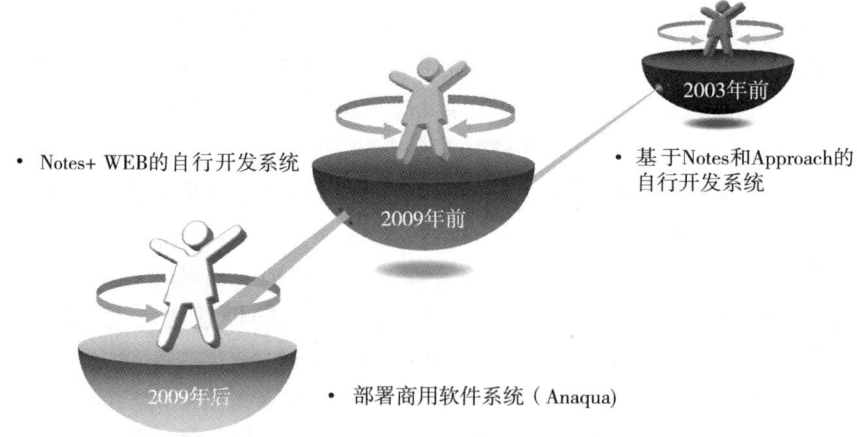

图 12-2　华为公司华为专利管理软件及系统发展历程

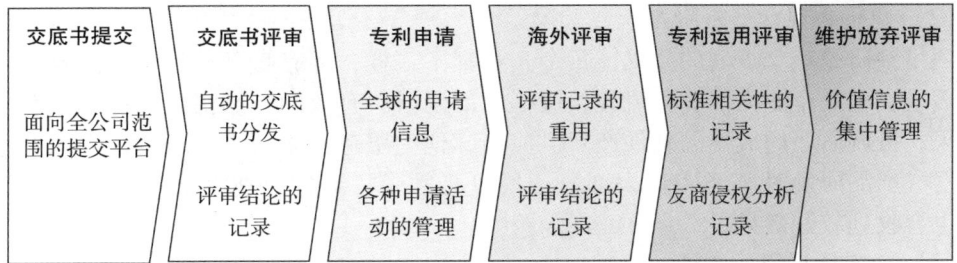

图 12-3 华为公司专利信息管理的流程设计

（四）专利管理信息化的组织实施

1. 建设规划

企业在不同发展阶段专利管理信息化需求不同，决定了专利管理信息化建设是一个持续改进的过程。在建设时应做好长期和短期规划，根据企业实际需求、人员能力、预算等确定轻重缓急、先后顺序，有层次、有步骤地循序推进。

在规划时应针对企业内不同用户群体，确定建设重点。对于企业高层应提供行业热点资讯、政策法规、对手动态等，并让他们了解行业发展动态、公司面临的机会和挑战、创新明星是谁、知识产权部门在干什么、企业知识产权创新成果、怎么样利用这些创新成果辅助企业的经营等；针对专利管理部门要为他们提供专业的管理工具，如专利检索、分析、事务管理、流程管理等系统，以减少事务性工作，提高管理水平；针对研发部门设计时一定要考虑不能占用研发人员太多的时间，要让研发人员非常方便参与；针对企业的其他人员让他们了解专利，提高对专利工作的参与度等。

2. 参与主体与分工

专利信息化建设不只是知识产权部门的事，需要高层领导的支持，IT 部门协助，研发、法务部门配合。

由于专利信息化系统建设具有非常强的专业性，具体实施时，由需求部门主导，IT 部门配合，才会取得较好效果。至少应当有专利管理部门和 IT 部门的人员共同组成一个项目团队。如果有高层领导参与，对于项目的推进会更加有利。

专利管理部门的人员主要负责系统需求调研和提出；IT 部门的人员主要负责系统的硬件、网络等运行环境的建设。关于专利管理部门的项目成员选择时，要求既要对企业的专利管理业务了解，又要对信息化有一定的认识，协调沟通能力强，学习能力强，执行力强。

3. 建设步骤

（1）项目启动阶段。

信息化建设的项目启动时机是成功的关键。首先，在规划的整个过程中如果得到公司高层领导的高度重视和全力支持，对项目的顺利推进至关重要。无论如何必须让高层领导充分认识到知识产权信息化建设可以达到的目的，即提升公司知识产权管理效率和管理水平。

(2) 调研和现状分析阶段。

项目调研是整个规划的基础,每个企业都不一样,都有自己的特色,需要征集各部门的需求,理顺企业内部业务流程,进行内部调研。有效的外部调研可以取得事半功倍的效果,可调研业内成熟的软件产品供应商,他们服务众多用户,对企业需求熟悉,经验丰富,产品研发时已经实现大部分通用管理需求;对同行业企业应用成功案例的调研,也会收到较好效果。

(3) 确定项目目标阶段。

确定合适的项目目标,对于什么阶段实现什么目标进行要明确定义,不是所有需求都要一次完成,有些需求可能需要通过二次开发来完成,但是往往需要花费比较多的时间。若让所有的需求一次性完成的话,则往往会影响项目的上线时间,建议确定优先顺序,分阶段完成。

要制定合理的项目周期,这个周期定得太长会增加项目的成本,定得太短会影响项目的效果。所以要结合企业自身具体要实现的需求,设置一个比较合理的项目周期。

(4) 规划信息化整体架构阶段。

信息化系统要充分考虑内部现有系统资源,对相关业务系统与专利管理信息化系统模块间的接口作出明确的规定,就会减少在信息化建设过程中各种接口不对应导致数据重复、数据不一致、信息化建设无法正常进行等问题。如与现有的人力资源管理系统(HR)进行组织机构、员工信息的数据同步;与LDAP(Lightweight Directory Access Protocol)连接,实现单点登录和统一权限认证问题;与企业产品生命周期管理系统(PLM)系统连接,实现产品、技术、项目管理等数据同步,提高知识产权工作与企业经营的融合度。

(5) 软件选型或系统开发阶段。

可以选用成熟软件产品,也可根据需要进行定制开发。

(6) 系统实施阶段。

相对于专利检索、专利分析系统,企业内部专利信息化管理项目的实施必须把企业知识产权管理相关的基础数据录入、流程配置完成后,系统才能正常运行;系统业务逻辑也比较复杂,特别是专利流程管理系统涉及跨部门的业务流程推动,所以一定要重视专利管理系统的实施。

上线前,企业必须安排专人负责系统相关基础数据的整理、企业现有专利数据的导入。基础数据整理主要完成组织机构、产品分类、技术分类、申请人、发明人、代理机构、代理人等收集整理;专利数据导入分为专利著录项目数据的导入和专利文件的导入。必要时开发数据接口程序从企业HR、PLM等系统读取数据。

对于专利流程管理的实施,由于涉及跨部门的工作流,应该进行流程识别、建立模型和试运行。流程识别是要确定并且文档化企业内部现有的手工和自动化的专利业务流程;建立模型是在软件系统中建立业务过程的模型,必要时对软件系统进行修改。试运行是在部门内部实施,挑选专利工作基础较好的研发部门按设计的流程进行模拟、交互运行。试运行过程中,应安排专人负责及时与研发部门沟通,收集意见和建议,及时对使用中的问题进行解决。试运行可以发现原来设计的问题,在大规模上线运行前加以解决,降低项目风险,确保用户接受程度和系统的成功使用。试运行无误后可以进行大面积地推广培训，正式运行。为确保实施成功，使系统在企业得到良好的应用，可委托专业的服务商提供系统的实施服务，与企业内部负责人高效配合，使系统能够成功上线运行。

（7）系统上线推广阶段。

系统上线并不是信息化建设的结束，后期需要安排专人负责，做好内部人员培训和推广应用，在小面积推广试用，取得经验后再进行大面积推广，可结合制度约束，鼓励员工主动使用信息化系统、推动信息化建设。建立信息化培训制度、数据录入制度、数据备份制度、数据更新制度、数据保密制度等一系列规章办法，以保证信息化建设的深入应用和安全使用。

（8）系统维护阶段。

应安排专人负责系统运行维护，并统一负责与软件开发商的接口联络，使用中不断完善，必要时进行软件的升级。并且，一定要制定数据备份管理制度，由专人负责定期备份，严格记录，确保数据安全。

系统维护主要是软件系统的运行维护、数据维护等工作。软件系统运行维护主要包括硬件、网络环境、软件系统等的日常运行维护和升级，以保证软件的正常运行。数据维护主要是数据库的定期更新、备份。

二、企业专利管理信息化系统简介

（一）专利数据库

1. 专利数据库的组成

根据企业专利数据库的建设形式分为本地数据库（In – house）和外包数据库（Outsourcing）。其中本地数据库运行所需要的硬件和网络基础设施、数据库运行支撑软件等由企业采购，服务器设立在企业内部局域网，专利数据由企业自行建设或委托专业公司提供，数据更新、运行维护由企业自己的人员负责。采用外包数据库，企业可整合利用外部最优秀的专业化资源，由专业公司为企业搭建专利数据库所需要的所有网络基础设施及软件、硬件运作平台，并负责所有前期的实施、后期的数据更新和运行维护等一系列服务。企业无需购买软硬件、招聘维护人员，即可通过互联网使用专利数据库系统。目前，国内专利数据库建设主要还是以 In – house 形式为主，随着用户需求的不断成熟，云计算技术的发展，"软件即服务"（Software – as – a – Service，SaaS）应用模式在中国的深入，基于互联网提供企业专利数据库服务是发展趋势。

企业本地专利数据库由专利数据、数据库运行支撑软件、硬件三部分组成。建设时都需要进行考虑以下几点：

（1）专利数据是依据企业专利信息利用的需求而建立的某一技术领域（或竞争对手）的专利信息集合。数据渠道主要包括三部分：由专利信息服务商提供，通过互联网下载，其他商业渠道购买数据导入。

（2）数据库支撑软件是指对专利数据进行检索、加工、分析、导入、导出、维护、更新等功能的程序。

(3) 硬件是指数据库运行所需要的服务器硬件、网络基础设施等。由于专利数据除著录项目外，还包括大量的专利说明书图像文件，当专利数据量较大，会占用较大的磁盘空间，随着数据库的不断更新，硬件压力较大，建设时要充分考虑。

2. 专利数据库的建设流程

企业专利数据库建设分为前期准备、数据库制作、数据库应用、更新维护等阶段。

(1) 前期准备阶段。

主要是确定项目负责人，进行内部需求调研，确定数据库建设目标，确定供应商，制定项目计划。通过问卷调查、访谈等多种方式与企业中高层进行前期沟通，了解企业经营、研发等部门对专利信息利用的需求，目前应用需求和未来扩展需求等，通过调查确定数据库建设涉及的技术主题与范围，如主导产品、关键技术或主要竞争对手在哪些主要国家的专利；要确定合适的项目目标，对于企业专利数据库来说，重要的不是大而全，而贵在精，如果动辄几十万件专利数据，再加工和分析工作量都比较大。可在考虑数据库支撑软件的可扩展性的前提下，根据紧急、重要程度，分阶段实施，不断累积。企业专利数据库的建设不是一蹴而就的，需要在企业发展过程中不断修正、补充、完善，是一个长期逐步积累的产物。

(2) 数据库制作阶段。

主要是设计数据库分类体系、制定检索策略、专利检索、数据采集、数据加工。为方便企业经营管理、研发人员利用专利数据库，需要对数据库的分类体系进行系统规划。常用的方法有通过研发部门组织机构—产品进行分类，通过技术领域—技术脉络进行分类，通过申请人—产品进行分类等。根据上述分类后，专利数据重叠但不冲突，一方面方便了技术人员从技术角度进行检索、阅读、理解和判断，另一方面也便于管理人员从整体宏观层面更清晰、更准确地把握相关的专利状况。确定分类体系后，需要逐一细化各分类，细化所需检索的分技术领域或产品或权利人等，开始进行专利检索。专利检索的质量将直接决定专利数据库建设项目的成败。经过多次检索，确定最终检索策略，进行数据的采集，形成初步样本数据库。对初步样本数据进行进一步筛选整理，删除与技术主题无关的专利数据，对申请人、发明人等进行合并，然后通过采集专利法律状态、说明书、同族专利等信息，形成最终专利数据库。

(3) 数据库应用阶段。

主要是数据库安装、人员培训、应用完善。应用是关键，专利信息的利用伴随产品开发的整个生命周期，建议将专利信息的利用融入产品开发管理流程，从制度层面促进专利数据库的应用。一定要培养自己的专利检索人才，因为他们对企业的技术非常熟悉，能随着企业的发展，在应用中反复验证检索策略，不断完善补充数据库。数据库应用过程中通过专利工程师、研发人员的不断修正、补充完善、分类标引、评论等，不断积累内外部智慧，经过长期沉淀，将形成日趋完善的企业专利数据库。

(4) 数据库维护阶段。

主要是专人负责数据库及软件系统的运行维护、数据维护、数据库的定期更新等工作。数据库及软件系统维护主要包括硬件系统、网络环境、软件系统等的日常运行维护和升级，以保证数据库的正常运行。数据维护由专利部门的人员根据研发人员的具体需求修正数据库范围，修正分类导航，补充遗漏、缺失数据，数据定期备份。数据库的定期更新是维护工作中非常重要的、工作量较大的工作，一定要保证及时、准确将新公开的专利、原有专利信息的变化更新到数据库中，否则数据库将逐步丧失掉使用价值。可根据企业实际情况，确定按周、月、季度、年度进行更新。更新形式可采用光盘或网络传输的形式进行更新。为方便数据更新，一些建库平台软件可根据检索式进行自动更新。

（二）专利检索分析系统

1. 专利检索系统的分类

专利信息是专利活动的产物，记载了人类社会发明创造的成就和轨迹，是当今时代最重要的科技情报。专利信息的利用贯穿产品开发的整个生命周期，在构思、企划、研发、基本设计、详细设计、试用、制造、销售等阶段，都需要进行专利检索分析。

随着互联网技术的进步，在互联网上进行专利公开成为各国专利管理机关使用的一种主要方式。这些公开的信息成为庞大的数据库，并不断快速增长，成为专利工作中重要的基础信息源。

但是由于访问量大、人力、物力等多种因素影响，各国提供的这些免费专利检索数据库在检索速度、检索功能等方面不能满足各层次用户需求，基于一次文献数据库的增值数据库服务应运而生。专利数据库增值服务分为原始文献数据库、专利情报数据库两种，其中原始文献数据库是将原有官方公报以较方便的方式提供给用户的服务，如提高检索速度、提高检索的方便性、提高检索的专业性，提高专利阅读的便利性等，如中国的CNIPR；而专利情报数据库是数据库提供商通过对数据进行加工，将专利公报中具有价值的专利信息提供给用户的服务，如德温特世界专利索引数据库（Derwent World Patents Index，DWPI）。企业可根据检索目的、检索人员的检索能力、成本等因素选择不同的专利检索系统，不再赘述。

2. 专利分析系统功能简介

信息分析是一类通过系统化的过程将信息转换为知识、情报和谋略的科学活动。专利分析是从专利文献中采集专利信息，通过科学的方法对专利信息进行加工、整理和分析，最终形成专利情报和谋略的一类科学劳动的集合。其研究对象为专利信息的内容、专利数量以及数量的变化或不同范围内各种量的比值（如百分比、增长率等），是情报信息和科技工作结合的产物。

根据专利分析软件可分析的数据源，将其分为结构化数据分析软件、非结构化数据分析软件和混合型数据分析软件三大类。❶ 结构化数据分析软件主要用于对数据库中的专利著录项目进行分析。非结构化数据分析软件是指分析专利全文、网页内容等非结构化数据的软件。文本分类是文本挖掘中最主要的部分，其核心问题在于如何实现分词和提取文本特征。对于西文来说，由于单词间使用空格作为分隔符，不需要分词即

---

❶ 王墩，等. 国外专利文本挖掘可视化工具研究［J］. 图书情报工作，2009（24）.

可进行检索、聚类、分析。但由于中文语言没有自然分隔符，目前是采用基于词库的分词算法，但是专利技术发展日新月异，新技术、新词不断涌现，需要不断补充完善词库，研发投入很大，这些严重阻碍了中文文本挖掘技术在专利分析中的商业化应用。

专利分析系统的理论基础是专利地图理论。专利地图可简单理解为专利信息的图形化处理和系统化管理。目前，专利分析方法主要分为统计分析、共现分析、聚类分析、引证分析四大类。❶

统计分析是对专利申请时间、公开时间、申请人、发明人、申请国家、IPC、同族专利、自定义技术分类等指标进行统计分析，以把握专利文献的分布概况和发展趋势，通常以列表、折线图、直方图等形式展现。

共现分析是指相同或不同类型特征项信息共同出现的现象，通过对专利分类号、申请人、发明人、专利申请国、申请时间等进行分析，揭示专利信息的内容关联和特征项所隐含的知识，分析结果显示方式主要有共现矩阵和曲线图。

聚类分析是利用文本挖掘技术将专利按照技术分类聚成不同的子类，以揭示特定技术领域内各个子领域的分布情况，主要竞争对手在各子领域的专利分布情况等，主要展示方式有聚类地图。

引证分析是对目标专利的引证和被引证信息进行分析，以揭示技术的关联和技术路线发展规律。主要展现方式有引证树、引证地图。

专利分析系统应能全面支持专利分析活动的开展，图12-4分析了专利分析系统应该具有以下主要功能：

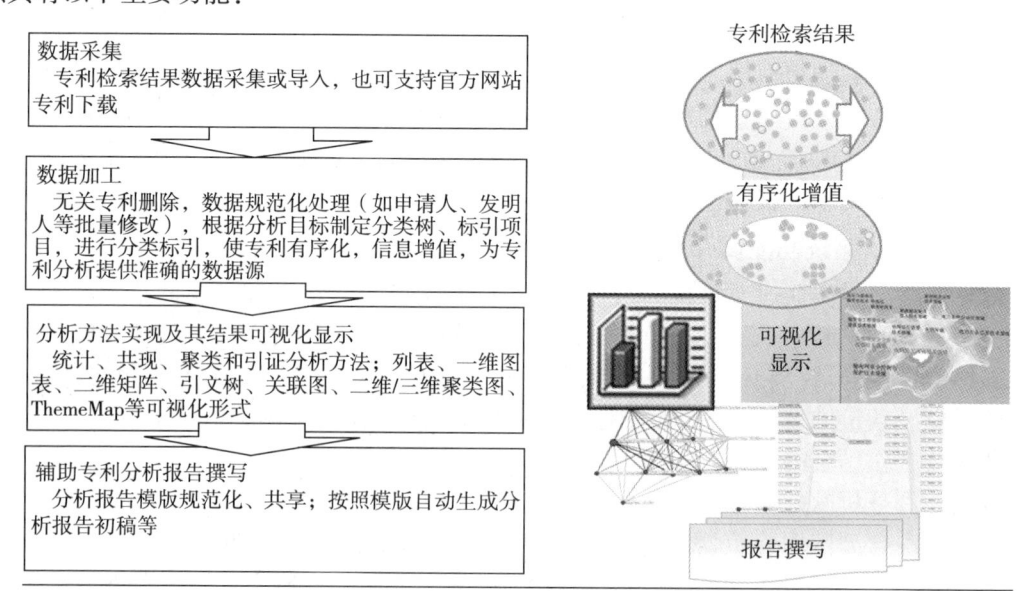

图12-4　专利分析系统功能示意图

---

❶ 王燉，等. 国外专利文本挖掘可视化工具研究［J］. 图书情报工作，2009（24）.

(1) 专利采集：根据确定的专利分析主题，通过选择适合的专利检索策略，对专利进行检索、采集，存储到本地数据库；系统支持外部数据的导入，也可以从中国、美国、欧洲、日本、WIPO 等官方专利检索系统或商业专利检索系统下载专利。

(2) 数据加工：对采集到的专利进行方便地筛选，删除无关专利；按 IPC、申请人、发明人等进行自动分类，准确把握专利分布概况；本地二次检索，方便用户精确确定目标专利群；自建分类树，按用户设定的分类规则进行分类；自定义标引项目，方便地进行标引；批量修改申请人和发明人；专利导入导出功能，灵活进行数据共享；同族、引用、被引用等相关专利对比查看等。

(3) 专利分析：对加工后的数据进行专利分析，生成可视化图表，满足统计分析、共现分析、聚类分析和引证分析等功能要求。为满足用户高级分析需求，系统应能自定义分析模型和分析报告模板，自动生成分析报告初稿，让使用人员把主要精力集中在分析上，提高分析工作的效率。

3. 专利分析流程

对专利文献中潜在的技术、经济、法律信息的挖掘分析，是企业研发战略规划和专利管理的核心活动，对于企业的研发、经营等具有重大意义。专利分析能把握技术分布、技术发展趋势、核心专利技术、发现和开发前沿技术等，为企业研发战略的制订提供决策支持；能把握市场动向、商品的变革趋势，把握竞争对手技术优势和动向，为企业的经营提供有力支持；防止本公司侵犯他人权利和被侵害等。

专利分析流程分为前期准备、数据采集、专利分析、报告撰写评审、分析应用等阶段。

(1) 前期准备阶段。

主要是成立课题组，确定分析目标，研究技术背景，制订项目计划，选择数据源和软件工具。需要注意的是，专利分析是情报信息和科技工作结合的产物，团队成员至少应该包括专业技术人员和专利情报分析人员。明确分析目标至关重要，是进行目标技术（竞争对手）的定量分析还是定性分析，是否需要对核心专利进行技术内容的分析、标引，是否需要进行核心专利文献的对比分析，这些都将会决定专利分析的工作量、周期和成本等，直接影响到项目的成败。关于数据源可以选择中国国家知识产权专利检索系统、中国知识产权出版社中外专利数据库服务平台、美国专利商标局专利检索系统、欧洲专利局专利检索系统、世界知识产权组织专利检索系统、日本特许厅专利检索系统等官方网站，也可选择德温特世界专利索引数据库（DWPI）等商业数据库；关于分析软件，目前常用的国外分析软件有 Thomson Innovation、Thomson Data Analyzer、Aureka；国内分析软件有保定大为计算机软件开发有限公司的 PatentEX、知识产权出版社的专利信息分析系统 PIAS、北京彼速信息技术有限公司的经纬线、北京恒和顿创新科技有限公司的 HIT 恒库等；应当根据分析目的，充分考虑软件的优缺点，选定合适的分析软件。

(2) 数据采集阶段。

主要是制定检索策略、专利检索、检索策略评审、数据加工。可以说专利检索的质量将直接决定专利分析项目的成败。为了尽可能提高检全率，需要进一步细化检索要素，针对每一个检索要素对检索关键词进行扩展，形成初步检索策略，进行初步检索，采集样本数据文摘，利用专利分析软件对样本数据进行自动分类，如主要分布在哪些IPC、申请人、发明人、国家等；通过对 IPC 分类号等信息进行分析和目标专利的初步筛选，验证检索策略；分析误检或漏检原因，调整检索策略，进行再次检索。再次采集数据进行自动分类，手工筛选阅读……检索策略需要重复多次修正才能最终确定。为保证检全，还需要利用专利分析软件进行同族互补检索，美国转让数据库中进行企业兼并、收购等使专利权人发生变化等情况的补充检索，直到确定最终检索策略，进行数据的采集，形成初步样本数据库。为了为专利分析提供准确的数据源，还需要利用专利分析软件对数据库中的专利进行筛选整理，删除与技术课题无关的专利数据。利用专利分析软件的批量修改功能对申请人、发明人等进行合并，然后通过专利分析软件采集专利法律状态、说明书、同族专利等信息，形成最终专利数据库。如果需要对专利进行定性分析，需要利用专利分析软件建立自定义分类树和标引项目，通过软件方便地对专利文献进行阅读，分类标引，完成数据加工。

（3）专利分析阶段。

主要是利用专利分析软件对最终专利数据库进行专利分析。根据分析目标，确定专利分析指标，如技术生命周期、法律状态、增长率、矩阵、引证、同族数量等，利用专利分析软件进行统计，生成各种可视化图表，以及需要进一步进行深度分析的目标专利群即核心专利，这些专利是定性分析的分析样本或需要进一步研究的竞争对手的分析样本。需要注意的是，建立深度分析目标专利群，不是必须的，而是根据分析目标而定的。然后分析与解读可视化图表、数据表和深度分析目标群，采用各种分析方法综合有关信息并进一步进行归纳和推理、抽象和概括等分析，探索专利信息所反映的本质问题。因专利分析目标不同，专利分析指标会不同，需要选择的专利分析软件除了常用的分析指标外，还需要具有非常良好的扩展性，如通过设定 X 轴、Y 轴、图表类型自定义分析指标模型，满足更高级的分析需求。

（4）报告撰写阶段。

主要是对专利分析工作的研究成果进行总结，分析报告通常包括：项目技术背景、分析目标、专利信息源与检索策略、分析方法和分析软件、专利指标定义、专利分析及解析、建议、附录等主要内容。为方便撰写专利分析报告，需要专利分析软件能够生成分析报告初稿，能够让用户自定义分析报告模板，并按模板要求将相应的分析表、图表等插入到报告中。另外，分析软件还应该具有非常良好的数据表、图表导出功能，便于用户方便使用分析结果。报告完成后，可组织企业主管领导、行业技术专家、专利分析专家等进行评审，对报告进行修改和完善。

（5）分析应用阶段。

主要是对分析报告进行应用评估，制订实施计划并实施。专利分析的最终目的是将专利情报应用于实际工作中，同时实践也是检验专利分析工作质量的标准。但是在实际工作中，专利分析一般涉及企业研发决策、竞争策略、专利战略等重大事宜，一定要慎重应用专利分析报告，在应用中不断修正。

（三）专利事务管理系统

专利事务管理系统主要是企业在知识产权起步发展阶段，随着专利申请量的增加，专利流程管理师需要对专利申请、权利维持、实施运用等的事务进行管理。系统支持发明部门的提案受理、委托申请、提出申请、公开、实质审查、授权、权利维持、实施许可直到权利终止的全过程管理；对专利在申请、实质审查、费用缴纳等期间的各种期限进行监控；对专利申请过程的中间文件、内部管理文件进行管理；对专利申请、维持等过程中发生的各种费用进行管理；对发明者的奖励金进行管理等。利用它可以方便地进行专利事务的日常管理，全面、及时、准确把握企业知识产权现状，推动企业技术创新的发展。

专利事务管理工作是一项费时费力但又不能有所闪失的繁重工作。通过IT系统的上线将专利流程管理人员从繁重的事务性工作中解脱出来，降低劳动强度，降低成本。一定要选择专业、成熟的专利管理软件产品。专利事务管理系统的主要功能分析如图12-5所示。

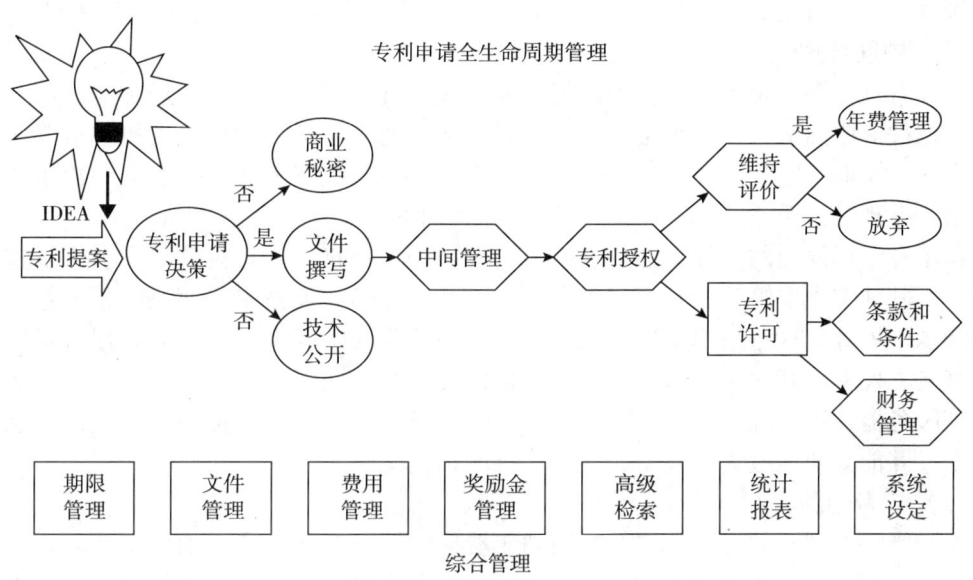

图12-5 专利事务管理系统功能示意图

（1）申请管理。

专利申请是企业知识产权管理中重要的基础工作。主要工作为专利部门接受研发部门的发明提案、专利申请决策评估、委托代理机构（或内部代理人）撰写申请文件、申请文件审核、向官方提出申请、官方受理、公开、实质审查请求、实质审查答复、办理授权登记、授权。申请管理模块是专利事务管理系统的起点，非常关键。通过系统上线前的IT规划对上述主要管理阶段、各个阶段主要管理项目进行系统梳理，明确管理重点，繁杂的业务流程化、清晰化。如确定本企业主要管理提案受理阶段、提出申请阶段、初审阶段、实审阶段、授权阶段、PCT申请阶段等，其中提案受理阶段重点管理提案名称、技术分类、应用领域、IPR负责、申请期限、联系人、发明人或设计人、奖金分配比例、是否外国申请、希望申请国、外国申请期限、最终处理结果、最终处理日等项目。提出申请阶段主要管理专利名称、提出申请日、申请国家/地区、申请途径（优先权、欧洲专利途径、PCT、经PCT途径到欧洲）、申请方式、申请人、是否要求优先权、优先权期限、代理机构、代理人、代理委托日、要求结案日、代理机构文号、是否提前公开、申请时是否提出实审等项目。

在确定专利事务管理阶段、重点管理项目后，还有梳理清楚各阶段专利状态发生的变化、期限、来文、发文、费用。关于专利状态的变化系统应能自动进行判断，如能管理提案受理、提出申请、官方受理、初审合格、官方公开、实质审查、登记手续、官方授权、复审程序、行政复议、无效程序、授权前放弃、权利届满、放弃等状态，并能方便按状态进行分类，便于专利管理人员把握企业专利的状况。

为保证专利申请的完整、统一、规范，可结合专利事务管理系统，设定重要管理项目为必须输入，并且对输入数据的合法性进行检验。专利管理业务非常复杂，每个企业都有自己的特点，需要专利事务管理系统具有良好的扩展性，如用户可增减流程阶段，增减管理项目，自定义画面布局等，以满足不同用户、不同发展阶段的管理需求。

（2）中间管理。

中间管理主要是企业专利管理部门与专利代理机构、与各国专利局和与发明人的中间通信文件。中间文件分为来文、发文、其他文三类。来文是专利代理机构或各国专利局发出的、企业接收到的文件，如受理通知书、费用减缓审批通知书、第一次审查意见通知书、办理登记手续通知书、授予发明专利权通知书等。发文是企业向专利代理机构、各国专利局发出的文件，如要求提前公开声明、补正书、意见陈述书、恢复权利请求书等。其他文主要管理专利部门与发明人之间的通信，如技术交底书、检索报告、专利奖酬承诺书等。这些法律文件众多，管理时间跨度大，版本复杂，需要通过系统方便录入来文、发文、其他文的基本信息，监控发文、来文期限，将文件或扫描件作为附件上传到服务器，进行统一存储管理，保证文件完整性、准确性，控制访问权限，保证数据安全，并能方便地检索、调阅、下载、打印相关文件。

（3）年费管理。

为了维持专利权的有效性需及时缴纳年费，除授予专利权当年的年费在办理登记手续的同时缴纳以外，以后的年费应当在前一年度期满前1个月内预缴。由于各国专利年费缴纳期限、方式等各不相同，当专利数量较大时，年费管理是任务繁重，不能有所闪失。为削减不必维护费用，降低专利管理成本，提升专利管理效率，年费维持管理主要进行年费预算、年费期限监控、专利维持评价、年费缴纳、统计报表等工作。专利事务管理系统应能在专利授权时自动计算专利以后每年的年费缴纳期限，系统可按年度、季度、月度进行年费预算，帮助用户做好成本控制；系统按用户设定的提前告警期限（如国内专利提前30日）进行年费缴纳期限的告警；用户根据告警提示及时组织发明部门、专利部门等对专利是否维持进行评价，对确定维护的专利缴纳年费，对确定放弃的专利进行放弃处理。

（4）许可管理。

专利权人拥有独占实施权的权利，也可许可他人实施其专利技术，订立书面合同，收取专利使用费。专利权可以转让，应当订立书面合同，并向国务院专利行政部门登记。实施管理主要管理许可合同、转让合同等。系统应能管理上述合同许可或转让方、被许可或受让方、合同名称、签订时间、起始日期、终止日期、许可地区、合同金额、关联产品、知识产权、本公司关联专利案件、外公司关联专利案件、合同文本等。合同与专利案件连接，方便进行检索、查阅、导出、打印等。

（5）期限管理。

期限管理是专利事务管理工作的核心。专利在申请、审查、授权、维持过程中涉及众多法律期限，如果遗漏，将会造成损失，甚至是无法挽回的巨大损失。所以，期限管理一定要认真、细心、慎之又慎。期限管理主要是明确管理的期限，各国期限的计算方法，期限的监控。

专利事务管理系统应该能够管理申请期限、优先权期限、优先权证明期限、实质审查期限、主动修改期限、办理登记期限、年费期限、中间来文期限、中间发文期限、PCT进入国家阶段期限、PCT译文提出期限、国际初步审查、19条补正期限、34条补正期限等。专利事务管理系统可以根据期限的计算规则，自动计算；支持用户设置各种期限的提前报警时间，当系统启动时，根据当前用户权限及设定，自动提醒用户近期需要及时处理的案件的各种期限；结合强大的详细检索功能，随时把握各种期限及案件状况，提高工作效率，确保不遗漏，避免造成损失。

专利申请主要期限的计算方法如表12-2所示。

表12-2 专利申请主要期限的计算方法

分类	序号	期限名称	申请类别	期限起算日	期限	计算规则
申请阶段	1	优先权期限	发明/新型	优先权日	1年	优先权日+1年
	2	不丧失新颖性宽限期	发明/新型/外观	首次公开日	6个月	首次公开日+6个月
	3	优先权证明期限	发明/新型	申请日	3个月	申请日+3个月
	4	不丧失新颖性证明期限	发明/新型/外观	申请日	2个月	申请日+2个月
	5	提交微生物的保藏证明以及存活证明的期限	发明	申请日	4个月	申请日+4个月
	6	专利申请费缴纳期限	发明/新型/外观	申请日	2个月	申请日+2个月
实质审查	7	请求实质审查请求期限	发明	申请日或优先权日	3年	申请日或优先权日+3年
	8	实质审查费缴纳期限	发明	申请日或优先权日	3年	申请日或优先权日+3年
	9	实质审查意见通知书意见陈述期限	发明	专利局发出第一次意见通知书的日期	4个月	专利局发文日+4个月
	10		发明	专利局发出第二次意见通知书的日期	2个月	专利局发文日+2个月
	11		发明	专利局发出第三次意见通知书的日期	2个月	专利局发文日+2个月
	12		发明	专利局发出第四次意见通知书的日期	2个月	专利局发文日+2个月
	13	补正答复期限	发明	专利局发出补正通知书的日期	2个月	专利局发文日+2个月

续表

分类	序号	期限名称	申请类别	期限起算日	期限	计算规则
发文期限	14	来文期限	发明/新型/外观	来文期限		为对应来文的来文期限
	15	发文期限	发明/新型/外观	发文期限		为对应发文的发文期限
缴费期限	16	缴费期限	发明/新型/外观	处理期限日		为对应费用的处理期限日
授权通知	17	办理登记手续期限	发明/新型/外观	专利局发出办理登记手续通知书的日期	2个半月	专利局发文日+2个半月
权利维持	18	年费期限	发明/新型/外观	上一年度年费期限	1年	上一年度年费期限+1年
权利届满	19	权利届满日	发明	申请日或原申请日	20年	申请日或原申请日+20年
	20		实用新型	申请日或原申请日	10年	申请日或原申请日+10年
	21		外观设计	申请日或原申请日	10年	申请日或原申请日+10年
分案期限	22	提出分案申请的期限	发明/实用新型/外观设计	申请日		官方受理后,授权通知之前任何时间
	23			授权通知日	2个月	授权通知日+2个月
以通知日和决定的推定收到日起计算的期限	24	恢复权利请求期限	发明/新型/外观	专利局发出视为撤回通知书的日期	2个月	专利局发文日+2个月
	25	恢复权利请求费缴纳期限	发明/新型/外观	专利局发出视为撤回通知书的日期	2个月	专利局发文日+2个月
	26	请求行政复议期限	发明/新型/外观	专利局发出各种行政决议通知书的日期	15日	专利局发文日+15日
	27	提出复审请求期限	发明/实型/外观	专利局发出驳回决定通知书的日期	3个月	专利局发文日+3个月
	28	复审请求费缴纳期限	发明/实型/外观	专利局发出驳回决定通知书的日期	3个月	专利局发文日+3个月
	29	对复审不服,向法院起诉期限	发明/实型/外观	专利局发出二次驳回决定通知书的日期	3个月	专利局发文日+3个月
PCT国际阶段期限	30	进入国家阶段期限	发明/实型	优先权日或国际申请日	30个月	优先权日或国际申请日+30个月
	31	PCT译文提出期限	发明/实型	国际申请日	30个月	国际申请日+30个月
	32	国际初步审查	发明/实型	优先权日或国际申请日	22个月	优先权日或国际申请日+22个月
	33	19条补正期限	发明/实型	优先权日或国际申请日	16个月	优先权日或国际申请日+16个月

(6)费用管理。

专利申请、维持过程中需要缴纳多种费用,如申请费、实审费、中间费、授权登记费、年费、其他费用等。费用分为官费和服务费两种,官费是缴纳给各国专利局的费用,服务费是缴纳给专利代理公司的费用,如代理费、翻译费等。这些费用需要按规定按时缴纳，工作很烦琐，但不能延误。需要系统能够监控费用缴纳期限，及时提醒；预先设定各阶段费用明细项目、单价，方便批量录入，对费用录入、审核、请款、核销等进行管理；对费用进行批量处理，生成账单、统一支付、处理；能按不同案件、部门、代理机构等条件输出费用一览，进行费用的统计分析，打印报表。

（7）奖励金管理。

为鼓励和调动研发人员发明创造的积极性，激发创新热情，促进自主知识产权创造，增强企业的综合竞争力，大部分企业都制定了专利奖励制度。专利奖励管理主要是按照公司规定定期进行奖励金的计算、发放、统计等。奖励种类一般有申请奖、授权奖、优秀专利奖等，需要专利事务管理系统能设定各种奖励对于不同申请类别、不同级别的奖金额度和分配方法，如所有发明人平均分配、还是按权利比例分配等；根据设定的规则，检索出待发放奖励金的专利案件，批量计算奖励金，按部门、发明人、案件等打印报表，提交相关部分进行专利奖励金的发放；对奖励金的发放履历进行管理；统计分析报表等。

（8）高级检索。

系统应具有强大的综合检索功能，可以按编号、日期范围、案件状况、申请人、代理机构、案件名、法律状态、发明部门等多种条件组合检索，快速、高效检索到符合条件的数据并打印输出，提高工作效率；并能提供检索结果数据的文本格式输出，便于与其他办公软件如 Word、Excel 的数据共享。

（9）统计分析。

在专利管理工作中需要对企业内部的专利在产品、技术领域、研发部门等的分布进行统计分析，对产品、技术领域、研发部门等专利申请量时间变化趋势进行统计分析；对研发部门、发明人的创新能力等方面进行分析；对报表的输出也有较高要求，需要系统提供了多种类型的报表默认模板，也需要提供灵活的报表自定义功能。强大的统计分析和报表功能为企业经营战略、科技发展、专利战略的决策提供准确、详细的数据支持。

（10）系统设定。

知识产权是企业在市场竞争中强有力的武器，特别是处于申请中还没有公开的重要技术，需要保证数据安全授权访问。专利事务管理系统应具有严密的权限管理功能，系统用户只能访问经过系统管理员授权的程序模块，并且只能访问自己权限范围内的数据、文件；为保证数据安全，系统应具有备份与恢复功能，可定期自动备份，以确保数据安全。

（四）专利提案评价流程系统

专利提案评价系统面向用户而设计，目标用户主要分为研发人员、专利工程师、评委三类。系统提供可配置的工作流和评价模型，能够适应不同企业导入时的可扩展性，实现研发人员在线提交提案、部门经理审核、专利管理部门受理、专利工程师审查、查新检索、评委在线评审、评审结果汇总、结果批准全流程在系统中运行。图 12-6 为专利提案评价系统功能示意图。

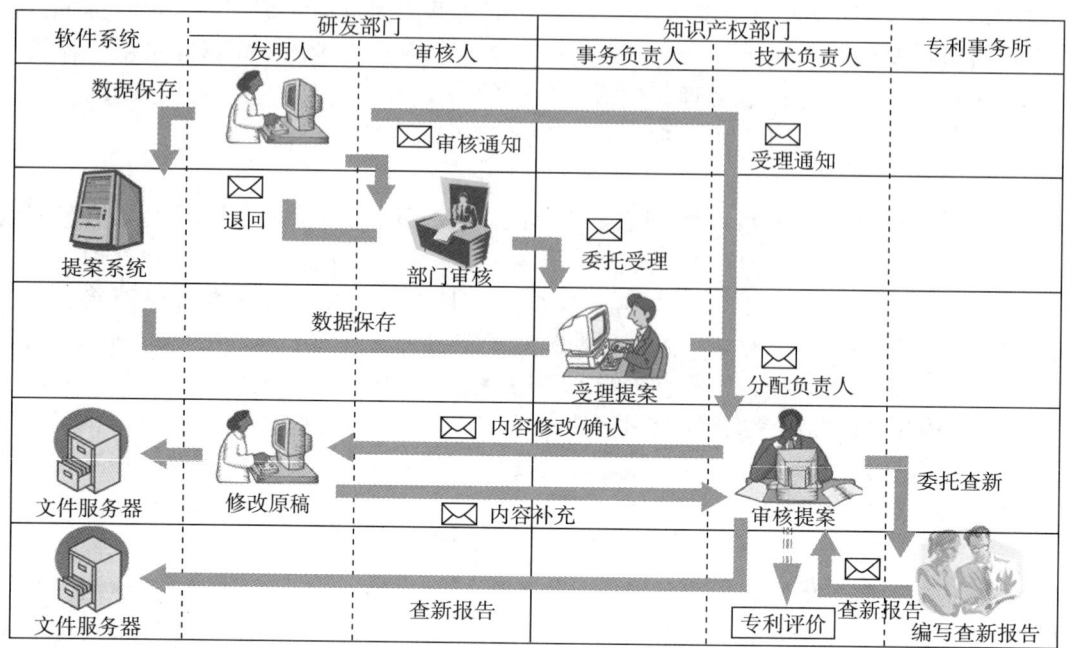

图 12-6 专利提案评价流程系统功能示意图

系统主要功能说明如下：

（1）个人工作台。

系统提供待办任务、待评提案、待评专利的任务列表以及提醒功能。待办事务可以以列表的形式展示给用户，其中待办任务显示用户当前需办理的任务；待评提案显示目前登录用户共有多少件待评专利提案，待评专利显示目前登录用户共有多少件待评专利。

（2）提案管理。

系统管理员可通过系统设定模块自行配置企业专利提案评价流程，设定评价模型，调整评价指标。

发明人提交提案后，系统根据管理员设定的默认评价流程，将提案转到各步骤相应的办理人，进行审查、评价，评委按管理员设定的评价模型，进行评价。

提案可存为草稿，草稿可以删除，当草稿提交完成后，自动进入评估流程，发送邮件通知下一步执行人。

参与评价的人登录系统后会看到自己待评的提案，给出自己的意见、对下一步的提示，上传附件，邮件通知下一步人员；也可退回、抄送、沟通、暂存、修改、流程废弃。

系统清楚显示出每个提案已办理步骤、办理人、意见、当前所在步骤，便于进行进度监控。

最终确定是否就本提案申请专利，申请类型，需要部署的国家。决定申请专利的提案信息可传入到专利申请管理中。流程结束，将结果自动通过邮件通知相关流程参与人员。同时也可对专利维持、侵权诉讼、专利无效、专利许可、专利转让等提案进行在线评价。

（3）提案查询。

相关职能人员检索自己权限范围内提案，查看状态，查看评价履历，提案列表字段可根据使用者的习惯进行显示和隐藏设置。

提案履历支持导出操作，可将自己有权限查看的提案信息如提案人、步骤执行人、办理意见等导出到 Excel 表格中。

（4）提案统计分析。

所有提案流程步骤支持统计分析功能，可按提案人，提案数量，步骤执行人等字段进行一维二维统计分析，并支持多维统计分析表的生成，方便用户对年度、季度、月度提案数量，提案人、提案处理人进行量化分析，更好地进行提案申请趋势分析，员工工作量分析等统计分析工作。

（5）工作委托。

工作委托主要指当用户由于出差等原因不能办理系统指派的任务时，将自己的任务委托给别人来做，也可以删除对某人的委托事务，也可指定某期间内有关的事务委托人可以代替自己来做。

三、企业专利管理信息化发展趋势

企业专利管理的核心是信息（包括专利信息和商情等），企业专利管理的手段是信息化；一个是内容，一个是技术，技术和内容的发展相互影响、相互促进。总体上，企业专利管理的信息化是以技术为手段，从信息的角度整合相关资源，并最终与企业和企业经营行为挂钩。为此，对于信息的内容而言，在核心的专利信息的基础上，进一步的发展方向是：一方面，与企业内部其他信息资源的深度整合，包括企业战略、人员激励、技术创新等；另一方面，挖掘信息内部的技术趋势、产业链条、企业动态等信息，结合实时发布的商情或咨询信息，最终形成一个可预测中长期的情报预警机制，形成一套可持续改进的机制，定期收集信息、分析整合、形成结论、验证修正。

云计算是信息化技术下一步的发展趋势，云计算技术解决了海量数据的存储问题，这个对于专利信息服务来说意义重要。随着科学技术的迅猛发展，专利的数量骤增，据不完全统计，世界上 80 多个国家累计已出版专利文献将 1 亿多件，每年还在以数百万的速度增长，要想满足日益增长的专利数据存储要求。这对各国知识产权局、专利信息服务机构都是巨大的挑战，而云计算的分布式存储解决方案有效解决了海量信息的存储问题。

另一方面，云计算技术实现信息服务的随时随地按需获取。在云计算模式下，SaaS 服务提供商（Software as a Service）为用户搭建信息化所需要的所有网络基础设施及软件、硬件运作平台，并负责所有前期的实施、后期的维护等一系列服务，企业无需购买软硬件、建设机房、招聘 IT 人员，只需前期支付一次性的项目实施费和定期的软件租赁服务费，即可通过互联网享用信息系统。服务提供商通过有效的技术措施，可以保证每家企业数据的安全性和保密性。用户采用 SaaS 服务模式在效果上与企业自建信息系统基本没有区别，但节省了大量用于购买 IT 产品、技术和维护运行的资金，且像打开自来水龙头就能用水一样，方便地利用信息化系统，从而大幅度降低了用户信息化的门槛与风险。从投资方面来看，用户只以相对低廉的"租赁费"方式投资，不用一次性投资到位，不占用过多的营运资金，从而缓解资金不足的压力，并能及时获得最新硬件平台及最佳解决方案。

基于云计算技术的上述主要特点，将大幅度降低用户的 IT 使用成本，使得急于节省成本的科技型中小企业希望使用云服务提高专利管理水平和能力，而大型跨国企业在外国的研发中心由于各国的禁止出口限制出口技术管理相关法律规定，也会产生使用云服务的管理需求，但是目前在中国企业出于安全方面的考虑，担心涉及企业核心机密的知识产权泄密问题，对基于云计算技术的信息化解决方案普遍持观望、怀疑态度。

在美国硅谷，和建立公司自己的数据中心相比，亚马逊由数万台服务器组成的冗余架构更加可靠，而成本更加低廉。从基础设施、开发环境到应用层，整个云产业链上涌现出了大量的低价高效的云服务商。很多小的公司使用云来节省资金，而 salesforce.com 也获得巨大的成功，为高端的用户提供客户关系管理云服务。

在中国，相信随着云基础设施、云应用服务、云安全服务的不断成熟，以及相关法律法规的完善和商业环境的规范，云计算技术会为专利管理信息系统化建设带来新的发展机会。特别是云计算技术加上专利托管服务将建立起企业与服务机构的沟通平台和服务业务支撑平台，通过托管云，服务机构可以接受企业委托在平台上为企业管理全部或部分知识产权相关事务，提供量身定制的一揽子服务。企业也可以利用托管云服务，实现覆盖发明提案从专利挖掘、专利提案形成、专利申请、公开、实审、授权、权利维护、权利运用整个生命周期的管理。托管云通过软件服务导入先进的知识产权管理理念，提高服务的规范性、标准化，提高企业、服务机构的知识产权管理水平。图 12-7 分析了专利托管云的业务场景。

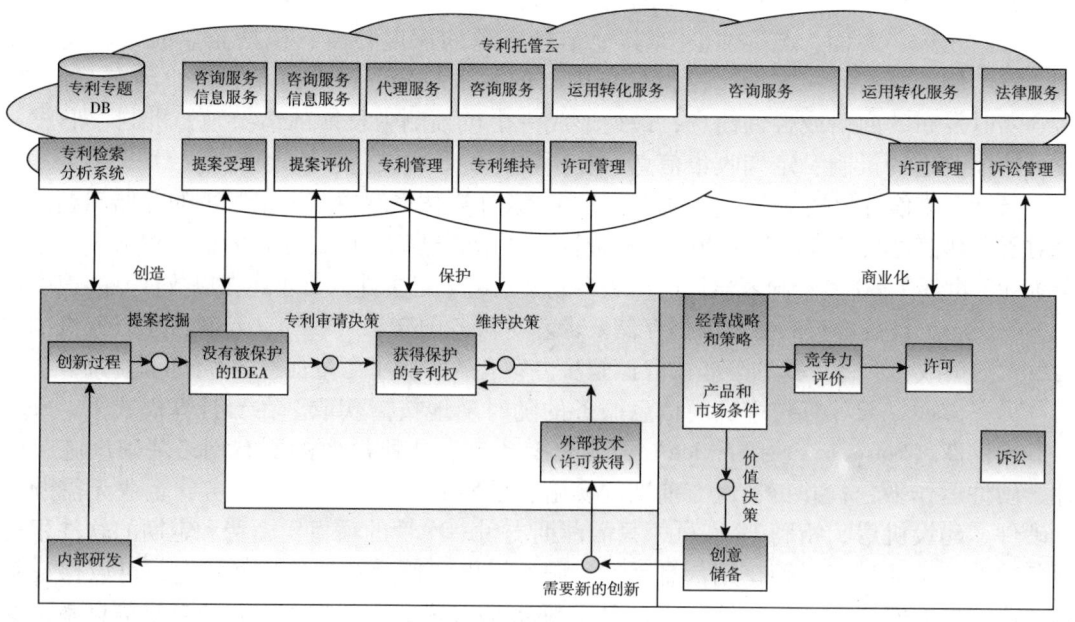

图 12-7 专利托管云功能示意图

以下结合企业技术创新的过程中对托管云服务进行详细说明：

知识产权与现代企业的价值密切联系。企业的经营战略以及企业产品竞争力和市场条件，决定知识产权的商业化竞争力。企业从市场需求中获取大量的研发创意，通过内部研发和对外技术合作取得所需的新技术。在创新过程中一方面需要从现有技术的检索分析，了解行业发展趋势、竞争对手动向，另一方面会产生新的技术创新点。研发人员的这些没有被保护的创新提案，商务、技术和法律专家可从创新性、可规避性、侵权证据获得性、市场价值、标准相关性等维度进行评估，以决定采取何种方式保护这些新技术，以及在全球哪些国家进行专利布局，如申请专利或者作为企业商业秘密，或者进行技术公开等。对于决定专利申请的提案，委托服务机构进行专利申请。每一项专利从提出申请、公开、实质审查一直到授权过程中，每一个阶段的相关法律事务如各类法律期限、文件、费用等，都需要由专利流程管理人员进行严谨而有效的监控与维护。关于权利维持要充分考虑企业发展战略、技术发展、专利竞争等变化发展情况，进行有策略性的维持和放弃，打造强有力的专利组合。还需要综合考虑这些因素，根据企业的知识产权竞争状况，决定购买他人专利或获得许可，以及转让或许可本公司非核心专利资产，提高研发投入回报。另外随着创新产品的进入市场，竞争加剧，企业可以将专利诉讼作为商业策略运用，为企业获取市场上的竞争优势和经济利益，也不得不应对他人发起的专利诉讼。

在这些管理过程中需要利用专利信息，使用专利检索系统、专利分析系统、专利数据库等软件服务，需要使用专利事务管理系统、专利提案评价系统等实现专利整个生命周期的管理；需要专利信息服务、专利代理及法律服务、运用转化服务、咨询服务、培训服务等等。通过专利托管云集成上述软件工具和服务资源，全面支持企业专利管理业务全过程，帮助企业构建起支撑知识产权战略、业务运作、信息安全的管理平台，充分挖掘研发人员的聪明才智，激发创新，不断累积内外智慧，提高创新能力；规范无形资产价值的量化管理，提高企业的创新管理水平。为企业专利管理人员、服务机构提供了专业的管理工具，将他们从事务性工作中解脱出来，使知识产权管理部门人员成为知识产权管理专家、数据分析专家、专利战略研究专家，提升专利管理工作的高度，更密切配合企业经营战略达到进攻和防御的平衡，为实施企业经营战略、增强企业核心竞争力提供基础保障。

图表索引

图 1-1　企业专利管理工作内容 ……………………………………………… 7
图 1-2　专利战略与企业经营/研发战略"三位一体"关系 ………………… 10
图 2-1　企业专利工作战略和规划 …………………………………………… 19
图 2-2　专利部门隶属于研发部门的组织结构 ……………………………… 25
图 2-3　专利部门隶属于法务部门的组织结构 ……………………………… 26
图 2-4　平行独立设置专利部门的组织结构 ………………………………… 26
图 2-5　按专利管理业务属性设置的专利部门内设机构 …………………… 29
图 2-6　按产品所属技术领域设置的专利部门内设机构 …………………… 30
图 2-7　按产品技术领域+专利管理业务单元细分设置的专利部门内设机构 … 30
图 2-8　按专利管理业务单元+产品技术领域细分设置的专利部门内设机构 … 31
图 2-9　专利部门职能随企业发展阶段的变化 ……………………………… 31
图 2-10　企业专利管理制度基本框架 ……………………………………… 35
图 3-1　企业专利人才体系架构 ……………………………………………… 43
图 4-1　根据驱动事件对专利挖掘进行分类 ………………………………… 54
图 4-2　专利挖掘流程 ………………………………………………………… 60
图 4-3　从技术研发项目任务出发的技术分解 ……………………………… 67
图 4-4　从技术创新点出发的技术分解 ……………………………………… 67
图 4-5　专利挖掘评审流程 …………………………………………………… 70
图 4-6　专利挖掘在企业专利战略和业务不同发展阶段的特征和侧重点 … 72
图 4-7　制订专利挖掘年度规划的考虑依据 ………………………………… 73
图 4-8　专利挖掘规划内容的关键要素 ……………………………………… 74
图 4-9　专利挖掘项目团队沟通模式示例 …………………………………… 77
图 5-1　专利布局方案的制订流程 …………………………………………… 93
图 5-2　专利布局的阶段规划 ………………………………………………… 96
图 5-3　专利地域布局规划 …………………………………………………… 100
图 5-4　产品的专利布局流程 ………………………………………………… 103
图 5-5　专利布局嵌入研发项目模型 ………………………………………… 103
图 5-6　集束型专利组合 ……………………………………………………… 110
图 5-7　降落伞型专利组合 …………………………………………………… 110
图 5-8　星系型专利组合 ……………………………………………………… 111
图 5-9　链型专利组合 ………………………………………………………… 111
图 5-10　网状覆盖型专利组合 ……………………………………………… 112

图 5-11	激光打标项目的专利组合构建	117
图 5-12	专利组合应用价值评估	118
图 5-13	确定保护形式的流程	122
图 5-14	优秀专利常规工作机制	130
图 5-15	技术层面识别因素	131
图 5-16	优秀专利筛查工作机制图	136
图 6-1	专利侵权预警工作主要内容	142
图 6-2	专利筛选流程	148
图 6-3	专利风险水平计算	150
图 6-4	专利风险应对流程	158
图 6-5	专利规避设计流程	164
图 6-6	专利风险管理体系	172
图 6-7	专利风险管理的组织架构	173
图 6-8	专利风险管理的工作机制	174
图 6-9	专利风险预警项目流程示例	175
图 7-1	专利申请文件产生流程	182
图 7-2	专利申请文件形成细化流程	184
图 7-3	按专利申请所处阶段的费用构成	185
图 7-4	"三新三旧"专利申请预算模型	190
图 7-5	各类主要的通知书类型	193
图 7-6	案件管理阶段及管理事项	196
图 7-7	专利期限管理	200
图 7-8	专利代理机构的选择与管理	205
图 7-9	不同代理机构组织	206
图 7-10	专利代理机构的选择	207
图 7-11	专利代理业务管理	207
图 7-12	专利维持评估流程	214
图 9-1	专利无效宣告程序简化流程	237
图 9-2	新颖性无效理由的应对流程	242
图 9-3	与在先权利冲突的无效理由的使用流程	244
图 9-4	权利冲突无效理由的应对流程	245
图 9-5	修改超范围无效理由的应对流程	248
图 10-1	337调查总体抗辩思路	258
图 10-2	337调查主要流程	262
图 10-3	337调查的规避和预防	268
图 11-1	专利的运用手段	272
图 11-2	企业专利标准化工作的意义	293
图 11-3	北京模式专利质押融资流程	307
图 11-4	上海浦东模式专利质押融资流程	308

图 11-5	武汉模式专利质押融资流程	309
图 11-6	企业专利质押融资管理工作流程	311
图 11-7	专利质押融资考虑因素示意图	311
图 11-8	专利资本化的方式示意图	314
图 11-9	专利权作为资本投资建立新的企业的流程	316
图 11-10	企业在新公司设立过程中的专利资本化工作	317
图 11-11	按产品进行专利分类示意图	317
图 11-12	按技术进行专利分类示意图	317
图 11-13	专利组合式资本化示意图	318
图 11-14	专利权作为资本增加公司注册资本的流程	319
图 11-15	企业解散或破产清算时专利资本化的流程	321
图 11-16	企业上市专利工作的主要流程	328
图 12-1	企业专利管理信息化解决方案	340
图 12-2	华为公司华为专利管理软件及系统发展历程	342
图 12-3	华为公司专利信息管理的流程设计	343
图 12-4	专利分析系统功能示意图	348
图 12-5	专利事务管理系统功能示意图	351
图 12-6	专利提案评价流程系统功能示意图	356
图 12-7	专利托管云功能示意图	358

表 2-1	各阶段企业专利工作特点及岗位职责配置	33
表 2-2	企业专利工作人员数量配比范围	33
表 3-1	各类型专利工作人员职责及配置要求	46
表 4-1	发明构思提交样表	61
表 4-2	发明构思评估标准	65
表 4-3	专利提案梯队排序样表	71
表 4-4	专利挖掘项目计划进度跟进管理样表	75
表 4-5	专利挖掘项目专利组合管理样表	76
表 4-6	专利申请范本	86
表 4-7	专利申请技术交底书范本（发明）	86
表 4-8	外观设计方案的提案材料范本	87
表 5-1	不同保护方式特点对比	121
表 5-2	专利保护形式对比	123
表 5-3	确定合理申请量步骤	127
表 5-4	检索评估意见	128
表 5-5	专利申请前的基本工作流程	129
表 5-6	优秀专利评审样表	135
表 6-1	专利风险清单	140

表 6-2	企业专利风险预警项目流程说明	176
表 6-3	企业专利风险预警项目内部流程控制点	176
表 6-4	企业专利风险预警项目流程实施保障	177
表 7-1	主要费用缴纳金额	186
表 7-2	年费缴纳登记样表	189
表 7-3	档案编码样表	194
表 7-4	提案信息记录样表	197
表 7-5	审查信息记录样表	199
表 7-6	其他信息记录样表	200
表 7-7	专利期限提示范本	202
表 7-8	专利代理机构服务质量评价考核	210
表 7-9	文件寄送清单	210
表 7-10	代理机构服务质量评量示例	211
表 8-1	侵权救济途径比较	217
表 8-2	运用警告函的风险	219
表 9-1	专利无效理由	240
表 10-1	337调查救济及执行总结	252
表 10-2	2002~2011年337调查数量统计	255
表 11-1	专利标准对照分析	296
表 11-2	三种不同模式代表的专利质押融资类型对比	305
表 11-3	北京、上海浦东、武汉专利质押融资贷款情况	306
表 11-4	资本化专利法律因素分析	315
表 12-1	企业不同发展阶段的专利信息化建设需求	338
表 12-2	专利申请主要期限的计算方法	353

后　记

　　本书是国家知识产权局与业界专家为促进我国企业专利工作管理能力提升携手共同形成的一项成果。在本书的孕育、形成过程中，无时无刻无处没有国家知识产权局有关领导的关心与支持！无时无刻无处没有众多国内业界专家的参与和付出！

　　感谢国家知识产权局杨铁军副局长的关心和支持！在本书的研究及成稿过程中，杨铁军副局长多次拨冗专门听取课题研究进展情况的汇报，为课题研究指明了方向，极大地鼓舞了参研人员的士气！

　　感谢国家知识产权局专利局审查业务管理部葛树部长、冯小兵副部长以及有关司部领导的悉心指导！各位司部领导多次抽出宝贵时间审阅文稿，提出修改完善建议，帮助课题组明确了工作重点，显著地提升了成果水平！

　　感谢北京知创大为科技有限公司和北京华智大为科技有限公司对本书研究和撰写付出的巨大努力！北京知创大为科技有限公司潘晓梅总经理为使本书更加贴近国内企业实际，会同课题总体组专程赴深圳协调组织有关企业专家成立子课题组，参与本书研究与撰写；北京华智大为科技有限公司李东亚副总经理组织精干队伍成立子课题组，无私地贡献出多年企业专利工作管理咨询实践中积累的大量经验！

　　感谢TCL集团股份有限公司知识产权中心罗秋林总监、宇龙计算机通信科技（深圳）有限公司知识产权部李俊总监、深圳迈瑞生物医疗电子股份有限公司研发管理部梁培峰总监、深圳市凯立德计算机系统技术有限公司知识产权部冀博总监、深圳超多维光电子有限公司专利部李伟总监等专家！这些企业资深专家及其知识产权部门承担了大量的研究任务，为本书贡献了丰富的实务素材！

　　此外，大唐移动通信设备有限公司张雪红总法律顾问、北京威世博知识产权咨询有限公司刘宁总经理、国家核电技术公司政研法律部特聘专家马燕、北京博奥生物芯片有限公司知识产权办公室王国青主任、新奥特（北京）视频技术有限公司窦鑫磊主管、北京北翔知识产权代理有限公司唐铁军等多位专家为本书提供了诸多宝贵的意见和建议；北京市保护知识产权举报投诉中心李建荣副主任协助组织问卷调查；北京、深圳、山东等地数百家企业的专利工作人员参与了相关问卷调查或调研访谈。

　　在此，谨对曾经在课题研究和本书撰写过程中给予过支持、帮助和指导的有关领导、专家以及有关单位和企业致以衷心的感谢！